国家林业和草原局普通高等教育"十三五"规划教材

分析化学

张建刚　主编

中国林业出版社

·北京·

内容简介

本书是根据《高等农林院校 21 世纪化学系列课程教学基本要求和教学大纲汇编》的基本精神编写而成。全书共分 12 章，包括绪论、定量分析的一般过程、误差和分析数据的处理、滴定分析法概述、酸碱滴定法、配位滴定法、氧化还原滴定法、沉淀滴定法、重量分析法、吸光光度法、电势分析法、定量分析常用分离方法。本书适用于高等农林院校各有关专业以及其他高等院校非化学专业本科生的教学使用，也可作为相关科技人员的参考用书。

图书在版编目（CIP）数据

分析化学/张建刚主编 . —北京：中国林业出版
社，2019. 11
国家林业和草原局普通高等教育"十三五"规划教材
ISBN 978-7-5219-0356-0

Ⅰ.①分…　Ⅱ.①张…　Ⅲ.①分析化学–高等学校–
教材　Ⅳ.①O65

中国版本图书馆 CIP 数据核字（2019）第 248883 号

中国林业出版社·教育分社

策划、责任编辑：高红岩　　　　　　**责任校对：**苏　梅
电　　话：（010）83143554　　　　**传　　真：**（010）83143516

出版发行　中国林业出版社（100009　北京市西城区德内大街刘海胡同 7 号）
　　　　　　E-mail：jiaocaipublic@163.com　电话：（010）83143500
　　　　　　http：//www.forestry.gov.cn/lycb.html
经　　销　新华书店
印　　刷　三河市祥达印刷包装有限公司
版　　次　2019 年 11 月第 1 版
印　　次　2019 年 11 月第 1 次印刷
开　　本　787mm×1092mm　1/16
印　　张　18
字　　数　410 千字
定　　价　45.00 元

《分析化学》编写人员

主　编　张建刚

副主编　刘金龙　段云青　武　鑫　刘红霞　张　丽

编　者　（按姓氏拼音排序）

段云青（山西农业大学）

段志青（山西医科大学）

范丽华（山西农业大学）

郭晓迪（山西农业大学）

冀　华（山西农业大学）

刘红霞（山西农业大学）

刘金龙（山西农业大学）

刘晓霞（山西农业大学）

武　鑫（山西农业大学）

殷丛丛（山西农业大学）

张建刚（山西农业大学）

张　丽（山西农业大学）

前　言

本书是普通高等教育"十三五"规划教材，根据《高等农林院校 21 世纪化学系列课程教学基本要求和教学大纲汇编》的基本精神，参考了国内外现行使用的多种《分析化学》教材，吸取了其中的许多优点，并融合多年来的教学经验编写而成。适用于高等农林院校各有关专业以及其他高等院校非化学专业本科生的教学使用，也可作为相关科技人员的参考用书。

本书编写中极力贯彻高等性、创新性和实践性的原则，注重培养学生分析问题、解决问题的能力和严谨的科学态度，为其后续专业课的学习和将来的工作奠定良好的基础。

本书各章节编写人员如下：山西农业大学武鑫（第 1 章、第 2 章），郭晓迪（第 3 章），范丽华（第 4 章），段云青（第 5 章），刘晓霞（第 6 章），刘红霞（第 7 章），冀华（第 8 章），张建刚（第 10 章），张丽（第 11 章），刘金龙（第 12 章），殷丛丛（附录），山西医科大学段志青（第 9 章）。全书最后由主编张建刚负责统一修改定稿。

在本次编写过程中，我们尽了自己的最大努力，但限于水平，书中一定还会有错误或不当之处。我们恳切希望使用本书的同行和读者提出批评和指正。

编　者

2019 年 3 月

目　录

第1章 绪 论

学习目标：
- 掌握分析化学的定义；
- 了解分析化学的任务和作用；
- 掌握分析方法的分类及其依据；
- 了解分析化学的发展动向。

分析化学是研究物质化学组成的分析方法、分析原理及分析技术的一门科学。随着其方法、理论和技术的发展，也可以说，分析化学是研究关于获取物质在相对时空内的组成和性质的信息的一门科学。

1.1 分析化学的任务和作用

分析化学的研究对象是物质的化学组成和结构，它要解决的问题是物质的化学组分是什么、各组分的相对含量是多少，以及这些组分在物质中的存在形式。因此，分析化学主要担负着以下 3 个方面的任务：

①鉴定物质的组成（元素、离子、基团、官能团或化合物等）；

②测定物质组成中各成分的相对含量；

③确定物质的结构（化学结构、晶体结构、空间分布等）。

用一句话来概括，分析化学的主要任务就是获取关于物质化学组成、含量以及结构等方面的信息。

根据上述任务的不同，分析化学分成了相互联系又互有区别的三大部分，即定性分析、定量分析和结构分析。首先进行定性分析，清楚了物质的组成之后，再进行定量分析，随后进一步获取物质更全面的其他信息。例如，一种刚开发研制的新食品在批量生产上市以前，我们要明确它含有哪些营养成分（如蛋白质或氨基酸、碳水化合物、脂肪、维生素、色素、风味物质、微量元素等）及有害成分（如有毒生物碱、糖苷、酚类、萜类、肽类等以及汞、砷、铅、镉等有害微量元素），就必须通过定性分析来鉴定。如果我们想进一步了解某种或几种成分的含量，就必须借助定量分析才能实现。如果还想更进一步弄清某种成分的组成结构方面的详细信息，就必须通过结构分析来确定。

分析化学是一门极其重要的、理论与实际紧密结合的基础学科，也是一门以多学科为基础的综合性学科。它与化学、物理学、生命科学、信息科学、材料科学、环境科学、能源科学、地球与空间科学等有着密切的联系，相互交叉和渗透，相互促进和发展。

分析化学是一门工具科学，应用非常广泛。可以毫不夸张地说，它几乎与国民经济的一切部门（如工业、农业、商业、国防、科技等）都有着密切的联系，不论是在生产实践中还是科学研究中都有着非常重要的实用意义。例如，在工业生产方面，资源勘探、原料选择、生产控制、产品检验、"三废"（废水、废气、废渣）处理和利用、环境的监测和保护等都要靠分析化学提供的信息进行判断；在农业生产方面，土壤肥力测定、灌溉用水水质化验、作物植株营养诊断、农牧产品品质鉴定、农药残留量的分析、土壤改良、新品种选育和遗传工程等问题都广泛地应用到分析化学的理论和技术；在国防建设方面，武器的生产研制和刑事案件的侦破等方面都要应用到分析化学；在科学技术方面，除了化学学科本身的各个分支（如无机化学、有机化学、物理化学、生物化学等）理所当然地离不开分析化学外，分析化学已渗透到许多学科领域，如生物学、物理学、电子学、天文学、地质学、矿物学、海洋学、医药学以及考古学等。可以说，从地球到宇宙凡涉及化学现象的任何领域都要用到分析化学，而化学现象是自然界最普遍的现象之一。因此，分析化学已成为科学技术的"眼睛"，可及时提供有效的、具有统计意义的结果与信息，并给以科学的解释，在发现和解决实际问题的过程中扮演着重要的角色。

由于分析化学是指导生产实践、从事科学研究不可缺少的工具和手段，因此它是高等院校中化学、应用化学、生命科学、环境科学、医学、生物检验和检疫等许多学科的重要基础课之一。通过对分析化学课程的学习，学生可以掌握分析化学的基本理论知识和实验方法，还可以逐步培养发现问题、分析问题和解决问题的实际能力，以及养成实事求是、一丝不苟、严肃谨慎的科学态度，使学生初步具备从事科学研究的技能，并可将自身的综合素质和创新能力得以提高。

值得特别指出的是：分析化学是一门实践性很强的科学，在全部课程中实验教学占了很大的比重。因此，学习分析化学必须在理论联系实践的基础上，养成科学的工作态度和良好的工作习惯，既要注重基本理论和原理的学习，更要加强基本操作技能的培养训练。

1.2 分析方法的分类

按照不同的分类标准，分析方法可以分成许多种类。

1.2.1 定性分析、定量分析和结构分析

根据分析任务的不同，分析方法可以分为定性分析、定量分析和结构分析。定性分析的任务是鉴定物质有哪些元素、原子团或化合物组成；定量分析的任务是测定物质中有关成分的含量；结构分析的任务是研究物质的分子结构、晶体结构或综合形态。

1.2.2 无机分析和有机分析

根据分析对象的不同,分析方法可分为无机分析和有机分析。顾名思义,无机分析的对象是无机物,有机分析的对象是有机物。虽然两者所依据的分析原理大体上差不多,但由于分析对象不同,因而在分析要求和手段上各有其不同的特点。无机物所含元素种类较多,因而无机分析一般要求鉴定试样有哪些元素、离子、原子团或化合物组成,进而测定各组分的含量,有时要求确定某组分的存在形式等。有机物的组成元素虽为数不多,但结构复杂,种类繁多,故有机分析不仅要求鉴定组成和测定相对含量,而且更多地要进行官能团分析和结构分析。

1.2.3 常量分析、半微量分析、微量分析和超微量分析

根据分析时所需试样量的多少,分析方法可分为表 1-1 中所示的几类。

表 1-1 基于试样用量的分析方法分类

分析方法	试样用量	试液体积/mL
常量分析	>0.1 g	>10
半微量分析	0.01~0.1 g	1~10
微量分析	0.1~10 mg	0.01~1
超微量分析	<0.1 mg	<0.01

应该指出的是,常量分析、半微量分析、微量分析以及超微量分析与被测组分含量没有任何关系。根据被测组分在试样中相对含量的多少,分析方法又可粗略地分为常量组分(>1%)、微量组分(0.01%~1%)、痕量组分(<0.01%)和超痕量组分(约0.0001%)分析,和上面所说的根据取样量多少的分类方法不可混淆。

1.2.4 化学分析和仪器分析

根据分析时所依据的性质不同,分析方法可分为化学分析法和仪器分析法。

以物质化学反应及其计量关系为基础的分析方法称为化学分析法。在定量分析中,化学分析法主要有滴定分析法(也叫容量分析法)、重量分析法和气体分析法。化学分析法历史悠久,应用广泛,设备简单,经济实惠,是分析化学的基础,所以又称经典分析法,多用于常量组分的测定。

以被测物质的某种物理性质或物理化学性质为基础的分析方法,称为物理化学分析法。因为这类分析法通常需要特殊的仪器,所以又称为仪器分析法。仪器分析法一般操作快速,且有较高的准确度,自动化程度高,适合于测定微量或痕量成分。

化学分析和仪器分析都各自包括了许多具体方法。为了简单明了起见,现将较常用的各种分析方法和名称一一列出:

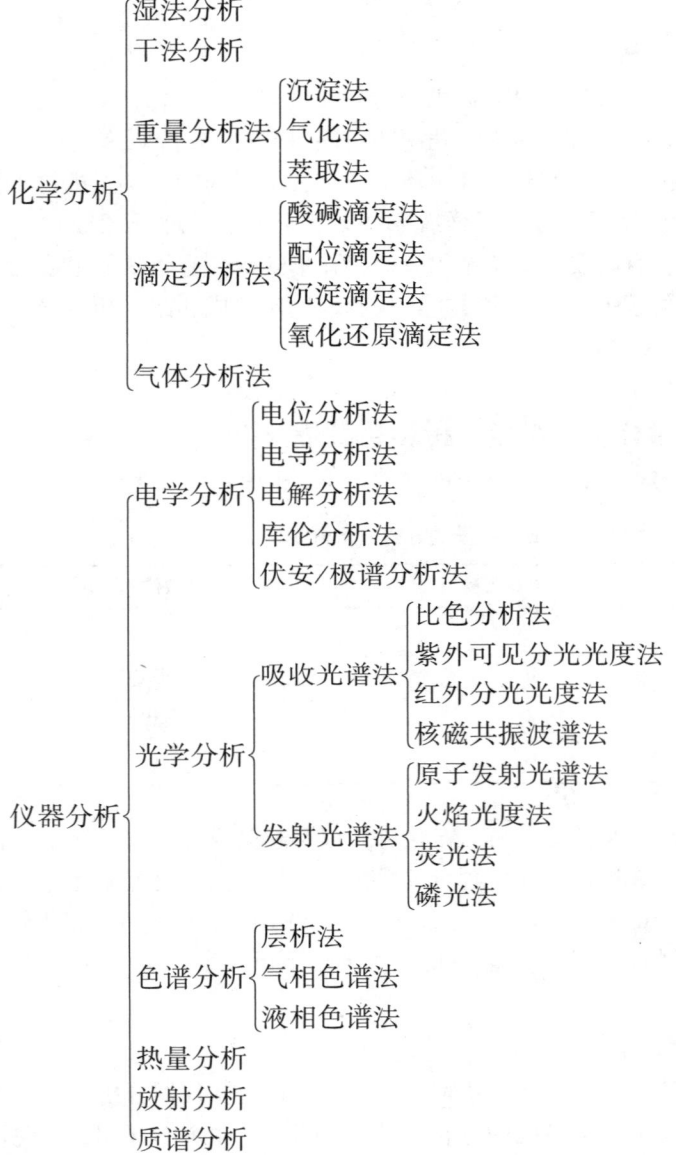

化学分析和仪器分析是分析化学的两大分支，共同承担着各种不同的分析任务，并在化学及相关专业人才的培养中起着十分重要的作用。

1.2.5　例行分析、快速分析和仲裁分析

在实际应用中，根据分析要求的不同或方法本身的性质，分析方法可分为例行分析、快速分析和仲裁分析。

例行分析是指一般分析实验室对日常生产流程中的产品质量指标进行检查控制所进行的分析，又叫常规分析。快速分析主要用于生产控制，如炼钢炉前的分析、田间植株

的营养诊断等。仲裁分析又叫裁判分析，是指不同的单位对同一样品的分析结果有争议时，要求有关权威部门或单位用指定的方法进行准确的分析，以裁决原分析结果的正确与否或评价准确度的高低。

分析方法虽有上述不同的分类方法，但各类分析方法之间并没有绝对的界限，仅仅是人为的习惯划分。在实际分析工作中，常常应用几种不同的分析方法，互相配合，共同完成一种样品的各项分析任务。另外，更多的情况则是样品中的某一成分，可以用不同的方法进行测定。所以，在实际应用时可根据分析任务的具体要求以及现有的实验条件而选择适合的方法。

1.2.6　分析方法的选择

分析方法的选择通常应从以下几方面考虑：
①测定的具体要求，待测组分及其含量范围，待测组分的性质；
②共存组分的性质及对测定的影响，待测组分的分离富集；
③测定准确度、灵敏度的要求及对策；
④现有条件、测定成本以及完成测定的时间要求等。

综合考虑并评价各种分析方法的灵敏度、检出限、选择性、标准偏差、置信概率、分析速度以及成本等因素，查阅相关文献，拟定相关方案并进行条件试验，借助标准试样的检测方法的实际准确度和精密度，再对试样进行分析检测并对其分析结果进行统计处理。

1.3　分析化学发展动向

生产和科学研究的需要，是分析化学发展的"动力"，各学科之间的相互渗透是分析化学发展的"催化剂"。生产和科学技术的发展，一方面给分析化学提出了更多的任务和更高的要求；另一方面也给分析化学提供了新的理论和手段，因而迅速地改变着分析化学的面貌。

一般认为，分析化学学科的发展经历了三次巨大的变革。第一次是在 20 世纪 30 年代，物理化学的重要成就之一，溶液理论被引入分析化学，溶液中四大平衡理论的建立为分析化学提供了理论基础，使分析化学从一门技术发展成为一门具有系统理论的科学。第二次发生在 20 世纪 40 年代之后，由于物理学和电子技术的发展，促进了分析化学中物理方法的发展，各种仪器分析方法和分离技术应运而生，于是仪器分析成为分析化学的重要内容，改变了经典分析化学——化学分析法为主的局面。第三次变革是 20 世纪 70 年代以后，以计算机应用为主要标志的信息时代的来临，促进了科学技术的迅速发展，树立了分析化学发展过程中的一个新的里程碑。同时，生命科学、环境科学、材料科学、能源科学和宇宙科学等发展的需要，基础理论及测试手段的不断完善，促使分析化学进入第三次变革时期。现代分析化学完全可能为各种物质提供组成、含量、结构、分布、形态等全面信息，因此微区分析、无损分析、瞬时分析、在线分析、实时分析甚至是活体原位分析等新方法应运而生。

今后,分析化学的总发展趋向可概括为:

①在分析理论上与其他学科相互渗透;

②在分析方法上趋于各类方法相互融合;

③在分析技术上趋于向高灵敏度、高选择性、准确、快速、简便、高通量、智能化和信息化的方向发展,以解决更多、更新、更复杂的问题。在不断发展变化的大千世界中,分析化学仍将不断发挥重要作用。

本章小结

本章主要介绍分析化学的定义、任务和作用。通过介绍各种分析方法的分类,概括出分析化学的主要内容以及学科的特点。

简要介绍了分析化学的发展简况以及未来的发展趋势。分析化学是一门实践性很强的学科,因此,学习分析化学必须在理论联系实际的基础上加强基本操作的训练,养成科学的工作态度和良好的工作习惯。

思考题与习题

1. 什么是分析化学?它的主要任务是什么?
2. 分析方法是如何分类的?
3. 简述化学分析法和仪器分析法的关系。
4. 通常根据哪些因素选择分析测定方法?

第 2 章   定量分析的一般过程

学习目标：
- 熟悉定量分析的一般过程；
- 了解试样的采集和制备的方法；
- 了解试样的分解及处理的方法。

定量分析一般过程包括以下几个步骤：试样的采集和制备、试样的分解、干扰组分的分离、测定、数据的计算处理及分析结果的评价和表示等。本章仅对常见的一些试样的一般分析过程进行简单介绍。

2.1   试样的采集和制备

在生产实践中，经常要对大量物料中某组分进行测定，但实际分析中只能采集少量样本作为原始试样，经过加工处理后进行测定分析，其分析结果被视为原始物料的实际情况。因此，分析时就需要采集具有高度代表性的试样，即采集试样的组成代表全部物料的平均组成，否则，无论分析工作做得多么认真、准确，仪器方法多么先进，所得结果都毫无实际意义，甚至因提供了无代表性的分析数据，给生产或科研造成严重的损失。因此，采用正确的方法进行试样采集和制备是非常重要的。

2.1.1   试样的采集

采集试样是分析的第一步骤，也叫取样。取样一般可分 3 步：①收集粗样（原始试样）；②将收集的原始试样经过混合或粉碎，然后缩分至分析所需的适合量；③制成符合分析时用的分析试样。

为了保证取样有足够的代表性和准确性，又不花费过多的人力和物力，试样采集应符合以下要求：

①大批试样中所有组成部分都有同等被采集的几率；

②根据准确度要求，采取随机采样，但最好有一定次序使费用尽可能低；

③将多个取样单元的试样彻底混合后，再分成若干份，作为重复。

分析对象多种多样，不同物料，取样方法有所不同。专业性样品的采集应参阅有关国家标准或行业标准。下面就一般试样采集的过程进行简单介绍。

2.1.1.1　固体试样

固体试样种类繁多、形态各异，试样的性质和均匀程度各有差异。组成分布不均匀的物料有矿石、煤炭、土壤等，颗粒大小不等，硬度相差也大，组成极不均匀；组成相对均匀的物料有谷物、金属材料、化肥和水泥等。

对于不均匀的物料来说，应从大批物料的不同部位和深度，选取多个取样点进行取样，取出一定数量大小不同的颗粒，然后混合作为平均试样，以保证所采取的试样具有代表性。采样的数量可按统计学处理，选择能达到预期的准确度最节约的采样量。

平均试样的采集量与试样的均匀程度、颗径大小、破碎难易程度有关。通常按切乔特公式估算：

$$Q \geqslant Kd^2 \tag{2-1}$$

式中　　Q——采集平均试样的最低质量(kg)；

　　　　d——最大颗粒的粒径(mm)；

　　　　K——反映物料特性的系数，通常由经验所得，一般在0.05~1之间。

对于土壤试样的采取，因为不同地方的土壤差异很大，常常采样造成的误差要比分析方法带来的误差大很多。因此采集土壤试样时，必须按照一定采集路线、多点随机混合的原则进行。比较常用的采样路线有锯齿形、棋盘式、对角线法等。一般是在20~30个采样点采集小样加以混合。采样时，按照不同的深度，垂直于地面切取土样。采集到的小样，每份0.5~1 kg，将其全部放在平整的牛皮纸上，除去石块、草根、树皮等杂物，混匀后按四分法缩分到最后质量不少于1 kg作为分析试样。

对于农药、化肥、饲料以及精矿等粉状松散的物料，其组成相对比较均匀，因此可以减少取样点。无论物料以堆、袋、包、桶、箱等哪种方式存放着，一般要使用探针采集样品。将取样钻(探针)插入物料中，旋转数圈，使物料充满探针中间管道后拔出，即得一份小样。将多次取得的小样合并成一个平均试样。对同一批号的固体物料，采样点数(s)可按下式计算：

$$s = \sqrt{\frac{N}{2}} \tag{2-2}$$

式中　　N——被检测物料的数目(件、袋、桶、包、箱等)。

2.1.1.2　液体试样

液体试样有水、饮料、油和工业溶剂等，它们一般比较均匀，因此采样单元数可以较少。

对于盛装在小容器中的液体试样，通常可以先将其搅拌均匀，然后用瓶子或取样管采集一份试样用于分析。如果是在大容器里的液体试样，人为的搅拌难以有效地使液体混合均匀，则可以在大容器的不同深度、不同部位分别取样，然后经均匀混合后方可作为分析试样，以保证其具有代表性。例如，采取水样时，在保证样品具有代表性的前提下，应根据具体情况，采用不同的方法取样。当采集水管中的水样时，采样前需将水龙头或阀门打开，先放水10~15 min，然后再用干净试剂瓶收集水样。收集时最好在水龙头处连接乳胶管，另一管插入瓶底，使水样自下而上充满样品瓶，当样品瓶盛满水溢出一段时间后，塞好瓶塞。采集江、河、池、湖中的水样时，首先要根据分析目的及水系的具体情况选择好采样地点，然后用采样器在不同采样点、不同深度各取一份水样，将其混合均匀，取体积不少于 500 mL 的样品作为分析试样。

2.1.1.3　气体试样

气体试样有汽车尾气、工业废气、大气、压缩气体及气溶物等。最简单的采集气体试样的方法是用泵将气体充入取样容器中，一定时间后将其封好即可。例如，采集大气样品，通常选择距离地面 0.5~1.8 m 的高度采样，尽量使大气样品与人畜呼吸的空气相同。再如，采集工农业生产的废气，若是常压或负压(即废气气体压力等于或小于大气压)，可用气泵等将样品瓶和吸气管道抽成真空，再使其吸入废气试样；若是正压(即废气压力大于大气压)，则可用气囊、样品瓶或吸气管道等直接承接试样。一般气体样品体积不少于 1000 mL。

2.1.1.4　生物试样

生物试样不同于一般的有机和无机试样，其组成因部位和时节不同有较大差异。因此，应根据研究或分析需要，选取适当部位和生长发育阶段进行采样，采样不仅应注意群体代表性，还应注意适时性和部位的典型性。采样量应根据分析项目而定，须保证试样经处理、制备后，还有足够数量以满足分析需要。

对于植物试样的采集，首先应选定样株。样株的选择必须具有代表性，按照一定线路随机多点采集，组成平均样。平均样的数量要根据植物种类、株形、生育期以及分析的准确度来定。但是，如果分析任务具有特定目标时，采样时就需要注意典型性植株，同时必须另选有对照意义的典型植株。对大田或试验区整体分析时，采样应注意植株的长势，不要采集那些有机械损伤的、受病虫害的、生长不良或过于旺盛的植株。例如对植株的养分分析，采样部位应选择植物上最能灵敏地反映养分多少的部位，但是一定要结合相关专业知识，注意植物的种类、发育期等。除此以外，由于植物养分含量每天随时辰变化而不同，因而尽可能在相同的时间或具有代表性的时间采集样品。

对于动物或食品试样的采集，如动物的血液、尿液、肌肉、肝、肾、皮肤、蛋、奶、血浆、粪便等，可根据不同的分析项目的要求来定，有时从不同部位取样，混合后代表该有机体；有时从一个或多个有机体的同一部位取样。

应该指出的是，一切取样工具(如取样器、容器等)都应在取样前做好清洁，不可将任何影响分析的物质带入样品中，分析前要保证样品原有的理化特性，不得污染。

2.1.2　试样的制备

液体和气体试样相对比较均匀，一般在样品采集好后就可以直接作为分析试样。而对于固体试样和生物试样来说，采集完之后还需进行制备处理才能进行分析实验。

2.1.2.1　固体试样的制备

固体试样往往质量较大，且其组成复杂，化学成分的分布常常不均匀，必须经过多次破碎、过筛、混匀和缩分等步骤加工处理，使其数量减少，但又能代表原始试样，才能制备成分析试样使用。

（1）破碎和过筛

破碎要通过机械或人工方法进行，一般可分为粗碎、中碎和细碎 3 个阶段。

①粗碎　用鄂式破样机将试样破碎至能够全部通过 10 目的筛孔。

②中碎　一般用盘式破样机或对辊式破样机把粗碎后的试样粉碎至能通过 20 目筛孔。

③细碎　用盘式粉碎机或研钵进一步磨碎，直至能通过所要求的 100～200 目的筛孔。

应该指出的是，在破碎和过筛的过程中，每次都应该使未通过筛孔的样品进一步破碎，直至全部通过筛孔，不可弃去大颗粒样品，否则会影响分析样品的代表性，从而影响分析结果的可靠性。再者，粉碎时应避免混入杂质。

过筛所用的标准筛是用细铜合金丝编织成的，筛孔的大小习惯上以筛号（或网目）来表示，我国现用的标准筛号就是每 1 英寸长度内的筛孔数，如 100 号标准筛即 1 in（2.54 cm）长度内有 100 筛孔。标准筛号及相应的孔径对照表见表 2-1。

表 2-1　标准筛孔对照表

筛号/网目	5	10	20	30	40	50	60	80	100	200
筛孔直径/mm	4.00	2.00	0.84	0.59	0.42	0.30	0.25	0.177	0.149	0.074
孔径/in	0.157	0.079	0.0331	0.0234	0.0166	0.0117	0.0098	0.0070	0.0059	0.0029
筛孔数/cm^{-1}	2	3.5	8	11	15	20	24	34	40	79

（2）混合与缩分

试样每经过一次破碎，都应该充分混匀，用机械（分样器）或人工的方法取出一部分有代表性的试样再进行下一次处理，而弃去另一部分，这样就可以将试样量逐渐缩小，这个过程称为缩分。

缩分的目的是使粉碎试样的量减少，便于分析，同时又不失其代表性。常用的手工缩分方法为"四分法"。所谓四分法，就是将粉碎混匀的样品堆成圆锥形（图 2-1），从顶点垂直向下挤压成圆台，通过中心将其分割成"十"字形四等份，弃去任一对角的两份（如图 2-1 中的画线部分），将留下的一半样品收集在一起混合均匀，这样样品就完成了第一次缩分。将剩下的样品进行如此重复操作，连续缩分，直到所剩样品稍大于分析测定所需量为止。

应注意的是，缩分的次数不是随意的，每次缩分后所需保留的质量应符合采样公式（2-1），另外，也可以根据所要求的 K 值和原始样品的质量算出缩分次数。

【例 2-1】　有固体原始试样 20 kg，设 K 值为 0.2，若要破碎至能够通过 10 目的筛孔时，最低可靠质量是多少？用四分法缩分需要连续缩分几次？最终可得到的分析样品的质量是多少？

解：查表 2-1 可知，10 目试样筛的筛孔直径为 2.00 mm，因此最低可靠质量为

$$Q = Kd^2 = 0.2 \times (2.00)^2 = 0.8 (\text{kg})$$

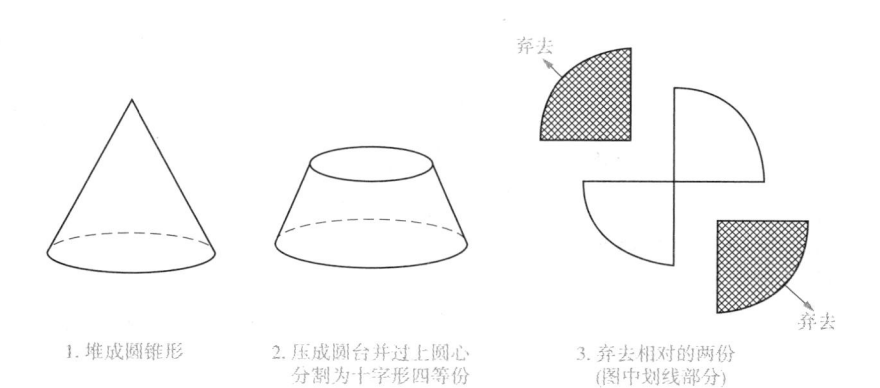

1. 堆成圆锥形　　2. 压成圆台并过上圆心　　3. 弃去相对的两份
　　　　　　　　　分割为十字形四等份　　　（图中划线部分）

图 2-1　四分法示意图

设可以缩分的次数为 n , 则

$$20 \times \left(\frac{1}{2}\right)^n = 0.8$$

$$n\lg\frac{1}{2} = \lg 0.04$$

$$n = 4.64$$

因此, 该试样可连续缩分 5 次, 则

$$20 \times \left(\frac{1}{2}\right)^5 = 0.625(\text{kg})$$

故, 最后得到最大颗粒直径为 2.00 mm 的分析试样 0.625 kg。

2. 1. 2. 2　生物试样的制备

生物试样采样后为防止有机体的物质运转或变质, 为保证分析结果的可靠性和准确度, 因此, 必须对生物试样采用相应的方法进行制备或保存。

生物试样的制备首先根据实际情况进行正确洗涤, 否则会引起污染。例如植物组织试样在采集后必须洗涤, 否则可能由泥土、施肥、农药等带入污染。洗涤应在植物尚未萎蔫时刷洗, 先用自来水刷洗表面杂物, 再用蒸馏水冲洗, 最后用滤纸吸干。

采集的植株试样如果要进行不同器官的测定分析, 则采集样品后, 应立即将其剪开, 以免物质运转。若剪碎的试样较多时, 可在混匀后经四分法缩分至所需要的质量。

鲜样分析的样品, 应立即进行处理和分析, 如生物试样中的酚、亚硝酸、有机农药、维生素、氨基酸等在生物体内易发生转化、降解或者不稳定的成分, 一般应采用新鲜样品进行分析。如需短期保存, 必须按要求在低温下冷藏, 以抑制其变化。对于不易变化的成分常用干燥试样来测试分析。生物试样的干燥有多种方法, 如新鲜的植物试样要分两步干燥, 即先将洗涤干净的样品在 80～90 ℃ 的干燥箱中保持 1.5～3 h, 然后降温至 60～70 ℃, 除去水分。对于水样的浓缩, 植物、动物血清和其他含有易挥发组分的干燥可采用冷冻干燥法, 即样品放在冷冻干燥室内，抽真空至 1.3~6.5 bar(0.13~0.65 MPa)，水变成冰，2~3 d 后冰全部升华。

干燥的试样可用研钵或带有刀片的粉碎机粉碎，并全部过筛。分析试样的细度要根据称取量的大小来定。一般用筛孔直径为 1 mm 的试样筛，若称样量小于 1 g 时，就需要使用 0.25 mm 的筛子。样品过筛后要充分混匀，保存好，必要时内外各放一个试样标签。贮存生物材料的容器材料有塑料和玻璃，注意贮存期间的吸附：塑料易吸附脂溶性组分，玻璃易吸附碱性物质。

生物样品的制备除上述洗涤、干燥、粉碎、过筛等一般程序外，有时还有离心、过滤、防腐和抑制降解等。例如血样(血浆、血清、血液)和尿样等要注意酸败和细菌污染，一般在 4 ℃冷藏和加入氯仿或甲苯防腐。

2.1.2.3 湿存水的处理

一般固体试样往往含有湿存水。湿存水是指试样表面及孔隙中吸附的空气中的水分，其含量随样品的粉碎程度和放置时间而改变，因而试样各组分的相对含量也随湿存水的多少而变化。在实际工作中，为了比较多数试样中的各组分相对含量一般是相对于干物质而言的。因此，在进行分析之前，必须将试样在 100~105 ℃的温度下烘干至恒重，以除去湿存水。湿存水的含量可根据烘干前后试样的质量计算。除去湿存水的试样应置于装有干燥剂的干燥器中自然冷却至室温。

2.2 试样的分解与处理

在化学分析中，通常要求试样为溶液，因此，如果试样不是溶液，则需要先通过适当的方法将其转化成溶液，这个过程称为试样的分解。分解工作是分析工作的重要步骤之一，直接关系到待测物质转变为适合的测定形态，也关系到以后的分离和测定。分解处理试样的要求：一是试样分解必须完全，处理后的溶液中不得残留原试样的细屑或粉末，若为部分分解试样，则应确保被测组分完全转入溶液中；二是试样分解过程中待测组分不应挥发损失；三是不应引入被测组分和干扰物质。常用的分解方法有溶解法、干灰化法和熔融法等。由于试样的性质不同，分解的方法也有所不同。通常将试样分为无机试样和有机试样两大类。对于无机试样的分解常用溶解法、熔融法或烧结法等；而对于有机试样的分解常用湿式消化法或干式灰化法等。在实际分解试样时，有时不同方法联用，才能达到分解试样的目的。

2.2.1 无机试样的分解

2.2.1.1 溶解法

采用适当的溶剂将试样溶解制成溶液，这种方法比较简单、快速。常用的溶剂有水、各种酸和碱等。

(1)水溶法

对于可溶性无机盐，如碱金属盐、铵盐、硝酸盐、大多数碱土金属盐、卤化物和硫酸盐等，可以用蒸馏水为溶剂制备试液供分析测定使用。

（2）酸溶法

常用的酸溶剂有盐酸、硫酸、硝酸、磷酸、高氯酸、氢氟酸、混合酸（如王水、逆王水等）等。

①盐酸（HCl）　盐酸是分解试样的重要强酸之一，主要是利用盐酸中的 H^+ 和 Cl^- 的还原性以及 Cl^- 与某些金属离子的配位作用，用于弱酸盐（如碳酸盐和磷酸盐等）、一些氧化物（如氧化铁、二氧化锰等）、一些硫化物（如硫化铁和硫化铅等）以及电极电势位于氢电极以前的金属或合金的溶解。另外，盐酸也可以溶解灼烧过的氧化铝和某些硅酸盐。盐酸加过氧化氢或溴水等氧化剂，可以用来分解铜合金和硫化物矿等，而且可以破坏试样中的有机物，过量的过氧化氢或溴可以通过加热除去。

②硫酸（ H_2SO_4 ）　硫酸的特点是沸点高（338 ℃），热的浓硫酸具有强的脱水能力和氧化能力，而且分解试样速度快，因此硫酸也是分解试样的一种重要的溶剂。除了钙（Ca）、锶（Sr）、钡（Ba）、铅（Pb）外，其他金属的硫酸盐一般都能溶于水。用硫酸分解试样后，可以通过加热除去对测定有干扰的其他酸（如 HCl、 HNO_3 、HF）以及水分，也可以破坏试样中的有机物。例如，饲料中总蛋白含量的测定，就是在硫酸铜和硫酸锌的存在下，硫酸能够分解饲料中有机物，使蛋白质和其他含氮化合物转化为硫酸铵，然后再以凯式定氮法测定氮的含量，从而确定总蛋白的含量。

③硝酸（ HNO_3 ）　几乎所有的硝酸盐都易溶于水，且硝酸具有强氧化性，除铂（Pt）、金（Au）和某些稀有元素外，浓硝酸能分解几乎所有的金属试样。铁、铝、铬等元素用硝酸溶解时由于生成氧化膜而钝化，锑（Sb）、锡（Sn）、钨（W）由于分别生成偏锑酸、偏锡酸和钨酸这些不溶性的酸，所以这些金属不宜用硝酸溶解。几乎所有的硫化物及其矿石皆可溶于硝酸，但是应在低温下进行，否则将析出硫黄。可加入混合溶剂（ $KClO_4$ 或 Br_2 等）使硫氧化成硫酸根离子以除去。

④高氯酸（ $HClO_4$ ）　除钾离子、铵离子等极少数离子的高氯酸盐外，一般的高氯酸盐都易溶于水。浓热的高氯酸具有强的脱水和氧化能力，72% 的浓高氯酸沸点为203 ℃，所以用高氯酸分解试样时，若加热到冒出高氯酸白烟时可以除去低沸点的酸和破坏有机物，所得残渣加水很容易溶解。用高氯酸分解土壤样品有助于胶状硅的脱水，而且能与 Fe^{3+} 形成配位化合物，在磷的光度法测定时，可消除硅和铁的干扰。使用高氯酸分解试样时要特别注意安全，因为当有脱水剂、有机物、某些还原剂等在一起加热时，就会发生剧烈的爆炸。对于含有有机物或还原性物质的试样分解时，应先用硝酸加热破坏试样后，再加入高氯酸分解。一般来说，使用高氯酸必须有硝酸的存在，这样才比较安全。

⑤氢氟酸（HF）　氢氟酸虽是弱酸但氟离子具有强的配位能力，分解无机试样也经常用到。氢氟酸常与氧化性（ HNO_3 ）或强酸性（ H_2SO_4 ）的酸一起使用，分解硅铁、硅酸盐以及含钨、铌、钛等试样，如硅能和氢氟酸形成 SiF_4 而除去。特别说明的是，氢氟酸分解试样时，器皿应使用铂皿或聚四氟乙烯，温度不能超过250 ℃，否则将产生有毒气体全氟异丁烯。还应该注意防止氢氟酸碰到皮肤，以免烧伤。

⑥混合酸　如王水、逆王水等。所谓王水是指浓硝酸和浓硫酸 1 : 3(体积比)混合的混合酸,逆王水则是 3 : 1 混合。可用来氧化硫和分解各种难以分解的合金。

（3）碱溶法

常用的碱溶剂有氢氧化钠($NaOH$)和氢氧化钾(KOH)或再加入少量的过氧化钠(Na_2O_2)和过氧化钾(K_2O_2)。常用来溶解两性金属,如 Al、Zn 及其合金,也能溶解它们的氧化物、氢氧化物,对于酸性氧化物 WO_3、MoO_3 的溶解也经常使用碱溶法。

2.2.1.2　熔融法

熔融分解法是将试样与固体熔剂混合,在高温下加热,利用试样与熔剂发生的复分解反应,使试样的全部组分转化成易溶于水或酸的物质(如钠盐、钾盐、氯化物等)。根据所用熔剂的化学性质不同可分为酸性熔融法和碱性熔融法。常用的酸性熔剂有焦硫酸钾($K_2S_2O_7$)、硫酸氢钾($KHSO_4$)和铵盐混合物等;碱性熔剂有碳酸钠(Na_2CO_3)、碳酸钾(K_2CO_3)、氢氧化钠、氢氧化钾、过氧化钠和它们的混合物等,多用于分解酸性试样。

（1）酸熔法

常用焦硫酸钾或硫酸氢钾作熔剂。这类熔剂在 300 ℃ 以上可以分解一些难溶于酸的碱性或中性氧化物,如 Fe_2O_3、Al_2O_3、TiO_2 等,生成可溶性的硫酸盐。酸熔法常在瓷坩埚中进行,温度不宜过高,时间也不宜过长,否则硫酸盐又会分解成难以溶解的氧化物。分解后得到的熔块要等到冷却后用稀硫酸浸取,再定容至一定的体积。

（2）碱熔法

常用的碱性熔剂有碳酸钠、碳酸钾、氢氧化钠、过氧化钠以及它们的混合物等。碱性溶剂除具有碱性外,在高温下可起到氧化作用,可以把一些元素氧化成高价,从而增加了试样的分解作用。碱熔法常用于酸性试样的分解,使样品转化为易溶于酸的氧化物或碳酸盐。

碳酸钠或碳酸钾可分解一些硅酸盐、酸性炉渣等。例如,用来分解钠长石和重晶,经高温熔融后均转化为能溶于水和酸的化合物。为了降低熔融时的温度,通常用碳酸钠与碳酸钾的 1 : 1(质量比)混合物,熔点大约 700 ℃。

为增加氧化性,可在 Na_2CO_3 中加入少量 KNO_3 或 $KClO_3$,可用于分解含 S、As、Cr 等的试样,使它们分解并氧化成 SO_4^{2-}、AsO_4^{2-}、CrO_4^{2-}。Na_2CO_3 加 S 是一种硫熔剂,常用来分解含 As(砷)、Sb、Sn 等的氧化物,使其转化为相应的可溶性硫代酸盐。

Na_2O_2 属于强氧化性、强腐蚀性碱性熔剂,常用于分解许多难溶性物质,如硅铁、铬铁、锡石等。Na_2O_2 在 460 ℃ 熔融并分解,因此分解试样时常控制温度在 600 ℃ 左右。由于分解样品时对坩埚腐蚀严重,建议使用廉价的铁坩埚熔解样品。应注意的是,用过氧化氢熔解样品时,若试样中存在有机物,则会发生爆炸。为安全起见 Na_2O_2 常与 Na_2CO_3 混合使用。

$NaOH$ 和 KOH 的熔点分别为 321 ℃ 和 404 ℃,属于低熔点强碱性溶剂,常用于分解铝土矿、硅酸盐等试样。熔解试样时具有熔融速度快、熔块易溶解、熔点低等特点。

对于测定土壤样品中的硅和铁的成分是十分有利的。

2.2.1.3　烧结法

烧结法是指将试样与熔剂混合后加热至熔结状态，经过一定时间使试样分解完全。由于是在尚未熔融的温度下烧结，即半熔物收缩成整块而不是全熔，所以又称为半熔法。与熔融法相比，烧结法温度低于熔点、不全熔、只是半熔收缩结块；此法不易损坏坩埚，但加热时间较长；通常使用瓷坩埚。例如，常用碳酸钠和氧化镁的混合物（1∶2）作熔剂，利用烧结法分解煤或矿石中的硫。其中碳酸钠作熔剂，氧化镁起疏松和通气作用，使空气中氧将硫氧化成硫酸盐，用水浸提即可分析。有时为了能使硫氧化完全，可加入少量的氧化剂，如高锰酸钾等。

处理无机试样的 3 种分解方法各有其特点，其中，溶解法简便快捷，引入杂质较少；熔融法或烧结法步骤繁多且易引入试样及坩埚杂质。在实际工作中，一般情况下，应先考虑溶解法，尽量不使用熔融法和烧结法。

2.2.2　有机试样的处理

有机试样指的是有机化合物、动植物组织、食品、饲料以及药物等样品。对于有机试样的分解处理，可采用溶解法和分解法。分解法又包括干式灰化法和湿式消化法。

2.2.2.1　溶解法

对于低级醇、多元酸、糖类、氨基酸、有机酸等小分子有机碱金属盐类的有机试样，可采用水溶解法处理试样；对于不溶于水的样品可以选择有机溶剂，根据相似相溶原理，也可以选择合适的有机溶剂处理试样。例如，极性有机化合物易溶于甲醇、乙醇等极性溶剂，非极性有机化合物易溶于苯、氯仿、四氯化碳等非极性溶剂中。也可以根据拉平效应，选择适当的溶剂，如有机酸和酚类易溶于乙二胺、丁胺等碱性有机溶剂，生物碱等有机碱易溶于甲酸、乙酸等酸性有机溶剂。

2.2.2.2　干式灰化法

典型的干式灰化法有定温灰化法和氧瓶燃烧法两种。

①定温灰化法　通常是将试样置于马弗炉中加热（400～1200 ℃），以大气中的氧作为氧化剂使之分解，然后加入少量 HCl 或 HNO_3 浸取燃烧后的无机残余物，以供分析。主要测定有机试样和生物试样中的无机元素。定温灰化法所用的温度和时间，取决于分析对象和测定项目。一般建议采用的温度在 500 ℃ 左右，时间 2～8 h。例如，测定植物中的矿物质元素 Ca、Mg，可采用干式灰化法分解处理试样：称取烘干、磨细的样品，置于坩埚，炭化后放入马弗炉，在 520 ℃ 下灰化大约 1 h，冷却后，用盐酸溶解残渣得分析试样。应注意的是马弗炉升温不可太快，否则试样可能迅速着火或溅出坩埚，造成试样损失。

②氧瓶燃烧法　是在充满氧气的密闭瓶内，用电火花引燃有机试样，瓶内可盛适当的能够吸收燃烧产物的吸收剂，然后用适当的方法测定。氧瓶燃烧法常用于有机物中非金属元素的分析，包括卤素、S、P、B 等元素；也可以用于有机试样中部分金属元素

的测定，如 Hg、Zn、Mg、Co、Ni 等的测定。

典型干式灰化法的特点：基本不加入（或少加入）试剂，可避免引入杂质；有机物彻底分解，方法简便；有机物灰分体积很小，可处理较多样品，富集被测组分，降低检测限。但是干式灰化法所需时间长，因高温容易造成少数元素的挥发或器壁上黏附金属会造成一定的损失。

除上述两种干式灰化法外，近年来出现了一种低温灰化技术，该方法是将样品放在低温灰化炉中，先抽空气，再输入氧气，用射频电波产生活性氧游离基，低温（<100 ℃）氧化有机物，从而分解试样。适合于易挥发成分的测定，如 As、Se、Hg 等元素，但仪器价格昂贵。

2.2.2.3 湿式消化法

湿式消化法简称消化法，是常用的有机样品分解处理方法。通常用 HNO_3、H_2SO_4 及其混合物与试样一起置于克氏烧瓶内，在一定温度下进行煮解，其中 HNO_3 能破坏大部分有机物。在煮解的过程中，HNO_3 逐渐挥发，最后剩余 H_2SO_4。继续加热使产生浓厚的 SO_3 白烟，并在烧瓶内回流，直到溶液变得透明为止。

湿式消化法的特点：有机物分解速度快，所需时间短，一般 0.5~1 h 即可；由于温度较干式灰化法低，可以减少因挥发逸散而损失样品，容器吸留也少。但加入试剂会引入杂质，使测定空白值偏高，再者在消化过程产生大量有害气体，还有在消化初期，易产生泡沫外溢，需操作人员随时调温控制。

湿式消化法主要用于测定有机物或生物样品中的无机元素，主要包括金属离子、S、卤素等，如植物全磷的测定，利用 H_2SO_4 和 H_2O_2 消化分解试样；动植物全氮量的测定，利用 H_2SO_4 和催化剂 $CuSO_4$、$ZnSO_4$ 消化试样中的有机物和有机含氮化合物，使其转变为无机铵盐，以供测定。具体使用时，还应根据测定的对象、测定的方法和项目的不同，选择酸或者混合酸的种类和比例。

2.2.2.4 微波辅助消解法

除在常温和一般加热条件下分解试样外，也可采用微波加热辅助分解。微波辅助消解法是利用试样和适当的溶（熔）剂吸收微波能产生热量加热试样，同时微波产生的交变磁场使介质分子极化，极化分子在高频磁场交替排列导致分子高速振荡，使分子获得高的能量。由于这两种作用，试样表层不断被搅动和破裂，因而迅速溶（熔）解。由于微波能是同时直接转递给溶液（或固体）中的各分子，因此溶液（固体）是整体快速升温，加热效率高。微波消解一般采用密闭容器，这样可以加热到较高温度和较高压力，使分解更有效，这样也可减少溶剂用量和易挥发组分的损失。这种方法可用于有机和生物试样的氧化分解，也可用于难熔无机材料的分解。

对于有机和生物试样，如果不是测定其中的无机成分含量，而是要测定有机或生物分子的含量，就不能采用湿法消化和干法灰化等对试样进行完全分解，而应该根据试样的类型（如浆汁、体液、组织）和被测组分的性质，采用溶剂萃取、溶液提取、沉淀、色谱分离等方法将其提取出来，再制备成适当的溶液用于分析。这样可避免破坏待测组分的结构并减少对生物活性物质的活性的影响。如果涉及细胞组分的测定，则事先还需用机械(如研磨)、物理(如超声破碎、反复融冻)或化学(如加丙酮、丁醇或氯仿等有机溶剂)等方法破坏细胞膜,以便释放出内容物。

2.2.3　干扰组分的处理

在实际分析过程中,常会遇到含有多种组分的复杂试样,当这些共存组分对测定彼此干扰,而且不能简单地通过选择适当的测定方法或加入适当的掩蔽剂消除干扰时,就必须在测定前先将干扰物分离除去再进行被测组分的测定。常用的分离方法有沉淀分离法、萃取分离法、离子交换分离法和色谱分离法等。此外,随着计算机技术和化学计量学的发展,很多干扰问题可在仪器测试中或通过计算机处理来解决,也可以通过计算分析将干扰组分同时测定来达到消除干扰的目的。

2.3　测定方法的选择

对某种组分的测定往往会有多种分析方法。各种方法都有各自的特点和不足之处。表 2-2 比较了化学分析和仪器分析的特点。在实际分析时,究竟选择何种测定方法应视具体情况而定,一般主要根据测定任务的具体要求、被测组分的性质、被测组分的含量、共存组分的影响以及实验室的具体条件等因素来选择合适的分析方法进行测定。

表 2-2　化学分析与仪器分析方法比较

项目	化学分析法(经典分析法)	仪器分析法(现代分析法)
物理性质	化学性质	物理、物理化学性质
测量参数	体积、重量	吸光度、电位、发射强度等
误差	0.1%~0.2%	1%~2%或更高
组分含量	1%~100%	<1%、单分子、单原子
理论基础	化学、物理化学(溶液四大平衡)	化学、物理、数学、电子学、生物学等
解决问题	定性、定量	定性、定量、结构、形态、能态、动力学

2.3.1　测定的具体要求

分析工作的分析对象繁杂多样,涉及面广,明确测定目的和具体要求非常重要,因此,分析方法的选择首先应该明确测定的目的和要求,其中包括需要测定的组分、准确度的要求以及测定速度等方面。通常对于常量组分、标准试样和基准物质含量的测定,对准确度要求较高;微量(痕量)组分的测定对灵敏度的要求较高;生成过程中的控制分析则要求测定速度快而且简便。例如,对土壤试样的全量分析中,SiO_2 是主要测定项目,因为 SiO_2 是常量组分,对准确度要求较高,故多采用重量分析法,因为重量分析法具有准确度高、干扰少而且滤液还可以进一步做其他组分的分析等优点。但重量分析法烦琐费时，若是监控土壤流失的分析任务则不可选择，可选择测定速度较快的氟硅酸钡滴定法进行测定。

2.3.2　被测组分的性质

分析方法一般是基于被测组分的化学或物理性质而建立起来的，反过来，分析之前若掌握被测组分的性质，则对分析方法的选择是十分有益的。例如，分析生物或土壤试样中的金属离子，由于许多金属离子均与 EDTA 形成稳定的配合物，因此可选择配位滴定法。而对于碱金属，特别是 K^+、Na^+ 离子等，由于它们与 EDTA 形成的配位化合物很不稳定，又不具有氧化还原性质，但能发射或吸收一定波长的特征谱线，因此，若改用火焰光度法或原子吸收分光光度法，则是较好的分析方法。

2.3.3　被测组分的含量

组分的含量范围对准确度和灵敏度的要求各不相同，因此在选择分析方法时，必须考虑被测组分的含量范围。一般来讲，常量组分测定多采用滴定分析法和重量分析法，因为滴定分析方法简便、快速，准确度高，相对误差一般不超过 0.1%。在两种方法均可应用时，则常选择滴定分析法。微量组分测定多采用灵敏度较高的仪器分析法，如各种光谱分析法、电化学分析法以及色谱法等，这些方法的相对误差一般是百分之几。若采用仪器分析法测定常量组分，则其分析结果的准确度不如滴定分析法和重量分析法，但是对于微量组分来讲，其准确度已能满足要求了。

2.3.4　共存组分的影响

一般试样的组分较复杂，在测定分析时，其他组分常有干扰，因此，选择分析方法时，必须考虑共存组分对测定的影响。在实际分析工作中，要尽量选择共存组分不干扰或通过改变测定条件、加掩蔽剂（配位、氧化还原、沉淀等）来避免干扰，若上述方法都不奏效则使用分离法除去干扰组分。

2.3.5　实验室条件

选择分析方法时，除要考虑上述因素以外，还要考虑实验室所具备的条件，如实验室的温度、湿度、防尘、所用试剂和实验用水的纯度、现有仪器的性能以及操作人员的业务能力等实际情况。一般应按现有条件尽可能选择比较先进的分析方法和技术，以提高工作效率。如测定地表水的总硬度，如果能用精密电导仪或分光光度法分析，效果当然好，但条件不具备时，只好改用配位滴定法了。

总之，最为理想的分析方法应该是准确度高、灵敏度好、测定迅速、操作简便、选择性好、低成本、自动化程度高，但是这在实际工作中往往很难实现，不可同时满足，顾此失彼。因此，选择分析方法时，需要综合考虑以上各个方面，抓住主要问题，根据上述原则制订切实可行的实验方案，通过实验修改完善，如用标准样测定评价方法的准确度和灵敏度，确认能够满足分析的要求后，再进行试样的测定。

2.4　分析结果的计算和评价

整个分析过程的最后一个环节是计算待测组分的含量，并同时对分析结果进行评价，判断分析结果的准确度、灵敏度、精密度等是否达到要求。

首先对测定所得数据，利用统计学方法进行合理取舍和归纳，然后根据试样的用量、测量所得数据和分析过程中有关反应的计量关系等计算出分析结果。固体试样组分通常以物质的质量分数 ω 表示；液体试样通常用质量浓度 ρ 或物质的量浓度 c 表示；气体试样以体积分数表示。

定量分析的目的是准确测定试样中各组分的含量，因此，必须使分析结果具有一定的准确度。只有准确、可靠的分析结果在生产和科研上才能起到应有的作用，不准确的分析结果可能导致生产上的损失、资源浪费以及科学研究上的错误结论等。因此，在定量分析中如何报告分析结果以及评价分析结果的准确度和可靠性，也是必须要掌握的。

在科学研究和非例行分析中，对分析结果的报告要求比较严格，对于分析结果及误差分布情况，应用统计学方法进行评价。分析结果一般报告三项值，即测定次数 (n)；被测组分含量平均值或中位数 (ω)；平均偏差或标准偏差 (s)。另一种分析结果的评价方法是报告在指定置信度（一般是 95% 或 99%）时平均值的置信区间，这种分析报告形式不仅指明了测定的准确度、精密度以及获得此准确度和精密度的平行测定次数，还指明了测定结果的可靠程度，是一种报告分析结果的较好方式。

在一般分析工作中，如果选择了良好的分析方法，而且在消除了系统误差的情况下，分析结果已具备获得高准确度的条件，数据之间的差异主要是随机误差造成的，因此，只用精密度就可以评价分析结果的优劣。

本章小结

本章介绍了对试样进行定量分析的一般过程，包括试样的采集和制备、试样的分解与处理、测定方法的选择以及分析结果的计算与评价。

不同状态（固体、液体、气体）试样的取样方法有所差别，应根据具体试样按照一定的规则合理取样，并且一定要保证所取样品的代表性。

介绍了无机试样和有机试样等的分解方法以及各种方法所使用的溶剂。

根据测定任务的具体要求、被测组分的性质、被测组分的含量、共存组分的影响以及实验室的具体条件等因素来选择合适的方法进行定量分析。

思考题与习题

1. 为什么试样的采集必须均匀并具有代表性？四分法的目的是什么？如何进行？
2. 采集试样一般分为几步？采样的一般方法是什么？
3. 什么是样品的制备？其目的是什么？试列举样品制备的方法及其应用范围。
4. 如何评价分析结果的优劣？

第 3 章 误差和分析数据的处理

学习目标:
- 掌握分析化学中误差的有关概念,掌握有效数字及其运算规则;
- 理解随机误差正态分布的特点,掌握少量数据 t 分布的规律、平均值的置信区间计算;
- 掌握显著性检验的计算,异常值的取舍方法;
- 理解提高分析结果准确度的方法。

定量分析的目的是通过一系列的分析步骤来获得被测组分的准确含量。但是,在分析过程中,由于受某些主观因素和客观条件的限制,所得结果不可能绝对准确。即使由技术很熟练的分析人员,采用最可靠的分析方法和最精密的分析仪器,在相同条件下对同一试样进行多次测定,也不可能得到完全一致的分析结果。这表明分析过程中存在误差,且它是不可能完全避免或消除的。因此,在进行定量测定时,必须对分析结果作出评价,判断它的准确性和可靠程度。了解分析过程中产生误差的原因及其特点,并采取有效的措施减小误差,使测定结果达到一定的准确度。

3.1 误差的种类和来源

在定量分析中,根据误差产生的原因及其性质的差异,可以分为系统误差(systematic error)和随机误差(random error)两大类。

3.1.1 系统误差

系统误差是定量分析误差的主要来源,对测定结果的准确度有较大影响。它是由分析过程中某些确定的、经常性的因素引起的,对测定值的影响比较恒定。系统误差的特点是具有重现性、单向性和可测性。即在相同的条件下,重复测定时会重复出现;使测定结果系统偏高或系统偏低,其数值大小也有一定的规律;如果能找出产生误差的原因,并设法测出其大小,那么系统误差可以通过校正的方法予以减小或消除,因此也称为可测误差。根据系统误差产生的具体原因,可将其分为以下几类。

(1)方法误差

方法误差来源于所选择的分析方法本身不够完善或有缺陷。例如,在滴定分析中,反应不完全、有副反应产生、存在干扰组分的影响、滴定终点与化学计量点不相符合等;在重量分析中,沉淀的溶解损失、共沉淀和后沉淀、灼烧时沉淀的分解或挥发等,都会导致测定结果系统地偏高或偏低。

（2）仪器与试剂误差

由于仪器不够精确或未经校准，从而引起仪器误差。例如，砝码因磨损或锈蚀造成其真实质量与名义质量不符；滴定分析器皿或仪表的刻度不准而又未经校正；由于实验容器被侵蚀引入了外来组分等。实际误差来源于试剂或蒸馏水不纯，如试剂盒蒸馏水中含有少量的被测组分或干扰组分，会导致测定结果系统地偏高或偏低。

（3）操作误差

由于分析者的实际操作与正确的操作规程有所出入而引起操作误差。例如，使用了缺乏代表性的试样；称量前对试样的预处理不当；试样分解不完全或反应的某个条件控制不当等。操作误差的大小可能因人而异，但对于同一操作者则往往是恒定的。

（4）主观误差

主观误差是由于分析者的一些主观因素造成的，又称为"个人误差"。例如，在判断滴定终点的颜色时，有的人习惯偏深，有的人则偏浅；在读取滴定剂的体积时，有的人偏高，有的人则偏低等。对于没有分析工作经验的操作者往往有着"先入为主"的成见，第二次测定时主观上尽量向第一次测量结果靠近，根据前次的结果来判定终点，从而产生操作误差。

3.1.2　随机误差

在平行测定中，即使消除了系统误差的影响，所得的数据仍然是参差不齐的，这是随机误差影响的结果。与系统误差不同，随机误差是由一些随机因素引起的，例如，测定时周围环境的温度、湿度、气压和外电路电压的微小变化；尘埃的影响；测量仪器自身的变动性；分析者处理各份试样时的微小差别以及读数的不确定性等。这些因素很难被人们觉察或控制，也无法避免，随机误差就是这些偶然因素综合作用的结果。它不但造成测定结果的波动，也使得测定值与真实值发生偏离。由于上述原因，随机误差的特点是其大小和正负都难以预测，且不可被校正，故随机误差又称为偶然误差或不可测误差。

对于有限次数的测定，随机误差似乎无规律可言。但对经过相当多次重复测定后，就会发现它的出现服从统计规律，并且可以通过适当增加平行测定的次数予以减小。

虽然系统误差与随机误差的性质与处理方法不同，但它们经常同时存在，有时也难以区分。例如，在重量分析法中，因称量时试样吸湿而产生系统误差，但吸潮的程度又有偶然性。又如，滴定管的刻度误差属系统误差，但在一般的分析工作中常因其误差较小而不予校正，将其作为随机误差处理。

除上述两种原因之外，在分析过程中还存在着因操作者的过失而引起的错误。例如，损失试样、加错试剂、记录或者计算错误等，有时甚至找不到确切的原因。过失是造成测定中大误差的重要因素，但在实质上它是一种错误，并不具备上述误差所具有的性质。作为分析者应加强责任感，培养严谨细致的工作作风，严格按照操作规程进行操作，过失是完全可以避免的。

3.2　准确度与精密度

在实际工作中，常根据准确度和精密度评价测定结果的优劣。准确度（accuracy）表示测量值与真值的接近程度，因此用误差来衡量。误差越小，分析结果的准确度越高；反之，误差越大，准确度越低。

3.2.1　准确度与误差

误差有两种表示方法：绝对误差（absolute error，E）和相对误差（relative error，E_r）。绝对误差是测量值（measured value，x）与真实值（true value，T）之间的差值，即

$$E = x - T \tag{3-1}$$

绝对误差的单位与测量值的单位相同，绝对误差越小，表示测量值与真实值越接近，准确度越高；反之，绝对误差越大，准确度越低。当测量值大于真实值时，绝对误差为正值，表示测定结果偏高；反之，绝对误差为负值，表示测定结果偏低。

相对误差是指绝对误差相当于真实值的百分率，表示为

$$E_r = \frac{E}{T} \times 100\% = \frac{x - T}{T} \times 100\% \tag{3-2}$$

无论是计算绝对误差还是相对误差，都涉及真值 T。所谓真值就是指某一物理量本身具有客观存在的真实数据。严格地说，任何物质中各组分的真实含量是不知道的，用测量的方法是得不到的。在实际工作中，常将下面的值当作真值来处理：

①理论真值　如某化合物的理论组成等。

②计量学约定真值　如国际力量大会上确定的长度、质量、物质的量的单位等。

③相对真值　将公认的权威机构发布的标准参考物质（如标准试样），其证书上给出的数值称为真值。它是采用各种可靠的分析方法，使用最精密的仪器，经过不同实验室、不同人员经过多次测定并对数据进行统计处理后得出的结果。它反映了当前的分析工作中的最（较）高水平，一般用标准值代表该物质中各组分的真实含量，但也是相对的真值。

【例 3-1】　用重量法测得纯 $BaCl_2 \cdot 2H_2O$ 中的 Ba 的质量分数为 0.5617，计算绝对误差和相对误差。

解：纯 $BaCl_2 \cdot 2H_2O$ 中的 Ba 的质量分数为

$$\omega(Ba) = \frac{M(Ba)}{M(BaCl_2 \cdot 2H_2O)} = \frac{137.33 \text{ g} \cdot \text{mol}^{-1}}{244.24 \text{ g} \cdot \text{mol}^{-1}} = 0.5623$$

因此

$$E = 0.5617 - 0.5623 = -6 \times 10^{-4}$$

$$E_r = \frac{-6 \times 10^{-4}}{0.5623} \times 100\% = -0.1\%$$

3.2.2　精密度与偏差

在实际分析工作中，一般要对试样进行多次平行测定，以求得分析结果的算术平均值。一组平行测定结果相互接近的程度称为精密度（precision），它反映了测定值的再现性。由于在实际工作中真值常常是未知的，因此精密度就成为人们衡量测定结果的重要因素。

精密度的高低取决于随机误差的大小，通常用偏差（deviation，d）来量度。如果测定数据彼此接近，则偏差小，测定的精密度高；相反，如数据分散，则偏差大，精密度低，说明随机误差的影响较大。由于平均值反映了测定数据的集中趋势，因此各测定值与平均值（mean，$\bar{x}$）之差也体现了精密度的高低。

（1）绝对偏差、平均偏差和相对平均偏差

绝对偏差（d_i）即各单次测定值 x_i 与平均值 $\bar{x}$ 之差：

$$d_i = x_i - \bar{x} \quad (i = 1, 2, \cdots, n) \tag{3-3}$$

显然偏差有正有负，还有一些偏差可能为零。如果将各单次测定的偏差相加，其和应为零或接近零，即

$$\sum_{i=1}^{n} d_i = 0 \tag{3-4}$$

为了表示分析结果的精密度，各单次测定偏差的绝对值平均，称为单次测定结果的平均偏差（$\bar{d}$）：

$$\bar{d} = \frac{|d_1| + |d_2| + \cdots + |d_n|}{n} = \frac{1}{n} \sum_{i=1}^{n} |d_i| \tag{3-5}$$

平均偏差 $\bar{d}$ 代表一组测量值中任何一个数据的偏差，没有正负号。因此，它最能表示一组数据间的重现性。在一般分析工作中平行测定次数不多时，常用平均偏差来表示分析结果的精密度。

相对平均偏差（$\bar{d}_r$）为平均偏差 $\bar{d}$ 在测定结果算术平均值 $\bar{x}$ 中所占的百分率，即

$$\bar{d}_r = \frac{\bar{d}}{\bar{x}} \times 100\% \tag{3-6}$$

（2）标准偏差和相对标准偏差

由于在一系列测定值中，偏差小的值总是占多数，这样按总次数来计算平均偏差时会使所得的结果偏小，大偏差值将得不到充分的反映。因此在数理统计中，一般不采用平均偏差而广泛采用标准偏差（standard deviation，s）来衡量数据的精密度。

在定量分析中，将一定条件下无限多次测定数据的全体称为总体，而随机从总体中抽出的一组测定值称为样本，样本所含测定值的数目称为样本的大小或容量。例如，欲对某一批煤中硫的含量进行测定，首先按照有关部门的规定进行取样、粉碎和缩分，最后制成一定质量（如 500 g）的分析试样，这就是供分析用的总体。如果从中称取 10 份煤样进行测定，得到 10 个测定值，它们就是该总体的一个随机样本，样

本容量为 10。

若样本容量为 n，平行测定数据为 x_1，x_2，$\cdots$，x_n，则此样本的算术平均值 $\bar{x}$ 为

$$\bar{x} = \frac{x_1 + x_2 + \cdots + x_n}{n} = \frac{1}{n}\sum_{i=1}^{n} x_i \tag{3-7}$$

当测定次数无限增多时，所得的平均值即称为总体平均值 μ：

$$\mu = \lim_{n \to \infty} \frac{1}{n}\sum_{i=1}^{n} x_i \tag{3-8}$$

数理统计的方法已经证明，在消除了系统误差之后得到的总体平均值 μ（实际上 $n > 20$ 次）即为待测组分的真值。

当测定次数趋于无限时，总体标准偏差 σ 表示了各测值 x_i 对总体平均值 μ 的偏离程度，其表达式为

$$\sigma = \sqrt{\frac{\sum (x_i - \mu)^2}{n}} \tag{3-9}$$

在计算标准偏差时，由于将各测定值与 μ 的偏差进行了平方，即强调了大偏差数据的作用，因此它较平均偏差能更正确、更灵敏地反映测定值的精密度。σ^2 称为方差。

此时总体平均偏差 δ 为

$$\delta = \frac{\sum_{i=1}^{n} |x_i - \mu|}{n} \tag{3-10}$$

用统计学方法证明，当测定次数非常多（$n > 20$）时，总体标准偏差与总体平均偏差有下列关系：

$$\delta = 0.797\sigma \approx 0.80\sigma \tag{3-11}$$

在一般的分析工作中，由于只做有限次测定（$n < 20$ 次），总体平均值是不知道的，故只有采用样本标准偏差来衡量该组数据的精密度，从而表示各测定值对样本平均值的偏离程度。样本的标准偏差用 s 表示：

$$s = \sqrt{\frac{\sum (x_i - \bar{x})^2}{n-1}} = \sqrt{\frac{\sum d_i^2}{n-1}} \tag{3-12}$$

式（3-12）中 $n-1$ 称为自由度，用 f 表示，它表示在上述样本中，其偏差的自由度为 $n-1$。也可以理解为，对于有限次数的测定，以 $\bar{x}$ 代替 μ 时，由于 $\sum (x_i - \bar{x})^2 < \sum (x_i - \mu)^2$ 所引起的误差，当在式（3-10）中以 $n-1$ 代替 n 时就给予了校正。当测定次数 n 相当多时，它与自由度的差别变得极微，此时 $\bar{x}$ 亦趋近于 μ。即

$$\lim_{n \to \infty} \frac{1}{n-1}\sum (x_i - \bar{x})^2 = \frac{1}{n}\sum (x_i - \mu)^2 \tag{3-13}$$

同时

$$\lim_{n \to \infty} s = \sigma \tag{3-14}$$

样本的相对标准偏差(变异系数)为

$$s_r = \frac{s}{\bar{x}} \times 100\% \tag{3-15}$$

【例 3-2】 测定某硅酸盐试样中 SiO_2 的质量分数(%),5 次平行测定结果为 37.40,37.20,37.30,37.50,37.30。计算平均值、平均偏差、相对平均偏差、标准偏差和相对标准偏差。

解:

$$\bar{x} = \frac{1}{5}(37.40+37.20+37.30+37.50+37.30)\% = 37.34\%$$

$$\bar{d} = \frac{1}{n}\sum|d_i| = \frac{1}{5}(0.06+0.14+0.04+0.16+0.04)\% = 0.088\%$$

$$s = \sqrt{\frac{\sum d_i^2}{n-1}} = \sqrt{\frac{(0.06\%)^2+(0.14\%)^2+2\times(0.04\%)^2+(0.16\%)^2}{5-1}}$$
$$= 0.11\%$$

$$s_r = \frac{s}{\bar{x}} \times 100\% = \frac{0.11}{37.34} \times 100\% = 0.29\%$$

以下用具体例子说明标准偏差比平均偏差能更灵敏地反映数据的精密度。例如测定某铜合金中铜的质量分数(%),两组测定值分别为:

10.3,9.8,9.6,10.2,10.1,10.4,10.0,9.7,10.2,9.7

10.0,10.1,9.3*,10.2,9.9,9.8,10.5*,9.8,10.3,9.9

显然第二组数据比较分散,但计算结果却表明它们的平均偏差相同($\bar{d_1} = \bar{d_2} = 0.24\%$),因此用平均偏差已不能正确地反映出这两组测定值精密度的差异。如果采用标准偏差则 $s_1 = 0.28\%$,$s_2 = 0.33\%$,$s_1 < s_2$,表明第一组数据的精密度较第二组的高。

以上所述均为单次测定值 x_i 的偏差,它的大小反映了单次测定值的精密度。

(3)极差

除了偏差之外,还可以用极差(range,R)来表示样本平行测定值的精密度。极差又称全距,是测定数据中的最大值与最小值之差,其值越大表明测定值越分散。由于没有充分利用所有的数据,故其精确性较差。偏差与极差的数值都在一定程度上反映了测定中随机误差影响的大小。

(4)相差和相对相差

对于只进行 2 次平行测定的分析结果,精密度通常用相差 D 和相对相差 D_r 来表示:

$$D = x_1 - x_2 \tag{3-16}$$

$$D_r = \frac{|x_1 - x_2|}{\bar{x}} \times 100\% \tag{3-17}$$

3.2.3 准确度与精密度的关系

系统误差影响测定的准确度,而随机误差对精密度和准确度均有影响。评价测定结果的优劣，要同时衡量其准确度和精密度。例如由甲、乙、丙、丁 4 人同时测定某铜合金中铜的质量分数（$\omega = 10.00\%$），各测定 6 次，其结果如图 3-1 所示。其中乙的测定值同时具有较高的精密度和准确度，因而是比较可靠的。甲测定的精密度虽较高，但其平均值与真值相差较大，说明有系统误差存在，测定的准确度低。丙的测定结果精密度很差，表明随机误差的影响很大。虽然平均值接近真值，这是因为正负误差几乎互相抵消的偶然结果，因而是不可靠的。至于丁的测定精密度低，其准确度低也是必然。可以说，丙的情况仅仅是丁的一种特例。

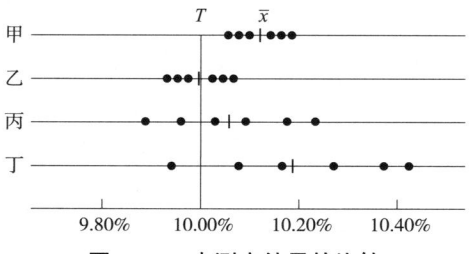

图 3-1   4 人测定结果的比较

上述情况说明，精密度高表明测定条件稳定，这是保证准确度高的先决条件。精密度低的测定结果是不可靠的，因而是不准确的。但是高精密度的测定值中也可能包含有系统误差的影响，只有在消除了系统误差的前提下，精密度高其准确度必然也高。

对于含量未知的试样，由于仅凭测定的精密度难以正确评价测定结果，因此常同时测定一个或数个标准试样，检查标样测定值的精密度，并对照真实值已确定的准确度，从而对试样测定结果的可靠性作出评价。

3.2.4   公差

公差是生产部门对分析结果误差允许的一种限量，如果误差超出允许的公差范围，该项分析工作就应重做。公差范围的确定，与诸多因素有关。首先是根据实际情况对分析结果准确度的要求而定。例如，对一般工业分析，允许的误差范围要宽一些，其相对误差在千分之几到百分之几，而相对原子质量的测定，要求的相对误差要小得多。其次，公差范围常依试样组成及待测组分含量而不同。组成越复杂，引起误差的可能性就越大，允许的公差范围就宽一些。工业分析中，被测组分含量与公差范围的关系一般如下：

被测组分的质量分数/%	90	80	40	20	10	5	1.0	0.1	0.01	0.001
公差（相对误差）/%	±0.3	±0.4	±0.6	±1.0	±1.2	±1.6	±5.0	±20	±50	±100

此外，由于各种分析方法所能达到的准确度不同，公差的范围也因此有所不同。例如，比色、极谱和光谱分析法的相对误差较大，而重量法和滴定法的相对误差就小些。因此，规定公差的允许范围要根据具体情况而定。例如，对钢中硫含量分析的允许公差

范围的规定如下：

硫的质量分数/%	≤ 0.020	0.020~0.050	0.050~0.100	0.100~0200	≥0.200
公差（相对误差）/%	± 0.002	± 0.004	± 0.006	± 0.010	± 0.015

如果含硫量为 0.032%，若测得结果为 0.035%，就符合公差要求。

3.3　有效数字及其运算规则

在定量分析中，分析结果所表达的不仅仅是试样中待测组分的含量，同时还反映了测量的准确度。因此，在实验数据的记录和结果的计算中，保留几位数字不是任意的，要根据测量仪器、分析方法的准确度来决定，这就涉及有效数字的概念。

3.3.1　有效数字

所谓有效数字是指在分析工作中实际能测量到的数字，包括全部可靠数字及 1 位不确定数字。如图 3-2 中滴定管中溶液的体积，不同的人读取的数字可能不完全一致，可以是 25.87，25.88 或 25.89 等。这些读数中，前 3 位数字都是很准确的，而最后 1 位是从滴定管的最小分刻度间估读出来的，所以稍有差别。因此，把最后一位数字称为可疑数字。可疑数字虽然具有一定的不确定性，但它不是主观臆造出来的，是真实读出来的，因此记录数字时应该保留它。对于可疑数字，除非特别说明，通常可以理解为它有±1个单位的误差。

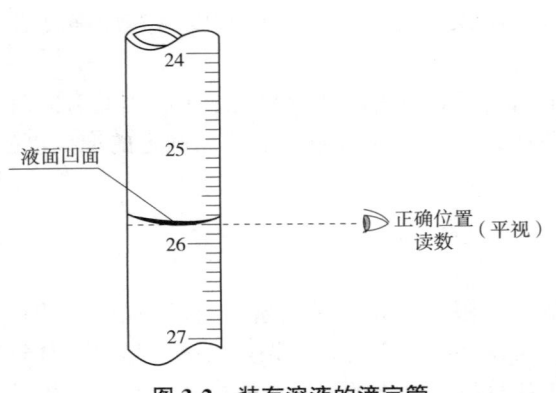

液面凹面

正确位置（平视）读数

图 3-2　装有溶液的滴定管

例如，用分析天平称取了 1.0010 g 试样，一般情况下称量的绝对误差±0.0002 g，那么相对误差是：

$$\frac{\pm 0.0002}{1.0010} \times 100\% = \pm 0.02\%$$

若用台秤称取试样 1.0 g，称量的绝对误差为±0.2 g，则相对误差为

$$\frac{\pm 0.2}{1.0} \times 100\% = \pm 20\%$$

上述结果表明，在测定准确度允许的范围内，数据中有效数字的位数越多，表明测定的准确度越高。但一旦超过了测量准确的范围，过多的位数则是没有意义的，而且是

错误的。同时，数字后面的"0"也体现了一定的测量准确度，因而也不可任意取舍。当使用准确度较高的容量器皿（滴定管、容量瓶和移液管等）量度溶液的体积时，数据应记到小数点后面 2 位，即 20.00 mL，而不应写成 20 mL，否则使人误解是量筒量取的溶液体积。同理，滴定管的初始读数为零时，应记作 0.00 mL，而不是 0 mL。确定有效数字位数时，应遵循下面几条原则：

①数字 1~9 都是有效数字　数字"0"具有双重意义，作为普通的数字使用时，"0"是有效数字；起定小数点位置作用时，"0"不是有效数字。例如，1.0080 中的 3 个"0"都是有效数字，其有效数字的位数为 5，而在 0.0045 中，4 之前的 3 个"0"都只起定位作用，该数是 2 位有效数字。

②单位变换，有效数字的位数不变　例如，0.0345 g 是 3 位有效数字，用毫克（mg）表示时应为 34.5 mg，用微克（μg）表示时则应写成 3.45×10^4 μg，不能写成 34 500 μg，因为这样表示比较模糊。有效数字位数不确定。

③计算中遇到倍数、分数关系　因为这些数据不是测量得到的，计算时可以视为它们的有效数字位数没有限制。还有 π、e 等数字也如此处理。

④对于 pH、pM、lg$K$ 等对数值　其有效数字位数取决于小数部分（尾数）数字的位数，其整数部分（首数）只代表该数的方次。例如，pH = 10.28，换算为 H^+ 浓度时，应为 $[H^+] = 5.2 \times 10^{-11}$ mol·L^{-1}，有效数字的位数是 2 位，不是 4 位。

3.3.2　有效数字修约规则

在数据处理过程中，涉及的各测量值的有效数字位数可能不同，因此需要按照运算的要求，确定各测量值的有效数字位数，之后将多余的数字舍弃，这个过程称为有效数字的修约（rounding data）。修约的原则是既不因为保留的有效数字位数过多而使计算变得复杂，也不因为舍弃的数字而降低准确度。按照国家标准采用"四舍六入五成双"规则，即测量值中被修约的数字小于或等于 4 时，该数字舍去；被修约的数字大于或等于 6 时，则进位；被修约的数字为 5 时，要看 5 前面的数字，若是奇数则进位，若是偶数则将 5 舍掉，即修约后末尾数字要成为偶数；若 5 的后面还有不是"0"的任何数，此时无论 5 前面是奇数还是偶数，都应进位。

例如，将下列数字修约为 4 位有效数字后结果为：

$$0.564\,44 \rightarrow 0.5644$$
$$0.462\,56 \rightarrow 0.4626$$
$$10.2350 \rightarrow 10.24$$
$$0.206\,650 \rightarrow 0.2066$$
$$18.0852 \rightarrow 18.09$$

在对数字进行修约时，只能一步修约到所需的位数，不能分步修约。例如，将 0.262 546 修约为 4 位有效数字时，应一次修约为 0.2625，不能先修约为 0.262 55，再修约为 0.2626。

3.3.3 有效数字的运算规则

在有效数字的运算中，运算结果有效数字位数的保留与运算类型有关。

（1）加减法运算

在加减法运算中，误差以绝对误差的形式传递，因此几个数据相加减时，运算结果的绝对误差应与各数字中绝对误差最大的那个数一致，即应以小数点位数最少的数据为准。例如，在 0.0121+25.64+1.027 运算中，应以 25.64 这个数字的小数点后的位数为准。进行运算时，应先对各数字进行修约再计算。这个例子中原数字、绝对误差、修约后的数字及运算结果分别如下：

原数	绝对误差	修约后
0.0121	±0.0001	0.01
25.64	±0.01	25.64
+) 1.027	+) ±0.001	+) 1.03
26.6791	±0.01	26.68

上面 3 个数中，25.64 的绝对误差最大，它决定了综合的不确定性为 ±0.01，而其他误差较小的数不起决定作用。故结果为 26.68。

（2）乘除法运算

乘除法运算中，误差是以相对误差的形式传递的。几个数据相乘除时，有效数字的位数应以几个数中有效数字位数最少的那个数据为准。其根据是有效数字位数最少的那个数的相对误差最大。

例如，计算 $\dfrac{32.65 \times 2.3742}{14.5}$ 的结果时，原数字、相对误差、修约后的数字分别如下：

原数	绝对误差	修约值
$32.65 \pm \dfrac{0.01}{32.65} \times 100\% = \pm 0.03\%$		32.6
$2.3742 \pm \dfrac{0.0001}{2.3742} \times 100\% = \pm 0.004\%$		2.37
$14.5 \pm \dfrac{0.1}{14.5} \times 100\% = \pm 0.7\%$		14.5

因 14.5 的相对误差最大，所以应以此数的位数为标准将其他各数均修约为 3 位有效数字再计算，即 $\dfrac{32.6 \times 2.37}{14.5} = 5.33$。

在乘除法的运算中，经常会遇到 9 以上的大数，如 9.22，9.86 等，它们的相对误差的绝对值约为 0.1%，与 10.06 和 12.08 这些 4 位有效数字的属相的对象误差绝对值接近，所以通常将它们当作 4 位有效数字的数值处理。

在计算过程中，为提高计算结果的可靠性，可以暂时多保留一位数字，而在最后结果时，舍弃多余的数字，使最后结果恢复到与准确度相适应的有效数字位数。现在由于普遍使用计算机运算，虽然在运算过程中不必对每一步的计算结果进行修约，但应注意根据其准确度要求，正确保留最后计算结果的有效数字位数。

在计算分析结果时，含量大于 10% 的组分的测定结果，一般保留 4 位有效数字；含量在 1%~10% 的组分的测定结果，一般保留 3 位有效数字；而对于含量小于 1% 的组分的测定结果，一般只需保留 2 位有效数字即可。分析中的各类误差通常取 1~2 位有效数字。

3.4 分析化学中的数据处理

凡是测量就有误差存在，用数字表示的测量结果都具有不确定性。即便是最有经验的分析工作者用标准的方法和可靠的仪器对一个试样进行多次测定，得到的结果也不可能完全一致。如何更好地表达分析结果，使其既能显示出测量的精密度，又能表达出结果的准确度；如何对测量的可疑值或离值群有根据地进行取舍；如何比较不同人、不同实验室的结果及用不同实验方法得到的结果等。这些问题需要用数理统计的方法加以解决。用这种方法来处理实验数据能更准确地表达结果，给出更多的信息。

3.4.1 随机误差的正态分布

前面已经指出，随机误差是由某些难以控制且无法避免的偶然因素造成的，它的大小、正负都不确定，且具有随机性。尽管单个随机误差的出现毫无规律，但进行多次重复测定，会发现随机误差服从一定的统计规律，因此可以用数理统计的方法研究随机误差的分布规律。首先讨论测量值的频数分布。

3.4.1.1 频数分布

有一合金试样，在相同条件下采用吸光光度法对其中镍的质量分数进行了 90 次重复测定。由于过程中存在随机误差，分析结果有高有低，参差不齐。为了研究随机误差的分布规律，将 90 个测量值按大小顺序排列并按组距 0.03% 分成 10 组，为了避免骑墙值跨在两个组中重复计算，分组时各组界的数值比测量值多取 1 位数字。频数是指每组中测量值出现的次数，频数与数据总数之比为相对频数，即频率密度。将它们一一对应列出，得到频数分布表 3-1。

表 3-1 频数分布

分组/%	频数	频率（相对频数）	分组/%	频数	频率（相对频数）
1.485~1.515	2	0.022	1.635~1.665	20	0.222
1.515~1.545	6	0.067	1.665~1.695	10	0.111
1.545~1.575	6	0.067	1.695~1.725	6	0.067
1.575~1.605	17	0.189	1.725~1.755	1	0.011
1.605~1.635	22	0.244	$\sum$	90	1.000

以各组区间为横坐标，相对频数为纵坐标做成一排矩形的相对频数分布直方图（图3-3）。如果测量数据非常多，组距可更小一些，这样组就分得更多一些，直方图的形状将趋于一条平滑的曲线。

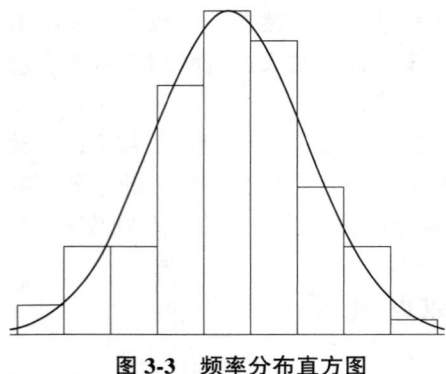

图3-3 频率分布直方图

观察相对频数分布直方图会发现它有两个特点：

（1）离散特性

全部数据是分散的、各异的。具有波动性，但这种波动是在平均值周围波动，或比平均值稍大些，或比平均值稍小些，所以离散特性应用偏差来表示，最好的表示方法是标准偏差 s，它更能反映出大的偏差，即离散程度。当测试次数无限多时，其标准偏差称为总体标准偏差 σ。

（2）集中趋势

测量的数据虽然是分散的、随机出现的，但当数据多到一定程度时就会发现它们存在一定的规律，即它们有向某个中心值集中的趋势，这个中心值通常是算术平均值。当测试次数无限多时，其平均值称为总体平均值 μ。

3.4.1.2　正态分布

在分析化学中，测量数据一般符合正态分布规律。正态分布是德国数学家高斯（C. F. Gauss）首先提出的，故又称为高斯曲线。当测定次数无限增加，在系统误差已经排除的情况下，则得随机误差正态分布曲线。图3-4为正态分布曲线，它的数学表达式为

$$y = f(x) = \frac{1}{\sigma\sqrt{2\pi}} e^{-\frac{(x-\mu)^2}{2\sigma^2}} \tag{3-18}$$

式（3-18）中，y 表明测定次数趋于无限时，测定值 x_i 出现的概率密度（probability density）。x 值表示测量值，μ 为总体平均值，σ 为总体标准偏差。μ、σ 是此函数的两个重要参数，μ 是正态分布曲线最高点的横坐标值，决定曲线在 x 轴的位置。σ 是从总体平均值 μ 到曲线拐点间的距离，决定曲线的形状。σ 小，数据的精密度好，曲线瘦高；σ 大，数据分散，曲线较扁平。例如，σ 相同而 μ 不同时，曲线的形状不变，只是在 x 轴平移。一旦 μ 和 σ 确定后，正态分布曲线的位置和形状也就确定了，因此 μ 和 σ 是正态分布的两

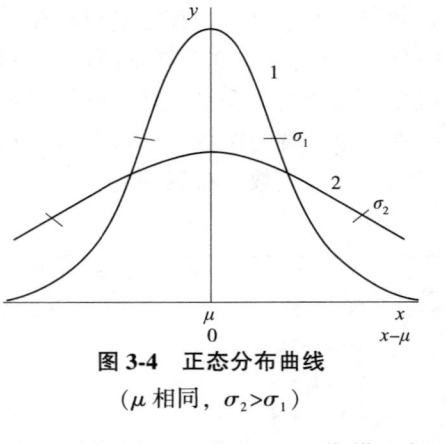

图3-4　正态分布曲线
（μ 相同，$\sigma_2 > \sigma_1$）

个基本参数，这种正态分布用 $N(\mu,\ \sigma^2)$ 表示。$x-\mu$ 表示随机误差，若以 $x-\mu$ 作横坐标，则曲线最高点对应的横坐标为零，这时曲线称为随机误差的正态分布曲线。

由式(3-18)及图 3-4 可见:

①$x=\mu$ 时, y 值最大, 此即正态分布曲线的最高点。表明随机误差为零的测定值出现的概率最大, 曲线自峰向两旁快速地下降, 说明小误差出现的概率大, 大误差出现的概率小, 特别大的误差出现的概率极小。

②曲线以通过 $x=\mu$ 这一点的垂直线为对称轴。表明绝对值相等的正、负误差出现的概率相等。

③当 x 趋向于 $-\infty$ 或 $+\infty$ 时, 曲线自峰向两旁快速地下降, 以 x 轴为渐近线, 说明小误差出现的概率大, 大误差出现的概率小, 特别大的误差出现的概率极小。

3.4.1.3　标准正态分布

如何计算某区间变量出现的概率, 即如何计算某取值范围的误差出现的概率, 我们先从数学的角度来考察正态分布密度函数。正态分布曲线和横坐标之间所夹的总面积, 就是概率密度在 $-\infty < x < +\infty$ 区间的积分值, 代表了具有各种大小偏差的测量值出现的概率总和, 其值为 1, 即概率为

$$P(-\infty < x < +\infty) = \frac{1}{\sigma\sqrt{2\pi}} \int_{-\infty}^{+\infty} e^{-\frac{(x-\mu)^2}{2\sigma^2}} dx = 1 \qquad (3\text{-}19)$$

由于式(3-18)的积分同 μ 和 σ 有关, 计算相当麻烦, 为此, 在数学上经过一个变量转换, 令

$$u = \frac{x-\mu}{\sigma} \qquad (3\text{-}20)$$

代入式(3-18)中得

$$y = f(x) = \frac{1}{\sigma\sqrt{2\pi}} e^{-\frac{u^2}{2}}$$

由于 $du = \dfrac{dx}{\sigma}$, $dx = \sigma du$

故　　　　　$f(x)dx = \dfrac{1}{\sigma\sqrt{2\pi}} e^{-\frac{u^2}{2}} \sigma du = \dfrac{1}{\sqrt{2\pi}} e^{-\frac{u^2}{2}} du = \varphi(u) du$

u 称为标准正态变量, 此时式(3-18)就转化成只有变量 u 的函数表达式:

$$y = \varphi(u) = \frac{1}{\sqrt{2\pi}} e^{-\frac{u^2}{2}} \qquad (3\text{-}21)$$

经过上述变换, 总线的横坐标为 u, 纵坐标为概率密度, 用 u 和概率密度表示的正态分布曲线称为标准正态分布曲线, 如图 3-5 所示, 用符号 $N(0,1)$ 表示, 曲线的形状 μ 和 σ 的大小无关。

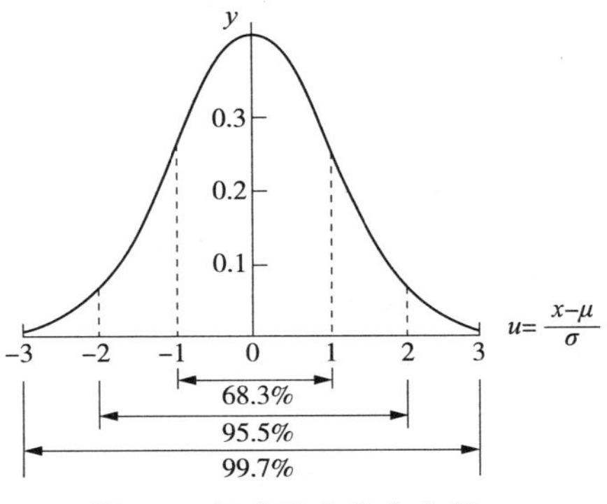

3.4.1.4　随机误差的区间概率

正态分布曲线与横坐标之间所夹的总面积,

图 3-5　标准正态分布曲线

等于概率密度函数从$-\infty$至$+\infty$的积分值。它表示来自同一总体的全部测定值或随机误差在上述区间出现概率的总和为100%，即为1。

$$P = \int_{-\infty}^{+\infty} \varphi(u)\,\mathrm{d}u = \frac{1}{\sqrt{2\pi}} \int_{-\infty}^{+\infty} \mathrm{e}^{-\frac{u^2}{2}}\,\mathrm{d}u = 1 \tag{3-22}$$

为使用方便，可将不同u值对应的积分值(面积)做成表，称为正态分布概率积分表或称u表。由u值可查表得到面积，即某一区间的测量值或某一范围随机误差出现的概率。

由于积分的上下限不同，表的形式有多种。为了区别，一般在表头绘有示意图，用阴影部分指示面积，所以在查表时一定要仔细看，不要查错。本书采用的正态分布概率积分表见表3-2。

表 3-2 正态分布概率积分表

$$概率 = 面积 = \frac{1}{\sqrt{2\pi}} \int_{0}^{u} \mathrm{e}^{-\frac{u^2}{2}}\,\mathrm{d}u \qquad |u| = \frac{|x-\mu|}{\sigma}$$

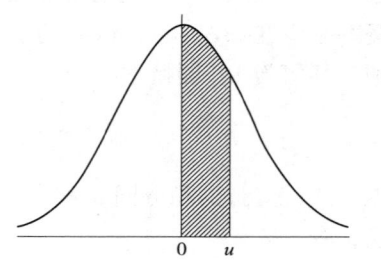

$\|u\|$	面积	$\|u\|$	面积	$\|u\|$	面积
0.0	0.0000	1.1	0.3643	2.1	0.4821
0.1	0.0398	1.2	0.3849	2.2	0.4861
0.2	0.0793	1.3	0.4032	2.3	0.4893
0.3	0.1179	1.4	0.4192	2.4	0.4918
0.4	0.1554	1.5	0.4332	2.5	0.4938
0.5	0.1915	1.6	0.4452	2.58	0.4951
0.6	0.2258	1.7	0.4554	2.6	0.4953
0.7	0.2580	1.8	0.4641	2.7	0.4965
0.8	0.2881	1.9	0.4713	2.8	0.4974
0.9	0.3159	1.96	0.4750	3.0	0.4987
1.0	0.3413	2.0	0.4773	∞	0.5000

随机误差出现的区间 (以σ为单位)	测量值出现的区间	概率
$u = \pm 1.0$	$x = u \pm 1\sigma$	68.3%
$u = \pm 1.96$	$x = u \pm 1.96\sigma$	95.0%
$u = \pm 2.0$	$x = u \pm 2\sigma$	95.5%
$u = \pm 2.58$	$x = u \pm 2.58\sigma$	99.0%
$u = \pm 3.0$	$x = u \pm 3\sigma$	99.7%

由此可见，在一组测量值中，分析结果落在 $\mu \pm 1\sigma$ 范围外的概率为 31.7%，落在 $\mu \pm 2\sigma$ 范围外的概率为 4.5%，落在 $\mu \pm 3\sigma$ 范围外的概率很小，仅为 0.3%。也就是说，在多次平行测量中，出现特别大的误差的概率很小。所以，在实际工作中，如果多次重复测量中的个别数据的误差的绝对值大于 3σ，则这个极端值可以舍去(可疑测定值的取舍)。

3.4.2　总体平均值的估计

用数理统计的方法处理分析测定所得到的结果，目的是将这些结果作一个科学的表达，使人们能够认识到它的精密度、准确度、可信度如何。最好的方法是对总体平均值进行估计，在一定的置信度下给出一个包含总体平均值的范围。

3.4.2.1　平均值的标准偏差

用统计方法处理分析数据时经常用到平均值的标准偏差。从总体中分别抽出 m 个样品，每个样本各进行 n 次平行测定。因为有 m 个样本，也就有 m 个平均值，$\bar{x}_1$，$\bar{x}_2$，$\cdots$，$\bar{x}_m$，实践证明，这些样本平均值也并非完全一致，它们的精密度可以用平均值的标准偏差来衡量。很显然由 m 个样本计算得到的平均值来估计总体平均值比只用一个样本(做 n 次测定)求得的平均值要好，即 $\bar{x}_1$，$\bar{x}_2$，$\cdots$，$\bar{x}_m$ 计算得到的平均值的标准偏差 $s_{\bar{x}}$ 一定比单个样本进行 n 次测定所得的标准偏差 s 小，m 个样本的平均值直接的接近程度一定比单次测定的要好些，精密度高些。

数理统计学证明：用 m 个样本，每个样本进行 n 次测量的平均值的标准偏差 $s_{\bar{x}}$ 与单次测量结果的标准偏差 s 之间存在一定的关系：

$$s_{\bar{x}} = \frac{s}{\sqrt{n}} \tag{3-23}$$

对于无限次测量值，则为

$$\sigma_{\bar{x}} = \frac{\sigma}{\sqrt{n}} \tag{3-24}$$

由此可见，平均值的标准偏差与测量次数的平方根成反比。当增加测量次数时，平均值的标准偏差减小，说明增加测量次数可以提高平均值的精密度。

由图 3-6 可知，随着测量次数 n 的增加，$s_{\bar{x}}$ 的相对值迅速减小。当 $n>5$ 时，相对值减小的趋势减慢；当 $n>10$ 时，$s_{\bar{x}}$ 的相对值改变很小。由于在相同的条件下，重复进行测定并不能消除系统误差的影响，因此应根据实际的需要来确定平等测定的次数。过多地测定次数对提高测定结果的精密度成效甚微，且浪费了人力、物力和时间，是不可取的。在实际分析工作中，一般平行测量 3~4 次即可，

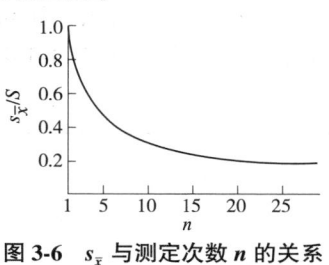

图 3-6　$s_{\bar{x}}$ 与测定次数 n 的关系

对于分析结果要求较高时，可增加平行测量的次数，可测量 5~9 次。

3.4.2.2　少量实验数据的统计处理

正态分布是无限次测量数据的随机误差的分布规律，而在实际分析工作中，测量次

数都是有限的，其随机误差的分布不服从正态分布。如何以统计的方法处理有限次测量数据，使其能合理地推断总体的特征，是下面要讨论的问题。

（1）t 分布曲线

在实际工作中，通过有限次数的测定是无法得到 μ 和 σ 的，只能求出 $\bar{x}$ 和 s。此时若简单地用 s 代替 σ 从而对 μ 作出估计必然会引出偏离，而且测定次数越少，偏离就越大。为了得到同样的置信度（面积），必须采用一个新的统计量代替 μ 值。这个统计量是由英国统计学家兼化学家戈塞特（W. S. Gosset）在 1980 年采用 Student 为笔名提出，称为置信因子 $t_{P,f}$。t 值的定义是

$$t_{P,f} = \frac{\bar{x} - \mu}{s_{\bar{x}}} \tag{3-25}$$

式中的 $t_{P,f}$ 是随置信度 P 和自由度 f 而变化的统计量。

以 t 为统计量的分布为 t 分布。t 分布可说明当 n 不大时（$n<20$）随机误差的分布规律，t 分布曲线见图 3-7，其中纵坐标

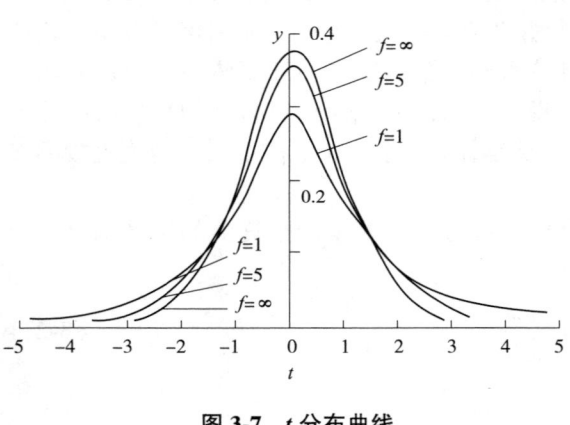

图 3-7 t 分布曲线

仍然表示概率密度值，横坐标则用统计量 t 值来表示。由图 3-7 可见，t 分布曲线与正态分布曲线相似，只是 t 分布曲线的形状随自由度 f（$f=n-1$）变化，反映了 t 分布与测定次数有关的实质，随着测定次数增多，t 分布曲线越来越陡峭，测定值的集中趋势也更加明显。当 $f \to \infty$ 时，t 分布曲线就与正态分布曲线合为一体，因此可以认为标准正态分布就是 t 分布的极限。

与正态分布曲线一样，t 分布曲线下面某区间的面积就是该区间内随机误差出现的概率。但 t 值与标准正态分布中 u 值不同，当 t 值一定时，由于 f 值的不同，相应曲线所包括的面积也不同，即 t 分布中的区间概率不仅与 t 值有关，还与 f 值有关。不同 f 值及概率所对应的 t 值已经由数学家计算出来，其常用值列入表 3-3 中。

表 3-3 $t_{P,f}$ 值表（双边）

$f(n-1)$	置信度，显著性水平		
	$P=90\%$ $\alpha=0.10$	$P=95\%$ $\alpha=0.05$	$P=99\%$ $\alpha=0.01$
1	6.31	12.71	63.66
2	2.92	4.30	9.92
3	2.35	3.18	5.84
4	2.13	2.78	4.60
5	2.02	2.57	4.03

（续）

$f(n-1)$	置信度，显著性水平		
	$P=90\%$ $\alpha=0.10$	$P=95\%$ $\alpha=0.05$	$P=99\%$ $\alpha=0.01$
6	1.94	2.45	3.71
7	1.90	2.36	3.50
8	1.86	2.31	3.35
9	1.83	2.26	3.25
10	1.81	2.23	3.17
20	1.72	2.09	2.84
∞	1.64	1.96	2.58

表 3-3 中置信度用 P 表示，它表示在某一 t 值时，测定值落在 $(\mu+ts)$ 范围内的概率。那么测定值落在此范围之外的概率为 $(1-P)$，称为显著性水准（significance level），用 α 表示。由于 t 值与置信度及自由度有关，一般表示为 $t_{P,f}$。例如，$t_{0.95,10}$ 表示置信度为 95%，自由度为 10 时的 t 值。由表 3-3 中的数据可知，随着自由度的增加，t 值逐渐减小并与 u 值接近。理论上当 $f\rightarrow\infty$ 时，$t\rightarrow u$，$s\rightarrow\sigma$。但从表 3-3 可以看出，当 $f=20$ 时，t 值与 u 值已经很接近，在引用 t 值时，一般取 0.95 置信度。

（2）平均值的置信区间

由随机误差正态分布可知，用单次测量结果 x 来估计总体平均值 μ 的范围，则 μ 被包括在区间 $(x\pm1\sigma)$ 内的概率为 68.3%，在区间 $(x\pm1.64\sigma)$ 内的概率为 90%，在区间 $(x\pm1.96\sigma)$ 内的概率为 95%，它的数学表达式为

$$\mu = x\pm u\sigma \tag{3-26}$$

不同置信度的 u 值可查表得到。

若用某样本平均值来估计总体平均值可能存在的区间，可用下式

$$\mu=\bar{x}\pm u\sigma_{\bar{x}}=\bar{x}\pm u\frac{\sigma}{\sqrt{n}} \tag{3-27}$$

对于少量测量数据，必须根据 t 分布进行统计处理，按 t 的定义可得

$$\mu=\bar{x}\pm t_{P,f}s_{\bar{x}}=\bar{x}\pm t_{P,f}\frac{s}{\sqrt{n}} \tag{3-28}$$

式（3-28）表示在某一置信度下，以平均值 $\bar{x}$ 为中心，包括总体平均值 μ 在内的可靠性范围，称为平均值的置信区间（confidence interval）。对于置信区间的概念必须要正确理解，如 μ =47.50%±0.10%（置信度为 95%），应当理解为在 47.50%±0.10% 的区间内包括总体平均值的概率为 95%。由于 μ 是个客观存在的恒定值，没有随机性，不能说 μ 落在某一区间的概率是多少。

式（3-28）是计算置信区间通常使用的关系式。由该式可知，当 P 一定时，置信区

间的大小与 $t_{P,f}$、s 和 n 均有关，而且 $t_{P,f}$ 与 s 实际也都受 n 的影响，即 n 值越大，置信区间越小。

【例 3-3】 标定 HCl 溶液的浓度时，先标定 3 次，结果为 $0.2001\ mol \cdot L^{-1}$，$0.2005\ mol \cdot L^{-1}$ 和 $0.2009\ mol \cdot L^{-1}$；后来又标定 2 次，数据为 $0.2004\ mol \cdot L^{-1}$ 和 $0.2006\ mol \cdot L^{-1}$。试分别由 3 次和 5 次标定的结果计算总体平均值 μ 的置信区间，$P = 0.95$。

解： 标定 3 次时，$\bar{x} = 0.2005\ mol \cdot L^{-1}$，$s = 0.0004\ mol \cdot L^{-1}$，查表 $t_{0.95,2} = 4.30$，故

$$\mu = \bar{x} \pm t_{P,f}\frac{s}{\sqrt{n}} = \left(0.2005 \pm \frac{4.30 \times 0.0004}{\sqrt{3}}\right) mol \cdot L^{-1} = (0.2005 \pm 0.0010)\ mol \cdot L^{-1}$$

标定 5 次时，$\bar{x} = 0.2005\ mol \cdot L^{-1}$，$s = 0.0003\ mol \cdot L^{-1}$，查表 $t_{0.95,4} = 2.78$，因此

$$\mu = \left(0.2005 \pm \frac{2.78 \times 0.0003}{\sqrt{5}}\right) mol \cdot L^{-1} = (0.2005 \pm 0.0004)\ mol \cdot L^{-1}$$

计算结果表明，当 P 一定时，增加测定次数并提高测定的精密度后置信区间减小，说明此时平均值更接近真值，因而更可靠。但是不恰当地增多测定次数，而不注意提高精密度的做法是不可取的。

【例 3-4】 测定某试样中 SiO_2 的质量分数得 $s = 0.05\%$。若测定的精密度保持不变，当 $P = 0.95$ 时，欲使置信区间的置信限 $t_{P,f}s_{\bar{x}} = \pm 0.05\%$，问至少应对试样平行测定多少次？

解： 根据式（3-28）和题设得

$$\bar{x} - \mu = \pm t_{P,f}\frac{s}{\sqrt{n}} = \pm 0.05\%$$

已知 $s = 0.05\%$　　　　　　　　故 $\dfrac{t}{\sqrt{n}} = \dfrac{0.05}{0.05} = 1$

查表 3-3 得知，当 $f = n - 1 = 5$ 时，$t_{0.95,5} = 2.57$，此时 $\dfrac{2.57}{\sqrt{6}} \approx 1$。即至少平行测定 6 次，才能满足题中的要求。

【例 3-5】 用标准方法平行测定钢样中磷的质量分数 4 次，其平均值为 0.087%。设系统误差已经消除，且 $\sigma = 0.002\%$。①计算平均值的标准偏差；②求该钢样中磷含量的置信区间。置信度为 0.95。

解： ① $\sigma_{\bar{x}} = \dfrac{\sigma}{\sqrt{n}} = \dfrac{0.002\%}{\sqrt{4}} = 0.001\%$

②已知 $P = 0.95$ 时，$u = \pm 1.96$。根据 $\mu = \bar{x} \pm u\sigma_{\bar{x}}$，得 $\mu = 0.087\% \pm 1.96 \times 0.001\% = 0.087\% \pm 0.002\%$。

计算结果表明，经过 4 次测定，区间 $0.085\% \sim 0.089\%$ 包含钢样中磷的真实含量的概率为 0.95，即钢样中磷含量的置信区间为 $0.087\% \pm 0.002\%（P = 0.95）$。

从本例中可以看出，置信度越低，同一体系的置信区间就越窄；置信度越高，置信区间就越宽，即所估计的区间包含真值的可能性越大。在实际工作中，置信度不能定得过高或过低。若置信度过高会使置信区间过宽，这种判断就失去意义；置信度定得太低，可靠性就不能保证。因此，在对真值进行区间估计时，置信度的高低要定得恰当，要使置信区间的宽度足够窄而置信度又足够高。因此在定量分析中，一般将置信度定为 0.95 或 0.90。

3.4.3　可疑测定值的取舍

在平行测定的数据中，常常发现某一组测量值中有个别数据与其他数据相差较大，这一数据称为可疑值或异常值(也叫离群值、极端值等)。对于为数不多的测定数据，可疑值的取舍往往对平均值和精密度造成相当显著的影响。初学者多倾向于舍弃它，以获得精密度较好的测定结果，这种做法是不科学的。

对可疑值的取舍实质是区分可疑值和其他测定值之间的差异到底是过失还是由随机误差引起的。如果已经确证测定中发生过失，则无论此数据是否异常，一概舍去；而在原因不明的情况，就必须按照一定的统计方法进行检验，然后再作出判断。根据随机误差分布的规律，在为数不多的测定值中，出现大偏差的概率是极小的，因此通常认为这样的可疑值是由过失所引起的。统计学中对可疑值的取舍有几种方法，下面介绍方法较简单的 $4\bar{d}$、Q 检验法和效果较好的格鲁布斯(Grubbs)法。

3.4.3.1　$4\bar{d}$ 法

用 $4\bar{d}$ 法判断可疑值取舍的具体步骤如下：

①求除离群值 x_D 之外的其余数据的平均值 $\bar{x}$ 和平均偏差 $\bar{d}$。

②计算偏差 $|x_D-\bar{x}|$ 和 $4\bar{d}$ 的值。

③按下式判断离群值 x_D 的取舍：

$$|x_D - \bar{x}| \geqslant 4\bar{d} \text{ 舍去}$$

$$|x_D - \bar{x}| < 4\bar{d} \text{ 保留}$$

$4\bar{d}$ 法较为简单，不必查表，但误差较大。当 $4\bar{d}$ 法与其他检验法相矛盾时，由于没有统计原理为依据，应以其他方法为准。

3.4.3.2　Q 检验法

该法由迪安(Dean)和狄克逊(Dixon)在 1951 年提出，具体步骤如下：

首先将测定结果由小到大排序，然后确定可疑值。求出可疑值与其邻近值之差 x_n-x_{n-1} 或 x_2-x_1，然后除以极差 x_n-x_1，计算出统计量 Q：

$$Q = \frac{x_n - x_{n-1}}{x_n - x_1} \text{ 或 } Q = \frac{x_2 - x_1}{x_n - x_1} \tag{3-29}$$

Q 值越大，说明 x_1 或 x_n 离群越远，远至一定程度时则应将其舍去，故 Q 值称为舍弃商。根据测定次数 n 和所要求的置信度 P 查 $Q_{P,n}$ 值表（表3-4），若 $Q > Q_{P,n}$，则以一定的置信度弃去可疑值，反之则保留，分析化学中通常取0.90的置信度。

表 3-4 $Q_{P,n}$ 值表

n	3	4	5	6	7	8	9	10
$Q_{0.90}$	0.94	0.76	0.64	0.56	0.51	0.47	0.44	0.41
$Q_{0.95}$	0.97	0.84	0.73	0.64	0.59	0.54	0.51	0.49

如果测定数据较少，测定的精密度也不高，因 Q 与 $Q_{P,n}$ 值相接近而对可疑值的取舍难以判断时，最好补测 1~2 次再进行检验更有把握。

【例3-6】 测定水中砷的含量，3次结果分别为 $1\ mg \cdot L^{-1}$，$2\ mg \cdot L^{-1}$，$9\ mg \cdot L^{-1}$。问可疑数据"9"应否弃去（$P = 0.90$）？

解：根据式（3-29），得 $Q = \dfrac{9-2}{9-1} = 0.88$。

查表 3-4 得 $Q_{0.90,3} = 0.94$，因 $Q < Q_{0.90,3}$，故 $9\ mg \cdot L^{-1}$ 这一数据不应弃去。

应该指出的是，由于日常分析工作通常只进行 3 次重复测定，若从 3 个数据中选取 2 个较接近者报告测定结果是不合理的。但是在【例3-6】中，因 Q 值并不明显地小于 $Q_{P,n}$，若将"9"保留取平均值报告结果也不合理。此时应补测 1~2 次为宜。若【例3-6】中再测一次得数据 $2\ mg \cdot L^{-1}$，此时 $Q_{0.90,4} = 0.76$，$Q > Q_{0.90,4}$，故可舍去可疑值 $9\ mg \cdot L^{-1}$。

如果没有条件再做测定，则宜用中位数（【例3-6】中为 $2\ mg \cdot L^{-1}$）代替平均值报告结果。例如 4 次测定铁矿石中铁的质量分数（%）得40.02，40.16，40.18和40.20。若保留可疑值40.02，$\bar{x} = 40.14\%$，中位值为40.17%；若弃去可疑值后，$\bar{x} = 40.18\%$，中位值是40.18%。可见，是否舍去可疑值对 $\bar{x}$ 的影响较大，而对中位值影响较小。因此，在不能确定是否存在过失的情况下，采用中位值报告测定结果是比较合理的。

3.4.3.3 格鲁布斯法

格鲁布斯法（G）步骤如下：设有 n 个数据，首先将测定结果由小到大排序，x_1，x_2，$\cdots$，x_{n-1}，x_n，然后确定可疑值。其中，x_1 或 x_n 为可疑值。计算出该组数据的平均值 $\bar{x}$ 和标准偏差 s，再计算统计量 G。

若 x_1 为可疑值 $$G = \frac{\bar{x} - x_1}{s} \tag{3-30}$$

若 x_n 为可疑值 $$G = \frac{x_n - \bar{x}}{s} \tag{3-31}$$

根据事先确定的置信度和测定次数查阅表3-5中的 $G_{P,n}$ 值，如果 $G > G_{P,n}$，说明可疑值相对平均值偏离较大，则以一定的置信度将其舍去，否则保留。

表 3-5　$G_{P,n}$ 值表

测定次数	置信度（P）		测定次数	置信度（P）	
（n）	95%	99%	（n）	95%	99%
3	1.15	1.15	12	2.29	2.55
4	1.46	1.49	13	2.33	2.61
5	1.67	1.75	14	2.37	2.66
6	1.82	1.94	15	2.41	2.71
7	1.94	2.10	16	2.44	2.75
8	2.03	2.22	17	2.47	2.79
9	2.11	2.32	18	2.50	2.82
10	2.18	2.41	19	2.53	2.85
11	2.23	2.48	20	2.56	2.88

【例 3-7】　6 次标定某 NaOH 溶液的浓度，其结果为 0.1050 mol·L^{-1}，0.1042 mol·L^{-1}，0.1086 mol·L^{-1}，0.1063 mol·L^{-1}，0.1051 mol·L^{-1}和 0.1064 mol·L^{-1}。用格鲁布斯法判断 0.1086 mol·L^{-1}这个数据是否应该舍去（P=0.95）？

解：6 次测定值递增的顺序为（单位 mol·L^{-1}）

0.1042，0.1050，0.1051，0.1063，0.1064，0.1086，根据有关计算得

$$\bar{x}=0.1059 \text{ mol·L}^{-1} \qquad s=0.0016 \text{ mol·L}^{-1}$$

$$G=\frac{0.1086-0.1059}{0.0016}=1.69$$

查表 3-5 $G_{0.95,6}=1.82$，$G<G_{0.95,6}$，故 0.1086 mol·L^{-1}这一数据不应舍去。

在运用格鲁布斯法判断可疑值的取舍时，由于引入了 t 分布中最基本的两个参数 $\bar{x}$ 和 s，故该方法的准确度较 Q 检验法高，因此得到普遍采用。

还需指出的是，在运用上述方法时，如置信度定得过大，则容易将可疑值保留；反之则可能将合理的测定值舍去。通常选择 0.90 或 0.95 的置信度是合理的。

3.4.4　显著性检验

在分析工作中，常常会遇到这样一些问题，如对标准试样与纯物质进行测定时，所得到的平均值与标准值的比较问题；不同分析人员、不同实验室和采用不同分析方法对同一试样进行分析时，两组分析结果的平均值之间的比较问题；革新、改造生产工艺后的产品分析指标与原指标的比较问题等。由于测量都有误差存在，数据之间存在差异是毫无疑问的。这种差异是由随机误差引起的，还是由系统误差引起的？这类问题在统计学中属于"假设检验"。如果分析结果之间存在"显著性差异"就认为它们之间有明显的系统差异，否则，就认为没有系统误差，属于随机误差引起的，是正常的。定量分析中常用的显著性检验方法是 t 检验法和 F 检验法。

3.4.4.1 样本平均值与标准值的比较(t 检验法)

t 检验法用来检验样本平均值与标准值或两组数据的平均值之间是否存在显著性差异，从而对分析方法的准确度作出评价，其根据是样本随机误差的 t 分布规律。

当检验一种新分析方法的准确度时，采用该方法对某标准试样(或基准物质)进行数次平行测定，再将样本平均值 $\bar{x}$ 与标准值 T(视为真值)进行比较。由置信区间的定义可知，经过 n 次测定后，如果以 $\bar{x}$ 为中心的某区间已经按指定的置信度将真值 T 包含在内，那么它们之间就不存在显著差异，根据 t 分布，这种差异是仅由随机误差引起的。根据式(3-25)有

$$|\bar{x}-T|=t_{P,f}s_{\bar{x}} \tag{3-32}$$

式中的 $t_{P,f}$ 值可按一定的置信度和自由度由表 3-3 中查得，实际上 $t_{P,f}s_{\bar{x}}$ 就是一定条件下随机误差的界限值。由具体测定中样本的 $\bar{x}$ 和 $s_{\bar{x}}$ 可计算 t 值如下：

$$t=\frac{|\bar{x}-T|}{s_{\bar{x}}}$$

若 $t>t_{P,f}$ 说明 $\bar{x}$ 与 T 之差已经超过随机误差的界限，就可以按照相应的置信度判断它们之间存在显著性差异。

进行显著性检验时，如置信度定得过低，则容易将随机误差引起的差异判断为显著性差异；如置信度定得过高，又可能将系统误差引起的不一致认同为正常差异，从而得出不合理的结论。在定量分析中，常采用 0.95 或 0.90 的置信度。

【例 3-8】 用某新方法测定分析纯 $NaCl$ 中氯的质量分数，10 次测定结果的平均值 $\bar{x}=60.68\%$，平均值的标准偏差 $s_{\bar{x}}=0.014\%$。已知试样中氯的真实值为 60.66%，试以 0.95 的置信度判断这种新方法是否准确可靠。

解： 根据式 $t=\dfrac{|\bar{x}-T|}{s_{\bar{x}}}$ 得

$$t=\frac{|\bar{x}-T|}{s_{\bar{x}}}=\frac{60.68-60.66}{0.014}=1.43$$

查表 3-3，$t_{0.95,9}=2.26$，$t<t_{0.95,9}$，说明 $\bar{x}$ 与 T 之间未发现有显著性差异，新方法是准确可靠的。

3.4.4.2 两组数据平均值之间的比较(F 检验法和 t 检验法)

如果由不同的分析者或不同的实验室用同一种方法对某试样进行数次平行测定，得到了两组数据，显然它们的平均值 $\bar{x}_1$ 和 $\bar{x}_2$ 不可能完全一致。同理，采用两种不同分析方法测定同一试样，所得两组结果的平均值也会有差异存在。上述差异是否显著，是由什么原因所引起的，可按下述步骤进行检验。

例如有两组测定值，它们的有关数据分别为：$\bar{x}_1$，s_1，n_1；$\bar{x}_2$，s_2 和 n_2。

① 首先采用 F 检验法对两组数据的方差 s^2 进行检验，以判断两组数据的精密度有无显著性差异。按下式计算 F 值：

$$F=\frac{s_{大}^2}{s_{小}^2} \tag{3-33}$$

F 检验的基本假设是如果两组测定值来自同一总体，就应该具有相同(或差异很小)的方差，即 F 值接近于 1。反之，如果 s_1 与 s_2 存在着显著性差异，则两者必定相差很大，F 值也会较大。根据两组数据的自由度，由表 3-6 中查出相应的 $F_{P,f}$ 值，并且与上述计算值相比较。若 $F>F_{P,f}$，则以一定的置信度认为这两组数据的精密度存在显著性差异。可以判断，其中某组数据具有较大的方差，即该组数据的精密度低，其准确度值得怀疑，因此不必再对两个平均值进行比较。如 $F<F_{P,f}$，则表明 s_1 与 s_2 没有显著性差异，检验继续按下述步骤进行。

表 3-6　F 值表(单边，$P=0.95$)

$f_{s小}$	$f_{s大}$									
	2	3	4	5	6	7	8	9	10	∞
2	19.00	19.16	19.25	19.30	19.33	19.36	19.37	19.38	19.39	19.50
3	9.55	9.28	9.12	9.01	8.94	8.88	8.84	8.81	8.78	8.53
4	6.94	6.59	6.39	6.26	6.16	6.09	6.04	6.00	5.96	5.63
5	5.79	5.41	5.19	5.05	4.95	4.88	4.82	4.78	4.74	4.36
6	5.14	4.76	4.53	4.39	4.28	4.21	4.15	4.10	4.06	3.67
7	4.74	4.35	4.12	3.97	3.87	3.79	3.73	3.68	3.63	3.23
8	4.46	4.07	3.84	3.69	3.58	3.50	3.44	3.39	3.34	2.93
9	4.26	3.86	3.63	3.48	3.37	3.29	3.23	3.18	3.13	2.71
10	4.10	3.71	3.48	3.33	3.22	3.14	3.07	3.02	2.97	2.54
∞	3.00	2.60	2.37	2.21	2.10	2.01	1.94	1.88	1.83	1.00

② 再用 t 检验法判断两个平均值 $\bar{x}_1$ 和 $\bar{x}_2$ 之间有无显著性差异，即两者的差异是否由系统误差所引起的。

首先按下式计算合并标准偏差，其中总自由度 $f=n_1+n_2-2$。

$$s=\sqrt{\frac{\sum(x_{1i}-x_1)^2+\sum(x_{2i}-x_2)^2}{(n_1-1)+(n_2-1)}} \tag{3-34}$$

或者

$$s=\sqrt{\frac{s_1^2(n_1-1)+s_2^2(n_2-1)}{(n_1-1)+(n_2-1)}} \tag{3-35}$$

再计算统计量 t。如果 $\bar{x}_1$ 和 $\bar{x}_2$ 无显著性差异，则可以认为它们来自同一总体，即

$$\bar{x}_1\pm\frac{ts}{\sqrt{n_1}}=\bar{x}_2\pm\frac{ts}{\sqrt{n_2}}=\mu$$

那么

$$\bar{x}_1-\bar{x}_2=\pm ts\sqrt{\frac{n_1+n_2}{n_1n_2}}$$

则
$$t = \frac{|\bar{x}_1 - \bar{x}_2|}{s}\sqrt{\frac{n_1 n_2}{n_1 + n_2}}$$ （3-36）

由表 3-3 查得 $t_{P(n_1+n_2-2)}$ 值，如果 $t > t_{P(n_1+n_2-2)}$，则可以认为两组数据不属于同一总体，它们之间存在显著性差异；反之，$t < t_{P(n_1+n_2-2)}$，上述假设成立，即两组数据之间不存在系统误差。

【例3-9】 用两种不同的方法测定合金中镍的质量分数（%），所得的结果如下：

第一种方法 1.26，1.25，1.22

第二种方法 1.35，1.31，1.33，1.34

试问两种方法之间是否有显著性差异（因属双边检验，$P = 0.90$）？

解：

$$n_1 = 3 \quad \bar{x}_1 = 1.24\% \quad s_1 = 0.021\%$$

$$n_2 = 4 \quad \bar{x}_2 = 1.33\% \quad s_2 = 0.017\%$$

$$F = \frac{s_1^2}{s_2^2} = \frac{(0.021)^2}{(0.017)^2} = 1.53$$

查表 3-6，$f_{s大} = 2$，$f_{s小} = 3$，$F_表 = 9.55$，$F < F_表$，说明此时未发现 s_1 与 s_2 有显著性差异（$P = 0.90$），因此求得合并标准偏差为

$$s = 0.019\% \quad t = \frac{|1.24 - 1.33|}{0.019} \times \sqrt{\frac{3 \times 4}{3 + 4}} = 6.21$$

查表 3-3，当 $P = 0.90$，$f = n_1 + n_2 - 2 = 5$ 时，$t_{0.90,5} = 2.02$，$t > t_{0.90,5}$，故以 0.90 的置信度认为 $\bar{x}_1$ 和 $\bar{x}_2$ 有显著性差异，即两种分析方法之间存在系统误差，应找出原因，予以校正或消除。

在显著性检验中，将具有显著性差异的测定值在随机误差分布中出现的概率（小概率）称为显著性水平（水准），用 α 表示，即这些测定值位于一定置信度所对应的随机误差界限之外。如果置信度 $P = 0.95$，则显著性水平 $\alpha = 0.05$，即 $\alpha = 1 - P$。因此在相关内容的教材和著作中，常使用显著性水平（水准）的概念。

3.5 提高分析结果准确度的方法

从上述有关误差的讨论中可知，在分析测定过程中，不可避免地存在误差。要减小分析过程中的误差，可以从以下几个方面来考虑。

（1）选择合适的分析方法

各种分析方法在准确度和灵敏度两方面各有侧重，互不相同。在实际工作中要根据具体情况和要求来选择分析方法。化学分析法中的滴定分析法和重量分析法的相对误差较小，故准确度高，但灵敏度较低，适于高含量组分的分析；仪器分析法的相对误差较大，故准确度较低，但灵敏度高，适于低含量组分的分析。例如，用 $K_2Cr_2O_7$ 滴定法测得铁矿石中铁的质量分数为 40.20%，若方法的相对误差为 ±0.2%，则铁的质量分数范围是 40.12% ~ 40.28%。这一试样如果用直接比色法进行测定，由于方法的相对误差约

为±2%，测得铁的质量分数范围为 39.4%～41.0%，显然化学分析法的测定结果相当准确，而仪器分析法的结果不能令人满意。反之，若对铁含量为 0.40% 的标样进行测定，因化学分析法灵敏度低，难以检测。若采用灵敏度高的分光光度法，因方法的相对误差±2%，分析结果的绝对误差为±2%×0.40%＝±0.008%，对于低含量的铁的测定，这样大小的误差是允许的。因此，选择分析方法是要考虑试样中待测组分的相对含量。

此外，还要考虑试样的组成情况，有哪些共存组分，选择的分析方法干扰要尽量少，或者能采取措施消除干扰以保证一定的准确度。在这样的前提下再考虑分析方法尽量步骤少，操作简单、快速。此外，所用实际是否易得、价格是否便宜等都是选择分析方法时所要考虑的。

(2) 减小测量误差

测量时不可避免地会有误差存在，但是如果对测量对象的量进行合理地选取，就会减少测量误差，从而提高分析结果的准确度。例如使用万分之一的分析天平，一般情况下称样的绝对误差为±0.0002 g，如欲称量的相对误差不大于 0.1%，那么应称量的最小质量可以按下式计算：

$$相对误差 = \frac{绝对误差}{试样质量} \times 100\% \qquad 试样质量 = \frac{0.0002 \text{ g}}{0.001} = 0.2 \text{ g}$$

可见称量质量必须在 0.2 g 以上。

在滴定分析中，滴定管的读数误差一般视为±0.02 mL（末读数−始读数，每次读数误差约±0.01 mL）。为使读数的相对误差小于 0.1%，滴定时所消耗滴定剂的体积应该在 20 mL 以上；若使用 25 mL 的滴定管，则应将滴定剂的体积控制在 20～25 mL，以减小相对误差。

在采用滴定分析法和重量法进行测定时，应该考虑上述因素以减小称量和读数等测量误差，才有可能达到方法预期的准确度。

此外，称量的准确度还应与分析方法的准确度一致。例如采用光度法测定某试样中锰的含量，方法的相对误差一般为 2%。若需称取 0.5 g 试样，那么理论上只要称样的绝对误差小于 0.5 g×2%＝0.01 g 就可以满足要求，因此不必像滴定法和重量法那样强调将试样称准至±0.0001 g。为了能将称样的误差忽略，常将本例中称量准确度 0.01g 提高一个数量组，即称准至±0.001 g 是比较适宜的。

(3) 检验和消除系统误差

系统误差是定量分析中误差的主要来源，由于系统误差是由某种固定的原因造成的，检验和消除测定过程中的系统误差，通常采用如下方法。

① 对照试验 为了检验某分析方是否有系统误差存在，做对照试验是最常用的方法。对照试验一般分为两种，一种是用待检验的分析方法测定某标准试样或纯物质，并将结果与标准值或纯物质的理论值相对照，用显著性检验判断是否有系统误差。进行对照试验时，应尽量选择与试样组成相近的标准试样或自己制备的"人工合成试样"来代替标准试样进行对照。另一种是用该方法与国家颁布的标准方法或公认的经典方法同时测定某一试样，并对结果进行显著性检验。如果判断两种方法之间确有系统误差存在，

则需找出原因并予以校正。

此外，为了检查分析人员之间的操作是否存在系统误差或其他方面的问题，常将一部分试样重复安排给不同的分析者进行测定，称之为"内检"。有时又将部分试样送其他单位进行对照实验，称之为"外检"。

当对试样的组成不清楚时，对照试验也难以检查出系统误差的存在，这时可采用"加入回收法"试验。这种方法是向试样中加入已知量的待测组分，然后进行对照试验，看看加入的待测试分是否被定量回收，以判断分析过程中是否存在系统误差。对回收率的要求主要根据待测组分的含量而定，对常量组分回收要求较高，一般为99%以上，对微量组分回收率可要求在90%~110%。

②空白试验　所谓空白试验，就是在不加待测组分的情况下，按照与待测组分同样的分析条件和步骤进行试验，把所得结果作为空白值，从试样的分析结果中扣除空白值，就可以得到比较可靠的分析结果。空白试验的作用是检验和消除由试剂、溶剂（大多数是水）和分析器皿（因被侵蚀）中某些杂质引起的系统误差。空白值一般应该比较小，经扣除后就可以得到比较可靠的测定结果。如果空白值较大，就应该通过提纯试剂、改用纯度较高的溶剂和采用其他更合适的分析器皿等来解决问题，才能提高测定的准确度。空白试验对于微（痕）量组分具有很重要作用。

③校准仪器和量器　当允许测定结果的相对误差大于0.1%时，一般不必校准仪器。在对准确度要求较高的测定中，对所使用的仪器或量器（如天平砝码的质量、滴定管、移液管和容量瓶的体积等）必须进行校正，在测定中采用校正值，以消除仪器和量器不准带来的误差。

④分析结果的校正　分析过程中的系统误差，有时可采用适当的方法进行校正。例如，用电解重量法测定纯度为99.9%以上的铜，要求分析结果十分准确，因电解不很完全而引起的负的系统误差，可用光度法测定溶液中未被电解的残余铜量。将用光度法得到的结果与电重量法测得的结果相加，即可得到试样中铜的准确结果。

（4）减小随机误差

在消除了系统误差的前提下，增加平行测定的次数可以减小随机误差。平行测定次数越多，平均值就越接近真值，因此，增加平行测定次数，可以提高测定结果的准确度。在一般的定量分析中，平行测定3~4次即可，如对测定结果的准确度要求较高时，可以再增加测定次数。

（5）正确表示分析结果

定量分析的目的是力图得到待测组分的真实含量。因此在报告分析结果时，应该对测定值与真值相接近的程度作出估计，以反映分析结果的可靠性。

为了正确表示分析结果，不仅要表明其数值的大小，还应该反映出测定的准确度、精密度以及为此进行的测定次数。因此欲通过一组测定数据（随机样本）来反映该样本所代表的总体时，样本平均值 $\bar{x}$、样本标准偏差 s 和测定次数 n 这3项数据是必不可少的。采用置信区间也是表示分析结果的方式之一，该计算公式中不仅包含了 $\bar{x}$、s 和 n 这3个基本数据，还指出了置信度。置信区间越窄，表明 $\bar{x}$ 与真值越接近，置信区间的大小直接与测定的精密度和准确度有关。

最后还应正确表示分析结果的有效数字，其位数要与测定方法和仪器的准确度一致。

本章小结

系统误差和随机误差影响分析测定结果的优劣，因此选择适宜的分析方法后，除注意减小测量误差外，还应着力减小系统误差和随机误差，并对测定结果及可信程度进行估计和正确表示。

精密度高是保证测定结果准确度好的前提。因此，分析人员在做平行测定以减少随机误差对准确度的影响时，要做到测定条件保持尽量一致。系统误差常常对准确度影响较大，要根据其来源，采取相应措施尽量减小其影响。

系统误差的检验和平均值置信区间的确定，都需依据统计学原理进行。对有限数据的处理，如果精密度符合要求，可按以下顺序完成：

①对可疑值进行合理取舍。

②根据对照试验结果，进行显著性检验。若存在系统误差，应查明原因，采取措施重新测定

③在无系统误差情况下，给出一定置信度时，平均值的置信区间作为分析结果，合理反映随机误差的影响。一般分析测定，平行测定次数较少(2~4 次)，则报告平均值、测定次数和标准偏差。

思考题与习题

1. 准确度和精密度有何区别和联系？

2. 下列情况各引起什么误差？如果是系统误差，应如何消除？

(1)砝码被腐蚀；

(2)称量时，试样吸收了空气中的水分；

(3)天平两臂不等长；

(4)天平零点稍有变动；

(5)试剂中含有微量待测组分；

(6)用于标定 EDTA 溶液的金属不纯；

(7)读取滴定管读数时最后一位数字估计不准；

(8)用 NaOH 滴定 HAc，选酚酞为指示剂确定终点颜色时稍有出入。

3. 下列数据的有效数字位数各是多少？

0.007，7.026，$pH = 5.36$，$6.00×10^{-5}$，1000，91.40，$pK_a = 9.26$。

4. 某分析天平的称量误差为 ±0.1 mg，采用差减称量法，要使称量误差不大于 0.2%，至少应称取多少试样？

5. 常量滴定管读数可读到 ±0.01 mL，若要求滴定的相对误差小于 0.2%，在滴定

时，耗用体积应控制为多少？

6. 误差既然可用绝对误差表示，为什么还要引入相对误差？什么是平均偏差和标准偏差？为什么还要引入标准偏差？

7. u 分布曲线和 t 分布曲线有何不同？

8. 根据有效数字运算规则，计算下列算式：

(1) $19.469+1.537-0.0386+2.54$；

(2) $3.6×0.0323×20.59×2.12345$；

(3) $\dfrac{32.65×(24.00-1.32)×2.3742}{14.5}$；

(4) $pH=0.06$，计算 H^+ 的浓度。

9. 测定某试样的含氮量，6 次平行测定结果的结果为 20.48%，20.55%，20.58%，20.60%，20.53%，20.50%。

(1) 计算这组数据的平均值、中位数、全距、平均偏差、标准偏差和相对标准偏差；

(2) 若此试样是标准试样，含氮量为 20.45%，计算测定结果绝对误差和相对误差。

10. 分析氯化物的含量，共测定 5 次，$\bar{x}=32.32\%$，$s=0.13\%$，求置信度为 95% 及 99% 时的平均值的置信区间。已知 $n=5$ 时，$t_{0.95}=2.78$；$t_{0.99}=4.60$。

$$[(32.30±0.16)\%，(32.30±0.27)\%]$$

11. 下面是一组测定误差的数据，从小到大排列为：-1.40，-0.44，-0.24，-0.22，-0.05，0.18，0.20，0.48，0.63，1.01。试用格鲁布斯法判断，置信度为 95% 时，1.01 和 -1.40 是否应舍去。 （不应舍弃）

12. 某一标准溶液的 4 次标定值分别为 0.1014、0.1012、0.1025、0.1016，用 Q 检验法与 $4\bar{d}$ 法分别检验：当置信度为 90% 时，0.1025 可否舍去？结果应如何报告才合理？

$$[Q\text{ 检验法：不应舍弃，}\bar{x}=0.1017；4\bar{d}\text{ 检验法：应舍弃，}\bar{x}=0.1014]$$

第4章 滴定分析法概述

学习目标:
- 了解滴定分析法的基本概念;
- 了解滴定分析法的 4 种滴定方式;
- 掌握标准溶液的浓度表示方式及配制方法;
- 掌握滴定分析中的有关计算方法。

滴定分析法(titrimetry)是化学分析法中的重要分析方法之一。由于它是以测量溶液体积为基础的分析方法,因而习惯上又称为容量分析法(volumetric analysis),具有简单、快速、准确等特点,因而被广泛应用于常量分析中。

4.1 滴定分析法的分类及对化学反应的要求

滴定分析是将一种已知准确浓度的试剂滴加到被测物质的溶液中,直到所加试剂与被测物质按化学计量关系定量反应为止,然后根据所用试剂溶液的浓度和体积,算得被测组分含量的一种分析方法。

在滴定分析方法中,通常将这种已知准确浓度的试剂溶液叫作标准溶液(standard solution)或滴定剂(titrant)。标准溶液通过滴定管逐滴加入到被测物质溶液中去,这个过程叫作滴定(titrate)。滴定时直到所加的标准溶液与被测物质按照一定的化学方程式所表示的化学计量关系正好完全反应时,这时称该反应到达化学计量点(stoichiometric point),简称计量点。在滴定分析中,要处理的关键问题是如何确定滴定是否到达化学计量点,因为只有确定了化学计量点,才能准确得到标准溶液的用量,但是多数滴定分析反应到达化学计量点时,从外观看溶液的变化不明显,不能直接显示化学计量点。因此,通常在被测物质溶液中需加入合适的指示剂(indicator),当滴定至化学计量点附近时,指示剂的颜色瞬间发生变化,此时终止滴定。根据指示剂变色而终止滴定的这一点,称为滴定终点(end point),简称终点。

化学计量点和滴定终点的含义不同,化学计量点是依据化学计量关系确定的理论点,而滴定终点是实际滴定时人为确定的实验点。滴定终点与化学计量点往往不相符合,由此造成的分析误差称为滴定误差(titration error),或称为终点误差。终点误差是滴定分析误差的主要来源之一,它的大小取决于化学反应是否完全以及选择指示剂是否恰当。

滴定分析常用于测定组分含量大于 1% 的常量组分,也可用于测定微量组分。滴定分析操作简便且测量的准确度也高,在适当的条件下相对误差可控在 0.1% ~ 0.2%。滴定分析法用途广泛，可以用来测定多种物质且适合于多种化学反应类型。滴定分析法在生产实践和科学研究中有很高的实用价值，常见于工农业生产和科学实验中。

4.1.1　滴定分析法的分类

根据滴定时标准溶液和被测物质间反应类型的不同，滴定分析法可分为 4 类：

（1）酸碱滴定法

酸碱滴定法是一种以酸碱反应为基础的滴定分析方法。酸碱反应以质子的转移为基础，可用以下反应式表示：

$$H^+ + A^- === HA$$

（2）配位滴定法

配位滴定法是一种以配位反应为基础的滴定分析方法，又称络合滴定法。配位反应是指金属离子与含有孤对电子的配体发生反应生成配合物（或称络合物）的过程。最常见的配位滴定法是以 EDTA（Y）作为配体来测定金属离子（M）的含量，可用以下反应式表示：

$$M^{n+} + Y^{4-} === MY^{n-4}$$

（3）氧化还原滴定法

氧化还原滴定法是一种以氧化还原反应为基础的滴定分析方法，氧化还原反应以电子的转移为基础。常见的氧化还原反应主要包括高锰酸钾法、重铬酸钾法和碘量法。例如用高锰酸钾法测定亚铁离子的含量可用以下反应式表示：

$$MnO_4^- + 5Fe^{2+} + 8H^+ === 5Fe^{3+} + Mn^{2+} + 4H_2O$$

（4）沉淀滴定法

沉淀滴定法是一种以沉淀反应为基础的滴定分析方法。例如用 $AgNO_3$ 标准溶液滴定 NaCl 溶液，可用以下反应式表示：

$$Ag^+ + Cl^- === AgCl \downarrow$$

在农业化学分析中，以上 4 种滴定分析法的应用非常广泛。例如，酸碱滴定法可以用来直接测定土壤溶液的酸碱度；配位滴定法可以用来测定植物样品中的 Mg、Ca、P 以及硫酸盐的含量；氧化还原滴定法可以用来测定肥料中的有机质和还原性物质的含量，还能测定植物中的糖类物质和抗坏血酸的含量；沉淀滴定法可以用来直接或间接测定各类样品中的卤离子的含量。

4.1.2　滴定分析法对化学反应的要求

滴定分析虽能广泛应用于多种类型的反应，但并不是所有化学反应都可以用来进行滴定分析。适用于滴定分析的化学反应必须具备以下的条件：

①化学反应要有确定的化学计量关系，无副反应，否则将无法进行准确计算，这是滴定分析法定量分析的依据。

②化学反应完全程度要高，通常要求大于 99.9%。化学反应完全程度较高，化学

计量点附近溶液性质变化更明显，指示剂的变色更敏锐，终点误差较小。

③化学反应必须具有较快的反应速率，否则将无法判断滴定终点。对于部分反应速率较慢的反应，有时可通过加热或加入催化剂等方法来加快反应速率。

④必须有适当的方法确定滴定终点，如可通过加入指示剂或使用仪器分析来确定滴定终点。

4.2　滴定方式

在实际的分析应用中，由于滴定剂与被测物质间的化学反应不一定能完全满足以上4 个条件，因此，为使滴定分析能顺利进行，根据滴定剂和被测物质的性质和反应特点可采用以下 4 种不同的滴定方式。

4.2.1　直接滴定法

凡是满足以上滴定分析对化学反应的 4 个要求的反应，均可以采用直接滴定法，即用标准溶液直接滴定被测物质。例如，用 NaOH 标准溶液滴定 H_2SO_4，用 $KMnO_4$ 标准溶液滴定 H_2O_2 等。直接滴定法是最基本、最常见，也是最重要的滴定方式。

4.2.2　间接滴定法

当待测物质与标准溶液不能直接起反应时，可用另一种试剂与被测物质作用，生成可以用标准溶液直接滴定的物质，此种滴定方式称为间接滴定法。例如测定 Ca^{2+} 时，不能用 $KMnO_4$ 直接滴定，但如将其先沉淀为 CaC_2O_4，再经过滤、洗涤后溶解于稀 H_2SO_4 中得到等物质的量的 $H_2C_2O_4$，最后用 $KMnO_4$ 标准溶液滴定 $H_2C_2O_4$，相当于间接测定 Ca^{2+} 的含量。涉及的反应式如下：

$$Ca^{2+} + C_2O_4^{2-}（过量） \Longrightarrow CaC_2O_4 \downarrow$$
$$CaC_2O_4 + 2H^+ \Longrightarrow Ca^{2+} + H_2C_2O_4$$
$$5H_2C_2O_4 + 2MnO_4^- + 6H^+ \Longrightarrow 2Mn^{2+} + 10CO_2 \uparrow + 8H_2O$$

4.2.3　返滴定法

当待测物质与滴定剂的反应较慢（如 Al^{3+} 与 EDTA 的反应），或者待测物质为固体试样（如用 HCl 标准溶液滴定固体 $CaCO_3$）时，反应不能立即完成。此时，可以向试样溶液中先加入已知过量的标准溶液，直至其与待测物质反应完成后，再将剩余的标准溶液用另一种标准溶液滴定至正好完全反应，根据两种标准溶液的浓度和体积，就可算出被测物质的含量。这种滴定方式称为返滴定法，也称剩余量滴定法或回滴法。例如，用 EDTA 标准溶液测定 Al^{3+}，因两者反应较慢，可先往待测溶液中加入已知过量的 EDTA 标准溶液，加热使溶液反应完全，待冷却后，再用 Zn^{2+} 标准溶液回滴完剩余的 EDTA 标准溶液，该方法成功地加快了化学反应速度。当滴定固体 $CaCO_3$ 时，先加入已知过量的

HCl 标准溶液，待其充分反应后，再用 NaOH 标准溶液回滴剩余的 HCl 标准溶液。

如果待测试样具有挥发性（如用 HCl 溶液滴定 NH₃ 溶液），也可用返滴定法进行测定。对于某些找不到合适的指示剂的反应，有时也采用返滴定法。如在酸性溶液中用 AgNO₃ 滴定 Cl⁻，缺乏合适的指示剂。此时可先加入已知过量的 AgNO₃ 标准溶液使 Cl⁻ 沉淀完全，再以 Fe^{3+} 作为指示剂，用 NH₄SCN 标准溶液回滴过量的 Ag^+，出现 $[Fe(SCN)]^{2+}$ 红色即为终点。

4.2.4　置换滴定法

当滴定反应中，两种物质没有确定的计量关系，如不能按确定的化学反应式进行，或伴有副反应时，均不能采用直接滴定法进行测定。此时，可先加入适当的试剂与待测物质反应，使其定量地置换出另一种能够被直接滴定的物质后，再用标准溶液滴定此物质，将此种滴定方式称为置换滴定法。例如，Na₂S₂O₃ 不能用来直接滴定 K₂Cr₂O₇，因为在酸性溶液中 $S_2O_3^{2-}$ 可被氧化为 $S_4O_6^{2-}$，还会被氧化为 SO_4^{2-}，没有确定的计量关系。但 Na₂S₂O₃ 与 I₂ 反应却有确定的化学计量关系，如果在 K₂Cr₂O₇ 的酸性溶液中加入过量的 KI 使其反应产生定量的 I₂，再用 Na₂S₂O₃ 滴定置换生成的 I₂，即可测得氧化剂 K₂Cr₂O₇ 的含量。这种滴定方式也可用于以 K₂Cr₂O₇ 标准溶液标定 Na₂S₂O₃。该滴定涉及的反应式如下：

$$Cr_2O_7^{2-}+6I^-+14H^+ =\!=\!= 3I_2+2Cr^{3+}+7H_2O$$
$$I_2+2S_2O_3^{2-} =\!=\!= 2I^-+S_4O_6^{2-}$$

有些反应完全程度不够高的反应，也可通过置换滴定法准确测定。如 Ag^+ 与 EDTA 配位后的产物不够稳定。但若将 Ag^+ 与 $Ni(CN)_4^{2-}$ 反应置换出 Ni^{2+}，再用 EDTA 滴定生成的 Ni^{2+} 即可计算出 Ag^+ 的含量。

4.3　滴定分析的标准溶液

标准溶液是指已知准确浓度的试剂溶液，在滴定分析中常常用作滴定剂。在滴定分析法中，无论采用哪种滴定方式，都必须使用标准溶液，滴定结束后，需要依据其浓度和用量来计算被测组分的含量。因此，正确配制标准溶液并确定其准确浓度，是滴定分析法中的一个重要内容，并且对提高分析结果的准确度有着非常重要的意义。滴定分析中，标准溶液的配制通常有两种方法，即直接配制法和间接配制法（又称标定法）。

4.3.1　标准溶液浓度的表示

标准溶液浓度的表示方法，一般有以下两种：

（1）物质的量浓度

物质的量浓度是表示标准溶液浓度常用的方式。物质的量浓度（简称浓度）是指单位体积溶液含有溶质的物质的量。用字母 c 来表示，如物质 B 的浓度等于 B 的物质的量

$n(B)$ 除以溶液的体积 V，即

$$c(B) = \frac{n(B)}{V} \tag{4-1}$$

式(4-1)中物质的量 $n(B)$ 的单位为 mol 或 mmol；体积 V 的单位为 m^3、dm^3 等，在分析化学中，常用 L(升) 或 mL(毫升)，故浓度的常用单位为 $mol \cdot L^{-1}$。例如，1 L 溶液中含 0.1 mol HCl，其浓度表示为 $c(HCl) = 0.1\ mol \cdot L^{-1}$。

物质的量是以分子、原子、离子或其他基本粒子特定组合的粒子数表示物质的多少，符号用 n 表示，单位是摩尔(mol)。"摩尔"表示某系统的物质的量，如其所包含的基本单元数与 0.012 kg ^{12}C 的原子数目相等，则该系统中的单元数为 1 mol。基本单元可以是原子、分子、离子、电子以及其他粒子，也可以是这些粒子的特定组合。对同一种物质进行计量时，如果选择的基本单元不同，则其物质的量也不同。因此，如果使用摩尔为单位计量，必须注明基本单元，否则就没有明确的含义。如某 H_2SO_4 溶液的浓度，选择不同的基本单元表示，浓度不同。

$c(H_2SO_4) = 0.2\ mol \cdot L^{-1}$，$c(1/2 H_2SO_4) = 0.4\ mol \cdot L^{-1}$，$c(2H_2SO_4) = 0.1\ mol \cdot L^{-1}$

（2）滴定度

在生产实际工作中，为了简便计算，常常采用滴定度来表示标准溶液的浓度。滴定度是指每毫升标准溶液相当于被测物质的质量(g 或 mg)，用符号 $T_{X/S}$ 表示(其中 S、X 分别为标准溶液中溶质和被测物质的化学式)，单位为 $g \cdot mL^{-1}$(或 $mg \cdot mL^{-1}$)。例如，用重铬酸钾标准溶液测定铁含量，若滴定度 $T_{Fe/K_2Cr_2O_7} = 0.007\ 610\ g \cdot mL^{-1}$，表示每毫升 $K_2Cr_2O_7$ 标准溶液相当于 0.007 610 g 的 Fe，即 1 mL $K_2Cr_2O_7$ 标准溶液能将 0.007 610 g 的 Fe^{2+} 氧化为 Fe^{3+}。

此种滴定度表示法适用于测定大批试样中同一组分的含量，实际工作中，只要将滴定时消耗的标准溶液的体积与滴定度相乘，就可以快速计算出被测物质的质量。上例若已知滴定用去 $K_2Cr_2O_7$ 标准溶液的体积为 20.26 mL，则试液中 Fe 的质量为

$$T_{Fe/K_2Cr_2O_7} \times V_{K_2Cr_2O_7} = 0.007\ 610 \times 20.26 = 0.1542\ （g）$$

滴定度还可以指每毫升标准溶液中所含溶质的质量，用 T_S 表示，S 为标准溶液中溶质的化学式，单位通常为 $g \cdot mL^{-1}$。例如，$T_{NaOH} = 0.060\ 00\ g \cdot mL^{-1}$，它表示 1 mL NaOH 溶液中含有 0.060 00 g NaOH。

滴定度可以与物质的量的浓度进行换算，换算公式为：$T = cM/1000$，其中 M 为物质的摩尔质量。

4.3.2　标准溶液的直接配制

所有符合基准试剂条件的物质，标准溶液采用直接法配制。

（1）基准物质

许多化学试剂由于本身不纯或不易提纯，或在空气中不稳定(如易挥发或易分解)等原因，不能用直接法配制标准溶液。在分析化学中，能用来直接配制或标定标准溶液

的基准物质应具备以下条件:

①纯度高(一般要求纯度在 99.9%以上),所含少量的杂质不能影响分析的准确度。

②试剂的组成应与化学式完全相符。若含结晶水时,其结晶水的含量应与化学式一致,如硼砂 $Na_2B_4O_7 \cdot 10H_2O$。

③性质要稳定,既不易与空气中的 O_2 及 CO_2 等反应,也不易分解。

④试剂一般具有较大的摩尔质量。因为摩尔质量越大,称取的质量越多,称量的相对误差就相应地减小。

在分析化学中,常用的基准物质有纯金属和纯化合物等,如 Ag、Cu、Zn、Cd、Si、Ge、Al、Co、Ni、Fe 和 NaCl、$K_2Cr_2O_7$、Na_2CO_3、$Na_2C_2O_4$、As_2O_3、$CaCO_3$、邻苯二甲酸氢钾、硼砂等。它们的纯度一般大于 99.9%甚至大于 99.99%。

几种最常用的基准物质的干燥温度和应用范围见表 4-1。

表 4-1　常用基准物质的干燥条件和应用范围

基准物质		干燥后的组成	干燥条件/ ℃	标定对象
名称	分子式			
碳酸氢钠	$NaHCO_3$	Na_2CO_3	270~300	酸
碳酸氢钾	$KHCO_3$	K_2CO_3	270~300	酸
无水碳酸钠	Na_2CO_3	Na_2CO_3	270~300	酸
十水合碳酸钠	$Na_2CO_3 \cdot 10H_2O$	Na_2CO_3	270~300	酸
二水合草酸	$H_2C_2O_4 \cdot 2H_2O$	$H_2C_2O_4 \cdot 2H_2O$	室温空气干燥	酸或 $KMnO_4$
硼砂	$Na_2B_4O_7 \cdot 10H_2O$	$Na_2B_4O_7 \cdot 10H_2O$	置于装有 NaCl 和蔗糖饱和溶液的干燥器中	酸
邻苯二甲酸氢钾	$KHC_8H_4O_4$	$KHC_8H_4O_4$	110~120	碱
草酸钠	$Na_2C_2O_4$	$Na_2C_2O_4$	130	氧化剂
三氧化二砷	As_2O_3	As_2O_3	室温干燥器中保存	氧化剂
重铬酸钾	$K_2Cr_2O_7$	$K_2Cr_2O_7$	140~150	还原剂
溴酸钾	$KBrO_3$	$KBrO_3$	150	还原剂
碘酸钾	KIO_3	KIO_3	130	还原剂
铜	Cu	Cu	室温干燥器中保存	还原剂
碳酸钙	$CaCO_3$	$CaCO_3$	110	EDTA
锌	Zn	Zn	室温干燥器中保存	EDTA
氧化锌	ZnO	ZnO	800	EDTA
氯化钠	NaCl	NaCl	500~600	$AgNO_3$
氯化钾	KCl	KCl	500~600	$AgNO_3$
硝酸银	$AgNO_3$	$AgNO_3$	220~250	氯化物

（2）直接配制法

凡符合基准试剂条件的物质都可以直接配制标准溶液。先准确称取一定质量的基准物质，用适量的蒸馏水溶解后，定量转入容量瓶中，再加水至刻度，摇匀。根据称取基准物质的质量和溶液的体积即可计算出该标准溶液的准确浓度。这种标准溶液的配制方法称为直接配制法。溶液浓度为

$$c(\mathrm{B}) = \frac{m(\mathrm{B})}{M(\mathrm{B}) \cdot V} \tag{4-2}$$

例如，在分析天平上准确称取 $\mathrm{K_2Cr_2O_7}$ 0.7354 g，完全溶解后定量转移到 250.0 mL 的容量瓶中，然后加水至刻度线，摇匀。此 $\mathrm{K_2Cr_2O_7}$ 标准溶液的浓度为

$$c(\mathrm{K_2Cr_2O_7}) = \frac{m(\mathrm{K_2Cr_2O_7})}{M(\mathrm{K_2Cr_2O_7}) \cdot V} = \frac{0.7354}{294.18 \times 250.0 \times 10^{-3}} = 0.010\ 00\ (\mathrm{mol \cdot L^{-1}})$$

4.3.3 标准溶液的间接配制——标定

有些化学试剂不符合基准物质的条件，如 NaOH，易吸收空气中的 $\mathrm{CO_2}$ 和水分，因此即使准确称得的质量也不能代表纯 NaOH 的质量；盐酸（除恒沸溶液外），也很难知道其中 HCl 的准确含量；$\mathrm{KMnO_4}$、$\mathrm{Na_2S_2O_3}$ 等试剂不易提纯，且见光易分解，这些物质均不宜用直接法配制标准溶液，而要采用间接法进行配制。可先将其配成近似所需浓度的溶液，然后用基准物质或者另一种标准溶液来测定它的准确浓度。这种利用基准物质（或用另一种标准溶液）来确定标准溶液浓度的操作过程称为标定，用作标定的基准物质叫作标定剂。所以，间接配制法也叫作标定法。标定标准溶液的方法有下面两种：

（1）用基准物质直接标定

准确称取一定量的基准物质，溶解后用待标定的溶液滴定，根据基准物质的质量及所消耗待标定溶液的体积，即可计算出该溶液的准确浓度。例如，欲配制 $c(\mathrm{HCl}) = 0.1\ \mathrm{mol \cdot L^{-1}}$ 的 HCl 标准溶液，先用浓 HCl 稀释配制成浓度大约接近 $0.1\ \mathrm{mol \cdot L^{-1}}$ 的稀溶液，再准确称取一定量的硼砂基准物质，溶解后用 HCl 溶液进行滴定。由硼砂的质量和消耗 HCl 溶液的体积，即可计算出 HCl 标准溶液的准确浓度：

$$c(\mathrm{HCl}) = \frac{2m(硼砂)}{M(硼砂) \cdot V(\mathrm{HCl})}$$

（2）用标准溶液进行比较滴定

先准确移取一定量的待标定溶液于锥形瓶中，用已知准确浓度的标准溶液进行滴定，或者准确移取一定量的已知准确浓度的标准溶液，用待标定溶液进行滴定。根据滴定管中所消耗的溶液体积及标准溶液的浓度，就可计算出待标定溶液的准确浓度。这种用标准溶液来测定待标定溶液准确浓度的操作过程称为比较滴定。很显然，这种标定方法不如直接用基准物质标定的方法好，因为标准溶液的浓度一旦不准确就会直接影响溶液浓度的准确性。

标定过程中，不论采用哪种方法，为提高结果的准确度，标定时一般应注意：①至少要进行 2~3 次平行滴定，相对偏差要求不大于 0.2%；②称取基准物质的质量不应少于 0.2 g，以避免较大的称量误差，才能使称量误差不大于 0.1%；③滴定时消耗滴定管中溶液的体积不得少于 20 mL，以避免较大的读数误差，才能使滴定管的读数误差不大于 0.1%。

直接配制或标定好的标准溶液应密闭保存。有些标准溶液，若保存得当，可以长时间存放而浓度基本不变。标准溶液在保存过程中，由于蒸发，在容器内壁上会有水珠凝聚，所以每次使用前应将其摇匀，防止浓度改变。对于一些性质不够稳定的溶液，应妥善保存，若久置后，使用前应当重新标定其浓度。

4.4 滴定分析计算

在滴定分析中，要涉及一系列计算问题，如标准溶液浓度的计算，标准溶液和被测物质间的计量关系及测定结果的计算等。

4.4.1 滴定分析计算的理论依据

当滴定反应到达化学计量点时，各反应物的物质的量之比等于滴定反应方程式中化学计量数之比，这一规则称为计量比规则。

设滴定剂 A 与被滴定物质 B 的滴定反应为

$$aA + bB \Longrightarrow cC + dD$$

当反应到达化学计量点时，被滴定物质的物质的量 $n(B)$ 与滴定剂的物质的量 $n(A)$ 之间的计量数比为

$$n(B) : n(A) = b : a$$

则被滴定物质的物质的量 $n(B)$ 为

$$n(B) = \frac{b}{a} n(A)$$

或者滴定剂的物质的量 $n(A)$ 为

$$n(A) = \frac{a}{b} n(B)$$

例如，在 3 mol·L^{-1} H_2SO_4 溶液中，用 $Na_2C_2O_4$ 作为基准物质标定 $KMnO_4$ 溶液的浓度时，滴定反应为

$$5C_2O_4^- + 2MnO_4^- + 16H^+ \Longrightarrow 10CO_2 \uparrow + 2Mn^{2+} + 8H_2O$$

即可得出 $\quad n(KMnO_4) = \frac{2}{5} n(Na_2C_2O_4) \quad$ 或 $\quad n(Na_2C_2O_4) = \frac{5}{2} n(KMnO_4)$

在滴定分析计算中，根据滴定过程中相关的化学反应，准确确定待测物质与标准溶液间物质的量的关系是关键因素。

4.4.2 滴定分析计算示例

(1) 标准溶液配制的有关计算

用直接法配制标准溶液时，需准确称量并稀释至准确体积。标定法配制溶液时，只需配制为近似浓度。

由基准物质 A 配制标准溶液时，浓度可用下式进行计算：

$$c(A) = \frac{m(A)}{M(A) \cdot V} \tag{4-3}$$

式中 $m(A)$，$M(A)$，$c(A)$——分别代表物质 A 的质量、摩尔质量以及该溶液的浓度。

【例 4-1】 如何配制 100.0 mL 0.010 00 mol·L^{-1}的 $K_2Cr_2O_7$溶液？

解： A 物质的质量 $m(A)$，与 A 物质的摩尔质量 $M(A)$、A 物质的量 $n(A)$的关系为

$$m(A) = n(A) \cdot M(A) = c(A) \cdot V(A) \cdot M(A)$$

$$m(K_2Cr_2O_7) = c(K_2Cr_2O_7) \cdot V(K_2Cr_2O_7) \cdot M(K_2Cr_2O_7)$$

$$= 0.010\ 00 \times 0.1000 \times 294.18 = 0.2942\ (g)$$

应准确称取 0.2942 g $K_2Cr_2O_7$基准试剂，于小烧杯中溶解后定量转移到 100.0 mL 容量瓶中，稀释至刻度，摇匀。

在实际操作中，为了称量方便，通常只需准确称取 0.29 g 左右(±10%)的 $K_2Cr_2O_7$，再按照实际称取的质量计算溶液的准确浓度。

【例 4-2】 用市售浓 HCl (密度 1.18 g·mL^{-1}，含纯 HCl 37%) 配制 250 mL 0.20 mol·L^{-1}的 HCl 溶液，应量取浓 HCl 多少毫升？应如何配制？

解： 设 1 L 浓 HCl 中含有 HCl 的质量为 m(g)

$$m(HCl) = 1.18 \times 1 \times 10^3 \times 37\% = 437\ (g)$$

$$n(HCl) = \frac{m(HCl)}{M(HCl)} = \frac{437}{36.461} \approx 12\ (mol/L)$$

即浓 HCl 的物质的量浓度 $c(HCl) \approx 12$ mol·L^{-1}

由浓溶液稀释配制溶液时，稀释前后溶质的物质的量不变：

$$n = c_1 \cdot V_1 = c_2 \cdot V_2$$

设应量取浓 HCl V_1 mL，已知 $c_1 = 12$ mol·L^{-1}，$c_2 = 0.20$ mol·L^{-1}，$V_2 = 250$ mL，则

$$V_1 = \frac{c_2 \cdot V_2}{c_1} = \frac{250.0 \times 0.20}{12} = 4.2\ (mL)$$

配制时，用量筒量取浓 HCl 4.2 mL，倒入干净的玻璃试剂瓶中，用量筒加约 250 mL 去离子水，充分摇匀即可。如果作为标准溶液，还需要标定其准确浓度。

(2) 溶液的标定

标定法配制的标准溶液，可根据标定反应的化学计量关系，计算其浓度，如果滴定反应为

$$aA + bB \Longrightarrow cC + dD$$

则
$$c(A) \cdot V(A) = \frac{a}{b} \cdot \frac{m(B)}{M(B)} \qquad (4\text{-}4)$$

【例 4-3】 用硼砂($Na_2B_4O_7 \cdot 10H_2O$)标定例 4-2 所配制的 HCl 溶液时，准确称取了 0.9410 g 的硼砂，当滴定至滴定终点时，消耗了该 HCl 溶液 24.26 mL，请计算 HCl 标准溶液的浓度。

解：标定反应方程式为
$$Na_2B_4O_7 + 2HCl + 5H_2O \Longrightarrow 4H_3BO_3 + 2NaCl$$

根据物质的量比可知：
$$n(HCl) = 2n(Na_2B_4O_7 \cdot 10H_2O)$$

则有
$$c(HCl) \cdot V(HCl) = \frac{2m(Na_2B_4O_7 \cdot 10H_2O)}{M(Na_2B_4O_7 \cdot 10H_2O)}$$

$$c(HCl) = \frac{2 \times 0.9410}{381.37 \times 24.26 \times 10^{-3}} = 0.2034 \, (mol \cdot L^{-1})$$

在滴定分析中，为了减小滴定管的读数误差，一般消耗滴定剂的体积应为 20～30 mL，据此可以计算标定标准溶液浓度时应称取基准物质的大约质量。

【例 4-4】 要求在滴定时消耗掉 0.1 mol·L^{-1} NaOH 溶液 20～30 mL，问应称取基准试剂邻苯二甲酸氢钾($KHC_8H_4O_4$)多少克？如果改用草酸($H_2C_2O_4 \cdot 2H_2O$)作基准物质，应称取多少克？

解：邻苯二甲酸氢钾与 NaOH 的反应式为
$$KHC_8H_4O_4 + NaOH \Longrightarrow KNaC_8H_4O_4 + H_2O$$

邻苯二甲酸氢钾与 NaOH 按 1：1 进行反应，因此二者的物质的量相等：
$$m(KHC_8H_4O_4) = n(KHC_8H_4O_4) \cdot M(KHC_8H_4O_4)$$
$$= c(NaOH) \cdot V(NaOH) \cdot M(KHC_8H_4O_4)$$

故
$$m_1 = 0.1 \times 20 \times 10^{-3} \times 204.22 = 0.4084 \, (g) \approx 0.4 \, (g)$$
$$m_2 = 0.1 \times 30 \times 10^{-3} \times 204.22 = 0.6127 \, (g) \approx 0.6 \, (g)$$

即应称取邻苯二甲酸氢钾 0.4～0.6 g。

若改用草酸作为基准物质，则草酸与 NaOH 间的反应为
$$H_2C_2O_4 + 2NaOH \Longrightarrow Na_2C_2O_4 + 2H_2O$$

草酸与 NaOH 按 1：2 进行反应，因此二者的物质的量之比为 1：2，
$$m(H_2C_2O_4 \cdot 2H_2O) = n(H_2C_2O_4 \cdot 2H_2O) \cdot M(H_2C_2O_4 \cdot 2H_2O)$$
$$= \frac{1}{2}c(NaOH) \cdot V(NaOH) \cdot M(H_2C_2O_4 \cdot 2H_2O)$$

故
$$m_1 = \frac{1}{2} \times 0.1 \times 20 \times 10^{-3} \times 126.07 = 0.1261 \, (g) \approx 0.1 \, (g)$$

$$m_2 = \frac{1}{2} \times 0.1 \times 30 \times 10^{-3} \times 126.07 = 0.1891 \, (g) \approx 0.2 \, (g)$$

即应称取草酸 0.1～0.2 g。

由于邻苯二甲酸氢钾的摩尔质量为 204.22 g·mol^{-1}，而草酸的摩尔质量为126.07 g·mol^{-1}，并且二者与 NaOH 的化学计量比不同，因此，标定相同物质的量的 NaOH，前者应称取 0.5 g 左右，而后者只称取 0.15 g 左右。分析天平的称量误差一般为±0.0001 g，样品称量常用差减法，需要至少称量 2 次，因此这两种基准物质质量引入的相对误差分别为：

邻苯二甲酸氢钾　　　　　$\pm\dfrac{0.0002\ g}{0.5\ g}\times100\%=\pm0.04\%$

草酸　　　　　　　　　$\pm\dfrac{0.0002\ g}{0.15\ g}\times100\%=\pm0.13\%$

可见，摩尔质量大的基准物质用于标定时称取的质量较大，称量误差较小；反之，称量误差较大。所以，基准物质应选择具有较大的摩尔质量的试剂。

【例 4-5】　以 $K_2Cr_2O_7$ 为基准物质，采用析出 I_2的方式滴定 0.010 00 mol·L^{-1} $Na_2S_2O_3$ 溶液的浓度，若消耗 $Na_2S_2O_3$ 溶液 20.00 mL，试计算应称取 $K_2Cr_2O_7$ 的质量（$M_r=294.18$）。

解：以 $K_2Cr_2O_7$ 标定 $Na_2S_2O_3$ 溶液浓度时，采用置换滴定法，涉及两个化学反应：

$$Cr_2O_7^{2-}+6I^-+14H^+=\!=\!=3I_2+2Cr^{3+}+7H_2O$$

$$I_2+2S_2O_3^{2-}=\!=\!=2I^-+S_4O_6^{2-}$$

$$1\ Cr_2O_7^{2-}\sim3\ I_2\sim6\ S_2O_3^{2-}$$

$$\begin{aligned}
m(K_2Cr_2O_7)&=n(K_2Cr_2O_7)\cdot M(K_2Cr_2O_7)\\
&=\frac{n(Na_2S_2O_3)\cdot M(K_2Cr_2O_7)}{6}=\frac{c(Na_2S_2O_3)\cdot V(Na_2S_2O_3)\cdot M(K_2Cr_2O_7)}{6}\\
&=0.010\ 00\times\frac{20.00}{1000}\times\frac{294.18}{6}=0.009\ 806\ (g)
\end{aligned}$$

若单份称取 0.01 g 左右的 $K_2Cr_2O_7$标定 $Na_2S_2O_3$，差减法称量误差为$\pm\dfrac{0.0002}{0.01}\approx\pm2\%$。

为使称量误差小于 0.1%，可以称取 20 倍量多的 $K_2Cr_2O_7$，也即大于 0.2 g 的样品，溶解并定容于 500.0 mL 容量瓶中。然后用 25.00 mL 移液管移取 3 份进行标定。这种方法称为"称大样"，可减小称量误差。

（3）有关滴定度的计算

滴定度是指每毫升标准溶液中所含溶质的质量，所以 $T_A\times1000$ 为 1 L 标准溶液中所含某溶质的质量，此值除以溶质 A 的摩尔质量 $M(A)$，即得物质的量的浓度。即

$$\frac{T_A\times1000}{M(A)}=c(A)\quad\text{或}\quad T_A=\frac{c(A)\cdot M(A)}{1000}\qquad(4\text{-}5)$$

【例 4-6】　试计算浓度为 0.1819 mol·L^{-1}的 NaOH 标准溶液的滴定度（T_{NaOH}）。

解：因为 $M(NaOH)=36.46$ g·mol^{-1}

故　　　　　　$T_{NaOH}=\dfrac{0.1819\times36.46}{1000}=0.006\ 632\ (g\cdot mL^{-1})$

【例 4-7】　0.3050 g $Na_2C_2O_4$溶解后，在酸性溶液中需要 27.50 mL $KMnO_4$滴定至终

点，求 $c(KMnO_4)$。若用此 $KMnO_4$ 标准溶液测定 H_2O_2，试计算 $KMnO_4$ 对 H_2O_2 的滴定度 $T_{H_2O_2/KMnO_4}$。

解： 已知 $M(Na_2C_2O_4) = 134.00\ g \cdot mol^{-1}$；$M(H_2O_2) = 34.015\ g \cdot mol^{-1}$

①$Na_2C_2O_4$ 与 $KMnO_4$ 的反应

$$2MnO_4^- + 5C_2O_4^{-2} + 16H^+ \Longrightarrow 2Mn^{2+} + 10CO_2 \uparrow + 8H_2O$$

由反应可知：

$$n(KMnO_4) = \frac{2}{5} \times n(Na_2C_2O_4)$$

即

$$c(KMnO_4) \cdot V(KMnO_4) = \frac{2}{5} \times \frac{m(Na_2C_2O_4)}{M(Na_2C_2O_4)}$$

因此

$$c(KMnO_4) = \frac{2}{5} \times \frac{0.3050}{134.00 \times 27.50 \times 10^{-3}} = 0.033\ 11(mol \cdot L^{-1})$$

② $KMnO_4$ 与 H_2O_2 的反应

$$5H_2O_2 + 2MnO_4^- + 16H^+ \Longrightarrow 2Mn^{2+} + 5O_2 \uparrow + 8H_2O$$

由反应可知：

$$\frac{n(H_2O_2)}{n(MnO_4^-)} = \frac{5}{2}$$

所以

$$T_{(H_2O_2/KMnO_4)} = \frac{5}{2} \times c(KMnO_4) \times M(H_2O_2) \times 10^{-3}$$

$$= \frac{5}{2} \times 0.033\ 11 \times 34.015 \times 10^{-3}$$

$$= 2.816(g \cdot mL^{-1})$$

（4）测定结果的计算

常用分析结果的表达形式有：对于固体样品最常用的是质量分数 ω，多用百分数表示；对于液体试样，可用物质的量浓度 c 表示，也可以用质量浓度 ρ，单位常用 $g \cdot L^{-1}$ 或 $mg \cdot L^{-1}$ 等表示。

【例4-8】 以甲基红作指示剂滴定 0.5000 g 不纯的 K_2CO_3 试样，到达终点时，用去 $0.1000\ mol \cdot L^{-1}$ HCl 标准溶液 36.00 mL。计算样品中 K_2CO_3 的质量分数。

解： 已知 $M(K_2CO_3) = 138.21\ g \cdot mol^{-1}$，滴定反应为

$$2HCl + K_2CO_3 \Longrightarrow 2KCl + CO_2 \uparrow + H_2O$$

因此

$$n(K_2CO_3) = \frac{1}{2}n(HCl)$$

$$\omega(K_2CO_3) = \frac{\frac{1}{2}c(HCl) \cdot V(HCl) \cdot 10^{-3} \cdot M(K_2CO_3)}{m}$$

$$= \frac{\frac{1}{2} \times 0.1000 \times 36.00 \times 10^{-3} \times 138.21}{0.5000}$$

$$= 0.4976$$

或表示为 $\omega(K_2CO_3) = 0.4976 \times 100\% = 49.76\%$

【例 4-9】　以 $KMnO_4$ 间接法测定不纯的 $CaCO_3$ 时，称取试样 0.5000 g 溶于酸中，调节酸度后加入过量 $(NH_4)_2C_2O_4$ 溶液，使 Ca^{2+} 沉淀为 CaC_2O_4，沉淀经过滤、洗净后用稀 H_2SO_4 溶解，定容于 100.0 mL 的容量瓶。移取 25.00 mL 试液，用 0.020 34 mol·L^{-1} $KMnO_4$ 标准溶液滴定，用去 22.20 mL，计算试样中 $CaCO_3$ 的质量分数。

解： 滴定反应为 $2MnO_4^- + 5C_2O_4^{2-} + 16H^+ = 2Mn^{2+} + 10CO_2 \uparrow + 8H_2O$

沉淀反应为　　　　　　　　　$Ca^{2+} + C_2O_4^{2-} = CaC_2O_4 \downarrow$

可知　　　　$n(Ca^{2+}) = n(C_2O_4^{2-})$；$n(C_2O_4^{2-}) = \dfrac{5}{2}n(KMnO_4)$

所以　　　　　　　　　$n(Ca^{2+}) = \dfrac{5}{2}n(KMnO_4)$

$$\omega(CaCO_3) = \frac{\dfrac{5}{2}c(KMnO_4) \cdot V(KMnO_4) \cdot 10^{-3} \cdot M(CaCO_3)}{m \times \dfrac{25.00}{100.0}}$$

$$= \frac{\dfrac{5}{2} \times 0.020\,34 \times 22.20 \times 10^{-3} \times 100.09 \times 4}{0.5000}$$

$$= 0.9039$$

置换滴定法和间接滴定法，一般涉及以上两个反应，此时可以从几个反应式中找出实际参加反应的物质的量间的关系。如【例 4-9】中 Ca^{2+} 和 $C_2O_4^{2-}$ 反应的化学计量数比为 1，而 $KMnO_4$ 与 $C_2O_4^{2-}$ 反应的化学计量数比为 $\dfrac{5}{2}$，因此可得到

$$n(Ca^{2+}) = \frac{5}{2}n(KMnO_4)$$

【例 4-10】　称取铁矿石试样 0.6000 g，将其溶解，使全部铁还原成亚铁离子，用 $c(K_2Cr_2O_7) = 0.016\,00$ mol·L^{-1} 标准溶液滴定至化学计量点时，用去 $K_2Cr_2O_7$ 标准溶液 34.46 mL。计算试样中 Fe 的质量分数。

解： Fe^{2+} 与 $K_2Cr_2O_7$ 的反应为

$$Cr_2O_7^{2-} + 6Fe^{2+} + 14H^+ = 6Fe^{3+} + 2Cr^{3+} + 7H_2O$$

故　　　　　　　　　$n(Fe^{2+}) = 6n(Cr_2O_7^{2-})$

则　　　　　　$\omega(Fe) = \dfrac{6c(K_2Cr_2O_7) \cdot V(K_2Cr_2O_7) \cdot M(Fe)}{m}$

$$= \frac{6 \times 0.016\,00 \times 34.46 \times 10^{-3} \times 55.85}{0.6000} = 0.3079$$

4.5 化学试剂常识简介*

滴定分析中，都要涉及标准溶液。能用于直接配制或标定标准溶液的物质，称为基准物质或基准试剂。下面介绍一些化学试剂的一般规格及基准物质应具备的条件。

（1）化学试剂的规格

化学试剂是指具有一定纯度标准的单质或化合物，有时也可指混合物。化学试剂类型很多，分类依据不同，类型不同。按照种类分，可分为无机试剂和有机试剂两大类；按照用途不同，可分为通用试剂和专用试剂；按照试剂的状态不同，可分为固体试剂、液体试剂和气体试剂；按照化学试剂的纯度不同，可分为一级试剂、二级试剂、三级试剂和四级试剂。我国化学试剂（通用试剂）的等级标准按纯度可分为四级（表4-2）：

①试剂一级　又称保证试剂（G.R）或者称为优级纯。含杂质量最少，纯度最高，适用于最精密的科学研究和分析工作。国产的一级试剂，瓶签上常以绿色为标志。

②试剂二级　又称分析试剂（A.R）或者称为分析纯。所含杂质较少，纯度较高，用于较精密的科学研究与分析工作。瓶签上是以红色为标志。

③试剂三级　又称化学纯（C.P）。用于一般的定性或定量分析。瓶签上以蓝色为标志。

④试剂四级　又称试验试剂（L.R）。用于普通的试验研究及一些要求较高的生产原料，不得用于化学分析。

表 4-2　化学试剂的纯度规格

质量序号	1	2	3	4
等级	一级品	二级品	三级品	四级品
中文标志	保证试剂 优级纯	分析试剂 分析纯	化学试剂 化学纯	化学用 实验试剂
符号	G.R	A.R	C.P	L.R
标签颜色	绿	红	蓝	棕色等

（2）基准物质应具备的条件

滴定分析中的基准物质至少应是二级品。用来确定滴定终点的指示剂其纯度往往不太明确，经常遇到的是化学试剂的标志，即标签是蓝色的化学纯试剂。相对于通用试剂，还有一些具有特殊用途的试剂，即专用试剂，如光谱纯试剂、色谱纯试剂、高纯试剂以及荧光纯试剂等。

在实际的化学分析工作中，应根据实验的具体要求，适当地选用不同规格的试剂。通常的分析工作中，要求使用 A.R 级的分析纯试剂，但有时也未必需要分析纯试剂，所以，作为分析工作者，必须了解化学试剂的纯度级别，既不超规格造成浪费，也不能随意降低规格而影响结果的准确度，做到合理地使用不同规格的化学试剂。

本章小结

滴定分析法是利用标准溶液与被测物质反应，依据消耗标准溶液的体积和浓度求算被测物质的含量的一类分析方法，适用于常量分析。按照滴定反应的类型可分为酸碱、配位、氧化还原以及沉淀四大滴定法。

滴定分析对化学反应的要求有 4 点，分别是定量、完全、快速和容易确定终点。实际应用中，可根据具体情况灵活采用不同的滴定方式，分别有直接滴定、返滴定、置换滴定和间接滴定 4 种。

滴定分析中使用的标准溶液可用直接法或间接法来配制。能用来直接配制或标定标准溶液的物质为基准物质，须满足纯度高、组成恒定、性质稳定且具有较大的摩尔质量 4 个条件。标准溶液的浓度通常用物质的量浓度来表示。

滴定分析计算的依据是计量比规则，即被测物质与标准溶液物质的化学计量关系。

思考题与习题

1. 滴定分析法的概念是什么？

2. 请解释以下名词术语：标准溶液，化学计量点，滴定终点，终点误差，指示剂，标定。

3. 什么是终点误差？滴定分析中的终点误差大小与哪些因素有关？

4. 滴定方式分为哪几种？每种滴定方式在什么情况下使用？

5. 配制标准溶液有几种方法？请举例说明。

6. 什么是基准物质？其应具备哪些条件？

7. 我国化学试剂（通用试剂）的等级标准按纯度可分为几级？各级试剂分别有哪些不同？

8. 称量误差和滴定管读数误差是滴定分析的重要误差来源。实验过程中如何操作才能使两种误差均小于 0.1%？

9. 试分析下列情况将对测定结果产生什么影响。

（1）标定 HCl 浓度时，使用基准试剂 $NaCO_3$ 中含有少量的水；

（2）称取固体试样时，承装试样的锥形瓶中有少量蒸馏水；

（3）加热使基准物溶解后，溶液未经冷却即转移至容量瓶中并稀释至刻度线，摇匀后，马上进行标定；

（4）配制标准溶液时未将容量瓶内溶液摇匀；

（5）用移液管移取试样溶液时事先未用待移取溶液润洗移液管。

10. 现有浓度为 0.1125 mol·L^{-1} 的 HCl 溶液 100.0 mL，需要加入多少毫升蒸馏水

才能使其浓度为 $0.1000\ mol \cdot L^{-1}$ ？

11. 要使标定时消耗 $0.10\ mol \cdot L^{-1}$ HCl 溶液 20~30 mL，应称取分析纯的无水 Na_2CO_3 多少克？ $\hspace{6cm}$ (0.11~0.16 g)

12. 用硼砂标定盐酸的浓度时，称取基准物质（$Na_2B_4O_7 \cdot 10H_2O$）0.4248 g 溶于适量水后，用 25.86 mL HCl 溶液滴定至终点。计算 HCl 溶液的浓度是多少？

$$\hspace{8cm}(0.086\ 15\ mol \cdot L^{-1})$$

13. 用 $0.020\ 10\ mol \cdot L^{-1}$ 的高锰酸钾标准溶液滴定铁试样。如果称取 0.2718 g 含铁试样，先溶解再将试样中的 Fe^{3+} 全部还原为 Fe^{2+}，然后用此高锰酸钾标准溶液滴定，用去 26.30 mL，求该试样中的含铁量。 $\hspace{4cm}$ (54.31%)

14. 准确称取 $K_2Cr_2O_7$ 2.4515 g，将其配制成 500.0 mL 的溶液，用该 $K_2Cr_2O_7$ 溶液来测定铁矿石，其对 Fe 和 Fe_2O_3 的滴定度？

$$\left[T_{(Fe/K_2Cr_2O_7)} = 5.582 \times 10^{-3}\ g \cdot mL^{-1},\ T_{(Fe_2O_3/K_2Cr_2O_7)} = 0.015\ 96\ g \cdot mL^{-1} \right]$$

15. 欲分析食醋中 HAc 的含量，移取试样 10.00 mL，用 $0.3024\ mol \cdot L^{-1}$ NaOH 标准溶液滴定，用去 20.17 mL。已知食醋的密度为 $1.055\ g \cdot cm^{-3}$，计算试样中 HAc 的质量分数。 $\hspace{6cm}$ (3.47%)

16. 用凯氏法测定牛奶中的含氮量，若称奶样 0.4750 g，经过消化后，加碱蒸馏出的 NH_3 用 50.00 mL HCl 吸收，再用 $c(NaOH) = 0.078\ 91\ mol \cdot L^{-1}$ 的 NaOH 标准溶液 13.12 mL 回滴至终点。已知 25.00 mL HCl 需 15.83 mL NaOH 中和，试计算该奶样中氮的质量分数。 $\hspace{5cm}$ (4.310%)

17. 有一批铁矿样，含铁量约为 50%，现用 $0.016\ 67\ mol \cdot L^{-1}$ 的 $K_2Cr_2O_7$ 溶液滴定，欲使所用标准溶液的体积在 20~30 mL 之间，应称取试样质量的范围是多少？

$$\hspace{8cm}(0.22~0.34\ g)$$

第 5 章　酸碱滴定法

学习目标：
- 理解酸碱反应的实质，掌握酸碱滴定法的基本原理和方法特点；
- 理解分布系数及分布曲线，掌握一元酸碱水溶液中各型体平衡浓度的计算；
- 掌握各种类型酸碱溶液质子条件的书写以及酸碱度的计算，重点掌握一元弱酸弱碱水溶液 pH 的计算，理解近似处理的依据；
- 掌握酸碱滴定过程中溶液 pH 的变化规律以及化学计量点 pH 的计算，了解各类型酸碱滴定曲线的特点以及影响酸碱滴定突跃范围的因素，掌握弱酸弱碱能够被直接滴定的条件以及多元酸碱分布滴定的条件；
- 掌握酸碱指示剂的变色原理以及影响酸碱指示剂变色范围的因素，掌握选择酸碱指示剂的原则，并会根据滴定实际选择适宜的酸碱指示剂；
- 了解酸碱滴定中 CO_2 的来源、影响及消除方法；
- 熟悉酸碱滴定的应用，重点掌握双指示剂法测定混合碱、甲醛法测氮以及蒸馏法测氮。

酸碱滴定法（acid-base titrimetry）是基于酸碱中和反应的滴定分析方法，也称中和滴定法（neutralization titrimetry）。该方法的理论基础是酸碱平衡理论。酸碱平衡是溶液中普遍存在的化学平衡，对溶液中物质的存在形式和反应有重要影响，因此也是学习其他滴定分析方法所必须考虑的。酸碱滴定法的特点是反应快速、完全、副反应少，计量点容易确定。一般的酸、碱以及能与酸、碱直接或间接发生反应的物质，几乎都可以利用酸碱滴定法进行测定，所以酸碱滴定法应用范围十分广泛。

酸碱滴定中，溶液的 pH 随滴定剂的加入而逐渐发生改变，要正确地确定化学计量点，就需要选择能在化学计量点附近变色的指示剂。因此，在学习酸碱滴定法时，除了必须了解滴定分析过程中溶液 pH 的变化规律，特别是化学计量点附近溶液 pH 的变化之外，还必须了解酸碱指示剂的变色原理和选择原则，以便正确地选择合适的指示剂，从而获得尽量准确的分析结果。

本章主要在介绍水溶液中酸碱平衡的基础上，讨论酸度对弱酸（碱）型体分布的影响以及各类酸碱溶液 pH 的计算。有关酸碱滴定条件以及指示剂的选择等主要通过计算和分析滴定曲线来阐述。

5.1 酸碱反应及其平衡常数

酸碱理论有很多种，但在分析化学中普遍使用的是布朗斯特(J. N. Brönsted)和劳莱(T. M. Lowry)提出的酸碱质子理论。

布朗斯特酸碱理论认为：凡是能给出质子(H^+)的物质就是酸，如 HCl、HAc、NH_4^+ 等；凡能接受质子的物质就是碱，如 OH^-、Ac^-、NH_3 等。能给出多个质子的物质叫作多元酸；能接受多个质子的物质叫作多元碱。

5.1.1 酸碱反应及其实质

根据布朗斯特酸碱理论，一种酸(HA)给出质子后就成为碱(A^-)，而碱(A^-)接受质子后就成为酸(HA)。酸与碱的这种关系可表示为

$$HA \rightleftharpoons H^+ + A^-$$
$$酸 \qquad\qquad 碱$$

可见，酸与碱并不是彼此孤立的，而是处于一种相互依存的关系中，这种相互依存的关系称为共轭关系，其中 HA 是 A^- 的共轭酸，A^- 是 HA 的共轭碱，$HA-A^-$ 称为共轭酸碱对。酸较其共轭碱只多一个质子。

酸给出一个质子形成共轭碱，或碱接受一个质子形成共轭酸的反应都称作酸碱半反应。下面是一些酸碱半反应：

$$HAc \rightleftharpoons H^+ + Ac^-$$
$$H_2CO_3 \rightleftharpoons H^+ + HCO_3^-$$
$$HCO_3^- \rightleftharpoons H^+ + CO_3^{2-}$$
$$NH_4^+ \rightleftharpoons H^+ + NH_3$$
$$(CH_2)_6N_4H^+ \rightleftharpoons H^+ + (CH_2)_6N_4$$

由上述例子可以看出酸和碱可以是中性分子，也可以是阳离子或阴离子，并且酸和碱具有相对性，例如，HCO_3^- 在不同的共轭酸碱对里有时是酸，有时是碱。像这类既可以给出质子又可以接受质子的物质称为两性物质。判断一种物质是酸还是碱一定要在具体的条件下，分析其得失质子的情况。

共轭酸碱体系中的酸或碱是不能独立存在的，即酸碱半反应都不能单独发生。因而当溶液中某一种酸给出质子后，必须有另一种能接受质子的碱存在才能实现。以 HAc 在水溶液中离解为例：

半反应 1： $\qquad HAc(酸_1) \rightleftharpoons Ac^-(碱_1) + H^+$

半反应 2： $\qquad H_2O(碱_2) + H^+ \rightleftharpoons H_3O^+(酸_2)$

总反应： $\qquad HAc + H_2O \rightleftharpoons H_3O^+ + Ac^-$
$$\qquad\qquad 酸_1 \quad 碱_2 \qquad 酸_2 \quad 碱_1$$

其结果是质子从 HAc 转移到 H_2O，溶剂 H_2O 接受了质子，起着碱的作用，使得 HAc 的离解得以实现。为书写方便，通常将 H_3O^+ 简写成 H^+，以上反应式可简写为

$$HAc \rightleftharpoons H^+ + Ac^-$$

注意，这一简化式代表的是一个完整的酸碱反应，而不是酸碱半反应。

同样，碱在水溶液中的离解，也是一种酸碱反应，所不同的是作为溶剂的 H_2O 起着酸的作用。例如 NH_3：

$$NH_3 + H_2O \rightleftharpoons OH^- + NH_4^+$$
$$酸_2 \quad 碱_1 \qquad 酸_1 \quad 碱_2$$

所以，酸碱反应实际上是两个共轭酸碱对共同作用的结果，其实质是质子的转移。再如，HCl 在水中的离解就是 HCl 与 H_2O 之间的质子转移作用，是由 $HCl - Cl^-$ 与 $H^+ - H_2O$ 两个共轭酸碱对共同作用的结果。

上述例子说明，作为溶剂的水既能给出质子具有酸的性质，又能接受质子具有碱的性质，因此水是一种两性物质。由于 H_2O 的两性作用，质子转移可以发生在 H_2O 分子之间，即

$$H_2O + H_2O \rightleftharpoons H_3O^+ + OH^-$$

这种发生在同种分子之间的质子转移，称为质子自递反应，实质也是酸碱反应。盐的水解反应也是质子自递反应。例如 NH_4Cl 的水解，也即 NH_4^+ 的离解反应：

$$NH_4^+ + H_2O \rightleftharpoons H_3O^+ + NH_3$$

酸碱中和反应是一类重要的酸碱反应，其反应的实质也是质子的转移，如

$$HA + OH^- \rightleftharpoons A^- + H_2O$$
$$H_3O^+ + OH^- \rightleftharpoons H_2O + H_2O$$
$$A^- + H_3O^+ \rightleftharpoons HA + H_2O$$

实际上，上述酸碱反应即为上述酸或者碱水解反应的逆反应，这是酸碱滴定法的基础。

5.1.2　酸碱反应的平衡常数以及共轭酸碱对 K_a 与 K_b 的关系

在浓度相同的情况下，酸碱反应进行的程度可以用反应的平衡常数来衡量，其中最基本的是酸(碱)离解平衡常数和水的质子自递常数。

弱酸 HA 在水溶液中的离解反应和平衡常数是：

$$HA + H_2O \rightleftharpoons H_3O^+ + A^-$$

$$K_a = \frac{a(H_3O^+) a(A^-)}{a(HA)} \tag{5-1}$$

式(5-1)为标准平衡常数，即活度平衡常数，也称为酸的离解常数。式中 a 表示活度。活度和浓度可以通过活度系数相互转换，而活度系数和溶液的离子强度有关。在稀溶液中，通常将溶剂(此处为 H_2O)的活度系数视为 1。由于分析化学中的反应经常在较稀的

溶液中进行，所以在处理一般的酸碱平衡时，通常忽略离子强度的影响，这样活度系数就可以视为1，用浓度代替活度进行近似计算，本章的有关计算一般均如此进行。对于式(5-1)此时则为

$$K_a = \frac{[H^+][A^-]}{[HA]} \tag{5-2}$$

式中[ ]表示的是各物质的平衡浓度。其实表达式中的各物质的浓度应该用相对平衡浓度[ ]$/c^\ominus$来表示，由于标准浓度$c^\ominus = 1 \text{ mol} \cdot L^{-1}$，为书写方便，通常将标准浓度$c^\ominus$省略。

弱碱A^-在水溶液中的离解反应和平衡常数为

$$A^- + H_2O \rightleftharpoons HA + OH^-$$

$$K_b = \frac{[HA][OH^-]}{[A^-]} \tag{5-3}$$

酸碱的强度取决于酸(碱)给出(接受)质子的能力与溶剂分子接受(给出)质子能力的相对大小。在水溶液中，酸碱的强度则由酸将质子传给水分子，或碱从水分子中夺取质子的能力大小来决定，也就是说可用它们在水溶液中的离解常数K_a或K_b的大小来衡量。$K_a(K_b)$的值越大，表明酸(碱)与水之间的质子转移反应进行得越完全，即该酸(碱)的酸(碱)性越强。

水的质子自递反应及平衡常数是

$$H_2O + H_2O \rightleftharpoons H_3O^+ + OH^-$$

$$K_w = [H^+][OH^-]$$

K_w称为水的质子自递常数，简称水的离子积。它随温度的升高而增大，25℃时$K_w = 1.00 \times 10^{-14}$。

就共轭酸碱对$HA-A^-$而言，若酸HA的酸性越强，则其共轭碱A^-的碱性就必然越弱(酸给出质子的能力强，其共轭碱接受质子的能力必然弱)；反之，碱的碱性越强，其共轭酸就越弱。表明在共轭酸碱对中K_a与K_b之间必然有一定的关系。K_a与K_b的关系可由式(5-2)和式(5-3)推导得出

$$K_a \cdot K_b = \frac{[H^+][A^-]}{[HA]} \cdot \frac{[HA][OH^-]}{[A^-]} = [H^+][OH^-] = K_w \tag{5-4}$$

根据这一关系，就可由酸的K_a计算其共轭碱的K_b；或由碱的K_b计算其共轭酸的K_a。

正如溶液的酸、碱度可以用pH、pOH表示一样，酸或碱的强度也可以用pK_a或pK_b来表示。因此，式(5-4)还可写成

$$pK_a + pK_b = pK_w = 14.00$$

对于多元酸碱，由于其在水中逐级离解，故溶液中存在着多个共轭酸碱对。这些共轭酸碱对的K_a与K_b之间也存在相同的关系，不过情况稍微复杂一些。以二元酸H_2CO_3为例，它在水溶液中存在两个共轭酸碱对：$H_2CO_3-HCO_3^-$ 和 $HCO_3^--CO_3^{2-}$。对$H_2CO_3-HCO_3^-$来说，平衡为

$$H_2CO_3 + H_2O \rightleftharpoons H_3O^+ + HCO_3^- \qquad K_{a_1} = \frac{[H^+][HCO_3^-]}{[H_2CO_3]}$$

$$HCO_3^- + H_2O \rightleftharpoons OH^- + H_2CO_3 \qquad K_{b_2} = \frac{[OH^-][H_2CO_3]}{[HCO_3^-]}$$

所以　　　　　　　　　　　$K_{a_1} \cdot K_{b_2} = [H^+][OH^-] = K_w$

同理，也可以推导出三元酸碱中各共轭酸碱对 K_a 与 K_b 之间的关系：

$$K_{a_1} \cdot K_{b_3} = K_{a_2} \cdot K_{b_2} = K_{a_3} \cdot K_{b_1} = [H^+][OH^-] = K_w$$

【例 5-1】　计算 NaAc 水溶液的 $K_b(Ac^-)$ 值。

解：Ac^- 为 HAc 的共轭碱，查附录 3 可知 $K_a(HAc) = 1.8 \times 10^{-5}$

所以　　　　　　$K_b(Ac^-) = \frac{K_w}{K_a(HAc)} = \frac{1.0 \times 10^{-14}}{1.8 \times 10^{-5}} = 5.6 \times 10^{-10}$

【例 5-2】　计算 Na_2CO_3 水溶液的 K_{b_1} 和 K_{b_2}。

解：CO_3^{2-} 为二元碱，其对应的二元酸为 H_2CO_3。查附录 3 可得 H_2CO_3 的 $K_{a_1} = 4.2 \times 10^{-7}$，$K_{a_2} = 5.6 \times 10^{-11}$，故 Na_2CO_3 的 K_{b_1}、K_{b_2} 分别为

$$K_{b_1} = \frac{K_w}{K_{a_2}} = \frac{1.0 \times 10^{-14}}{5.6 \times 10^{-11}} = 1.8 \times 10^{-4}$$

$$K_{b_2} = \frac{K_w}{K_{a_1}} = \frac{1.0 \times 10^{-14}}{4.2 \times 10^{-7}} = 2.4 \times 10^{-8}$$

5.2　酸碱溶液中各型体平衡浓度的计算

5.2.1　弱酸(碱)溶液中各型体的分布系数及分布曲线

在弱的酸碱平衡体系中，往往同时存在多种型体，它们的浓度由溶液中的 H^+ 浓度决定。例如 $NaHCO_3$ 溶液中，就同时存在 H_2CO_3、HCO_3^- 和 CO_3^{2-} 3 种型体。其总浓度 c 又称为分析浓度，3 种型体的平衡浓度分别表示为 $[H_2CO_3]$、$[HCO_3^-]$ 和 $[CO_3^{2-}]$，分析浓度与平衡浓度是既有联系但又不同的两个概念，其关系

$$[H_2CO_3] + [HCO_3^-] + [CO_3^{2-}] = c$$

上式称为物料平衡。所谓物料平衡，是指化学平衡体系中，某物质各种存在型体的平衡浓度之和等于该物质的总浓度。其数学表达式称为物料平衡方程（mass balance equation），以 MBE 表示。

当溶液的酸度改变时，溶液中各种存在型体的浓度也会随之发生变化。溶液中某种存在型体的平衡浓度占其总浓度的分数，称为分布系数，一般用 δ 表示。当溶液酸度改变时，组分的分布系数也会发生相应的变化。组分的分布系数与溶液酸度的关系曲线就称为分布曲线。分布系数和分布曲线的讨论有助于我们了解平衡体系中各种酸碱型体的分布情况，对于掌控分析条件具有重要的指导意义。

5.2.1.1　一元弱酸(碱)溶液中各型体的分布系数与分布曲线

以醋酸为例，它在水溶液中以 HAc 和 Ac^- 两种型体存在。设其总浓度为 $c(HAc)$，也称为分析浓度，HAc 和 Ac^- 的平衡浓度分别为 $[HAc]$ 和 $[Ac^-]$，根据物料平衡和离解常数，有

$$c(HAc) = [HAc] + [Ac^-] \qquad K_a = \frac{[H^+][Ac^-]}{[HAc]}$$

HAc 和 Ac^- 的分布系数分别为

$$\delta(HAc) = \frac{[HAc]}{c(HAc)} = \frac{[HAc]}{[HAc]+[Ac^-]} = \frac{1}{1+\frac{[Ac^-]}{[HAc]}} = \frac{1}{1+\frac{K_a}{[H^+]}} = \frac{[H^+]}{[H^+]+K_a} \qquad (5\text{-}5a)$$

$$\delta(Ac^-) = \frac{[Ac^-]}{c(HAc)} = \frac{[Ac^-]}{[HAc]+[Ac^-]} = \frac{K_a}{[H^+]+K_a} \qquad (5\text{-}5b)$$

且有

$$\delta(HAc) + \delta(Ac^-) = 1$$

因此，由酸的 K_a 和溶液的 pH 就可计算出两种型体的分布系数，进而根据总浓度 c 和各型体的分布系数，就可以计算出在某一酸度的溶液中，一元弱酸各存在型体的平衡浓度。

【**例 5-3**】　计算 pH 5.00 和 8.00 时，$0.10\ mol \cdot L^{-1}$ 的 HAc 溶液中各存在型体的分布系数及平衡浓度。

解：查附录 3 知：$K_a(HAc) = 1.8 \times 10^{-5}$

pH = 5.00 时，$[H^+] = 1.0 \times 10^{-5} mol \cdot L^{-1}$，则

$$\delta(HAc) = \frac{[H^+]}{[H^+]+K_a(HAc)} = \frac{1.0 \times 10^{-5}}{1.0 \times 10^{-5}+1.8 \times 10^{-5}} = 0.36$$

$$\delta(Ac^-) = 1 - \delta(HAc) = 0.64$$

$$[HAc] = c(HAc)\delta(HAc) = 0.100\ mol \cdot L^{-1} \times 0.36 = 3.6 \times 10^{-2}\ mol \cdot L^{-1}$$

$$[Ac^-] = c(HAc)\delta(Ac^-) = 0.100\ mol \cdot L^{-1} \times 0.64 = 6.4 \times 10^{-2}\ mol \cdot L^{-1}$$

pH = 8.00 时，$[H^+] = 1.0 \times 10^{-8}\ mol \cdot L^{-1}$，则

$$\delta(HAc) = \frac{1.0 \times 10^{-5}}{1.0 \times 10^{-5}+1.8 \times 10^{-5}} = 5.7 \times 10^{-4}$$

$$\delta(Ac^-) = 1 - \delta(HAc) \approx 1.0$$

$$[HAc] = c(HAc)\delta(HAc) = 0.100 \times 5.7 \times 10^{-4} = 5.7 \times 10^{-5}\ mol \cdot L^{-1}$$

$$[Ac^-] = c(HAc)\delta(Ac^-) = 0.100 \times 1.0 = 0.1\ mol \cdot L^{-1}$$

如果以溶液的 pH 为横坐标，各存在型体的分布系数为纵坐标，可得酸碱型体分布曲线图(图 5-1)，即 δ-pH 曲线图。从图中可以看出，$\delta(HAc)$ 随 pH 增大而减小，而 $\delta(Ac^-)$ 随 pH 增大而增大。两曲线在 pH = pK_a 时相交。此时，$\delta(HAc) = \delta(Ac^-) = 0.5$，即溶液中 HAc 和 Ac^- 各占一半。当 pH < pK_a 时，$\delta(HAc) > \delta(Ac^-)$，即溶液中 HAc 为主要存在型体；而当 pH > pK_a 时，$\delta(HAc) < \delta(Ac^-)$，则溶液中的主要存在型体为 Ac^-。

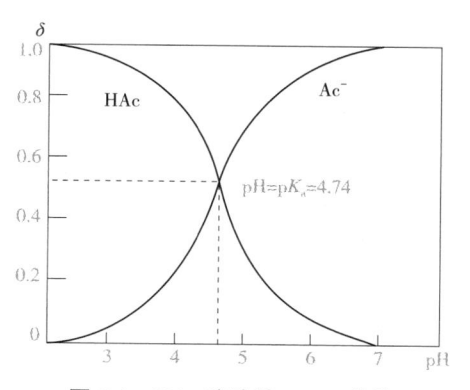

图 5-1 HAc 溶液的 δ-pH 曲线

对于一元弱碱溶液，也可作相同的处理。任何一元弱酸（碱）的型体分布曲线都相同，只是图中曲线的交点随其 pK_a 的不同而会左右移动。

从以上讨论可知，平衡时，溶液中各型体分布系数的大小首先与酸（碱）本身的强弱，即 $K_a(K_b)$ 的大小有关，对于某酸碱而言，分布系数是溶液中 [H^+] 的函数，通过控制酸度可得到所需要的优势型体。此结论适合于任何一元弱酸溶液。

5. 2. 1. 2 多元酸（碱）溶液中各型体的分布系数与分布曲线

以二元弱酸草酸（$H_2C_2O_4$）为例。它在溶液中以 $H_2C_2O_4$、$HC_2O_4^-$ 和 $C_2O_4^{2-}$ 三种型体存在。若 $H_2C_2O_4$ 的总浓度为 $c(H_2C_2O_4)$，三种存在型体的平衡浓度分别为 [$H_2C_2O_4$]、[$HC_2O_4^-$] 和 [$C_2O_4^{2-}$]，根据物料平衡，有

$$c(H_2C_2O_4) = [H_2C_2O_4] + [HC_2O_4^-] + [C_2O_4^{2-}]$$

$H_2C_2O_4$ 的两级离解常数表达式分别为

$$K_{a_1} = \frac{[H^+][HC_2O_4^-]}{[H_2C_2O_4]}; \quad K_{a_2} = \frac{[H^+][C_2O_4^{2-}]}{[HC_2O_4^-]}$$

则三种存在型体的分布系数分别为

$$\delta(H_2C_2O_4) = \frac{[H_2C_2O_4]}{c(H_2C_2O_4)} = \frac{[H_2C_2O_4]}{[H_2C_2O_4] + [HC_2O_4^-] + [C_2O_4^{2-}]}$$

$$= \frac{1}{1 + \dfrac{[HC_2O_4^-]}{[H_2C_2O_4]} + \dfrac{[C_2O_4^{2-}]}{[H_2C_2O_4]}} = \frac{1}{1 + \dfrac{K_{a_1}}{[H^+]} + \dfrac{K_{a_1}K_{a_2}}{[H^+]^2}}$$

$$= \frac{[H^+]^2}{[H^+]^2 + K_{a_1}[H^+] + K_{a_1}K_{a_2}} \tag{5-6a}$$

同样可以求得

$$\delta(HC_2O_4^-) = \frac{K_{a_1}[H^+]}{[H^+]^2 + K_{a_1}[H^+] + K_{a_1}K_{a_2}} \tag{5-6b}$$

$$\delta(C_2O_4^{2-}) = \frac{K_{a_1}K_{a_2}}{[H^+]^2 + K_{a_1}[H^+] + K_{a_1}K_{a_2}} \tag{5-6c}$$

且有 $\delta(H_2C_2O_4)+\delta(HC_2O_4^-)+\delta(C_2O_4^{2-})=1$

$H_2C_2O_4$ 溶液中 3 种存在型体的分布曲线如图 5-2 所示。

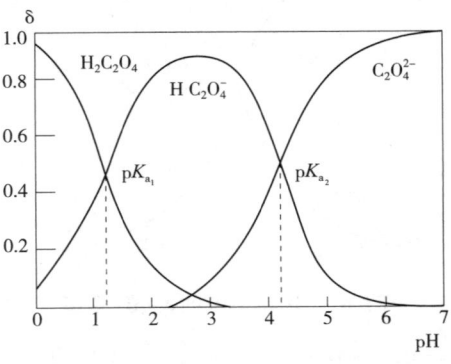

图 5-2 $H_2C_2O_4$ 溶液的 $\delta-pH$ 曲线

【例 5-4】 计算 pH =4.00 时，0.10 mol·L^{-1} 的酒石酸(以 H_2A 表示)溶液中酒石酸根离子(A^{2-})的平衡浓度。

解：查附录 3 知酒石酸的 $pK_{a_1}=3.04$，$pK_{a_2}=4.37$，则

$$\delta(A^{2-})=\frac{K_{a_1}K_{a_2}}{[H^+]^2+K_{a_1}[H^+]+K_{a_1}K_{a_2}}$$

$$=\frac{10^{-3.04-4.37}}{10^{-8.00}+10^{-4.00-3.04}+10^{-3.04-4.37}}=0.28$$

$$[A^{2-}]=c\cdot\delta(A^{2-})=0.10\times0.28=0.028(mol\cdot L^{-1})$$

从图 5-2 可以看出：二元弱酸有两个 pK_a，即 pK_{a_1} 和 pK_{a_2}，以它们为界，可分为 3 个区域：$pH<pK_{a_1}$ 时，$H_2C_2O_4$ 占优势；$pH>pK_{a_2}$，以 $C_2O_4^{2-}$ 型体为主；$pK_{a_1}<pH<pK_{a_2}$ 时，则主要是 $HC_2O_4^-$ 型体。当 $pH=pK_{a_1}$ 时，$H_2C_2O_4$ 和 $HC_2O_4^-$ 的浓度相等；当 $pH=pK_{a_2}$ 时，$HC_2O_4^-$ 和 $C_2O_4^{2-}$ 的浓度相等。

其他多元酸的情况依此类推。

对于多元弱酸 H_nA 来说，在溶液中可能存在 $n+1$ 种型体，各型体的分布系数的计算式类似，具有相同的分母项，分子依次是分母的相应项。如三元酸 H_3PO_4 溶液中各型体的分布系数计算式为

$$\delta(H_3PO_4)=\frac{[H^+]^3}{[H^+]^3+K_{a_1}[H^+]^2+K_{a_1}K_{a_2}[H^+]+K_{a_1}K_{a_2}K_{a_3}}$$

$$\delta(H_2PO^4)=\frac{K_{a_1}[H^+]^2}{[H^+]^3+K_{a_1}[H^+]^2+K_{a_1}K_{a_2}[H^+]+K_{a_1}K_{a_2}K_{a_3}}$$

$$\delta(HPO_4^2)=\frac{K_{a_1}K_{a_2}[H^+]}{[H^+]^3+K_{a_1}[H^+]^2+K_{a_1}K_{a_2}[H^+]+K_{a_1}K_{a_2}K_{a_3}}$$

$$\delta(PO_4^{3-}) = \frac{K_{a_1}K_{a_2}K_{a_3}}{[H^+]^3 + K_{a_1}[H^+]^2 + K_{a_1}K_{a_2}[H^+] + K_{a_1}K_{a_2}K_{a_3}}$$

对于多元碱溶液，也可作相同的处理。

【例5-5】　pH = 8.00 时，0.04 mol·L^{-1} H$_2$CO$_3$ 溶液中的主要存在型体是什么组分？

解：$\delta(H_2CO_3) = \dfrac{[H^+]^2}{[H^+]^2 + K_{a_1}[H^+] + K_{a_1}K_{a_2}}$

pH = 8.00 时，$\delta(H_2CO_3) = \dfrac{10^{-16.00}}{10^{-16.00} + 10^{-6.37-8.00} + 10^{-6.37-10.25}} = 0.023$

同样可求得　　　　　　　　　　$\delta(HCO_3^{3-}) = 0.97$

$$\delta(CO_3^{2-}) \approx 0$$

可见 pH = 8.00 时，溶液中主要存在形式是 HCO$_3^-$。

5.3　酸碱溶液 pH 的计算

5.3.1　质子等衡(质子条件)

酸度是溶液最基本、最重要的一种性质。许多化学反应与介质的酸度密切相关。在酸碱滴定中，更需了解滴定过程中溶液 pH 的变化情况。所以，计算溶液的 pH 是化学计算的重要内容，也有着重要的理论和实际意义。

酸(碱)水溶液中，不仅发生酸(碱)与水分子间的质子转移，水分子间也会发生质子自递反应，所以，酸(碱)水溶液是复杂的多重平衡体系，各组分平衡浓度间的数量关系复杂。处理酸碱平衡最简单又最实用的方法是根据质子条件进行处理的方法。

根据酸碱质子理论，酸碱反应的实质就是质子的转移。酸碱反应的结果是有的物质失去质子，而有的物质得到质子。当反应达到平衡时，酸失去质子的总量与碱得到质子的总量必然相等，即酸失去质子后的产物和碱得到质子后的产物在浓度上必然有一定的关系。酸碱之间质子转移的这种数量关系称为质子条件。其数学表达式叫作质子等衡式，也叫质子条件式，以 PBE(proton balance equation) 表示。它是处理酸碱平衡中计算问题的基本关系式。

质子条件一般可通过平衡时溶液中各组分得失质子的关系直接写出。列出质子条件时，首先，要选择适当物质作为参考，以其作为质子转移的起点，常称为零水准(或参考水准)。作为零水准的物质时应是溶液中大量存在并参与质子转移的物质。然后，根据得质子产物得到质子的物质的量和失质子产物失去质子的物质的量相等的原则，列出质子条件式。考虑到是在同一溶液中，可用其物质的量浓度来表示这种得失质子的关系。

5.3.1.1　一元弱酸(碱)

例如一元弱酸 HA，溶液中大量存在并参与质子转移的物质是 H$_2$O 和 HA，以它们为零水准，溶液中得失质子的反应如下：

$$H_2O+H_2O \Longleftrightarrow H_3O^+ +OH^-$$

$$HA+H_2O \Longleftrightarrow H_3O^+ +A^-$$

可见，得质子产物为 H_3O^+，失质子产物为 OH^- 和 A^-，得失质子数目均为 1。根据得失质子数相等的原则，故 HA 水溶液的质子条件式为

$$[H_3O^+]=[OH^-]+[A^-]$$

式中 $[H_3O^+]$ 是水得到质子后的产物的浓度；$[OH^-]+[A^-]$ 分别是 HA 和 H_2O 失去质子后的产物的浓度。

为书写方便，可将 H_3O^+ 以 H^+ 表示，上式简化为

$$[H^+]=[OH^-]+[A^-]$$

一元弱碱如 NaAc 水溶液中，Ac^- 和 H_2O 是参加质子转移的原始形式（Na^+ 未参加质子转移）。因此，选择 Ac^- 和 H_2O 为零水准，溶液中得失质子的反应如下：

$$H_2O+H_2O \Longleftrightarrow H_3O^+ +OH^-$$

$$Ac^- +H_2O \Longleftrightarrow OH^- +HAc$$

得质子产物为 H_3O^+ 和 HAc，失质子产物为 OH^-，得失质子数目均为 1。故 HAc 水溶液的质子条件式为

$$[H_3O^+]+[HAc]=[OH^-]$$

简写为

$$[H^+]+[HAc]=[OH^-]$$

5.3.1.2 多元酸（碱）

例如 Na_2S 水溶液中，S^{2-} 和 H_2O 是参加质子转移的原始形式（Na^+ 未参加质子转移）。因此，选择 S^{2-} 和 H_2O 为零水准，溶液中得失质子的反应如下：

$$H_2O+H_2O \Longleftrightarrow H_3O^+ +OH^-$$

$$S^{2-} + H_2O \Longleftrightarrow HS^- +OH^-$$

$$S^{2-} +2H_2O \Longleftrightarrow H_2S+2OH^-$$

对 S^{2-} 来说，HS^- 和 H_2S 是得质子产物，其中 HS^- 得一个质子，H_2S 得两个质子。对 H_2O 来说，H_3O^+ 是得质子产物，OH^- 是失质子产物，得失质子数目各为 1。根据得失质子等衡原理，可写出 Na_2S 水溶液的质子条件为

$$[H^+]+[HS^-] +2[H_2S]=[OH^-]$$

再如 H_3PO_4 溶液，选 H_3PO_4 和 H_2O 为零水准，质子条件为

$$[H^+]=[OH^-]+ [H_2PO_4^-]+2[HPO_4^{2-}]+3[PO_4^{3-}]$$

这种方法熟练掌握后，则无需把溶液中可能存在的平衡都写出来，而可以直接写出质子条件式，并将 H_3O^+ 简写为 H^+。如 H_2CO_3 水溶液的 PBE 为

$$[H^+]=[OH^-]+[HCO_3^-]+2[CO_3^{2-}]$$

5.3.1.3 两性物质

两性物质包括酸式盐和弱酸弱碱盐。例如酸式盐 NaH_2PO_4 水溶液，首先选取零水准：H_2O 和 $H_2PO_4^-$。得失质子情况为：

H_2O 得到 1 个质子产物为 H_3O^+，简写作 H^+，失去 1 个质子产物为 OH^-；

$H_2PO_4^-$ 得到 1 个质子产物为 H_3PO_4，失去 1 个质子产物为 HPO_4^{2-}，失去 2 个质子产物为 PO_4^{3-}。

故质子条件为　　$[H^+]+[H_3PO_4]=[OH^-]+[HPO_4^{2-}]+2[PO_4^{3-}]$

再如弱酸弱碱盐 NH_4Ac 水溶液，选取 H_2O、NH_4^+ 和 Ac^- 为零水准，则质子条件为

$$[H^+]+[HAc]=[OH^-]+[NH_3]$$

5.3.1.4　强酸(碱)

对于稀的强酸(碱)溶液($c<10^{-6}\ mol\cdot L^{-1}$)，计算 pH 时，必须考虑水的离解对溶液酸度的影响。

例如，稀 HCl 溶液的质子条件为

$$[H^+]=[Cl^-]+[OH^-]$$

因为 HCl 是强酸，在水溶液中基本上全部电离，所以 $[Cl^-]=c(HCl)$，故可写为

$$[H^+]=c(HCl)+[OH^-]$$

同样，稀 NaOH 溶液的质子条件为

$$[H^+]+c(NaOH)=[OH^-]$$

5.3.1.5　混合酸(碱)

(1) 弱酸(碱)与弱酸(碱)的混合溶液

如 HA 和 HB 的混合液，选 HA、HB 和 H_2O 为零水准，则质子条件为

$$[H^+]=[OH^-]+[A^-]+[B^-]$$

(2) 弱酸(碱)与强酸(碱)的混合溶液

如 HCl 与 HAc 的混合溶液，选 HCl、HAc 和 H_2O 为零水准，则质子条件为

$$[H^+]=[OH^-]+[Ac^-]+c(HCl)$$

混合碱的类似。

(3) 缓冲溶液

如 HAc 和 NaAc 缓冲溶液，可视为由 NaOH 和 HAc 组成的溶液体系，所以选 HAc 和 H_2O 为零水准，质子条件为

$$[H^+]+c(NaOH)=[OH^-]+[Ac^-]$$

对于较复杂体系(零水准较多)，可逐个将零水准按从少到多的顺序得失质子，以得到得失质子产物，再将其平衡浓度乘以所得失质子的数目，分别写在等号的两边，用加号连接即可。

例如 $NH_4H_2PO_4$ 水溶液，首先选取零水准：H_2O、NH_4^+ 和 $H_2PO_4^-$，质子得失情况如下：

H_2O 得到 1 个质子产物为 H_3O^+，简写作 H^+，失去 1 个质子产物为 OH^-；

NH_4^+ 不能得质子，失去 1 个质子产物为 NH_3；

$H_2PO_4^-$ 得到 1 个质子产物为 H_3PO_4，失去 1 个质子产物为 HPO_4^{2-}，失去 2 个质子产物为 PO_4^{3-}；

故质子条件　　$[H^+]+[H_3PO_4]=[HPO_4^{2-}]+2[PO_4^{3-}]+[NH_3]+[OH^-]$

【**例 5-6**】 写出 HAc 水溶液的质子条件式。

解：选 HAc 和 H_2O 为零水准，得质子产物为 H_3O^+，简写作 H^+，失质子产物为 OH^- 和 Ac^-，得失质子数目均为 1，故 HAc 水溶液的质子条件式为

$$[H^+] = [OH^-] + [Ac^-]$$

【**例 5-7**】 写出 Na_2HPO_4 水溶液的质子条件式。

解：选 HPO_4^{2-} 和 H_2O 为该体系的零水准。H_2O 得质子产物为 H_3O^+，简写作 H^+，失质子产物为 OH^-；HPO_4^{2-} 得到 1 个质子产物为 $H_2PO_4^-$，得到 2 个质子产物为 H_3PO_4，失去 1 个质子产物为 PO_4^{3-}。质子条件为

$$[H^+] + [H_3PO_4] = [OH^-] + [HPO_4^{2-}] + 2[PO_4^{3-}]$$

5.3.2 各类酸碱溶液 pH 的计算

5.3.2.1 一元弱酸(碱)溶液 pH 的计算

(1)一元弱酸溶液的计算

浓度为 c 的一元弱酸 HA，质子条件式为

$$[H^+] = [A^-] + [OH^-]$$

其水溶液存在以下平衡：

$$HA \Longrightarrow H^+ + A^- \qquad K_a = \frac{[H^+][A^-]}{[HA]}$$

$$H_2O \Longrightarrow H^+ + OH^- \qquad K_w = [H^+][OH^-]$$

由离解平衡常数可得

$$[A^-] = \frac{K_a[HA]}{[H^+]} \qquad [OH^-] = \frac{K_w}{[H^+]}$$

分别代入质子条件式，得到

$$[H^+] = \frac{K_a[HA]}{[H^+]} + \frac{K_w}{[H^+]}$$

即
$$[H^+] = \sqrt{K_a[HA] + K_w} \tag{5-7}$$

这是一元弱酸溶液 H^+ 浓度计算的精确表达式。[HA]可以根据总浓度 c 和 HA 分布系数的计算式(5-5a)，表达为

$$[HA] = c \cdot \delta(HA) = c \cdot \frac{[H^+]}{[H^+] + K_a}$$

将上式代入式(5-7)中，整理后，得到

$$[H^+]^3 + K_a[H^+]^2 - (K_a c + K_w)[H^+] - K_a K_w = 0 \tag{5-8}$$

式(5-8)为计算一元弱酸 H^+ 浓度的精确公式，是一个一元三次方程。此式若直接用代数法求解，数学处理十分麻烦，而且在实际工作中也没有必要。为了使计算简化，通常可根据计算 H^+ 浓度的允许误差，并视一元弱酸 K_a 和总浓度 c 的大小，对式(5-7)进行合理的近似处理。

①如果弱酸不是太弱(离解常数 K_a 比较大)，且分析浓度 c 也较大，即 $K_a c$ 较大，溶液中 H^+ 主要来源于一元弱酸的离解，水的离解则可以忽略不计。这样，就可以忽略式(5-7)中的 K_w 项，此时计算结果的相对误差不大于 5%，精确公式就可以近似为

$$[H^+] \approx \sqrt{K_a [HA]} \tag{5-9}$$

根据物料平衡式，有　　$[HA] = c - [A^-]$

$$= c - [H^+] + [OH^-]$$

$$\approx c - [H^+]$$

将其代入式(5-9)，得

$$[H^+] = \sqrt{K_a (c - [H^+])} \tag{5-10}$$

即　　　　　　　　$[H^+]^2 + K_a [H^+] - K_a c = 0$

解此一元二次方程即得　$[H^+] = \dfrac{-K_a + \sqrt{(K_a)^2 + 4 K_a c}}{2} \tag{5-11}$

式 (5-11) 是计算一元弱酸溶液 H^+ 浓度的近似式。

②当 K_a 和 c 都较小，即酸非常稀，酸也极弱时，$K_a c < 20 K_w$，则水的离解就不能忽略。但是，如果酸极弱(酸的离解度很小，$\alpha < 5\%$)，就可以忽略弱酸的离解，弱酸 HA 的平衡浓度就近似地等于它的原始浓度，即 $[HA] \approx c$。此时，式(5-7)就近似为

$$[H^+] = \sqrt{K_a c + K_w} \tag{5-12}$$

为了保证计算误差不大于 5%，一般以 $\dfrac{c}{K_a} \geqslant 500$ 作为使用式 (5-12) 进行近似计算的必要条件。

③当 K_a 和 c 都不是很小，且弱酸的离解相对于其总浓度很小时，即 $c - [H^+] \approx c$，那么，不仅可以忽略水的离解，此时弱酸的离解也可忽略，可由式(5-10)得到

$$[H^+] = \sqrt{K_a c} \tag{5-13}$$

式(5-13)为计算一元弱酸溶液 H^+ 浓度的最简式。注意，利用最简式计算一元弱酸溶液 H^+ 浓度必须同时满足 $K_a c \geqslant 20 K_w$ 且 $\dfrac{c}{K_a} \geqslant 500$ 两个条件。

【例 5-8】　计算浓度为 $0.10\ \text{mol} \cdot \text{L}^{-1}$ 的二氯乙酸溶液的 pH(已知二氯乙酸的 $K_a = 5.0 \times 10^{-2}$)。

解：因为 $K_a c = 0.10 \times 5.0 \times 10^{-2} > 20 K_w$；$\dfrac{c}{K_a} = \dfrac{0.10}{5.0 \times 10^{-2}} = 2.0 < 500$，所以

$$[H^+] = \frac{-K_a + \sqrt{(K_a)^2 + 4 K_a c}}{2} = \frac{-5.0 \times 10^{-2} + \sqrt{(5.0 \times 10^{-2})^2 + 4 \times 0.10 \times 5.0 \times 10^{-2}}}{2} = 0.050 (\text{mol} \cdot \text{L}^{-1})$$

$$pH = 1.30$$

【例 5-9】　计算 $0.10\ \text{mol} \cdot \text{L}^{-1}$ 的 NH_4Cl 溶液的 pH(已知 $NH_3 \cdot H_2O$ 的 $K_b = 1.8 \times 10^{-5}$)。

解：NH_4^+ 是 NH_3 的共轭酸，其 K_a 为

$$K_a = \frac{K_w}{K_b} = \frac{1.0 \times 10^{-14}}{1.8 \times 10^{-5}} = 5.6 \times 10^{-10}$$

因为 $\frac{c}{K_a} = \frac{0.10}{5.6 \times 10^{-10}} > 500$；$K_a c = 0.10 \times 5.6 \times 10^{-10} > 20K_w$，所以可以使用最简式计算：

$$[H^+] = \sqrt{K_a c} = \sqrt{5.6 \times 10^{-10} \times 0.10} = 7.5 \times 10^{-6} (mol \cdot L^{-1})$$

$$pH = 5.12$$

【例 5-10】 计算浓度为 1.0×10^{-4} mol · L^{-1} 的 HCN 溶液的 pH（已知 HCN 的 $K_a = 6.2 \times 10^{-10}$）。

解：因为 $\frac{c}{K_a} = \frac{1.0 \times 10^{-4}}{6.2 \times 10^{-10}} > 500$；$K_a c = 6.2 \times 10^{-10} \times 1.0 \times 10^{-4} < 20K_w$，所以

$$[H^+] = \sqrt{K_a c + K_w} = \sqrt{6.2 \times 10^{-10} \times 1.0 \times 10^{-4} + 1.0 \times 10^{-14}}$$

$$= 2.7 \times 10^{-7} (mol \cdot L^{-1})$$

$$pH = 6.57$$

（2）一元弱碱溶液 pH 的计算

浓度为 c 的一元弱碱 B$^-$，其质子条件式为

$$[H^+] + [BH] = [OH^-]$$

其水溶液存在以下平衡：

$$B^- + H_2O \rightleftharpoons BH + OH^- \qquad K_b = \frac{[BH][OH]}{[B^-]}$$

$$H_2O \rightleftharpoons H^+ + OH^- \qquad K_w = [H^+][OH^-]$$

由离解平衡常数可得

$$[BH] = \frac{K_b[B^-]}{[OH]} \qquad [H^+] = \frac{K_w}{[OH]}$$

分别代入质子条件式，得到

$$[OH] = \frac{K_b[B^-]}{[OH]} + \frac{K_w}{[OH]}$$

即 $$[OH] = \sqrt{K_b[B^-] + K_w} \qquad\qquad (5-14)$$

一元弱碱溶液 pH 计算的处理方法、计算公式及公式的使用条件与一元弱酸完全相似，只需将一元弱酸溶液 H$^+$ 离子计算公式及使用条件中的 K_a 换成 K_b，将 $[H^+]$ 换成 $[OH^-]$ 即可。即

① 当 $\frac{c}{K_b} \geq 500$，$K_b c \geq 20K_w$ 时，$[OH^-] = \sqrt{K_b c}$ $\qquad\qquad (5-15)$

② 当 $\frac{c}{K_b} \geq 500$，$K_b c < 20K_w$ 时，$[OH^-] = \sqrt{K_b c + K_w}$ $\qquad\qquad (5-16)$

③ 当 $\frac{c}{K_b} < 500$，$K_b c \geq 20K_w$ 时，$[OH^-] = \frac{-K_b + \sqrt{(K_b)^2 + 4K_b c}}{2}$ $\qquad\qquad (5-17)$

【例 5-11】 计算浓度为 $0.10 \ mol \cdot L^{-1}$ 的 NH_3 溶液的 pH(已知 $NH_3 \cdot H_2O$ 的 $K_b = 1.8 \times 10^{-5}$)。

解: 因为 $\dfrac{c}{K_b} = \dfrac{0.10}{1.8 \times 10^{-5}} > 500$;$K_b c > 20 K_w$,所以

$$[OH^-] = \sqrt{K_b c} = \sqrt{1.8 \times 10^{-5} \times 0.10} = 1.3 \times 10^{-3} (mol \cdot L^{-1})$$

$$pOH = 2.89$$

$$pH = pK_w - pOH = 14.00 - 2.89 = 11.11$$

5.3.2.2 多元酸(碱)溶液 pH 的计算

多元酸碱溶液 pH 计算的处理方法也是利用物料平衡式、质子条件式和有关离解平衡常数关系式联立,最终导出 $[H^+]$ 或 $[OH^-]$ 的计算公式。

浓度为 c 的二元弱酸 H_2A,其质子条件式为

$$[H^+] = [HA^-] + 2[A^{2-}] + [OH^-]$$

其水溶液存在以下平衡:

$$H_2A \Longrightarrow H^+ + HA^- \qquad K_{a_1} = \frac{[H^+][HA^-]}{[H_2A]}$$

$$HA^- \Longrightarrow H^+ + A^{2-} \qquad K_{a_2} = \frac{[H^+][A^{2-}]}{[HA^-]}$$

$$H_2O \Longrightarrow H^+ + OH^- \qquad K_w = [H^+][OH^-]$$

由离解平衡常数可得

$$[HA^-] = \frac{K_{a_1}[H_2A]}{[H^+]}; \quad [A^-] = \frac{K_{a_1}K_{a_2}[H_2A]}{[H^+]^2}; \quad [OH^-] = \frac{K_w}{[H^+]}$$

分别代入质子条件式,得

$$[H^+] = \frac{K_{a_1}[H_2A]}{[H^+]} + 2\frac{K_{a_1}K_{a_2}[H_2A]}{[H^+]^2} + \frac{K_w}{[H^+]} \tag{5-18}$$

再根据物料平衡式和 H_2A 型体分布系数,将 $[H_2A]$ 表达为 $[H^+]$ 的函数,代入式 (5-18),展开后得到一个一元四次方程,它是计算二元弱酸水溶液 H^+ 浓度的精确公式,数学处理极其复杂,因而必须根据具体情况,采用近似方法进行计算。

对于多元无机酸和多数多元有机酸,其离解是逐级进行的,由于同离子效应和电荷效应,一般情况下,多元酸的第二步离解弱于第一步离解,第三步离解弱于第二步离解,即 $K_{a_1} > K_{a_2} > K_{a_3} > K_w$,故溶液中的 H^+ 主要是由多元酸的第一步离解产生,若忽略其第二步离解及水的离解,则有

$$[H^+] = \frac{K_{a_1}[H_2A]}{[H^+]}$$

即

$$[H^+] = \sqrt{K_{a_1}[H_2A]} \tag{5-19}$$

因此,二元弱酸可按照一元弱酸的方法处理。此时,在浓度为 c 的二元弱酸 H_2A

溶液中，H_2A 的平衡浓度可近似为

$$[H_2A] \approx c - [H^+]$$

代入式(5-19)，得

$$[H^+] = \sqrt{K_{a_1}(c - [H^+])}$$

展开后，求解$[H^+]$的一元二次方程，可得

$$[H^+] = \frac{-K_{a_1} + \sqrt{(K_{a_1})^2 + 4K_{a_1}c}}{2} \tag{5-20}$$

式(5-20)是计算多元弱酸溶液 H^+ 浓度的近似式。与一元弱酸相似，当 $K_{a_1}c \geq 20K_w$，且 $\dfrac{c}{K_{a_1}} \geq 500$ 时，即二元弱酸的离解度较小，则在忽略水离解产生的 H^+ 和 H_2A 的第二级离解产生的 H^+ 的同时，可将 H_2A 的平衡浓度视为其原始浓度，即$[H_2A] \approx c(H_2A)$，由式(5-19)得到

$$[H^+] = \sqrt{K_{a_1}c} \tag{5-21}$$

式(5-21)是计算多元弱酸溶液$[H^+]$的最简式，该公式的使用条件与计算一元弱酸溶液$[H^+]$最简式的完全相同。

多元弱碱溶液 pH 的计算，可按照多元弱酸溶液$[H^+]$计算的有关公式进行近似处理，不再详述。其$[OH^-]$计算公式如下：

当$\dfrac{c}{K_{b_1}} < 500$，$K_{b_1}c \geq 20K_w$时，$[OH^-] = \dfrac{-K_{b_1} + \sqrt{(K_{b_1})^2 + 4K_{b_1}c}}{2}$ （5-22）

当$\dfrac{c}{K_{b_1}} \geq 500$，$K_{b_1}c \geq 20K_w$时，$[OH^-] = \sqrt{K_{b_1}c}$ （5-23）

【例 5-12】 计算浓度为 0.10 mol·L^{-1}的 Na_2CO_3溶液的 pH（H_2CO_3的 $K_{a_1} = 4.2 \times 10^{-7}$，$K_{a_2} = 5.6 \times 10^{-11}$）。

解： Na_2CO_3为二元碱，其 K_{b_1}、K_{b_2}经计算分别为 1.8×10^{-4} 和 2.4×10^{-8}，K_{b_1} 远大于 K_{b_2}，因此可按一元弱碱进行近似计算。

因为 $\dfrac{c}{K_{b_1}} = \dfrac{0.10}{1.8 \times 10^{-4}} > 500$；$K_{b_1}c > 20K_w$，所以

$$[OH^-] = \sqrt{K_{b_1}c} = \sqrt{1.8 \times 10^{-4} \times 0.10} = 4.2 \times 10^{-3} (\text{mol} \cdot \text{L}^{-1})$$

$$pOH = 2.38$$

$$pH = 14.00 - 2.38 = 11.62$$

【例 5-13】 计算浓度为 0.10 mol·L^{-1}的 $H_2C_2O_4$溶液的 pH（$H_2C_2O_4$的 $K_{a_1} = 5.9 \times 10^{-2}$，$K_{a_2} = 6.4 \times 10^{-5}$）。

解： 因为 $K_{a_1}c > 20K_w$，且$\dfrac{c}{K_{a_1}} > 500$，所以

$$[H^+] = \frac{-K_{a_1} + \sqrt{(K_{a_1})^2 + 4K_{a_1}c}}{2}$$

$$= \frac{-5.9 \times 10^{-2} + \sqrt{(5.9 \times 10^{-2})^2 + 4 \times 5.9 \times 10^{-2} \times 0.10}}{2} = 0.053(\text{mol} \cdot \text{L}^{-1})$$

$$\text{pH} = 1.28$$

5.3.2.3　两性物质溶液 pH 的计算

在质子传递反应中，既可给出质子又可接受质子的物质都是两性物质。除 H_2O 外，较重要的两性物质有多元酸的酸式盐(如 $NaHCO_3$) 和弱酸弱碱盐(如 NH_4Ac) 等。两性物质溶液的酸碱平衡比较复杂，因而在有关计算中，常常视具体情况，根据溶液中的主要平衡，进行近似处理。

(1) 多元酸的酸式盐溶液

浓度为 c 的二元弱酸的酸式盐 NaHA，选取 HA^- 和 H_2O 为零水准物质，则其质子条件式为

$$[H^+] = [A^-] + [OH^-] - [H_2A]$$

其水溶液存在以下平衡：

$$HA^- + H_2O \rightleftharpoons H_2A + OH^- \qquad K_{b_2} = \frac{[H_2A][OH^-]}{[HA^-]}$$

$$HA^- \rightleftharpoons H^+ + A^{2-} \qquad K_{a_2} = \frac{[H^+][A^{2-}]}{[HA^-]}$$

$$H_2O \rightleftharpoons H^+ + OH^- \qquad K_w = [H^+][OH^-]$$

借助于二元酸 H_2A 的离解平衡常数的关系式，有

$$[H^+] = \frac{K_{a_2}[HA^-]}{[H^+]} + \frac{K_w}{[H^+]} - \frac{K_{b_2}[HA^-]}{[OH^-]}$$

$$= \frac{K_{a_2}[HA^-]}{[H^+]} + \frac{K_w}{[H^+]} - \frac{[HA^-][H^+]}{K_{a_1}}$$

经整理后，得

$$[H^+] = \sqrt{\frac{K_{a_1}(K_{a_2}[HA^-] + K_w)}{K_{a_1} + [HA^-]}} \qquad (5-24)$$

在大多数情况下，二元弱酸的 K_{a_1} 与 K_{a_2} 相差较大，则 HA^- 的 K_{a_2} 和 K_{b_2} 都很小，即其酸性和碱性都比较弱(得失质子的能力都很弱)，因此，可以认为 HA^- 的平衡浓度近似等于其原始浓度，即 $[HA^-] \approx c$，代入式(5-24)，得

$$[H^+] = \sqrt{\frac{K_{a_1}(K_{a_2}c + K_w)}{K_{a_1} + c}} \qquad (5-25)$$

式(5-25)是计算两性物质水溶液 $[H^+]$ 的近似公式，在误差允许的范围内，还可以进一步作如下近似处理。

当 $K_{a_2}c \geqslant 20K_w$ 时，式(5-25)中的 K_w 可以忽略，得到以下近似式：

$$[H^+] = \sqrt{\frac{K_{a_1}K_{a_2}c}{K_{a_1}+c}} \qquad (5\text{-}26)$$

再假如 $c \geqslant 20K_{a_1}$，则式(5-26)中的 $K_{a_1} + c \approx c$，可略去分母中的 K_{a_1}，式(5-26)进一步近似为

$$[H^+] = \sqrt{K_{a_1}K_{a_2}} \qquad (5\text{-}27)$$

式(5-27)是计算酸式盐溶液 H^+ 浓度的最简式。应该注意的是，最简式只有在酸式盐的浓度不是很小($c \geqslant 20K_{a_1}$)，且水的离解可以忽略的情况下才能使用。

而当 $K_{a_2}c < 20K_w$，但 $c \geqslant 20K_{a_1}$ 时，则式(5-26)分母中的 K_{a_1} 可略去，但不可略去式中的 K_w，式(5-25)可近似为

$$[H^+] = \sqrt{\frac{K_{a_1}(K_{a_2}c+K_w)}{c}} \qquad (5\text{-}28)$$

式(5-25)、式(5-26)和式(5-28)是计算多元酸酸式盐溶液 H^+ 浓度的近似公式，式(5-27)为最简式，一定要注意各计算公式的使用条件。

对于其他多元酸的酸式盐溶液 H^+ 浓度的计算，可依上处理。例如，计算 NaH_2PO_4 和 Na_2HPO_4 溶液[H^+]的最简式分别为：

NaH_2PO_4 溶液 $\qquad\qquad [H^+] = \sqrt{K_{a_1}K_{a_2}}$

Na_2HPO_4 溶液 $\qquad\qquad [H^+] = \sqrt{K_{a_2}K_{a_3}}$

【例 5-14】 分别计算浓度为 $0.10\ mol \cdot L^{-1}$ K_2HPO_4 和 KH_2PO_4 溶液的 pH（ H_3PO_4 的 $K_{a_1} = 7.6 \times 10^{-3}$， $K_{a_2} = 6.3 \times 10^{-8}$， $K_{a_3} = 4.4 \times 10^{-13}$ ）。

解：对于 K_2HPO_4 溶液，计算[H^+]的公式为

$$[H^+] = \sqrt{\frac{K_{a_2}(K_{a_3}c+K_w)}{K_{a_2}+c}}$$

因为 $K_{a_3}c = 4.4 \times 10^{-14} < 20K_w$，但 $c > 20K_{a_2}$，所以上式可简化为

$$[H^+] = \sqrt{\frac{K_{a_2}(K_{a_3}c+K_w)}{c}}$$

代入有关数值，得 $\qquad [H^+] = 1.8 \times 10^{-10}(mol \cdot L^{-1})$

$$pH = 9.74$$

对于 KH_2PO_4 溶液，因 $K_{a_2}c > 20K_w$，且 $c < 20K_{a_1}$，所以

$$[H^+] = \sqrt{\frac{K_{a_1}K_{a_2}c}{K_{a_1}+c}}$$

代入有关数值，得 $\qquad [H^+] = 2.1 \times 10^{-5}(mol \cdot L^{-1})$

$$pH = 4.68$$

（2）弱酸弱碱盐溶液

例如浓度为 c 的 NH_4Ac 溶液，其中 NH_4^+ 起酸的作用，Ac^- 起碱的作用。

$$NH_4^+ \Longrightarrow NH_3 + H^+ \qquad K_a' = \frac{K_w}{K_b}$$

$$Ac^- + H_2O \Longrightarrow HAc + OH^- \qquad K_b' = \frac{K_w}{K_a}$$

溶液中还存在水的离解平衡：

$$H_2O \Longrightarrow H^+ + OH^-$$

选择 NH_4^+、Ac^- 和 H_2O 为零水准物质，质子条件式为

$$[H^+] + [HAc] = [NH_3] + [OH^-]$$

或 $$[H^+] = [NH_3] + [OH^-] - [HAc]$$

上述讨论的酸式盐溶液 H^+ 浓度的计算公式完全适合于弱酸弱碱盐溶液，即从 PBE 出发，利用各种离解平衡关系，可得如下类似的公式：

$$[H^+] = \sqrt{\frac{K_a(K_a'c + K_w)}{K_a + c}} \qquad (5-29)$$

式中 K_a 为弱酸的离解常数，K_a' 为弱碱共轭酸的离解常数。注意式（5-29）与式（5-25）实质上是一样的。

同理，若 $K_a'c > 20K_w$，则式（5-29）近似为

$$[H^+] = \sqrt{\frac{K_a K_a' c}{K_a + c}} \qquad (5-30)$$

如果还满足 $c \geqslant 20K_a$，则可得最简式：

$$[H^+] = \sqrt{K_a K_a'} \qquad (5-31)$$

【例 5-15】 计算浓度为 $0.10 \text{ mol} \cdot L^{-1} NH_4Ac$ 溶液的 pH。

解： 查附录 3 和附录 4 可知：HAc 的 $K_a = 1.8 \times 10^{-5}$，NH_3 的 $K_b = 1.8 \times 10^{-5}$，所以 NH_4^+ 的离解常数 K_a' 为

$$K_a' = \frac{K_w}{K_b} = \frac{1.0 \times 10^{-14}}{1.8 \times 10^{-5}} = 5.6 \times 10^{-10}$$

因为 $K_a'c > 20K_w$，且 $c > 20K_a$，所以可用最简式进行计算。即

$$[H^+] = \sqrt{K_a K_a'} = \sqrt{1.8 \times 10^{-5} \times 5.6 \times 10^{-10}}$$
$$= 1.0 \times 10^{-7} (\text{mol} \cdot L^{-1})$$
$$pH = 7.00$$

【例 5-16】 计算浓度为 $0.10 \text{ mol} \cdot L^{-1}$ 氨基乙酸溶液 pH（氨基乙酸的 $K_{a_1} = 4.5 \times 10^{-3}$，$K_{a_2} = 2.5 \times 10^{-10}$）。

解： 氨基乙酸在溶液中以偶极离子 $^+H_3NCH_2COO^-$ 的形式存在，为两性物质，有以下的离解反应：

$$^+H_3N{-}CH_2{-}COOH \underset{}{\overset{-H^+, K_{a_1}}{\Longrightarrow}} {}^+H_3N{-}CH_2{-}COO^- \underset{}{\overset{-H^+, K_{a_2}}{\Longrightarrow}} {}^+H_2N{-}CH_2{-}COO^-$$

由于氨基乙酸的原始浓度比较大，$K_{a_2}c > 20K_w$，且 $c > 20K_{a_1}$ 时，可采用最简式计算得到

$$[H^+] = \sqrt{K_{a_1}K_{a_2}} = \sqrt{4.5 \times 10^{-3} \times 2.5 \times 10^{-3}} = 1.1 \times 10^{-6}(\text{mol} \cdot \text{L}^{-1})$$

$$pH = 5.96$$

5.3.2.4 强酸(碱)溶液 pH 的计算

强酸强碱在溶液中全部离解，故在一般情况下，酸度的计算比较简单。但当强酸或强碱的浓度很稀时($< 10^{-6}$ mol·L^{-1})，溶液的酸度除了考虑酸或碱本身离解出来的 H$^+$ 或 OH$^-$ 之外，还需考虑水离解产生的 H$^+$ 或 OH$^-$。

(1)稀 HCl 溶液的质子条件

$$[H^+] = c(\text{HCl}) + [OH^-]$$

将 $[OH^-] = \dfrac{K_w}{[H^+]}$ 代入上式，得

$$[H^+] = c(\text{HCl}) + \frac{K_w}{[H^+]}$$

整理可得

$$[H^+]^2 - c(\text{HCl})[H^+] - K_w = 0$$

$$[H^+] = \frac{c(\text{HCl}) + \sqrt{c^2(\text{HCl}) + 4K_w}}{2} \tag{5-32}$$

式中 c 为强酸溶液的总浓度。此式即为求算一元强酸稀溶液中 H$^+$ 浓度的精确式。

一般来讲，只要强酸的浓度不是很低，当 $c \geqslant 20[OH^-]$ 时，就可忽略水离解产生的 H$^+$，于是得到

$$[H^+] \approx c$$

(2)稀 NaOH 溶液的质子条件

$$[H^+] + c(\text{NaOH}) = [OH^-]$$

处理方法与一元弱酸稀溶液完全类似，将 $[H^+] = \dfrac{K_w}{[OH^-]}$ 代入 PBE，得

$$[OH^-] = c(\text{NaOH}) + \frac{K_w}{[OH^-]}$$

整理可得

$$[OH^-]^2 - c(\text{NaOH})[OH^-] - K_w = 0$$

可得

$$[OH^-] = \frac{c(\text{NaOH}) + \sqrt{c^2(\text{NaOH}) + 4K_w}}{2} \tag{5-33}$$

一般来讲，只要强碱的浓度不是很低，当 $c \geqslant 20[H^+]$ 时，就可忽略水离解产生的 OH$^-$，即

$$[OH^-] \approx c$$

求得 pOH 后，再利用 pH = pK_w - pOH 便可求得 pH。

5.3.2.5 混合酸(碱)溶液

(1)弱酸与弱酸混合溶液 pH 的计算

设弱酸 HA 和 HB 的浓度分别为 $c(HA)$ 和 $c(HB)$,其混合溶液的质子条件式为

$$[H^+] = [A^-] + [B^-] + [OH^-]$$

由于溶液为酸性,因此可忽略 $[OH^-]$ 项,再将有关离解常数关系式代入上式,得

$$[H^+] = \frac{[HA]K_a(HA)}{[H^+]} + \frac{[HB]K_a(HB)}{[H^+]}$$

由于弱酸 HA 和 HB 在溶液中的离解相互抑制,所以,当两种酸都比较弱时,可近似地认为:$[HA] \approx c(HA)$,$[HB] \approx c(HB)$,代入上式并整理得

$$[H^+] = \sqrt{K_a(HA) \cdot c(HA) + K_a(HB) \cdot c(HB)} \tag{5-34}$$

【例 5-17】 计算 $0.050\ mol \cdot L^{-1} NH_4Cl$ 和 $0.10\ mol \cdot L^{-1} H_3BO_3$ 混合溶液的 pH,已知 $K_a(H_3BO_3) = 5.8 \times 10^{-10}$。

解:$K_a(NH_4^+) = \dfrac{K_w}{K_b(NH_3)} = \dfrac{1.0 \times 10^{-14}}{1.8 \times 10^{-5}} = 5.6 \times 10^{-10}$

由式(5-34)得

$$[H^+] = \sqrt{5.6 \times 10^{-10} \times 0.050 + 5.8 \times 10^{-10} \times 0.10}$$
$$= 7.5 \times 10^{-6}(mol \cdot L^{-1})$$
$$pH = 5.12$$

(2)强酸与弱酸混合溶液 pH 的计算

以 HCl 和 HAc 混合酸为例,设其浓度分别为 $c(HCl)$ 和 $c(HAc)$,其质子条件式为

$$[H^+] = c(HCl) + [Ac^-] + [OH^-]$$

由于溶液呈酸性,因此可略去 $[OH^-]$ 项,即忽略水的离解对溶液中 $[H^+]$ 的贡献,则质子条件式可简化为

$$[H^+] = c(HCl) + [Ac^-]$$

因为 $\qquad [Ac^-] = c(HAc) \cdot \delta(Ac^-) = c(HAc) \cdot \dfrac{K_a}{[H^+] + K_a}$

将之代入上式,可得

$$[H^+] = c(HCl) + \frac{c(HAc)K_a}{[H^+] + K_a} \tag{5-35}$$

整理可得

$$[H^+] = \frac{\{c(HCl) - K_a\} + \sqrt{\{c(HCl) - K_a\}^2 + 4K_a\{c(HCl) + c(HAc)\}}}{2} \tag{5-36}$$

式(5-36)是忽略水的离解后,计算弱酸和强酸混合溶液中 H^+ 浓度的近似公式。

由于弱酸在强酸溶液中的离解会受到抑制，所以，可近似地认为：$[HAc] \approx c(HAc)$，代入 HAc 的离解平衡常数关系式并整理可得

$$[Ac^-] = \frac{K_a c(HAc)}{[H^+]} \tag{5-37}$$

代入简化后的质子条件式，得

$$[H^+]^2 - c(HCl)[H^+] + K_a c(HAc) = 0$$

$$[H^+] = \frac{c(HCl) + \sqrt{c^2(HCl) + 4K_a c(HAc)}}{2} \tag{5-38}$$

如果 $c(HCl) > 20[Ac^-]$，则由简化后的质子条件式，可得最简式：

$$[H^+] = c(HCl) \tag{5-39}$$

关于混合碱溶液 pH 的计算，方法与混合酸类似，这里不再详述。

【例5-18】 某混合酸中 HCl 的浓度为 1.0×10^{-3} mol·L^{-1}，HAc 的浓度为 0.010 mol·L^{-1}，试计算该混合酸溶液的 pH。

解： 根据式(5-38)得

$$[H^+] = \frac{c(HCl) + \sqrt{c^2(HCl) + 4K_a c(HAc)}}{2}$$

$$= \frac{1.0 \times 10^{-3} + \sqrt{(1.0 \times 10^{-3})^2 + 4 \times 1.8 \times 10^{-5} \times 0.010}}{2} = 1.2 \times 10^{-3}(\text{mol} \cdot L^{-1})$$

$$pH = 2.92$$

(3) 缓冲溶液 pH 的计算

关于弱酸 HA 与其共轭碱 A^- 或弱碱 B 与其共轭酸 HB^+ 组成的缓冲体系的 pH 计算，在普通化学中已做过详细讨论，此处不再赘述。这里仅给出其 pH 计算的最简公式：

$$pH = pK_a - \lg\frac{c(HA)}{c(A^-)} \tag{5-40}$$

$$pOH = pK_b - \lg\frac{c(B)}{c(HB^+)} \tag{5-41}$$

5.4 酸碱指示剂

酸碱滴定过程中，溶液通常不发生明显的外观变化，故需要在被滴定的溶液中加入能在化学计量点附近变色的指示剂来确定滴定终点。这种能利用自身颜色的变化来指示溶液 pH 变化的物质称为酸碱指示剂(acid-base indicator)。

5.4.1 酸碱指示剂的作用原理

酸碱指示剂一般是弱的有机酸或有机碱，其共轭酸碱对具有不同的结构，并呈现

不同的颜色。因此，当溶液的 pH 改变时，指示剂获得质子由碱式型体转化为酸式型体，或者失去质子由酸式型体转化为碱式型体，由于结构上的变化，从而导致溶液颜色发生变化。

例如，酚酞指示剂是一种有机弱酸，属于单色指示剂，在水溶液中发生如下离解作用和颜色变化：

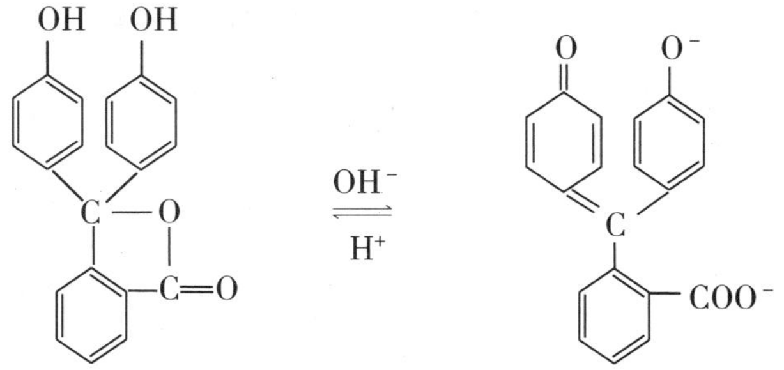

无色（酸式色）　　　　　　　红色（碱式色），醌式结构

由平衡关系可以看出，在酸性溶液中，酚酞主要以无色的内酯式结构存在。随着溶液的 pH 值逐渐增大，平衡向右移动。当溶液呈碱性时，酚酞转化为醌式结构而呈现红色；反之，如果溶液的 pH 值逐渐减小，平衡则向左移动，酚酞将由醌式结构转化为内酯式结构，颜色也会由红色变为无色。

再如，甲基橙是一种有机弱碱，属于双色指示剂，在水溶液中会发生如下离解作用和颜色变化：

红色 (酸式色), 醌式结构

$$OH^- \parallel H^+ \qquad pK_a = 3.4$$

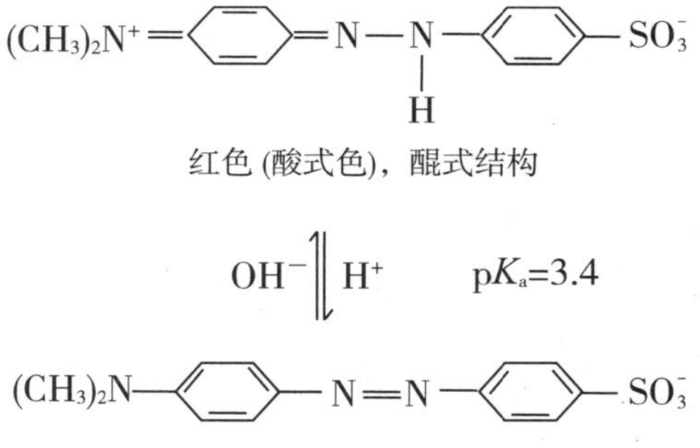

黄色(碱式色)，偶氮式结构

由平衡关系可以看出，增大溶液的酸度，甲基橙主要以醌式结构存在，所以溶液呈红色；降低溶液的酸度，甲基橙主要以偶氮式结构存在，所以溶液显黄色。

可见，酸碱指示剂颜色之所以发生改变，是由于在不同酸度的溶液中，指示剂分子的结构发生了变化，因而显现出不同的颜色。应该注意的是，酸碱指示剂以酸式或碱式型体存在，并不表明此时溶液一定呈酸性或碱性。

现以弱酸型指示剂(HIn)为例进一步讨论酸碱指示剂颜色变化与溶液酸度的关系。若以 HIn 表示弱酸型指示剂的酸式型体，并称其颜色为酸式色；以 In⁻ 表示指示剂的碱式型体，其颜色称为碱式色，在溶液中存在如下离解平衡：

$$HIn \rightleftharpoons H^+ + In^-$$

酸式色   碱式色

$$K_a = \frac{[H^+][In^-]}{[HIn]} \quad 或 \quad \frac{K_a}{[H^+]} = \frac{[In^-]}{[HIn]}$$

式中 K_a——指示剂的离解常数;

     $[HIn]$ 和 $[In^-]$——分别为溶液中指示剂的酸式型体和碱式型体的平衡浓度。

     由上式可见,溶液的颜色是由 $[In^-]$ 和 $[HIn]$ 的比值来决定的,而 $\frac{[In^-]}{[HIn]}$ 又与 $[H^+]$ 和 K_a 有关。对于某种指示剂,在一定条件下 K_a 是常数,因此,$\frac{[In^-]}{[HIn]}$ 仅是 $[H^+]$ 的函数。只要溶液 H^+ 浓度发生改变,$\frac{[In^-]}{[HIn]}$ 也会随之发生改变,从而使溶液的颜色也发生改变。但是,因为人们肉眼对颜色变化的分辨能力有限,所以并不是 $\frac{[In^-]}{[HIn]}$ 的比值只要有变化,就能使人察觉到溶液颜色的变化。根据人眼辨别颜色的灵敏度,一般来说:

当 $\frac{[In^-]}{[HIn]} \geqslant 10$ 时,看到的是 In^- 的颜色,即碱式色。此时,$[H^+] \leqslant \frac{K_a}{10}$,$pH \geqslant pK_a + 1$;

当 $\frac{[In^-]}{[HIn]} \leqslant 0.1$ 时,看到的是 HIn 的颜色,即酸式色。此时,$[H^+] \geqslant 10K_a$,$pH \leqslant pK_a - 1$;

当 $10 > \frac{[In^-]}{[HIn]} > 0.1$ 时,看到的是 HIn 和 In^- 的混合色。此时,$pK_a - 1 < pH < pK_a + 1$。

     可见,当溶液的 pH 值低于 $pK_a - 1$ 或超过 $pK_a + 1$,酸式色或碱式色占有优势后,人眼就难以观察指示剂颜色随 pH 值改变而变化,只能看到占优势的那种颜色了。只有溶液的 pH 值在 $pK_a - 1 \sim pK_a + 1$ 范围内变化时,人眼才能觉察出指示剂颜色的变化。这个人眼可以看到指示剂颜色的变化的 pH 范围,即 $pH = pK_a \pm 1$,称为指示剂的理论变色范围。不同的指示剂,其 pK_a 值不同,所以每种指示剂都有其各自不同的变色范围。

     根据以上讨论,指示剂的理论变色范围应该是 pH 由 $pK_a - 1 \sim pK_a + 1$,为 2 个 pH 单位。但实际上,指示剂的变色范围不是根据 pK_a 计算出来的,而是依靠人眼观察出来的。由于人眼对各种颜色的敏感程度不同,再加上指示剂的两种颜色相互掩盖能力的差异等因素的影响,使得指示剂的实际变色范围与理论变色范围不完全一致,不同的人观察结果也会有所差别。例如,甲基橙的 $pK_a = 3.4$,其理论变色范围应为 $2.4 \sim 4.4$,但实际变色范围有人报道为 $3.1 \sim 4.4$,也有人报道为 $3.2 \sim 4.5$ 或 $2.9 \sim 4.3$。这是由于人眼对红色比对黄色更为敏感,同时红色对黄色的掩盖能力远比黄色对红色的掩盖能力强等缘故所致的,但指示剂的变色范围总是发生在其 pK_a 的两侧。虽然指示剂的理论变色范围与实际变色范围存在着差别,但理论推算对粗略估计指示剂的变色范围,仍具有一定的指导意义。

     当 $\frac{[In^-]}{[HIn]} = 1$ 时,HIn 和 In^- 两种型体的浓度相等,此时,$pH = pK_a$,这是酸碱指示

剂由碱式色变为酸式色，或由酸式色变为碱式色的转折点，称为指示剂的理论变色点。

酸碱指示剂的种类很多，由于它们的离解常数不同，所以变色点和变色范围也各不相同。常用的酸碱指示剂列于表 5-1 中。

表 5-1　常用的酸碱指示剂

指示剂	变色范围 pH	pK_a(HIn)	颜色			浓　度
			酸色	过渡色	碱色	
百里酚蓝（第一次变色）	1.2~2.8	1.6	红	橙	黄	0.1%的乙醇(20%)溶液
甲基黄	2.9~4.0	3.3	红	橙黄	黄	0.1%的乙醇(90%)溶液
甲基橙	3.1~4.4	3.4	红	橙	黄	0.05%的水溶液
溴酚蓝	3.1~4.6	4.1	黄		紫	0.1%的乙醇(20%)溶液或其钠盐(0.1%)水溶液
溴甲酚绿	3.8~5.4	4.9	黄	绿	蓝	0.1%的乙醇(20%)溶液或其钠盐(0.1%)水溶液
甲基红	4.2~6.2	5.2	红	橙	黄	0.1%的乙醇(60%)溶液或其钠盐(0.1%)水溶液
溴百里酚蓝	6.0~7.6	7.3	黄	绿	蓝	0.1%的乙醇(20%)溶液或其钠盐(0.1%或0.05%)水溶液
中性红	6.8~8.0	7.4	红		黄橙	0.1%的乙醇(60%)溶液
酚红	6.7~8.4	8.0	黄	橙	红	0.1%的乙醇(20%)溶液或其钠盐(0.1%)水溶液
酚酞	8.0~9.6	9.1	无	粉红	红	0.1%的乙醇(90%)溶液
百里酚蓝（第二次变色）	8.0~9.6	8.9	黄		蓝	0.1%的乙醇(20%)溶液
百里酚酞	9.6~10.6	10.0	无	淡蓝	蓝	0.1%的乙醇(90%)溶液

5.4.2　影响酸碱指示剂变色范围的因素

指示剂的变色范围主要是由其各自的本性 K_a(HIn) 所决定，但外界条件对其变色范围也有影响。主要有以下几个因素：

5.4.2.1　温度

K_a 是温度的函数。指示剂的理论变色范围为 pK_a±1，温度改变时，指示剂的离解常数 K_a(HIn) 将有所改变，因而指示剂的变色范围也随之发生改变。例如，18℃时，甲基橙的变色范围为 3.1~4.4，而 100℃时则为 2.5~3.7。在实际工作中，应该注意指示剂使用的温度条件，以免因温度不同而引起的误差。

5.4.2.2　指示剂的用量

在滴定分析过程中，指示剂用量对酸碱滴定的影响主要有两方面：一方面，由于指示剂本身就是弱酸或弱碱，用量过多，则会消耗或替代滴定剂，从而引起滴定误差；另一方面，对双色指示剂来说，指示剂用量过多，溶液颜色太深，酸式色和碱式色互相掩盖，色调变化不明显，会使终点颜色变化不易判断；对于单色指示剂而言，指示剂用量过多则会改变其变色范围。下面以酚酞为例，讨论指示剂用量对其变色范围的影响。

酚酞(以 HIn 表示)在水溶液中存在的离解平衡可表示为：

$$\underset{无色}{HIn} \overset{K_a(HIn)}{\rightleftharpoons} H^+ + \underset{红色}{In^-} \qquad K_a = \frac{[H^+][In^-]}{[HIn]}$$

设指示剂的总浓度为 c，假定人眼观察红色形式酚酞的最低浓度为 c' 对于同一个人，它是固定不变的，由指示剂的离解平衡式可得

$$[H^+] = \frac{[HIn]K_a}{[In^-]} = \frac{c-c'}{c'}K_a$$

若加入指示剂总量增大，c 增大，则 $[H^+]$ 相应地增大，说明酚酞会在较低的 pH 时变色，即指示剂的变色范围向 pH 偏低的方向移动。例如在 50~100 mL 溶液中加 2~3 滴 0.1% 的酚酞，pH≈9 时变色(红色)，而加 10~15 滴酚酞时 pH 在 8 左右溶液就出现红色。

5.4.2.3　溶剂

溶剂对指示剂的变色范围也有影响。因为溶剂不同，指示剂的离解常数 K_a 不同，其理论变色点 pK_a 也就不同。如甲基橙在水溶液中 $pK_a = 3.4$，而在甲醇中 $pK_a = 3.8$。

5.4.2.4　离子强度

指示剂颜色的变化，受溶液中 H^+ 活度的影响。溶液的离子强度改变必然会影响指示剂的离解常数，从而影响其变色范围。此外，某些电解质具有吸收不同波长光波的性质，也会改变指示剂颜色的深度和色调。所以在滴定过程中不宜有大量盐类存在。

在实际应用中，指示剂的变色范围越窄越好。这样，滴定至化学计量点附近时，溶液的 pH 值稍有改变，就能引起指示剂颜色的变化，有利于提高测定的准确度。

5.4.3　混合酸碱指示剂

表 5-1 所列常用酸碱指示剂都是单一组分的指示剂，它们的变色范围一般都较宽，并且该类指示剂在变色过程中会有过渡颜色，使终点变色不够敏锐。在酸碱滴定中，有时又需要将终点限制在很窄的 pH 范围内，这时就可以采用混合指示剂(mixed indicator)。

　　混合指示剂配制的方法有两种：一种是由两种或两种以上的单一指示剂按一定比例混合而成，利用颜色互补的原理，使变色更加敏锐；另一种是由某种指示剂和一种惰性染料（不随溶液 pH 变化而改变颜色）按一定比例混合而成，其作用原理也是利用颜色的互补作用来提高颜色变化的敏锐性，使终点观察更加明显。

　　例如，将甲基红和溴甲酚绿按 1∶3 的比例混合，颜色变化情况如下：

指示剂	酸式色	过渡色	碱式色	变色点
甲基红	红色	橙红色	黄色	5.2
＋　溴甲酚绿	黄色	绿色	蓝色	4.9
混合指示剂	酒红	浅灰色	绿色	5.1

甲基红的酸式色为红色，碱式色为黄色；溴甲酚绿的酸式色为黄色，碱式色为蓝色。它们混合后，由于共同作用的结果，使溶液的酸式色显酒红色（红＋黄），碱式色显绿色（黄＋蓝）。而在 pH 5.1 时，甲基红的酸式型体较多，呈橙红色，溴甲酚绿的碱式型体较多，呈绿色，此两种颜色互补，而呈现出灰色，指示剂的颜色在此时发生突变，非常敏锐，易于辨别，并且变色范围变窄。

　　又如，将甲基橙（酸式色为红色，碱式色为黄色）和惰性染料靛蓝按一定比例混合后，酸式色呈紫色（红＋蓝），碱式色呈绿色（黄＋蓝），过渡中都是灰色，与甲基橙的由黄到红变化相比较，颜色变化更加敏锐，利于终点的观察。

　　综上所述，混合指示剂具有变色范围窄、变色明显等优点。几种常用的混合指示剂列于表 5-2 中。

表 5-2　常用酸碱混合指示剂

指示剂溶液的组成	变色点 pH	颜色		备　注
		酸色	碱色	
1 份 0.1%甲基黄乙醇溶液 1 份 0.1%次甲基蓝乙醇溶液	3.25	蓝紫	绿	pH 3.2 蓝紫色，pH 3.4 绿色
1 份 0.1%甲基橙水溶液 1 份 0.25%靛蓝二磺酸钠水溶液	4.1	紫	黄绿	pH 4.1 灰色
1 份 0.2%甲基红水溶液 1 份 0.1%溴甲酚绿钠盐水溶液	4.3	橙	蓝绿	pH 3.5 黄色，pH 4.05 绿色， pH 4.3 浅绿
1 份 0.2%甲基红乙醇溶液 3 份 0.1%溴甲酚绿乙醇溶液	5.1	酒红	绿	pH 5.1 灰色
1 份 0.1%溴甲酚绿钠盐水溶液 1 份 0.1%氯酚红钠盐水溶液	6.1	黄绿	蓝紫	pH 5.4 蓝绿色，pH 5.8 蓝色， pH 6.0 蓝带紫，pH 6.2 蓝紫
1 份 0.1%中性红乙醇溶液 1 份 0.1%次甲基蓝乙醇溶液	7.0	蓝紫	绿	pH 7.0 紫蓝
1 份 0.1%甲酚红钠盐水溶液 3 份 0.1%百里酚蓝钠盐水溶液	8.3	黄	紫	pH 8.2 玫瑰红，pH 8.4 清晰的紫色

（续）

指示剂溶液的组成	变色点 pH	颜色		备 注
		酸色	碱色	
1 份 0.1%百里酚蓝乙醇(50%)溶液 3 份 0.1%酚酞乙醇(50%)溶液	9.0	黄	紫	从黄到绿再到紫
1 份 0.1%酚酞乙醇溶液 1 份 0.1%百里酚酞乙醇溶液	9.9	无	紫	pH 9.6 玫瑰红，pH 10 紫色
2 份 0.1%百里酚酞乙醇溶液 1 份 0.1%茜素黄 R 乙醇溶液	10.2	黄	紫	

5.5 酸碱滴定原理及指示剂选择

酸碱滴定的终点，通常借助指示剂的颜色变化来确定。为了选择合适的指示剂指示滴定终点，必须了解滴定过程中溶液 pH 的变化情况，尤其是化学计量点附近溶液 pH 的改变。一般通过滴定曲线来反映滴定过程中溶液 pH 的变化情况。所谓滴定曲线，是指滴定过程中溶液的 pH 随滴定剂加入量（或滴定的百分数）变化的关系曲线。它能很好地反映滴定过程中溶液 pH 的变化规律。

5.5.1 强碱与强酸的滴定

由于强酸或强碱是强电解质，在水溶液中全部离解，酸以 H^+ 形式存在，碱以 OH^- 形式存在，因此，滴定时的基本反应为

$$H^+ + OH^- =\!=\!= H_2O$$

现以 $0.1000\ mol \cdot L^{-1} NaOH$ 溶液滴定 $20.00\ mL\ 0.1000\ mol \cdot L^{-1}$ 的 HCl 溶液为例，计算滴定过程中溶液 pH 的变化情况，讨论强酸强碱相互滴定时的滴定曲线和指示剂的选择。整个滴定过程可分为 4 个阶段。

（1）滴定前

由于 HCl 全部离解，溶液的酸度就等于 HCl 的原始浓度。即

$$[H^+] = 0.1000\ mol \cdot L^{-1}$$

$$pH = 1.00$$

（2）滴定开始至化学计量点前

溶液的酸度取决于剩余 HCl 的浓度，可由下式计算：

$$[H^+] = \frac{c(HCl) \cdot V(HCl) - c(NaOH) \cdot V(NaOH)}{V(HCl) + V(NaOH)}$$

例如，当加入 $18.00\ mL\ NaOH$ 标准溶液时，溶液的酸度为

$$[H^+] = \frac{0.1000 \times (20.00 - 18.00)}{20.00 + 18.00} = 5.26 \times 10^{-3} (mol \cdot L^{-1})$$

$$pH = 2.28$$

当加入 NaOH 标准溶液 19.98 mL 时，即滴定的相对误差为 -0.1%，溶液的酸度为

$$[H^+] = \frac{0.1000 \times (20.00 - 19.98)}{20.00 + 19.98} = 5.00 \times 10^{-5} (mol \cdot L^{-1})$$

$$pH = 4.30$$

（3）化学计量点时

加入 20.00 mL NaOH 标准溶液时，HCl 全部被中和。此时，溶液中的 H^+ 来自于水的离解：

$$[H^+] = \sqrt{K_w} = \sqrt{1.0 \times 10^{-14}} = 1.0 \times 10^{-7} (mol \cdot L^{-1})$$

$$pH = 7.00$$

（4）化学计量点以后

溶液的酸度取决于过量 NaOH 的浓度，即

$$[OH^-] = \frac{c(NaOH) \cdot V(NaOH) - c(HCl) \cdot V(HCl)}{V(HCl) + V(NaOH)}$$

例如，当加入 NaOH 标准溶液 20.02 mL 时，即滴定的相对误差为 +0.1%，溶液的酸度为

$$[OH^-] = \frac{0.1000 \times (20.02 - 20.00)}{20.02 + 20.00} = 5.00 \times 10^{-5} (mol \cdot L^{-1})$$

$$pOH = 4.30$$

$$pH = pK_w - pOH = 14.00 - 4.30 = 9.70$$

用类似的方法可逐一计算出滴定过程中各阶段溶液的 pH，结果列于表 5-3。如果以 NaOH 的加入量（或滴定百分数）为横坐标，对应的溶液 pH 为纵坐标作图，就得到如图 5-3 所示的滴定曲线。

表 5-3　强碱（NaOH）滴定同浓度的强酸（HCl）时溶液 pH 的变化

加入 NaOH 的体积 /mL	HCl 被滴定 的百分数 /%	剩余 HCl 的体积 /mL	过量 NaOH 的体积 /mL	溶液的 pH		
				$c(HCl)/mol \cdot L^{-1}$		
				0.1000	0.010 00	1.000
0.00	0.00	20.00		1.00	2.00	0.00
18.00	90.00	2.00		2.28	3.28	1.28
19.50	97.50	0.50		2.90	3.90	1.90
19.80	99.00	0.20		3.30	4.30	2.30
19.96	99.80	0.04		4.00	5.00	3.00
19.98	99.90	0.02		4.30 ⎫突跃范围	5.30 ⎫突跃范围	3.30 ⎫突跃范围
20.00	100.0	0.00		7.00 ⎬	7.00 ⎬	7.00 ⎬
20.02	100.1		0.02	9.70 ⎭	8.70 ⎭	10.70 ⎭
20.04	100.2		0.04	10.00	9.00	11.00

(续)

加入 NaOH 的体积 /mL	HCl 被滴定 的百分数 /%	剩余 HCl 的体积 /mL	过量 NaOH 的体积 /mL	溶液的 pH		
				$c(\text{HCl})/\text{mol} \cdot \text{L}^{-1}$		
				0.1000	0.010 00	1.000
20.20	101.0		0.20	10.70	9.70	11.70
22.00	110.0		2.00	11.70	10.70	12.70
40.00	200.0		20.00	12.52	11.52	13.52

由表 5-3 和图 5-3 可以看出，在用 $0.1000 \ \text{mol} \cdot \text{L}^{-1}$ NaOH 滴定同浓度 HCl 溶液时，从滴定开始到加入 19.98 mL NaOH 溶液（HCl 被中和了 99.90%），溶液的 pH 仅改变了 3.30 个单位（1.00~4.30），这段曲线的坡度很小，比较平坦。但在化学计量点前后，由剩余 0.02 mL HCl 到过量 0.02 mL NaOH，虽然只加了 0.04 mL（约 1 滴）NaOH 溶液，但溶液的 pH 就由 4.30 骤然增加到 9.70，改变了 5.40 个单位。从图 5-3 可以看到，曲线呈现近似垂直的一段。此后，继续加入 NaOH 溶液，则进入强碱的缓冲区，溶液的 pH 增加越来越小，曲线的变化趋于平坦。

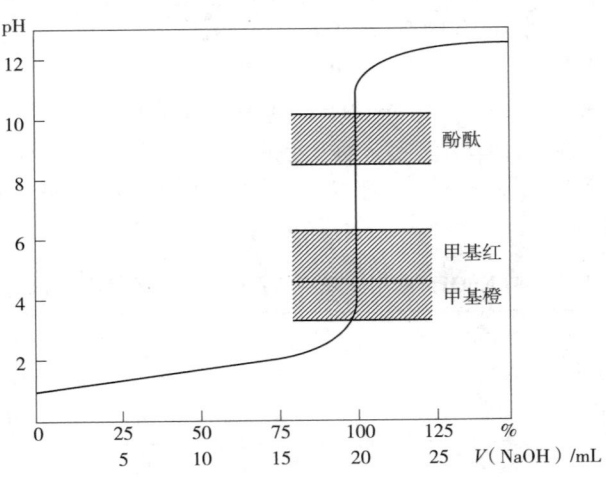

图 5-3　$0.1000 \ \text{mol} \cdot \text{L}^{-1}$ NaOH 滴定 20.00 mL

$0.1000 \ \text{mol} \cdot \text{L}^{-1}$ HCl 的滴定曲线

酸碱滴定中，化学计量点前后 ±0.1% 相对误差范围内溶液 pH 的突然变化称为滴定突跃（break），发生突跃的 pH 范围称为滴定突跃范围。上面讨论的 $0.1000 \ \text{mol} \cdot \text{L}^{-1}$ NaOH 滴定同浓度的 HCl 的突跃范围为 4.30~9.70。

滴定突跃具有重要的实际意义，它是选择指示剂的依据。理想的指示剂应该恰好在化学计量点时变色，但这样的指示剂很难找到，其实也没有必要。实际上，只要在突跃范围内（或基本上在突跃范围以内）变色的指示剂都可以用来指示滴定终点，并且滴定误差都不超过 ±0.1%，符合滴定分析对准确度的要求。

根据上面 NaOH 溶液滴定 HCl 溶液的突跃范围（4.30～9.70），依指示剂的变色范围和变色点，可选用的指示剂有甲基红（4.2～6.2）、溴百里酚蓝（6.0～7.6）、中性红（6.8～8.0）及酚酞（8.0～9.6）等，其中以甲基红和酚酞较为常用。选择酚酞，溶液终点的颜色由无色变为红色，变色明显，易于观察。若选用甲基红，化学计量点前溶液为酸性，甲基红显红色，滴定终点时溶液颜色将由红色变为橙色或黄色，色调由深至浅，由于人眼对由深色至浅色的变化观察不敏感，因此在实际工作中不宜选用。而甲基橙的变色范围（3.1～4.4）几乎落在突跃范围（4.30～9.70）之外，滴定终点时溶液颜色若由红色变为橙色，溶液的 pH 约为 4，这时未中和的 HCl 为 0.04 mL，占总量的 0.2%，滴定误差为 -0.2%。若滴定到甲基橙显黄色时溶液的 pH 约为 4.4，这时未中和的 HCl 不到其总量的 0.1%，准确度虽然符合滴定分析的要求，但因其颜色变化是由深至浅，不易辨别，故也不宜选用。

综上所述，指示剂选择的原则是：变色范围全部或部分落在滴定突跃范围内，只要在突跃范围内变色即可。实际使用时，还应遵从从无色到有色，从浅色到深色的原则。

强酸滴定强碱时，情况相似。如 0.1000 mol·L^{-1}HCl 滴定同浓度的 NaOH，滴定曲线的形状与图 5-3 相同，但 pH 的变化方向相反。滴定的突跃范围为 9.70～4.30，可以用甲基红作指示剂，终点时溶液由黄色变为红色。酚酞的变色范围虽然也适合，但由于是从有色变为无色，故不宜选用。而若用甲基橙作指示剂，即便是由黄色滴定到溶液刚刚呈现橙色，溶液的 pH 约为 4，HCl 已经过量了，此时约有 +0.2% 的误差，故不宜选用。

必须指出，滴定突跃范围的大小与酸碱溶液的浓度有关。若以 1.000 mol·L^{-1} NaOH 溶液滴定同浓度的 HCl 溶液时，突跃范围为 3.30～10.70。若以 0.010 00 mol·L^{-1} NaOH 溶液滴定同浓度的 HCl 溶液，突跃范围为 5.30～8.70（图 5-4）。酸碱的浓度越大，突跃范围就越大；浓度越小，突跃范围也越小。从表 5-3 和图 5-4 可知，当

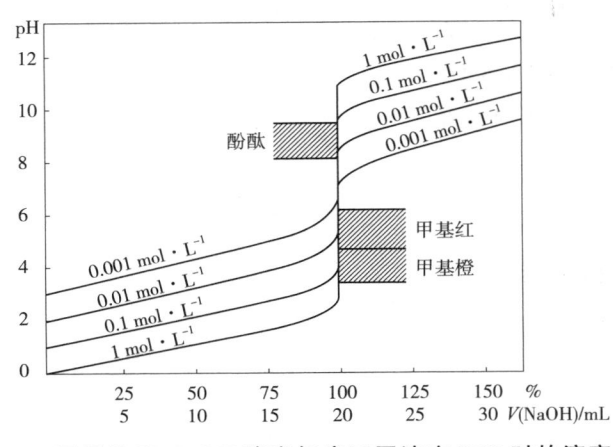

图 5-4　不同浓度 NaOH 滴定相应不同浓度 HCl 时的滴定曲线

酸(碱)的浓度增大 10 倍时，突跃范围就增加 2 个 pH 单位；反之，若浓度减小 10 倍时，则突跃范围就相应缩小 2 个 pH 单位。滴定分析中，酸碱溶液的浓度不宜过大或过小。当浓度太小时，由于 pH 突跃不明显，不易找到合适的指示剂；当溶液浓度过大时，虽然突跃范围增大，可供选择的指示剂多，但试样取样量太多，试剂消耗量也随之增加。因此，通常酸碱滴定所采用的标准溶液浓度为 $0.01 \sim 0.1$ mol·L^{-1}。

5.5.2　强碱(酸)滴定一元弱酸(碱)

5.5.2.1　强碱滴定一元弱酸

强碱滴定一元弱酸的滴定反应可表示为

$$OH^- + HA = H_2O + A^-$$

现以 0.1000 mol·L^{-1} 的 NaOH 溶液滴定 20.00mL 同浓度的 HAc 溶液为例，讨论强碱滴定一元弱酸的滴定曲线及指示剂的选择。同样分 4 个阶段进行讨论。

(1)滴定前

溶液是 0.1000 mol·L^{-1} HAc，其 $K_a = 1.8 \times 10^{-5}$

由于 $\dfrac{c}{K_a} > 500$，$K_a c > 20K_w$，所以溶液的 pH 可用最简式计算：

$$[H^+] = \sqrt{K_a c} = \sqrt{1.8 \times 10^{-5} \times 0.1000} = 1.34 \times 10^{-3} (mol \cdot L^{-1})$$
$$pH = 2.89$$

(2)滴定开始至化学计量点前

滴加的 NaOH 与 HAc 作用生成 NaAc，同时，溶液中还有剩余的 HAc，所以，这个阶段溶液为 HAc 和 NaAc 的混合溶液，两者形成酸碱共轭体系，即 HAc-Ac$^-$ 缓冲体系，故溶液的 pH 可按缓冲溶液 H$^+$ 浓度的最简式进行计算：

$$[H^+] = K_a \frac{c(HAc)}{c(Ac^-)}, \qquad pH = pK_a + \lg \frac{c(Ac^-)}{c(HAc)}$$

通过 NaOH 的加入量 $V(NaOH)$，就可以确定 $c(HAc)$ 和 $c(Ac^-)$，进而计算 pH。

如果滴定百分率(滴定百分数)为 p，方便起见，可将 $c(HAc)$、$c(Ac^-)$ 用 p 来表示，即

$$c(Ac^-) = \frac{pVc}{V}, \qquad c(HAc) = \frac{(1-p)Vc}{V}$$

式中　　c，V——弱酸的原始浓度和体积；

　　　　V——加入 NaOH 后溶液的总体积。

故　　　　　　　　　　　　　　$\dfrac{c(Ac^-)}{c(HAc)} = \dfrac{p}{1-p}$

$$pH = pK_a + \lg \frac{c(Ac^-)}{c(HAc)} = pK_a + \lg \frac{p}{1-p}$$

用上式就可方便地计算化学计量点前溶液的 pH。

例如，加入 18.00 mL NaOH 溶液时（即 $p=90\%$）

$$pH = 4.74 + \lg\frac{90\%}{10\%} = 5.69$$

当加入 19.98 mL NaOH 溶液时（即 $p=99.9\%$）

$$pH = 4.74 + \lg\frac{99.9\%}{0.1\%} = 7.74$$

（3）化学计量点时

HAc 全部被中和生成 NaAc 溶液。Ac^- 为一元弱碱，$K = \dfrac{K_w}{K_a} = \dfrac{1.0\times10^{-14}}{1.8\times10^{-5}} = 5.5\times10^{-10}$，其浓度为

$$c(Ac^-) = 0.1000\times\frac{20.00}{40.00} = 0.05000\ (mol\cdot L^{-1})$$

由于 $\dfrac{c}{K_b}\geq500$，$K_bc\geq20K_w$，故计量点时溶液 pH 按最简式计算：

$$[OH^-] = \sqrt{K_bc} = \sqrt{5.5\times10^{-10}\times0.05000} = 5.3\times10^{-6}(mol\cdot L^{-1})$$

$$pOH = 5.28$$

$$pH = pK_w - pOH = 14.00 - 5.28 = 8.72$$

（4）化学计量点后

此时，溶液中除了中和产物 NaAc 外，还有过量的 NaOH，由于 NaAc 的碱性比较弱，且过量 NaOH 的存在还会抑制 Ac^- 的离解，因此溶液的 pH 由过量的 NaOH 决定。此阶段，溶液 pH 计算方法与强碱滴定强酸时相同。例如，当加入 20.02 mL NaOH 溶液时，溶液的 pH 为

$$[OH^-] = \frac{0.1000\times(20.02-20.00)}{20.02+20.00}$$

$$= 5.00\times10^{-5}(mol\cdot L^{-1})$$

$$pOH = 4.30$$

$$pH = pK_w - pOH = 14.00 - 4.30 = 9.70$$

如此逐一计算，可以得到不同 NaOH 加入量时相对应的溶液 pH 值，结果列于表 5-4，并可绘制出如图 5-5 所示的滴定曲线。

图 5-5 同时绘出了 $0.1000\ mol\cdot L^{-1}$ NaOH 溶液滴定同浓度强酸的滴定曲线。两相比较，可以看出强碱滴定一元弱酸的特点：

①化学计量点时，pH 大于 7。由于化学计量点时体系为一元弱碱（NaAc）溶液，其离解（水解）后产生相当数量的 OH^-，因而使化学计量点的 pH 偏碱性。

表 5-4 0.1000 mol·L⁻¹NaOH 滴定 20.00 mL 同浓度 HAc 时 pH 的变化

加入 NaOH 的体积 /mL	HAc 被滴定 的百分数 /%	剩余 HAc 的体积 /mL	过量 NaOH 的体积 /mL	溶液组成	pH
0.00	0.00	20.00		HAc	2.87
10.00	50.00	10.00			4.75
18.00	90.00	2.00		HAc+NaAc	5.69
19.80	99.00	0.20			6.74
19.98	99.90	0.02			7.74
20.00	100.0	0.00		NaAc	8.72
20.02	100.1		0.02		9.70
20.20	101.0		0.20	NaAc+NaOH	10.70
22.00	110.0		2.00		11.70
40.00	200.0		20.00		12.52

（突跃范围：7.74~9.70）

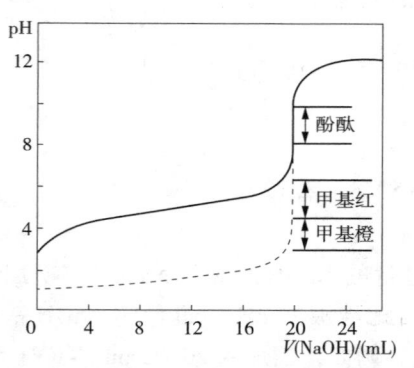

图 5-5 0.1000 mol·NaOH 滴定 20.00 mL 0.1000 mol·L⁻¹HAc 的滴定曲线

②滴定曲线与强碱滴定强酸的滴定曲线形状不完全相同。滴定前，由于弱酸溶液的 pH 大于同浓度的强酸，故滴定曲线的起点 pH 较高；滴定开始后，由于生成 Ac^- 的同离子效应，抑制了 HAc 的离解，溶液中的 H^+ 浓度降低较快，pH 很快增大，滴定曲线比滴定强酸的较陡；随着滴定的进行，HAc 的浓度不断降低，而 NaAc 的浓度逐渐增大，在溶液中构成缓冲体系，从而使得溶液的 pH 增加缓慢，因此，曲线变得较为平缓；接近化学计量点时，由于溶液中的 HAc 已很少，溶液的缓冲能力减弱，所以继续滴入 NaOH，溶液 pH 的变化速度又逐渐加快；到化学计量点时，由于 HAc 的浓度急剧减小，溶液失去缓冲能力，曲线变得陡直，出现 pH 突跃；化学计量点后，溶液为 NaAc 和 NaOH 的混合溶液，由于溶液的 pH 取决于过量的 NaOH，滴定曲线与 NaOH 滴定 HCl 的曲线基本重合。

③滴定的突跃范围变小。强碱滴定一元弱酸，由于滴定反应的完全程度较小，故滴定的突跃范围比滴定同浓度强酸的要小。从表 5-3 可以看出，本例中，0.1000 mol·L⁻¹ NaOH 滴定 20.00 mL 同浓度的 HAc 的 pH 突跃范围为 7.74~9.70，不到 2 个 pH 单位，而滴定同浓度强酸的突跃则为 5.4 个 pH 单位。因此，可用弱碱性范围内变色的指示剂(如酚酞、百里酚酞等)指示终点，而甲基橙、甲基红等在酸性范围内变色的指示剂，都不能用作 NaOH 滴定 HAc 的指示剂，否则将引起很大的终点误差。

强碱滴定一元弱酸，反应的完全程度不仅与浓度有关，更与被滴弱酸的酸性强弱有关，因此，滴定突跃范围的大小明显与被滴弱酸的强弱有关。根据突跃范围的定义，

当终点误差为−0.1%时，突跃起点的溶液 pH 为

$$pH = pK_a + \lg \frac{p}{1-p} = pK_a + \lg \frac{99.9\%}{0.1\%} = pK_a + 3$$

可见，突跃开始时的 pH 取决于 pK_a 的大小。图 5-6 表示浓度均为 0.1000 mol·L^{-1} 的不同强度的一元弱酸被同浓度的 NaOH 滴定时的滴定曲线。由图可见，被滴定的酸越弱，即 K_a 越小，突跃起点的 pH 就越大，突跃范围也就越小。当酸的浓度为 0.1 mol·L^{-1}，$K_a \leqslant 10^{-9}$ 时已无明显的突跃。

综上所述，与强碱滴定强酸不同的是，强碱滴定弱酸的突跃范围除了与溶液的浓度有关外，还与弱酸的强度有关。当 K_a 一定时，浓度越大，突跃范围越大；浓度一定时，K_a 越大，突跃范围越大。当弱酸的 K_a 很小，或酸的浓度 c

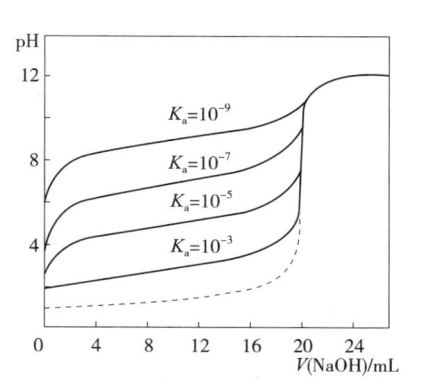

图 5-6   0.1000 mol·L^{-1} NaOH 滴定同浓度的各种强度酸的滴定曲线

很小，即 c 和 K_a 的乘积小到一定程度时，突跃过小，就不能用指示剂法进行准确滴定了。

实践证明，滴定的 pH 突跃必须在 0.2 单位以上，人眼才能借助指示剂准确判断终点（此时滴定误差 $\leqslant \pm 0.1\%$）。只有当弱酸的 $cK_a \geqslant 10^{-8}$ 时，滴定的 pH 突跃（ΔpH）才会在 0.2 单位以上。因此，通常把 $cK_a \geqslant 10^{-8}$ 作为判断弱酸能够被强碱准确滴定的依据。

对于 $cK_a < 10^{-8}$ 的弱酸，虽然不能用指示剂准确指示滴定终点，但并不是说绝对不能被滴定，这时可选用别的滴定方式来进行测定，如返滴定、置换滴定等，或仪器检测终点以及非水滴定等。

5.5.2.2　强酸滴定一元弱碱

强酸滴定一元弱碱的基本反应可表示为

$$H^+ + A^- \xrightarrow{\hspace{1.2cm}} HA$$

例如，以 0.1000 mol·L^{-1} HCl 溶液滴定 20.00 mL 同浓度的 $NH_3 \cdot H_2O$ 溶液，其滴定反应为

$$H^+ + NH_3 \xrightarrow{\hspace{1.2cm}} NH_4^+$$

滴定过程中溶液 pH 的计算和强碱滴定弱酸类似，表 5-5 列出了 pH 计算方法和结果。

依据表 5-5 的计算结果可绘制出该滴定的滴定曲线（图 5-7）。与 NaOH 滴定 HAc 的滴定曲线相比较，可以看出，两者十分相似，但 pH 的变化方向相反。由于反应产物是 NH_4^+，为一元弱酸，所以化学计量点时溶液呈酸性，滴定的突跃发生在酸性范围内（pH=6.25~4.30），应选择在酸性范围内变色的指示剂，如甲基红等可作为该滴定的指示剂，而如果用甲基橙作指示剂，即便是由黄色滴定到橙色，HCl 也已过量，故不宜选用。

表 5-5　$0.1000 \ mol \cdot L^{-1}HCl$ 滴定 20.00 mL 同浓度 $NH_3 \cdot H_2O$ 时 pH 的变化

加入 HCl 溶液体积/mL	NH_3 被滴定的百分数	溶液组成	计算式	pH
0.00	0.00	NH_3	$[OH^-] = \sqrt{K_b c}$	11.13
10.00	50.00			9.25
18.00	90.00	$NH_3 - NH_4^+$	$[OH^-] = K_b \dfrac{c(NH_3)}{c(NH_4^+)}$	8.30
19.80	99.00			7.27
19.98	99.90			6.25
20.00	100.0	NH_4^+	$[H^+] = \sqrt{K_a c}$	5.28
20.02	100.1			4.30
20.20	101.0	$NH_4^+ + H^+$	$[H^+] = c(HCl)$	3.30
22.00	110.0			2.30
40.00	200.0			1.30

（pH 6.25、5.28、4.30 为突跃范围）

同弱酸的滴定一样，弱碱的碱性强度（K_b）和浓度（c）也会影响其滴定突跃的大小。碱性太弱或浓度太低的弱碱将不能用指示剂法准确确定其滴定终点，判断一元弱碱能否用指示剂法直接准确滴定的判断依据是

$$cK_b \geqslant 10^{-8}$$

从以上讨论可知，用强碱滴定弱酸时，在酸性范围内没有突跃；用强酸滴定弱碱时，在碱性范围内没有突跃。因此，弱酸与弱碱相互滴定时，突跃消失，不能用指示剂来确定终点。因此，酸碱滴定法中，一般都用强酸或强碱作为标准溶液。

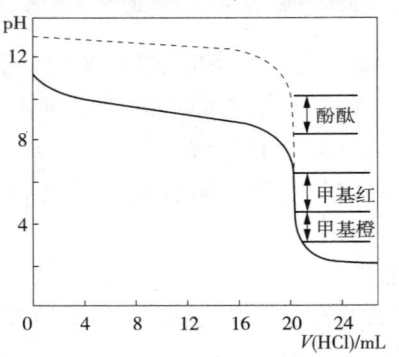

图 5-7　$0.1000 \ mol \cdot L^{-1}HCl$ 滴定 20.00 mL $0.1000 \ mol \cdot L^{-1}NH_3$ 的滴定曲线

5.5.3　多元酸（碱）的滴定

常见的多元酸（碱）多为弱酸（碱），可以离解出一个以上的 $H^+(OH^-)$，它们在水溶液中是分步离解的。在多元酸（碱）滴定过程中，溶液 pH 的变化情况较一元弱酸（碱）的滴定复杂得多。在滴定过程中，需要解决的问题有：能否分步进行滴定？若能，每一级离解的 $H^+(OH^-)$ 能否被准确滴定？能形成几个滴定突跃？如何选择指示剂来确定滴定终点？

5.5.3.1　多元酸的滴定

下面以 $0.1000 \ mol \cdot L^{-1}NaOH$ 溶液滴定同浓度 H_3PO_4 为例，讨论多元酸的滴定过程。H_3PO_4 各级离解分别为

$$H_3PO_4 \Longrightarrow H^+ + H_2PO_4^- \qquad K_{a_1} = 7.6 \times 10^{-3}$$

$$H_2PO_4^- \Longrightarrow H^+ + HPO_4^{2-} \qquad K_{a_2} = 6.3 \times 10^{-8}$$

$$HPO_4^{2-} \rightleftharpoons H^+ + PO_4^{3-} \qquad K_{a_3} = 4.4 \times 10^{-13}$$

由于 $cK_{a_1} > 10^{-8}$，$cK_{a_2} \approx 10^{-8}$，$cK_{a_3} < 10^{-8}$，所以，在滴定过程中，首先 H_3PO_4 被中和，生成 $H_2PO_4^-$，出现第一个化学计量点；然后，$H_2PO_4^-$ 继续被中和，生成 HPO_4^{2-}，出现第二个化学计量点；由于 K_{a_3} 过小，HPO_4^{2-} 不能被直接滴定。滴定曲线见图 5-8。

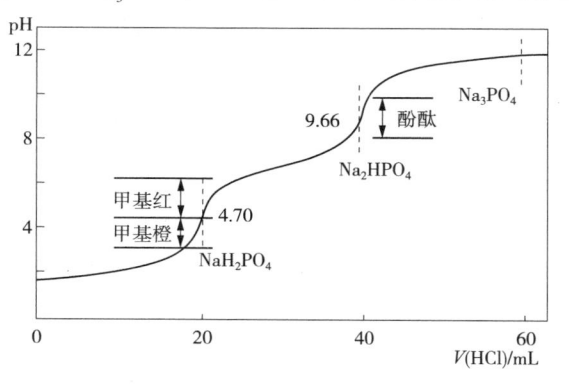

图 5-8　0.1000 mol · L^{-1}NaOH 滴定同浓度 H$_3$PO$_4$ 的滴定曲线

用计算法绘制多元酸的滴定曲线涉及比较复杂的数学处理，因此在实际工作中，通常只计算化学计量点时溶液的 pH，据此选择在化学计量点附近变色的指示剂来指示终点，而不计算整个滴定曲线。下面只讨论滴定过程中各化学计量点的 pH 及指示剂的选择。

第一计量点的产物是 NaH_2PO_4，它是两性物质，浓度为 0.0500 mol · L^{-1}。由于 $K_{a_2}c > 20K_w$，且 $c < 20K_{a_1}$，故溶液的 pH 可按式(5-26)进行计算：

$$[H^+] = \sqrt{\frac{K_{a_1}K_{a_2}c}{K_{a_1}+c}} = \sqrt{\frac{7.6 \times 10^{-3} \times 6.3 \times 10^{-8} \times 0.0500}{7.6 \times 10^{-3} + 5.00 \times 10^{-2}}} = 2.0 \times 10^{-5}(\text{mol} \cdot \text{L}^{-1})$$

$$pH = 4.70$$

可选用甲基红作指示剂，但由于计量点附近突跃较小，故采用甲基橙和溴甲酚绿混合指示剂，终点变色较明显。

第二计量点时，NaH_2PO_4 进一步被滴定成 Na_2HPO_4，产物浓度为 0.033 mol · L^{-1}。由于 $K_{a_3}c < 20K_w$，且 $c > 20K_{a_2}$，故溶液的 pH 可按式(5-28)进行计算：

$$[H^+] = \sqrt{\frac{K_{a_2}(K_{a_3}c+K_w)}{c}} = \sqrt{\frac{6.3 \times 10^{-8} \times (4.4 \times 10^{-13} \times 0.033 + 1.0 \times 10^{-14})}{0.033}}$$

$$= 2.2 \times 10^{-10}(\text{mol} \cdot \text{L}^{-1})$$

$$pH = 9.66$$

可用酚酞作指示剂，同样因为突跃不明显，故可改用酚酞和百里酚酞混合指示剂使终点变色明显。

第三计量点时，由于 K_{a_3} 太小，说明 Na_2HPO_4 的酸性太弱，故不能用 NaOH 进行直接滴定。但是如果加入 $CaCl_2$ 沉淀 PO_4^{3-}，则可以释放出 H^+，即将弱酸变为强酸，这样第三步离解也就可以用 NaOH 间接滴定了。

$$2HPO_4^{2-} + 3Ca^{2+} = Ca_3(PO_4)_2 + 2H^+$$

为使 $Ca_3(PO_4)_2$ 沉淀完全，应选用酚酞作指示剂。

由上述化学计量点的计算可知，用强碱滴定多元酸时，化学计量点的 pH 与 $\dfrac{K_{a_1}}{K_{a_2}}$ 或 $\dfrac{K_{a_2}}{K_{a_3}}$ 有关。所以，突跃范围也与相邻两级离解常数的比值有关。如果 $\dfrac{K_{a_1}}{K_{a_2}}$ 过小，则第一步离解的 H^+ 还未被中和完全，第二步离解的 H^+ 就开始参加反应，将使化学计量点附近溶液的 pH 没有明显的突跃，也就无法确定化学计量点。要保证滴定的相对误差不大于 1%（对于多元酸的滴定来说，这样的误差已基本可以满足要求），则相邻两级离解常数的比值须不小于 10^4，即

$$\frac{K_{a_i}}{K_{a_{i+1}}} \geqslant 10^4$$

这是多元酸能够进行分步滴定的判断依据。

通常，对于多元酸的滴定，首先依据 $cK_a \geqslant 10^{-8}$ 的判别条件，判断每一步离解的 H^+ 能否被准确滴定；然后再看 $\dfrac{K_{a_i}}{K_{a_{i+1}}}$ 是否大于 10^4，判断能否进行分步滴定。

例如，草酸的 $K_{a_1} = 5.9 \times 10^{-2}$，$K_{a_2} = 6.4 \times 10^{-5}$，由于 $\dfrac{K_{a_1}}{K_{a_2}} < 10^4$，因此草酸就不能准确进行分步滴定。但因其 K_{a_1}、K_{a_2} 均较大，所以只要草酸浓度不是很稀，就可按二元酸一次被滴定。应该注意的是，化学计量关系为 $n(H_2C_2O_4) : n(NaOH) = 1 : 2$。其他多元酸的滴定可依此类推。

混合酸的滴定与多元酸的滴定相似，一般将 K_a 大的酸看作为多元酸的第一步离解，将 K_a 小的酸看作为多元酸的第二步离解，依此类推。然后用处理多元酸的方法判断能不能分别滴定，能形成几个突跃，计算化学计量点，最后选择合适的指示剂。但要注意，在判断能否分别滴定时，除了考虑两种酸的强度（K_a）外，还要考虑其浓度（c）。

对于弱酸（HA）和弱酸（HA'）的混合酸，如果 $cK_a > 10^{-8}$，$c'K'_a > 10^{-8}$，化学计量点的 pH 可进行如下计算：

在第一化学计量点时，如果两种酸的浓度较大且相等（$c = c'$），则溶液的 pH 可采用式（5-31）近似计算：

$$[H^+] = \sqrt{K_a K'_a}$$
$$pH = \frac{1}{2}(pK_a + pK'_a)$$

第二化学计量点时，两种酸都已反应完全，体系为两种共轭碱混合溶液，可依混合碱溶液来计算 pH。

同样，只有当 $\dfrac{K_a}{K_a'} \geqslant 10^4$ 时，才能分别滴定第一种酸第二种酸。如果两种酸的浓度不等，则要求 $\dfrac{c \, K_a}{c' K_a'} \geqslant 10^4$，才能准确滴定第一种酸而不受第二种酸的干扰。当 $\dfrac{c \, K_a}{c' K_a'} < 10^4$ 时，则只能滴定混合酸的总量，而不能分别滴定。

如果是强酸与弱酸的混合酸，其中弱酸的酸性越弱，单独测定强酸的准确度越高。若弱酸的 $cK_a < 10^{-8}$，就可以单独测定强酸，而不受弱酸的干扰。若弱酸的 $cK_a > 10^{-8}$，可以分别滴定强酸或弱酸，以及总酸含量。但当 $cK_a > 10^{-4}$，则无法分别测定混合酸中的强酸和弱酸的含量，只能测定混合酸的总量。

5.5.3.2　多元碱的滴定

强酸滴定多元碱的处理方法与多元酸的滴定相似，只需将有关判断依据中的 K_a 换成 K_b 即可。

例如，用 $0.1000 \text{ mol} \cdot \text{L}^{-1}$ HCl 滴定同浓度的 20.00 mL Na_2CO_3 溶液，Na_2CO_3 各级离解常数分别为

$$K_{b_1} = \frac{K_w}{K_{a_2}} = 1.8 \times 10^{-4}, \quad K_{b_2} = \frac{K_w}{K_{a_1}} = 2.4 \times 10^{-8}$$

由于 $cK_{b_1} > 10^{-8}$，$cK_{b_2} \approx 10^{-8}$，$\dfrac{K_{b_1}}{K_{b_2}} = 0.75 \times 10^4 \approx 10^4$，所以只能勉强进行分步滴定。若实际工作中允许有较大的误差，需要进行分步滴定，则可以从理论角度通过计算其化学计量点，并选择指示剂。滴定时，首先与 CO_3^{2-} 反应生成 HCO_3^-，到达第一化学计量点，由于 HCO_3^- 的缓冲作用，使得滴定突跃不明显，因而滴定准确度不高；然后，HCO_3^- 继续反应，生成 H_2CO_3，到第二个化学计量点，由于 K_{b_2} 较小，故滴定也不够理想。

第一计量点的产物为 $NaHCO_3$，根据两性物质 pH 计算公式的使用条件，此时溶液的 pH 可按最简式(5-27)进行计算。即

$$[H^+] = \sqrt{K_{a_1} K_{a_2}}$$

$$pH = \frac{1}{2}(pK_{a_1} + pK_{a_2}) = \frac{1}{2}(6.38 + 10.25) = 8.32$$

一般可选用酚酞作指示剂。但由于 $\dfrac{K_{b_1}}{K_{b_2}} \approx 10^4$，突跃不明显，再加上终点时酚酞由红色变为无色，观察的敏锐度不高，故终点误差可达 ±2.5% 左右。为了准确判断第一终点，可用混合指示剂，如用甲酚红-百里酚蓝混合指示剂，终点由紫色(pH = 8.4)变为粉红色(pH = 8.2)，效果较好，相对误差约为 0.5%。

第二计量点的滴定产物为 $H_2CO_3(CO_2 + H_2O)$。由于 K_{b_2} 不够大，故突跃也不太明显。在室温下 H_2CO_3 饱和溶液的浓度约为 $0.04 \text{ mol} \cdot \text{L}^{-1}$。由于 $\dfrac{c}{K_{a_1}} \geqslant 500$，$K_{a_1} c \geqslant 20 K_w$，故溶液的 pH 为

$$[H^+] = \sqrt{K_{a_1}c} = \sqrt{4.2\times10^{-7}\times0.04} = 1.3\times10^{-4}(\text{mol}\cdot L^{-1})$$

$$pH = 3.9$$

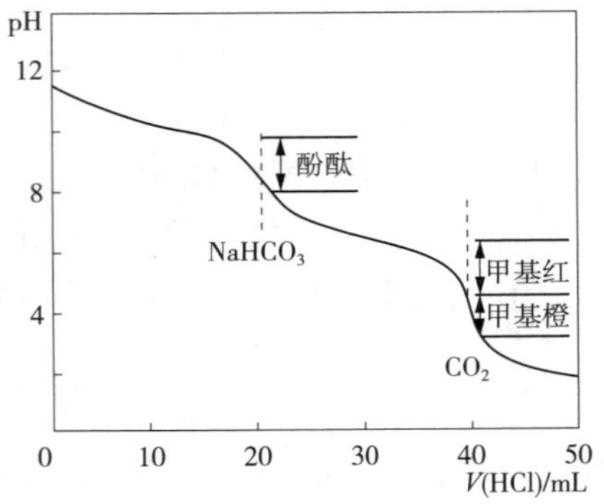

图 5-9　0.1000 mol·L⁻¹HCl 滴定同浓度
的 20.00 mL Na₂CO₃ 的滴定曲线

可用甲基橙作指示剂。但由于此时容易形成 CO_2 的过饱和溶液，滴定过程中生成的 H_2CO_3 只能慢慢地转变为 CO_2，这样就使溶液的酸度稍稍增大，终点过早出现。因此，在滴定快到化学计量点时，应剧烈地摇动溶液，以加快 H_2CO_3 的分解，最好加热除去过量 CO_2，冷却后再继续滴定。

HCl 滴定 Na₂CO₃ 的滴定曲线见图 5-9。

混合碱的滴定与混合酸基本相同，不再赘述。

【例 5-19】　以 0.100 mol·L⁻¹NaOH 溶液滴定 0.20 mol·L⁻¹NH₄Cl 和 0.100 mol·L⁻¹二氯乙酸（HA）的混合溶液，判断是否可以进行分别滴定？如可以，化学计量点时溶液的 pH 为多少？

解： 已知 CHCl₂COOH（HA）的 $K_a = 5.0\times10^{-2}$，$K_{NH_4^+} = 5.6\times10^{-10}$。

因为 $c(HA)K_{HA} > 10^{-8}$，且 $\dfrac{c(HA)K_{HA}}{c(NH_4^+)K_{NH_4^+}} = \dfrac{0.100\times5.0\times10^{-2}}{0.20\times5.6\times10^{-10}} > 10^4$，故可以分别滴定。

化学计量点时，$c(CHCl_2COO^-) = 0.05$ mol·L⁻¹，$c(NH_4^+) = 0.10$ mol·L⁻¹，故

$$[H^+] = \sqrt{\frac{5.6\times10^{-10}\times0.1}{1+\dfrac{0.05}{5\times10^{-2}}}} = 10^{-5.28}(\text{mol}\cdot L^1)$$

$$pH = 5.28$$

【例 5-20】　$c = 0.1$ mol·L⁻¹的酒石酸（$K_{a_1} = 9.1\times10^{-4}$，$K_{a_2} = 4.3\times10^{-5}$），能否用 0.1 mol·L⁻¹NaOH 溶液滴定？如果可以，试计算计量点 pH，并选择适宜的指示剂。

解： 因为 $cK_{a_1} > 10^{-8}$，$\dfrac{K_{a_1}}{K_{a_2}} < 10^4$，所以，不能分步滴定。

因为 $c'K_{a_2} > 10^{-8}$，所以可滴定至第二终点，产物为酒石酸钠，$c(Na_2C_4H_4O_6) = 0.1/3(\text{mol}\cdot L^{-1})$，计量点 pH = 8.44，选酚酞作指示剂。

综合以上各种类型的滴定曲线可知，在化学计量点附近形成突跃是一切酸碱滴定的共同点。突跃范围的大小和化学计量点的位置，主要由以下因素决定：

①酸碱溶液的强度　酸碱的强弱滴定决定突跃范围的起点。K_a 或 K_b 越大，突跃范围的起点越低，突跃也越大。当浓度一定时，强酸强碱相互滴定时的突跃最大，而弱酸弱碱相互滴定则基本没有突跃。用强碱滴定弱酸或强酸滴定弱碱，只有当 $cK_a \geqslant 10^{-8}$ 或

$cK_b \geqslant 10^{-8}$ 时，弱酸或弱碱才能被准确滴定；而当 $cK_a < 10^{-8}$ 或 $cK_b < 10^{-8}$ 时，由于无明显突跃，一般不适于用指示剂法来确定终点。

强酸强碱相互滴定时，化学计量点为中性；强碱滴定弱酸时，化学计量点偏碱性，且 K_a 越小越向碱性偏移；强酸滴定弱碱时，化学计量点偏酸性，且 K_b 越小越偏向酸性。

②酸碱溶液的浓度　被滴定溶液的浓度决定突跃的起点（强酸强碱滴定），浓度越大，突跃范围的起点越低；滴定剂的浓度决定突跃的终点，浓度越大，突跃范围的终点越高。所以，浓度越大，突跃范围也就越大。

强酸强碱相互滴定时，由于化学计量点 pH = 7，所以其位置不受溶液浓度的影响。其他类型的滴定，化学计量点的位置都随溶液浓度的变化而有所不同。

此外，突跃范围还与溶液的温度有关。因为 K_a、K_b 以及 K_w 都是温度的函数，特别是 K_w 随温度变化较为显著。

指示剂的选择原则是：指示剂的变色范围全部或部分落在突跃范围之内，只要在突跃范围内变色即可。一般还应遵从从无色到有色、从浅色到深色的原则。实际工作中，不一定要具体求算滴定的突跃范围，通常只要计算出化学计量点时的 pH，选择能在化学计量点附近变色的指示剂就可以了，对于多元酸碱的滴定更是如此。

5.5.4　酸碱滴定中 CO_2 的影响

CO_2 是酸碱滴定误差的重要来源。在酸碱滴定中，CO_2 是一个不确定的影响因素，其影响有时是不能忽略的，而有时影响较小甚至不影响，对不同类型的酸碱滴定 CO_2 的影响程度也不尽相同。下面就从 CO_2 的来源、对滴定的影响及消除方法等几个方面来具体讨论。

（1）CO_2 的来源

酸碱滴定中 CO_2 的来源很多，如水中溶解的 CO_2；配制标准碱溶液的试剂吸收了 CO_2，或配制好的碱标准溶液在保存过程中吸收了 CO_2；滴定过程中溶液不断吸收空气中的 CO_2 等。

（2）CO_2 的影响

酸碱滴定中，CO_2 的影响是多方面的，但最主要的影响是溶液中的 CO_2 有可能被碱滴定，至于滴定多少，则视终点时溶液的 pH 而定，当然也与确定终点所选用的指示剂有关。

CO_2 在水溶液中有如下平衡：

$$CO_2 + H_2O \rightleftharpoons H_2CO_3 \qquad K = \frac{[H_2CO_3]}{[CO_2]} = 2.16 \times 10^{-3}$$

能与碱反应的是 H_2CO_3 型体（而非 CO_2），在水溶液中仅占 0.3%，它与碱反应的速度也不是太快。H_2CO_3 在溶液中的离解平衡为

$$H_2CO_3 \underset{}{\overset{pK_{a_1} = 6.4}{\rightleftharpoons}} H^+ + HCO_3^- \underset{}{\overset{pK_{a_2} = 10.3}{\rightleftharpoons}} 2H^+ + CO_3^{2-}$$

在此平衡体系中，各种型体的份额由溶液的酸度决定。当 pH < 6.4 时，溶液中

H_2CO_3 为主要存在型体；pH 6.4~10.3 时，主要为 HCO_3^- 型体；pH>10.3 时，主要存在型体为 CO_3^{2-}。根据 CO_2 在水溶液中的溶解及离解平衡可以具体分析其对滴定的影响。

通过 H_2CO_3 的 K_{a_1}、K_{a_2}，可计算不同 pH 时 H_2CO_3 溶液中各种型体的分布系数，见表 5-6。

表 5-6 不同 pH 时 H_2CO_3 溶液中各型体的分布系数

pH	$\delta(H_2CO_3)$	$\delta(HCO_3^-)$	$\delta(CO_3^{2-})$
4	0.996	0.004	0.000
5	0.960	0.040	0.000
6	0.704	0.296	0.000
7	0.192	0.808	0.000
8	0.023	0.971	0.006
9	0.002	0.945	0.053

由表 5-6 可见，溶液的 pH 越低，H_2CO_3 型体占的份额就越多。因而，滴定终点时溶液的 pH 越低，CO_2 对滴定的影响就越小。一般来说，当滴定终点时溶液的 pH<5 时，CO_2 的影响就可以忽略。

如果配制标准碱液的 NaOH 试剂因吸收 CO_2 而含有 Na_2CO_3，用邻苯二甲酸氢钾或草酸标定时，终点均为碱性，常以酚酞作为指示剂。此时，CO_3^{2-} 仅被滴定为 HCO_3^-。用此标准碱液直接测定样品时，若终点为碱性，同样以酚酞作指示剂，对测定结果影响不大；若终点为酸性，以甲基红或甲基橙作指示剂，则 CO_3^{2-} 全部被滴定为 H_2CO_3，替代了一部分标准溶液，导致测定结果偏低（负误差）。

如果标准碱液因保存不当吸收了空气中的 CO_2 而含有 Na_2CO_3，用其直接测定样品时，若终点为碱性，则所吸收的 CO_2 只能被部分滴定至 HCO_3^-，消耗的标准碱液偏多，使测定结果偏大（正误差）；若终点为酸性，则所吸收的 CO_2 最终还是以 CO_2 的形式存在，对测定结果影响不大。

如果待测试液吸收了 CO_2 或用含有 Na_2CO_3 的标准碱液滴定至碱性终点，以酚酞作指示剂时，终点颜色不稳定。原因是 H_2CO_3 与碱反应的速度较慢，因此，当滴定至粉红色时，稍微放置，溶液中的 CO_2 又转变为 H_2CO_3，导致红色退去。这样就得不到稳定的终点，一直到溶液中的 CO_2 全部转化为止。因此，在实际工作中，若采用酚酞作指示剂，可将溶液煮沸以除去 CO_2。

再如用 1.0 mol·L^{-1} HCl 滴定 1.0 mol·L^{-1} 的 NaOH 溶液，该滴定的突跃范围为 10.7~3.3，按照指示剂的选择原则，甲基橙、甲基红和酚酞都可作为指示剂。若用甲基橙或甲基红作指示剂，滴定终点为酸性，此时所吸收的 CO_2 主要存在型体仍是 H_2CO_3 （CO_2+H_2O），所以 HCl 标准溶液中吸收的 CO_2 基本未消耗 NaOH，而且碱液中因吸收 CO_2 而生成的 Na_2CO_3 也被滴成了 H_2CO_3，基本未改变 HCl 标准溶液的用量。可见甲基橙或甲基红作指示剂时，CO_2 不影响滴定。而用酚酞作指示剂时，终点为碱性，HCl 标准溶液会因为吸收了 CO_2 用量减少，同时，NaOH 吸收 CO_2 而生成的 Na_2CO_3，此时也只能被滴定至 $NaHCO_3$，进一步减少了 HCl 标准溶液的用量，因而实际测定的 NaOH 浓度变小，造成负误差。

通过以上分析可以得出结论：使用酸性范围内变色的指示剂（如甲基橙、甲基红等）时，基本上可以不考虑 CO_2 的影响；而使用碱性范围内变色的指示剂（如酚酞、百里酚酞等）时，应考虑和排除 CO_2 的影响。因此，当滴定终点呈酸性时，应尽可能选择在酸性范围内变色的指示剂；当终点在碱性范围或近中性时，则需采取措施排除和减小 CO_2 的影响，以减小误差。可采用同一条件下标定和测定，或者其他办法。

（3）CO_2 影响的消除

根据 CO_2 的可能来源，可采取如下措施：

①配制 NaOH 溶液所用的蒸馏水，应先加热煮沸，以除去水中溶解的 CO_2，冷却后再用。

②尽量用不含 Na_2CO_3 的 NaOH 试剂配制标准碱液，或者先配制饱和的 NaOH 溶液（约 50%），需要时再取上层清液稀释成所需浓度。由于 Na_2CO_3 在饱和 NaOH 溶液中的溶解度很小，可基本消除 CO_2 的影响。

③配制的标准碱液应保存在装有虹吸管及碱石灰管的瓶中，防止吸收空气中的 CO_2。如放置过久，需重新标定其浓度。

④对于弱酸的滴定，因终点落在碱性范围，CO_2 的影响较大。这时可采用同一指示剂在同一条件下进行标定和测定。如此，CO_2 的影响可以抵消大部分。

5.6　酸碱滴定法的应用

强酸、强碱以及 $cK_a \geqslant 10^{-8}$ 的弱酸和 $cK_b \geqslant 10^{-8}$ 的弱碱，均可用标准碱或酸直接进行滴定。其他酸碱，也可利用返滴定、置换滴定及间接滴定方式进行测定。所以，酸碱滴定法被广泛应用于工业、农业、医药及生命科学等领域。

5.6.1　酸（碱）标准溶液的配制及标定

酸碱滴定分析中常用 HCl 或 NaOH（有时也用 KOH）作为酸或碱标准溶液。酸（碱）标准溶液的浓度一般为 $0.01 \sim 1 \ mol \cdot L^{-1}$。实际工作中应根据需要配制适宜浓度的标准溶液。

5.6.1.1　酸标准溶液的配制和标定

市售盐酸的浓度往往不确定，且 HCl 易挥发，故常用间接法配制 HCl 标准溶液，即先配成大致所需浓度的溶液，然后用基准物质进行标定。常用来标定 HCl 的基准物质有硼砂（$Na_2B_4O_7 \cdot 10H_2O$）、无水碳酸钠等。

无水碳酸钠易制得纯品，但是易吸收空气中的水分，因此使用前应将其置于 180~200℃ 的烘箱中干燥 2~3 h，在干燥器中冷却后，保存在密闭干燥瓶中备用。称量时动作要快，以免吸收空气中的水分而引入误差。Na_2CO_3 与 HCl 的标定反应为

$$Na_2CO_3 + 2HCl \xrightarrow{\hspace{1cm}} 2NaCl + H_2CO_3$$
$$\underset{\hspace{2cm}\longrightarrow CO_2 + H_2O}{}$$

化学计量点时溶液的 pH 约为 4，可选用甲基橙作指示剂。由于 H_2CO_3 的酸性比硼酸强，加之 CO_2 的影响，终点变色不太明显。

硼砂较易提纯，不易吸湿，比较稳定，摩尔质量也较大，是常用的基准物质。相比于无水碳酸钠，称量误差较小。但其在空气中易风化而失去部分结晶水，所以常保存在相对湿度为 60% 的恒湿器中（装有食盐和蔗糖饱和溶液的干燥器）。硼砂与 HCl 的标定反应为

$$Na_2B_4O_7 \cdot 10H_2O + 2HCl =\!=\!= 2NaCl + 4H_3BO_3 + 5H_2O$$

化学计量点时，反应产物为 $H_3BO_3(K_a = 5.8 \times 10^{-10})$，是一元弱酸，溶液的 pH = 5.1，可用甲基红作指示剂。

5.6.1.2 碱标准溶液的配制和标定

NaOH 易吸收空气中的 H_2O 和 CO_2，且固体中常含有 Na_2CO_3 而影响其纯度，不符合基准物质的条件，故 NaOH 标准溶液也用间接法配制。常用来标定 NaOH 的基准物质为邻苯二甲酸氢钾($KHC_8H_4O_4$)或草酸($H_2C_2O_4 \cdot 2H_2O$)。

草酸在空气中特别稳定，且易得到纯品。但由于 K_{a_1} 和 K_{a_2} 相差不大，所以只能一次滴定到 $Na_2C_2O_4$ 终点。草酸与 NaOH 的标定反应为

$$H_2C_2O_4 + 2NaOH =\!=\!= Na_2C_2O_4 + 2H_2O$$

化学计量点时产物为 $Na_2C_2O_4$，呈碱性，pH 突跃范围为 7.7~10.0，可选用酚酞作指示剂。

邻苯二甲酸氢钾易制得纯品，不含结晶水、不吸潮、易保存、摩尔质量大，是标定碱较理想的基准物质。标定反应为

$$KHC_8H_4O_4 + NaOH = KNaC_8H_4O_4 + H_2O$$

化学计量点时，反应产物为邻苯二甲酸钾钠，是二元弱碱。若 NaOH 浓度为 $0.1 \ mol \cdot L^{-1}$，化学计量点 pH = 9.1，因此可选酚酞作指示剂。

5.6.2 酸碱滴定法应用实例

5.6.2.1 混合碱的测定

（1）双指示剂法

混合碱一般是指 NaOH、$NaHCO_3$ 及 Na_2CO_3 三种化合物其中两种的混合物。准确称

取一定量试样，溶解后先以酚酞为指示剂，用 HCl 标准溶液滴定至红色消失，到达第一终点，记录 HCl 的用量 V_1。这时 NaOH 全部被中和，而 Na_2CO_3 则中和到 HCO_3^-。然后再加入甲基橙指示剂，继续以 HCl 标准溶液滴定至溶液由黄色变成橙色，到达第二终点，记录 HCl 的用量 V_2。这时，中和产物为 H_2CO_3。整个滴定过程中消耗 HCl 的总体积为 V_1+V_2，可用图 5-10 表示。

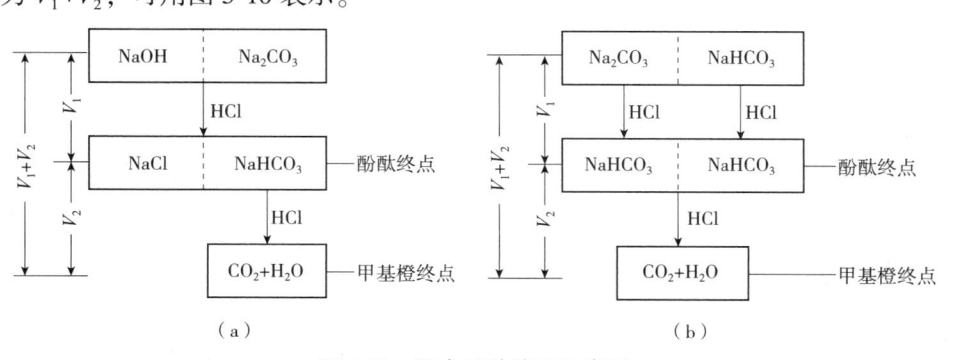

图 5-10　混合碱的滴定示意图

（a）NaOH 和 Na_2CO_3　（b）Na_2CO_3 和 $NaHCO_3$

根据所消耗滴定剂的体积 V_1 和 V_2 关系，可以定性判断试样的组成，见表 5-7。

表 5-7　滴定混合碱所用 HCl 标准溶液的体积和试样组成的关系

V_1 与 V_2 的关系	试样组成	各组分物质的量
$V_1 > V_2 > 0$	$NaOH + Na_2CO_3$	$n(NaOH) = c(HCl) \cdot (V_1 - V_2)$; $n(Na_2CO_3) = c(HCl) \cdot V_2$
$V_2 > V_1 > 0$	$Na_2CO_3 + NaHCO_3$	$n(Na_2CO_3) = c(HCl) \cdot V_1$; $n(NaHCO_3) = c(HCl) \cdot (V_2 - V_1)$
$V_1 = V_2 \neq 0$	Na_2CO_3	$c(HCl) \cdot V_1$
$V_1 > 0$, $V_2 = 0$	NaOH	$c(HCl) \cdot V_1$
$V_1 = 0$, $V_2 > 0$	$NaHCO_3$	$c(HCl) \cdot V_2$

由表 5-7 可知，当 $V_1 > V_2 > 0$ 时，混合碱由 Na_2CO_3 和 NaOH 组成，各组分的质量分数分别为：

$$\omega(NaOH) = \frac{c(HCl) \cdot (V_1 - V_2) \cdot M(NaOH)}{m}$$

$$\omega(Na_2CO_3) = \frac{c(HCl) \cdot V_2 \cdot M(Na_2CO_3)}{m}$$

当 $V_2 > V_1 > 0$ 时，混合碱的组成为 Na_2CO_3 和 $NaHCO_3$，各组分的质量分数：

$$\omega(Na_2CO_3) = \frac{c(HCl) \cdot V_1 \cdot M(Na_2CO_3)}{m \times 1000}$$

$$\omega(NaHCO_3) = \frac{c(HCl) \cdot (V_2 - V_1) \cdot M(NaHCO_3)}{m \times 1000}$$

式中　　m——称取混合碱试样的质量(g)；

V_1——滴定至酚酞终点时消耗 HCl 标准溶液的体积(mL)；

V_2——由酚酞终点滴定至甲基橙终点时消耗 HCl 标准溶液的体积(mL)；

$M(NaOH)$、$M(Na_2CO_3)$ 和 $M(NaHCO_3)$——分别为 NaOH、Na_2CO_3 和 $NaHCO_3$ 的摩尔质量(g·mol^{-1})。

（2）氯化钡法

如果混合碱为 NaOH 和 Na_2CO_3 混合物，准确称取一定试样，溶解后稀释至一定体积。先取一份试样溶液，以甲基橙作指示剂，用 HCl 标准溶液滴定至终点(橙色)。此时混合碱中 NaOH 和 Na_2CO_3 均被滴定，记录 HCl 的用量为 $V_1(mL)$。

另取等量试样溶液，加入过量的 $BaCl_2$，使 Na_2CO_3 生成 $BaCO_3$ 沉淀，然后用 HCl 标准溶液滴定 NaOH 至酚酞终点(注意不能用酸性范围内变色的指示剂甲基橙或甲基红，否则，$BaCO_3$ 可能部分溶解而产生滴定误差)，所消耗 HCl 的体积为 $V_2(mL)$。试样中 NaOH 和 Na_2CO_3 的质量分数计算如下：

$$\omega(NaOH) = \frac{c(HCl) \cdot V_2 \cdot M(NaOH)}{m \times 1000}$$

$$\omega(Na_2CO_3) = \frac{\frac{1}{2}c(HCl) \cdot (V_1 - V_2) \cdot M(Na_2CO_3)}{m \times 1000}$$

如果混合碱为 $NaHCO_3$ 和 Na_2CO_3 的混合物，第一份试样溶液仍以甲基橙作指示剂，用 HCl 标准溶液滴定 $NaHCO_3$ 和 Na_2CO_3 的总量，消耗 HCl 的用量为 $V_1(mL)$。第二份溶液先加入已知过量的 NaOH 溶液，使 $NaHCO_3$ 转化为 Na_2CO_3，然后加入 $BaCl_2$，将 Na_2CO_3 沉淀为 $BaCO_3$，之后再以酚酞作指示剂，用 HCl 标准溶液滴定过量的 NaOH，所消耗 HCl 的体积为 $V_2(mL)$。显然，用于使 $NaHCO_3$ 转化为 Na_2CO_3 的 NaOH 的物质的量即为试样中 $NaHCO_3$ 的物质的量，试样中 $NaHCO_3$ 和 Na_2CO_3 的质量分数分别为：

$$\omega(NaHCO_3) = \frac{[c(NaOH) \cdot V(NaOH) - c(HCl) \cdot V_2] \cdot M(NaHCO_3)}{m \times 1000}$$

$$\omega(Na_2CO_3) = \frac{\frac{1}{2}\{c(HCl) \cdot V_1 - [c(NaOH) - c(HCl) \cdot V_2]\} \cdot M(Na_2CO_3)}{m \times 1000}$$

式中　　m——称取混合碱试样的质量(g)；

V_1——滴定至甲基橙终点时消耗 HCl 标准溶液的体积(mL)；

V_2——滴定至酚酞终点时消耗 HCl 标准溶液的体积(mL)；

$M(NaOH)$、$M(NaHCO_3)$ 和 $M(Na_2CO_3)$——分别为 NaOH、Na_2CO_3 和 $NaHCO_3$ 的摩尔质量(g·mol^{-1})。

氯化钡法虽然比双指示剂法操作上麻烦，但由于 CO_3^{2-} 被沉淀，最后的滴定实际上是强酸滴定强碱，避免了从 HCO_3^- 到 CO_3^{2-} 的滴定，故测定结果的准确度比双指示剂法要高。

5.6.2.2 铵盐中氮含量的测定

氮的测定在农业分析中占有重要地位，因为肥料、土壤及许多有机物质，如含蛋白质的食品、饲料等，常常需要测定其中氮的含量。通常是将试样用浓 H_2SO_4 消化分解，使各种氮化物都转化为铵态氮，然后进行测定。常用的方法有甲醛法和蒸馏法。

（1）甲醛法

铵盐中的氮含量可以用甲醛法测定。甲醛与铵盐作用，可定量置换出酸：

$$4NH_4^+ + 6HCHO \Longrightarrow (CH_2)_6N_4H^+ + 3H^+ + 6H_2O$$

然后用 NaOH 标准溶液滴定。由于反应生成的质子化六次甲基四胺酸性不太弱（$K_a = 7.1 \times 10^{-6}$），故可与 H^+ 一起被滴定。化学计量点时为 $(CH_2)_6N_4$ 溶液，它是一种有机弱碱（$K_b = 1.4 \times 10^{-9}$），溶液 pH 约为 8.7，可用酚酞作指示剂。氮的质量分数按下式计算：

$$\omega(N) = \frac{c(NaOH) \cdot V(NaOH) \cdot M(N)}{m \times 1000}$$

式中　m——所称取试样的质量（g）；

V——消耗 NaOH 标准溶液的体积（mL）；

$M(N)$——N 的摩尔质量（g·mol^{-1}）。

应该注意的是，甲醛中常含有甲酸，使用前应预先除去，可用酚酞作指示剂加以中和。如果试样中含有游离的酸或碱，则应用甲基红作指示剂，事先加以中和，而不能用酚酞，否则将有部分 NH_4^+ 被中和。

（2）蒸馏法

将消化好的含铵试液置于蒸馏瓶中，加浓碱使 NH_4^+ 转化为 NH_3，再加热蒸馏。用过量 H_3BO_3 溶液吸收 NH_3，其反应为

$$NH_3 + H_3BO_3 \Longrightarrow NH_4^+ + H_2BO_3^-$$

$H_2BO_3^-$ 是 H_3BO_3 的共轭碱（$K_b = 1.7 \times 10^{-5}$），可以用 HCl 标准溶液滴定：

$$H_2BO_3^- + H^+ \Longrightarrow H_3BO_3$$

终点产物为 NH_4^+ 和 H_3BO_3 的混合液，其 pH ≈ 5.1，可用甲基红或甲基红和溴甲酚绿混合指示剂确定终点。氮含量为

$$\omega(N) = \frac{c(HCl) \cdot V(HCl) \cdot M(N)}{m \times 1000}$$

式中　m——所称取试样的质量（g）；

V——消耗 HCl 标准溶液的体积（mL）；

$M(N)$——N 的摩尔质量（g·mol^{-1}）。

蒸馏法的优点是仅需一种酸标准溶液（HCl），而且硼酸作为吸收剂，其浓度不必准确，只要保证过量即可。本法测氮结果比较准确，但较费时。

本章小结

酸碱滴定法是基于酸碱平衡理论的一种应用极为广泛的滴定分析法。酸碱反应的实质是质子的传递。酸碱平衡时各型体平衡浓度可依据分布系数求得。质子条件的书写是酸碱水溶液 pH 计算的前提。其中，一元弱酸(碱)是基础。

在计量点附近形成 pH 突跃是一切酸碱滴定的共同特点；影响突跃范围的因素包括浓度和酸碱的性质。酸碱越强，浓度越大，突跃范围也越大。强酸强碱相互滴定时突跃范围最大，且计量点时溶液的 pH 皆为 7。强酸滴定弱碱时，计量点偏酸性；强碱滴定弱酸时，计量点偏碱性。判断一元弱酸(碱)能够被直接准确滴定的依据为 $cK_a \geqslant 10^{-8}$ 或 $cK_b \geqslant 10^{-8}$。多元酸碱分步滴定的判断条件为 $K_{a_i}/K_{a_{i+1}} \geqslant 10^4$ 或 $K_{b_i}/K_{b_{i+1}} \geqslant 10^4$。

酸碱指示剂能够在一定的 pH 范围内变色，从而指示滴定终点。选择酸碱指示剂的原则是指示剂能够在突跃范围内变色。

酸碱滴定终点时溶液的 pH 越小，CO_2 的影响就越小。可根据 CO_2 的来源来消除其影响。

思考题与习题

1. 酸碱反应的实质是什么？什么是共轭酸碱对，共轭酸碱对在水溶液中的离解常数之间有什么关系？

2. 分析浓度和平衡浓度有何区别？

3. 什么是指示剂的变色范围？一般酸碱指示剂理论变色范围有多大？什么是酸碱指示剂的理论变色点？在数值上等于什么？混合酸碱指示剂的优点是什么？

4. 酸碱滴定中，什么是 pH 的突跃范围？在滴定分析中有何用途？影响酸碱滴定突跃范围的因素有哪些？

5. 试比较强碱滴定强酸和强碱滴定弱酸时滴定曲线的异同，并说明原因。

6. 一元弱酸(碱)能否被准确直接滴定的判断依据是什么？什么情况下多元酸碱能进行分步滴定？

7. 酸碱滴定中指示剂的选择原则是什么？

8. 亚硫酸钠 Na_2SO_3 的 $pK_{b_1} = 6.80$，$pK_{b_2} = 12.10$，其对应共轭酸的 pK_{a_2} 和 pK_{a_1} 分别是多少？

(7.20；1.90)

9. 计算 pH 为 8.00 和 12.00 时，$0.10\ mol \cdot L^{-1}$ KCN 溶液中 CN^- 的浓度。

($0.10\ mol \cdot L^{-1}$)

10. 写出下列化合物水溶液的质子条件式。

$(NH_4)_2CO_3$ Na_2HPO_4 $NH_4H_2PO_4$

$Na_2C_2O_4$ H_3BO_3 $NaAc-HAc$

11. 计算下列水溶液的 pH：

(1) 1.0×10^{-4} mol·L^{-1} 的甲胺溶液　　(2) 1.0×10^{-4} mol·L^{-1} 的 NH_4Cl

(3) 0.10 mol·L^{-1} NH_4CN　　　　　　　(4) 0.10 mol·L^{-1} K_2HPO_4

〔(1) 9.92；(2) 6.59；(3) 9.28；(4) 9.74〕

12. 判断下列滴定能否进行？如能进行，计算化学计量点时的 pH，并选择合适的指示剂。

(1) 0.10 mol·L^{-1} HCl 滴定 0.10 mol·L^{-1} NaCN

(2) 0.10 mol·L^{-1} NaOH 滴定 0.10 mol·L^{-1} HCOOH

(3) 0.10 mol·L^{-1} HCl 滴定 0.10 mol·L^{-1} NaAc

(4) 0.10 mol·L^{-1} NaOH 滴定 0.10 mol·L^{-1} NH_4Cl 存在下的 0.10 mol·L^{-1} HCl

〔(1) 5.26；(2) 8.22；(3) 不能；(4) 5.28〕

13. 用 0.10 mol·L^{-1} 的 NaOH 滴定 0.10 mol·L^{-1} 的某弱酸（$pK_a = 4.0$），突跃范围是多少？若用同浓度的 NaOH 滴定 $pK_a = 3.0$ 的弱酸时，其突跃范围又是多少？

（7.0～9.7；6.0～9.7）

14. 下列多元酸（碱）（$c = 0.1$ mol·L^{-1}），能否用 0.1 mol·L^{-1} NaOH 溶液或 0.1 mol·L^{-1} HCl 溶液准确滴定？如能，计算各化学计量点时的 pH 值，并选择合适的指示剂。

(1) Na_3PO_4　　　(2) 柠檬酸　　　(3) H_2A（$K_{a_1} = 1.0 \times 10^{-2}$，$K_{a_2} = 1.0 \times 10^{-6}$）

〔(1) pH = 4.69；(2) pH = 9.40；(3) pH = 4.00, 9.26〕

15. 试分析下列情况对测定结果的影响。

(1) 标定 HCl 溶液浓度时，使用的基准物 Na_2CO_3 中含有少量 $NaHCO_3$。

(2) 标定 NaOH 溶液时，邻苯二甲酸氢钾中混有邻苯二甲酸。

(3) 用于标定 NaOH 溶液 $H_2C_2O_4 \cdot 2H_2O$ 因保存不当而部分风化，用此 NaOH 溶液测定某有机酸的摩尔质量。

(4) 0.1 mol·L^{-1} NaOH 标准溶液，因保存不当，吸收了 CO_2，当用它测定 HCl 浓度，滴定至甲基橙变色时，对测定结果有何影响？用它测定 HAc 浓度时，选酚酞作指示剂，又会如何？

〔(1) 偏高；(2) 偏低；(3) 偏高；(4) 无大影响，偏高〕

16. 称取 0.5877 g 基准试剂 Na_2CO_3 于 100 mL 容量瓶中配制成溶液，$c(Na_2CO_3)$ 为多少？称取该 Na_2CO_3 标准溶液 20.00 mL，以甲基橙为指示剂，标定某 HCl 溶液，消耗 HCl 溶液的体积为 21.96 mL。计算该 HCl 溶液的浓度。

〔$c(NaCO_3) = 0.055\,45$ mol·L^{-1}；$c(HCl) = 0.1010$ mol·L^{-1}〕

17. 准确称取基准物质 $Na_2C_2O_4$ 0.6040 g，在一定温度下灼烧成 Na_2CO_3，用水溶解并定容至 100.0 mL。用移液管吸取 25.00 mL 溶液，以甲基橙作指示剂，用 HCl 溶液滴定至终点，消耗 HCl 溶液 21.05 mL，计算 HCl 溶液的浓度。

（0.1017 mol·L^{-1}）

18. 有硼砂试样 1.000 g，用 0.2000 mol·L^{-1} HCl 滴定至终点，用去 HCl 溶液 25.00 mL。

计算试样中 $Na_2B_4O_7 \cdot 10H_2O$、$Na_2B_4O_7$以及 B 的质量分数。

(0.9535；0.5030；0.1081)

19. 用凯氏法测定牛奶中含氮量，称奶样 0.4750 g，消化后，加碱蒸馏出的 NH_3用 50.00 mL HCl 吸收，再用 $c(NaOH) = 0.078\ 91\ mol \cdot L^{-1}$的 NaOH 标准溶液 13.12 mL 回滴至终点。已知 25.00 mL HCl 需 15.83 mL NaOH 中和，计算奶样中氮的质量分数。

(0.043 10)

20. 称取硫酸铵试样 2.003 g，加入过量甲醛溶液和 $0.2115\ mol \cdot L^{-1}$ NaOH 溶液 48.30 mL，再以酚酞作指示剂，用 $0.2900\ mol \cdot L^{-1}$ HCl 标准溶液返滴过量的 NaOH，用去 HCl 16.38 mL。试计算样品中$(NH_4)_2SO_4$的含量。

(18.03%)

21. 称取某混合碱试样(可能含有 NaOH、Na_2CO_3或 $NaHCO_3$，也可能是其中两者的混合物)1.5470 g，溶于水后，用 $0.6142\ mol \cdot L^{-1}$ HCl 滴至酚酞褪色，用去 28.39 mL；然后以甲基橙作指示剂，用 HCl 继续滴定至终点，又用去 6.35 mL。试判断试样的组成，并计算各组分的质量分数。

(Na_2CO_3：0.2672；NaOH：0.3500)

第6章 配位滴定法

学习目标：
- 掌握配位滴定的原理；
- 了解 EDTA 的性质，掌握影响 EDTA 与金属离子配位平衡的主要影响因素，并学会计算其条件平衡常数；
- 掌握金属指示剂的变色原理、使用条件及其在使用中出现的问题；
- 了解配位滴定法的应用。

配位滴定法是以配位反应为基础的滴定分析方法。几乎所有的金属离子都可以采用配位滴定法直接或间接来进行测定。

配位反应在分析化学中的应用非常广泛，如许多萃取剂、显色剂、掩蔽剂、沉淀剂等都是配位剂。所以，配位反应和配位滴定的有关理论知识是分析化学的重要内容之一。

配位反应的种类虽然很多，但并不是所有的配位反应都能用来进行配位滴定，能够用于配位滴定的配位反应必须符合以下条件：

①反应必须定量进行，即在一定条件下只形成一种配位数的配合物。

②反应进行要完全，形成的配合物必须相当稳定，否则不易得到明显的滴定终点。

③反应速度要足够快。

④要有适当的方法确定滴定终点。

配位剂可分为无机配位剂和有机配位剂两大类。无机配位剂早在 19 世纪就已应用于分析化学中。例如，用 $AgNO_3$ 标准溶液滴定氰化物中 CN^- 时，其滴定反应如下：

$$Ag^+ + 2CN^- \rightleftharpoons [Ag(CN)_2]^-$$

当滴定到化学计量点时，稍过量的 Ag^+ 就与 $[Ag(CN)_2]^-$ 反应生成 $Ag[Ag(CN)_2]$ 白色沉淀，指示滴定终点的到达。无机配位剂很多，如 F^-、Cl^-、NH_3 等，但一般只有一个可供配位的电子对，属于单基配位体。它与大多数金属离子只形成简单的配合物，配合物的稳定性较差，而且存在分级配位现象，它们的各级稳定常数相差不大，这样使得同一溶液中同时存在几种不同配位数的配合物，如 $Cu-NH_3$ 的配位反应会随着 NH_3 浓度的增加而逐级生成 $[Cu(NH_3)]^{2+}$、$[Cu(NH_3)_2]^{2+}$、$[Cu(NH_3)_3]^{2+}$、$[Cu(NH_3)_4]^{2+}$ 等，使得配位数不同的配合物同时存在，很难确定它们的计量关系，无法满足滴定分析的基本要求。所以，无机配位剂在配位滴定中常用作掩蔽剂、显色剂和指示剂，其应用受到了一定的限制。

有机配位剂一般含有两个或两个以上可供配位的电子对，属于多基配位体。它与许多金属离子易形成具有环状的、组成一定的配合物，称为螯合物。螯合物的主要特点就是稳定性很高，因而，有机配位剂克服了无机配位剂的一些缺点，能满足滴定分析的基本要求，在配位滴定中得到了日益广泛的应用，推动了配位滴定法的迅速发展。目前，应用最广泛的有机配位剂是氨羧配位剂。氨羧配位剂是以氨基二乙酸为基体的有机螯合剂，以 N、O 为键合原子，可以和许多金属离子形成组成一定并且非常稳定的可溶性螯合物。

目前，常见的氨羧配位剂有数十种，如乙二胺四乙酸（EDTA）、环己二胺四乙酸（DCTA）、氨三乙酸（NTA）和乙二醇二乙醚二胺四乙酸（EGTA）等，其中常用的是 EDTA。用 EDTA 标准溶液可滴定几十种金属离子，此方法称为 EDTA 滴定法。通常所说的配位滴定法实际上主要是指 EDTA 滴定法。

6.1 乙二胺四乙酸（EDTA）及其配合物

6.1.1 EDTA 的结构与性质

乙二胺四乙酸简称 EDTA，是目前分析化学中应用最广泛的一种氨羧配位剂，除了在配位滴定中用作配位剂外，还在各种分离和测定中常用作掩蔽剂。

EDTA 是一个四元有机弱酸，为书写方便常用 H_4Y 表示。其结构式为

$$\text{HOOCH}_2\text{C} \diagdown \atop \text{HOOCH}_2\text{C} \diagup \text{N}-\text{CH}_2-\text{CH}_2-\text{N} {\diagup \text{CH}_2\text{COOH} \atop \diagdown \text{CH}_2\text{COOH}}$$

其配位原子分别为 N 原子和—COOH 中的羟基 O 原子。在水溶液中，EDTA 2 个羧基上的 H^+ 转移到氮原子上，形成双偶极离子：

$$\text{}^-\text{OOCH}_2\text{C} \diagdown \atop \text{HOOCH}_2\text{C} \diagup \overset{+}{\text{N}}-\text{CH}_2-\text{CH}_2-\overset{+}{\text{N}} {\diagup \text{CH}_2\text{COOH} \atop \diagdown \text{CH}_2\text{COO}^-}$$

EDTA 是一种无毒、无臭、具有酸味的白色结晶粉末，微溶于水，22℃时每 100 mL 水中仅能溶解 0.02 g，难溶于酸和一般有机溶剂（如无水乙醇、丙酮、苯等），但易溶于氨水和 NaOH 等碱性溶液，生成相应的盐。

由于 EDTA 在水中的溶解度较小，故在配位滴定中通常采用水溶性较好的 EDTA 二钠盐，用 $Na_2H_2Y \cdot 2H_2O$ 表示，习惯上也称作 EDTA。实际上，我们平常说的 EDTA 多数情况下指的是 $Na_2H_2Y \cdot 2H_2O$。EDTA 二钠盐溶解度较大，22℃时每 100 mL 水可溶解 11.1 g。此溶液的浓度约为 0.3 mol·L^{-1}，pH 约为 4.4。

6.1.2 EDTA 在水溶液中各存在型体的分布

EDTA 是一个四元酸，当它溶于水时，具有 4 个可离解的 H^+，但在高酸度溶液中，它的 2 个羧基还可再接受 H^+ 形成 H_6Y^{2+}，这样，EDTA 就相当于六元酸，在水溶液中有

六级离解平衡：

$$H_6Y^{2+} \rightleftharpoons H_5Y^+ + H^+ \qquad K_{a_1} = 1.3 \times 10^{-1} = 10^{-0.9}$$

$$H_5Y^+ \rightleftharpoons H_4Y + H^+ \qquad K_{a_2} = 2.5 \times 10^{-2} = 10^{-1.6}$$

$$H_4Y \rightleftharpoons H_3Y^- + H^+ \qquad K_{a_3} = 1.0 \times 10^{-2} = 10^{-2.0}$$

$$H_3Y^- \rightleftharpoons H_2Y^{2-} + H^+ \qquad K_{a_4} = 2.14 \times 10^{-3} = 10^{-2.67}$$

$$H_2Y^{2-} \rightleftharpoons HY^{3-} + H^+ \qquad K_{a_5} = 6.92 \times 10^{-7} = 10^{-6.16}$$

$$HY^{3-} \rightleftharpoons Y^{4-} + H^+ \qquad K_{a_6} = 5.50 \times 10^{-11} = 10^{-10.26}$$

在水溶液中，EDTA 以 H_6Y^{2+}、H_5Y^+、H_4Y、H_3Y^-、H_2Y^{2-}、HY^{3-} 和 Y^{4-} 7 种型体存在(为书写简便，以下 EDTA 各存在型体均略去电荷，用 Y、HY、$H_2Y\cdots H_6Y$ 表示)。平衡时其浓度为

$$c(Y) = [Y] + [HY] + [H_2Y] + [H_3Y] + [H_4Y] + [H_5Y] + [H_6Y]$$

式中　$c(Y)$——EDTA 的分析浓度(总浓度)。

各型体的平衡浓度占总浓度的分数，称为该型体的分布系数，用 δ 表示。各型体的分布系数随溶液 pH 的变化而变化(分布系数的具体计算公式参见酸碱滴定法)，而与 EDTA 总浓度无关。若以 pH 为横坐标，EDTA 的各存在型体的分布系数 δ 值为纵坐标，绘出 EDTA 的分布曲线如图 6-1 所示。

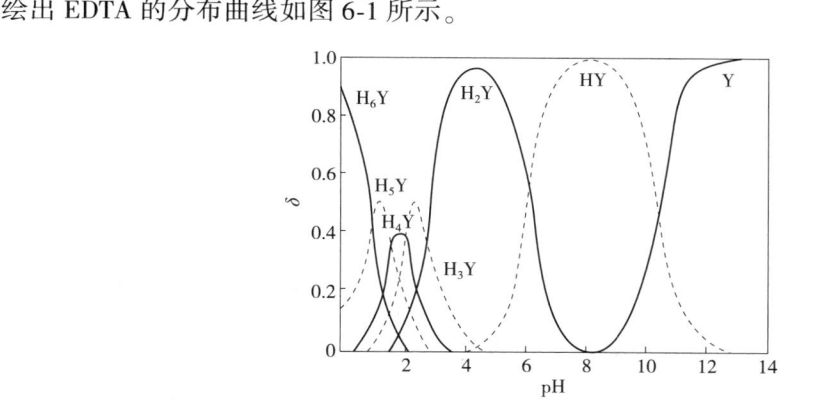

图 6-1　不同 pH 时 EDTA 各存在型体的分布曲线图

由分布曲线可以看出，在不同的 pH 条件下，EDTA 的各存在型体分布也不同，见表 6-1。

表 6-1　不同 pH 值时 EDTA 的主要存在型体

pH	EDTA 主要存在型体	pH	EDTA 主要存在型体
<0.9	H_6Y	2.7~6.2	H_2Y
0.9~1.6	H_5Y	6.2~10.3	HY
1.6~2.0	H_4Y	>10.3	Y
2.0~2.7	H_3Y		

可见，仅当 pH>10.3 时，主要以 Y 型体存在，而在 EDTA 7 种型体中只有 Y 型体才能直接与金属离子发生配位反应，形成稳定配合物。因此，溶液的酸度便成为影响 EDTA 与金属离子形成配合物稳定性的一个重要因素，配位滴定应尽可能在碱性条件下进行。

6.1.3　EDTA 与金属离子形成螯合物的特点

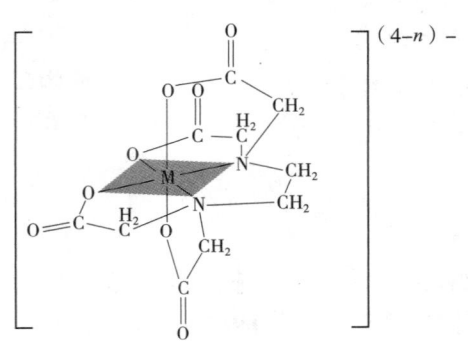

图 6-2　EDTA-M^{n+}螯合物立体结构

（1）稳定性

EDTA 与大多数金属离子可形成多个五元环的螯合物，其立体结构见图 6-2。根据有机结构的张力学说，由 5 个原子组成的五元环或 6 个原子组成的六元环的张力最小，最为稳定，因此 EDTA 与大多数金属离子形成的螯合物结构比较稳定，其稳定性可以用稳定常数表示，稳定常数越大螯合物越稳定，部分金属离子与 EDTA 形成螯合物 MY 的稳定常数对数值见表 6-2。

螯合物的稳定常数与螯合环的数目和形状有关。当配位原子相同时，成环数越多，螯合物越稳定。

（2）普遍性

EDTA 结构中 2 个氨基氮原子和 4 个羧基氧原子都有孤对电子，分子中共有 6 个配位原子，它既可以作为四基配位体，也可以作为六基配位体，因此，元素周期表中绝大多数金属离子均能与 EDTA 形成螯合物。

（3）简单性

EDTA 分子中含有 6 个配位原子，这 6 个配位原子在空间上均能与金属离子配位，而多数金属离子的配位数不超过 6，因此，在一般情况下，EDTA 与大多数金属离子以 1：1 的配位比形成螯合物，这一点为定量计算提供了极大的方便。只有极少数高价金属离子与 EDTA 不是按照 1：1 配位，如五价钼与 EDTA 形成 Mo(V)：Y=2：1 的螯合物$(MoO_2)_2Y^{2-}$，在中性或碱性溶液中 Zr(Ⅳ)与 EDTA 也形成 2：1 的配合物$(ZrO)_2Y$，Th(Ⅳ)在 EDTA 很多时候形成 1：2 的配合物 ThY_2。

表 6-2　部分金属离子与 EDTA 螯合物的 lgK_f 值

（离子强度 I = 0.1 mol·L^{-1}，18~25℃）

金属离子	lgK_f	金属离子	lgK_f	金属离子	lgK_f
Ag$^+$	7.32	Fe^{3+}	25.10	Pd^{2+}	18.50
Al^{3+}	16.30	Ga^{3+}	20.30	Pt^{3+}	16.40
Ba^{2+}	7.86	Hg^{2+}	21.70	Sc^{3+}	23.10
Be^{2+}	9.20	In^{3+}	25.00	Sn^{2+}	22.11

（续）

金属离子	$\lg K_f$	金属离子	$\lg K_f$	金属离子	$\lg K_f$
Bi^{3+}	27.94	Li^+	2.79	Sr^{2+}	8.730
Ca^{2+}	10.69	Mg^{2+}	8.70	Th^{4+}	23.20
Cd^{2+}	16.46	Mn^{2+}	13.87	TiO^{2+}	17.30
Co^{2+}	16.31	Mo^{5+}	~28	Tl^{3+}	37.80
Co^{3+}	36.00	Na^+	1.66	U^{4+}	25.80
Cr^{3+}	23.40	Ni^{2+}	18.62	Vo^{2+}	18.80
Cu^{2+}	18.80	Pb^{2+}	18.04	Y^{3+}	18.09
Fe^{2+}	14.32	Zr^{4+}	29.50	Zn^{2+}	16.50

（4）水溶性

EDTA 与金属离子形成的螯合物大多带有电荷而易溶于水，从而使得 EDTA 滴定能在水溶液中进行。

（5）颜色倾向性

EDTA 与金属离子形成螯合物的颜色，取决于金属离子本身的颜色。一般来说，EDTA 与无色的金属离子生成无色的螯合物，与有色的金属离子生成颜色更深的螯合物。几种有色 EDTA 螯合物的颜色见表 6-3。

表 6-3　几种有色 EDTA 螯合物的颜色

螯合物	颜色	螯合物	颜色
CoY^{2-}	紫红	$Fe(OH)Y^{2-}$	褐（$pH \approx 6$）
CrY^-	深紫	FeY^-	黄
$Cr(OH)Y^{2-}$	蓝（$pH > 0$）	MnY^{2-}	紫红
CuY^{2-}	蓝	NiY^{2-}	蓝绿

6.2　配位平衡

6.2.1　配合物的稳定常数

在配位反应中，其反应进行的程度可用配位平衡常数来衡量，配位平衡常数又常用稳定常数（也称形成常数）K_f 来表示。

（1）ML 型（1∶1）配合物

大多数金属离子与 EDTA 的配位比为 1∶1，则以 M^{n+} 代表金属离子，Y^{4-} 代表 EDTA（为书写简便，略去离子电荷，下同）：

$$M + Y \Longleftrightarrow MY$$

当配位反应达到平衡时有

$$K_f(MY) = \frac{[MY]}{[M][Y]}$$

对具有相同配位比的配合物，K_f 值越大，该配合物就越稳定；反之，则不稳定。

（2）ML_n 型（1：n）配合物

①配合物的逐级稳定常数　ML_n 型配合物是逐级形成的，它的逐级稳定常数为

M+L $\Longrightarrow$ ML　　　　　第一级稳定常数　　　　　$K_{f_1} = \dfrac{[ML]}{[M][L]}$

ML+L $\Longrightarrow$ ML_2　　　　　第二级稳定常数　　　　　$K_{f_2} = \dfrac{[ML_2]}{[ML][L]}$

$\vdots$　　　　　　　　　　　　　　$\vdots$

ML_{n-1}+L $\Longrightarrow$ ML_n　　　第 n 级稳定常数　　　　　$K_{f_n} = \dfrac{[ML_n]}{[ML_{n-1}][L]}$

以上 K_{f_1}、K_{f_2}⋯K_{f_n} 称为逐级稳定常数。

②配合物的累积稳定常数　在许多配位平衡的计算中，常用到 $K_{f_1}K_{f_2}K_{f_3}$ 等数值，这样将逐级稳定常数依次相乘得到的乘积称为累积稳定常数，以 β 表示。

M+L $\Longrightarrow$ ML　　　　　第一级累积稳定常数：$\beta_1 = K_{f_1}$

M+2L $\Longrightarrow$ ML_2　　　　第二级累积稳定常数：$\beta_2 = K_{f_1}K_{f_2}$

$\vdots$　　　　　　　　　　　　$\vdots$

M+nL $\Longrightarrow$ ML_n　　　第 n 级累积稳定常数：$\beta_n = K_{f_1}K_{f_2}\cdots K_{f_n}$

③总稳定常数　最后一级累积稳定常数又称为总稳定常数，对于 1：n 型配合物 ML_n 的总稳定常数 $K_{f_总}$ 为

$$K_{f_总} = K_{f_1}K_{f_2}\cdots K_{f_n} = \beta_n = \frac{[ML_n]}{[M][L]^n}$$

在分析化学手册中，通常列出配合物的各级稳定常数 K_f 或累积稳定常数 β，或者是它们的对数值如 $\lg K_{f_i}$、$\lg\beta_i$。

6.2.2　溶液中各级配合物浓度的计算

当金属离子与单基配位体配位时，由于各逐级稳定常数差别不大，因此在同一溶液中其各级形成的配合物同时存在，各配合物型体的浓度可分别表示为

$$[ML] = \beta_1[M][L]$$
$$[ML_2] = \beta_2[M][L]^2$$
$$\vdots$$
$$[ML_n] = \beta_n[M][L]^n$$

由物料平衡可得

$$c(M) = [M] + [ML] + [ML_2] + \cdots + [ML_n]$$

$$= [M] + \beta_1 [M][L] + \beta_2 [M][L]^2 + \cdots + \beta_n [M][L]^n$$
$$= [M](1 + \beta_1 [L] + \beta_2 [L]^2 + \cdots + \beta_n [L]^n)$$

由分布系数的定义得

$$\delta(M) = \frac{[M]}{c(M)} = \frac{1}{1 + \beta_1 [L] + \beta_2 [L]^2 + \cdots + \beta_n [L]^n}$$

$$\delta(ML) = \frac{[ML]}{c(M)} = \frac{\beta_1 [L]}{1 + \beta_1 [L] + \beta_2 [L]^2 + \cdots + \beta_n [L]^n}$$

$$\vdots \qquad\qquad \vdots$$

$$\delta(ML_n) = \frac{[ML_n]}{c(M)} = \frac{\beta_n [L]^n}{1 + \beta_1 [L] + \beta_2 [L]^2 + \cdots + \beta_n [L]^n}$$

由上式可见，δ 仅与 $[L]$ 有关，而与金属离子总浓度 $c(M)$ 无关。已知 $[L]$ 时，即可求出各配合物型体的 δ 值，从而可求出各配合物的平衡浓度。

6.3　影响配位平衡的主要因素

在配位滴定中所涉及的化学平衡是很复杂的，除了被测金属离子 M 与滴定剂 Y 之间的主反应外，还存在其他副反应，其平衡关系式如下：

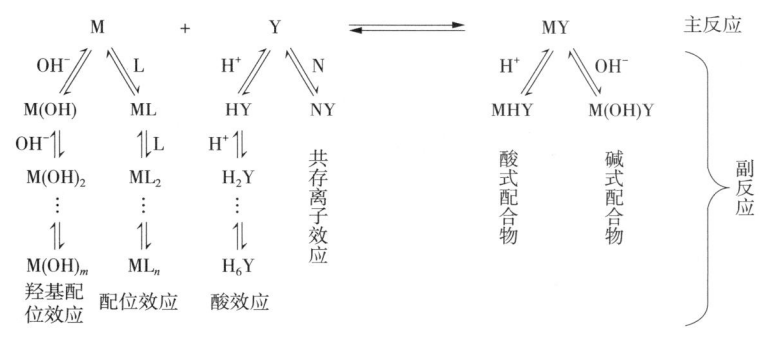

显然，这些副反应的存在都会影响配合物 MY 的稳定性，反应物 M 及 Y 的各种副反应不利于主反应的进行，而生成物 MY 的各种副反应则有利于主反应的进行。M、Y 及 MY 的各种副反应进行的程度，可由其相应的副反应系数显示出来。本章仅对其中最主要的两个副反应酸效应及配位效应加以讨论。

6.3.1　酸效应及酸效应系数

Y 本身就是一种碱，容易接受质子，因此当 Y 与 M 进行配位反应时，溶液中的 H^+ 就会与 M 竞争 Y 形成相应的共轭酸（HY、$H_2Y \cdots H_6Y$），使溶液中的 $[Y]$ 降低，从而不利于 MY 的形成，使主反应受到影响。这种由于 H^+ 的存在使配位体 Y 参加主反应能力降低的现象称为酸效应，也称为 pH 效应或质子化效应。这种副反应系数称为酸效应系数，用 $\alpha_{Y(H)}$ 表示。

　　酸效应系数 $\alpha_{Y(H)}$ 表示平衡时未与 M 配位的 EDTA 各存在型体的总浓度 $[Y']$ 是游离 Y 平衡浓度 $[Y]$ 的多少倍。

$$[Y'] = [Y] + [HY] + [H_2Y] + \cdots + [H_6Y]$$

即

$$\alpha_{Y(H)} = \frac{[Y']}{[Y]} = \frac{[Y] + [HY] + [H_2Y] + \cdots + [H_6Y]}{[Y]}$$

$$= 1 + \frac{[H^+]}{K_{a_6}} + \frac{[H^+]^2}{K_{a_5}K_{a_6}} + \cdots + \frac{[H^+]^6}{K_{a_1}K_{a_2}\cdots K_{a_6}}$$

　　从上式可以看出，$\alpha_{Y(H)}$ 仅是 $[H^+]$ 的函数，即溶液的酸度越高，$\alpha_{Y(H)}$ 值越大，酸效应越严重，越不利于 MY 的形成。若 Y 无酸效应发生，则未与 M 配位的 EDTA 就全部以 Y 型体存在，此时 $\alpha_{Y(H)} = 1$。

　　$\alpha_{Y(H)}$ 数值往往比较大，为应用方便，常采用它的对数值 $\lg\alpha_{Y(H)}$。EDTA 在不同 pH 下的 $\lg\alpha_{Y(H)}$ 值见表 6-4。

表 6-4　EDTA 的 $\lg\alpha_{Y(H)}$ 值

pH	$\lg\alpha_{Y(H)}$	pH	$\lg\alpha_{Y(H)}$	pH	$\lg\alpha_{Y(H)}$	pH	$\lg\alpha_{Y(H)}$	pH	$\lg\alpha_{Y(H)}$
0.0	23.64	2.5	11.90	5.0	6.45	7.5	2.78	10.0	0.45
0.1	23.06	2.6	11.62	5.1	6.26	7.6	2.68	10.1	0.39
0.2	22.47	2.7	11.35	5.2	6.07	7.7	2.57	10.2	0.33
0.3	21.89	2.8	11.09	5.3	5.88	7.8	2.47	10.3	0.28
0.4	21.32	2.9	10.84	5.4	5.69	7.9	2.37	10.4	0.24
0.5	20.57	3.0	10.60	5.5	5.51	8.0	2.27	10.5	0.20
0.6	20.18	3.1	10.37	5.6	5.33	8.1	2.17	10.6	0.16
0.7	19.62	3.2	10.14	5.7	5.15	8.2	2.07	10.7	0.13
0.8	19.08	3.3	9.92	5.8	4.98	8.3	1.97	10.8	0.11
0.9	18.54	3.4	9.70	5.9	4.81	8.4	1.87	10.9	0.09
1.0	18.01	3.5	9.48	6.0	4.65	8.5	1.77	11.0	0.07
1.1	17.49	3.6	9.27	6.1	4.49	8.6	1.67	11.1	0.06
1.2	16.98	3.7	9.06	6.2	4.34	8.7	1.57	11.2	0.05
1.3	16.49	3.8	8.85	6.3	4.20	8.8	1.48	11.3	0.04
1.4	16.02	3.9	8.65	6.4	4.06	8.9	1.38	11.4	0.03
1.5	15.55	4.0	8.44	6.5	3.92	9.0	1.29	11.5	0.02
1.6	15.11	4.1	8.24	6.6	3.79	9.1	1.19	11.6	0.02
1.7	14.68	4.2	8.04	6.7	3.67	9.2	1.10	11.7	0.02
1.8	14.27	4.3	7.84	6.8	3.55	9.3	1.01	11.8	0.01
1.9	13.88	4.4	7.64	6.9	3.43	9.4	0.92	11.9	0.01

（续）

pH	$\lg\alpha_{Y(H)}$	pH	$\lg\alpha_{Y(H)}$	pH	$\lg\alpha_{Y(H)}$	pH	$\lg\alpha_{Y(H)}$	pH	$\lg\alpha_{Y(H)}$
2.0	13.51	4.5	7.44	7.0	3.32	9.5	0.83	12.0	0.01
2.1	13.16	4.6	7.24	7.1	3.21	9.6	0.75	12.1	0.01
2.2	12.82	4.7	7.04	7.2	3.10	9.7	0.67	12.2	0.005
2.3	12.50	4.8	6.84	7.3	2.99	9.8	0.59	13.0	0.0008
2.4	12.19	4.9	6.65	7.4	2.88	9.9	0.52	13.9	0.0001

6.3.2　配位效应及配位效应系数

当金属离子 M 与 Y 发生配位反应时，如果体系中有别的配位剂 L 存在，L 也能与 M 配位，则定会使主反应受到影响。这种由于其他配位剂 L 的存在使金属离子 M 参加主反应能力降低的现象称为配位效应。这种副反应系数称为配位效应系数，用 $\alpha_{M(L)}$ 表示。$\alpha_{M(L)}$ 表示溶液中没有参加主反应的金属离子各型体的总浓度 $[M']$ 是游离金属离子平衡浓度 $[M]$ 的多少倍。

$$[M'] = [M] + [ML] + [ML_2] + [ML_3] + \cdots + [ML_n]$$

即

$$\alpha_{M(L)} = \frac{[M']}{[M]} = \frac{[M] + [ML] + [ML_2] + \cdots + [ML_n]}{[M]}$$

$$= 1 + \beta_1[L] + \beta_2[L]^2 + \cdots + \beta_n[L]^n$$

从上式中可以看出，$\alpha_{M(L)}$ 仅是 $[L]$ 的函数，即溶液中 $[L]$ 越大，$\alpha_{M(L)}$ 值也越大，副反应越严重，越不利于 MY 的形成，当 $[L]$ 一定时，$\alpha_{M(L)}$ 为一定值。若 M 无配位效应发生，则 $[M'] = [M]$，此时 $\alpha_{M(L)} = 1$。

6.3.3　配合物的条件稳定常数

当金属离子 M 与配位体 Y 反应生成配合物 MY 时，若没有副反应发生，则反应达平衡时，MY 的稳定常数 K_f 的大小是衡量此配位反应进行程度的主要标志，故 K_f 又称绝对稳定常数。它不受浓度、酸度、其他配位剂或干扰离子的影响。但是，配位反应的实际情况较复杂，在主反应进行的同时，常伴有副反应的发生，致使配位反应的主反应受到影响。如果只考虑酸效应和配位效应的存在，当反应达平衡时，应以 $[Y']$ 代替 $[Y]$，$[M']$ 代替 $[M]$，即用副反应系数对配合物的稳定常数 $K_f(MY)$ 进行校正，得到实际的稳定常数称为条件稳定常数 K_f'。过去也称为表观稳定常数。则有

$$K_f'(MY) = \frac{[MY]}{[M'][Y']}$$

根据酸效应系数和配位效应系数的定义可得

$$[Y'] = [Y] \cdot \alpha_{Y(H)} \qquad [M'] = [M] \cdot \alpha_{M(L)}$$

所以

$$K_f'(MY) = \frac{[MY]}{[M] \cdot \alpha_{M(L)} \cdot [Y] \cdot \alpha_{Y(H)}} = \frac{K_f(MY)}{\alpha_{M(L)} \cdot \alpha_{Y(H)}}$$

对上式取对数得

$$\lg K_f' = \lg K_f - \lg\alpha_{Y(H)} - \lg\alpha_{M(L)}$$

若当溶液中只有酸效应而无配位效应时，即 $\alpha_{M(L)} = 1$，则 $\lg\alpha_{M(L)} = 0$ 时，此时

$$\lg K_f' = \lg K_f - \lg\alpha_{Y(H)}$$

条件稳定常数考虑了溶液中存在的副反应，所以更能准确反映 EDTA 在一定条件下与金属离子形成配合物的稳定性，K_f' 越大，配合物 MY 的稳定性越高。因 EDTA 滴定中常存在副反应，所以应用条件稳定常数来衡量 EDTA 配合物的实际稳定性。

【例 6-1】 计算在 pH = 10.0 的缓冲溶液中，若溶液中游离 NH_3 的浓度为 $0.10\ mol \cdot L^{-1}$ 时 ZnY 的 K_f'。

解：此时除了酸效应外还有配位效应。

查表 6-2 得：$\lg K_f(ZnY) = 16.50$

查表 6-4 得：pH = 10.0 时，$\lg\alpha_{Y(H)} = 0.45$

查文献得：$Zn(II)-NH_3$ 配合物累积稳定常数分别为

$$\beta_1 = 10^{2.37}; \quad \beta_2 = 10^{4.81}; \quad \beta_3 = 10^{7.31}; \quad \beta_4 = 10^{9.46}$$

则 $\quad \alpha_{Zn(NH_3)} = 1 + \beta_1[NH_3] + \beta_2[NH_3]^2 + \beta_3[NH_3]^3 + \beta_4[NH_3]^4$

$$= 1 + 10^{2.37} \times (0.10) + 10^{4.81} \times (0.10)^2 + 10^{7.31} \times (0.10)^3 + 10^{9.46} \times (0.10)^4$$

$$= 10^{5.52}$$

$$\lg K_f'(ZnY) = \lg K_f(ZnY) - \lg\alpha_{Zn(NH_3)} - \lg\alpha_{Y(H)} = 16.50 - 5.52 - 0.45 = 10.53$$

$$K_f'(ZnY) = 10^{10.53}$$

6.4　配位滴定原理

6.4.1　配位滴定曲线

在配位滴定中，若被滴定的是金属离子，以配位剂作为滴定剂，则随着滴定剂的不断加入，溶液中被测金属离子的浓度[M]不断降低，滴定达到化学计量点附近时，溶液中的[M]发生突变，产生滴定突跃，利用适当的指示剂可以确定滴定终点。由于 M 浓度较小，故常用 pM（pM = −lg[M]）表示。和酸碱滴定相似，整个滴定过程中金属离子浓度的变化规律可用配位滴定曲线（以加入滴定剂的体积为横坐标，以 pM 值为纵坐标的平面曲线图）表述。若有副反应发生，则应用条件稳定常数进行计算。

现以 $0.010\ 00\ mol \cdot L^{-1}$ EDTA 标准溶液在 pH = 10.0 的 NH_3-NH_4Cl 缓冲溶液存在时滴定 20.00 mL 的 $0.010\ 00\ mol \cdot L^{-1}$ Ca^{2+} 溶液为例，讨论滴定过程中 pCa 的变化规律。由于 Ca^{2+} 不易水解，也不与 NH_3 配位，故不存在配位效应，只考虑 EDTA 的酸效应即可。

（1）计算 CaY（略去电荷）的条件稳定常数 K_f'

查表 6-2 得：$\lg K_f(CaY) = 10.69$

查表 6-4 得：pH = 10.0 时，$\lg\alpha_{Y(H)} = 0.45$

故 $$\lg K_f'(CaY) = \lg K_f(CaY) - \lg\alpha_{Y(H)} = 10.69 - 0.45 = 10.24$$
$$K_f'(CaY) = 1.7 \times 10^{10}$$

（2）滴定过程中溶液中 pCa 的变化

①滴定前 溶液中的 Ca^{2+} 浓度为 $0.010\,00\ mol \cdot L^{-1}$，故

$$pCa = -\lg[Ca^{2+}] = -\lg 0.010\,00 = 2.00$$

②滴定开始至化学计量点前 溶液中未被滴定的 Ca^{2+} 与反应产物 CaY 同时存在。则溶液中的 Ca^{2+} 来自未被滴定的 Ca^{2+} 及 CaY 解离出的 Ca^{2+}，但因为 $K_f'(CaY)$ 数值较大，CaY 较稳定，而且，剩余的 Ca^{2+} 抑制了 CaY 的解离，所以由 CaY 解离的 Ca^{2+} 可忽略不计，近似用剩余的 Ca^{2+} 来计算溶液体系中 Ca^{2+} 的浓度。

设已加入 EDTA $V(mL)$，则溶液中剩余的 $[Ca^{2+}]$ 为

$$[Ca^{2+}] = 0.010\,00 \times \frac{20.00 - V}{20.00 + V}$$

例如，当 $V = 19.98\ mL$ 时，则 $[Ca^{2+}] = 5.0 \times 10^{-6}\ mol \cdot L^{-1}$，pCa $= 5.30$。

滴定开始至化学计量点前其他各点的 pCa 均可按同方法计算。

③化学计量点时 由于配合物 CaY 相当稳定，所以在化学计量点时 Ca^{2+} 与加入的 EDTA 几乎全部生成 CaY，此时 $[CaY] = 0.010\,00 \times \dfrac{20.00}{20.00 + 20.00} = 5.0 \times 10^{-3}\ mol \cdot L^{-1}$。

溶液中 Ca^{2+} 的浓度可近似地由 CaY 解离计算，则有 $[Ca^{2+}] = [Y']$，考虑酸效应

所以 $$K_f' = \frac{[CaY]}{[Ca^{2+}][Y']} = \frac{5.0 \times 10^{-3}}{[Ca^{2+}]^2} = 1.7 \times 10^{10}$$

$$[Ca^{2+}] = \sqrt{\frac{5.0 \times 10^{-3}}{1.7 \times 10^{10}}} = 5.4 \times 10^{-7}\ (mol \cdot L^{-1})$$

$$pCa = 6.27$$

④化学计量点后 此时溶液中 $[Ca^{2+}]$ 主要取决于过量的 EDTA 的浓度。

设已加入 EDTA $V(mL)$，则有

$$[Y'] = \frac{V - 20.00}{V + 20.00} \times 0.010\,00$$

$$[CaY] = 0.010\,00 \times \frac{20.00}{V + 20.00}$$

$$K_f'(CaY) = \frac{[CaY]}{[Ca^{2+}][Y']}$$

此时 $$[Ca^{2+}] = \frac{[CaY]}{K_f' \times [Y']} = \frac{20.00}{1.7 \times 10^{10} \times (V - 20.00)}$$

例如，当 $V = 20.02\ mL$ 时，则 $[Ca^{2+}] = 5.8 \times 10^{-8}\ mol \cdot L^{-1}$，pCa $= 7.24$。

如此逐一计算，将结果列于表 6-5，然后以 EDTA 加入的体积为横坐标，以 pCa 值为纵坐标作图，绘出 pH $= 10.0$ 时用 $0.010\,00\ mol \cdot L^{-1}$ EDTA 标准溶液滴定同浓度的 Ca^{2+} 溶液的滴定曲线，如图 6-3 所示。

表 6-5 pH=10 时，0.010 00 mol·L^{-1}EDTA 滴定 20.00 mL 0.010 00 mol·L^{-1}Ca^{2+}的溶液过程中 pCa 的变化

EDTA 加入量 V/mL	滴定百分率/%	[Ca^{2+}]	pCa
0.00	0.0	0.010	2.00
10.00	50.0	3.3×10^{-3}	2.48
18.00	90.0	5.3×10^{-4}	3.28
19.80	99.0	5.0×10^{-5}	4.30
19.98	99.9	5.0×10^{-6}	5.30
20.00	100.0	5.4×10^{-7}	6.27
20.02	100.1	4.9×10^{-8}	7.23
20.20	101.0	5.9×10^{-9}	8.23
22.00	110.0	5.9×10^{-10}	9.23
30.00	150.0	1.2×10^{-10}	9.92
40.00	200.0	5.9×10^{-11}	10.23

6.4.2　影响配位滴定突跃范围的主要因素

从图 6-3 的滴定曲线看出，在化学计量点附近 pCa 有一个滴定突跃，根据以上计算得出，突跃的起点取决于被测金属离子的初始浓度 $c(M)$ 的大小，突跃的上限取决于配合物的条件稳定常数 $K_f'(MY)$ 的大小，因此影响配位滴定突跃范围大小的主要因素是滴定所生成配合物的条件稳定常数 $K_f'(MY)$ 以及被滴定金属离子的初始浓度 $c(M)$。现具体分析如下：

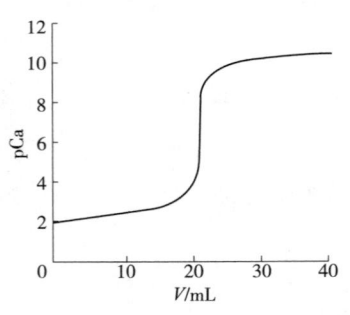

图 6-3　0.010 00 mol·L^{-1}EDTA 滴定 20.00 mL 0.010 00 ml·L^{-1}Ca^{2+}溶液的滴定曲线

（1）$K_f'(MY)$ 对滴定突跃的影响

图 6-4 是 $c(M)$ 一定时，不同 lg$K_f'(MY)$ 的 EDTA 配位滴定曲线。由图可以看出，K_f' 值越大，滴定突跃就越大。而 K_f' 值的大小又主要取决于 K_f、$\alpha_{M(L)}$ 和 $\alpha_{Y(H)}$ 值的大小，故：

①K_f 值越大，K_f' 值相应增大，滴定突跃就大，反之则小。

②pH 越小，$\alpha_{Y(H)}$ 值越大，K_f' 值越小，滴定突跃也就越小。

③[L] 越大，$\alpha_{M(L)}$ 值增大，K_f' 减小，滴定突跃变小。

（2）$c(M)$ 对滴定突跃的影响

图 6-5 是配合物的 lg$K_f'(MY)$ 一定时，用 EDTA 滴定不同浓度金属离子的滴定曲线。由图可以看出，$c(M)$ 越大，滴定曲线的起点越低，滴定突跃范围越大。因此，溶液的浓度不宜过稀，一般选用 0.01 mol·L^{-1} 左右。

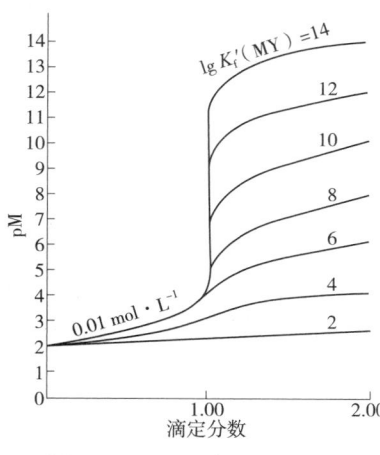

图 6-4　EDTA 滴定不同 $\lg K_f$
的金属离子的滴定曲线

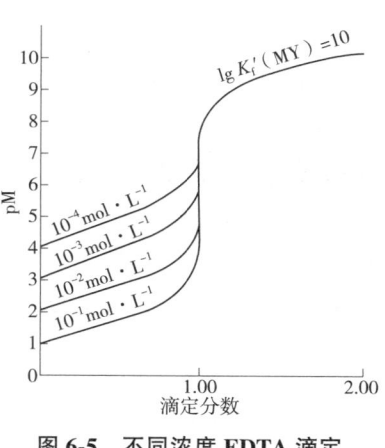

图 6-5　不同浓度 EDTA 滴定
金属离子的滴定曲线

6.4.3　配位滴定的条件

根据影响滴定突跃范围大小的因素可知，突跃范围与 $c(M)$ 和 $K_f'(MY)$ 成正比，$c(M) \cdot K_f'(MY)$ 值越大，突跃范围越大，越有利于指示剂的选择，分析结果的准确度越高。反之，$c(M) \cdot K_f'(MY)$ 值越小，突跃范围越小，当 $\lg c K_f' \leqslant 3$ 时，可认为 M 离子基本不会被滴定。根据滴定分析的一般要求，相对误差不大于 $\pm 0.1\%$，故计量点时配合物 MY 的离解部分必须小于 0.1%。假设金属离子的初始浓度 $c(M)$ 为 0.02 mol·L^{-1}，则滴定到化学计量点时，M 几乎全生成 MY，$[MY] = 0.01$ mol·L^{-1}，这时 $[M'] = [Y'] \leqslant 0.01 \times 0.1\% = 10^{-5}$ mol·L^{-1}，为满足此条件，$K_f'(MY)$ 值应为

$$K_f'(MY) = \frac{[MY]}{[M'][Y']} \geqslant \frac{0.01}{10^{-5} \times 10^{-5}} = 10^8$$

即

$$\lg K_f'(MY) \geqslant 8$$

这就是配位滴定对配合物 MY 的条件稳定常数的要求，实际工作中，$c(M)$ 约为 10^{-2} mol·L^{-1}，则有

$$\lg c(M) \cdot K_f'(MY) \geqslant 6$$

因此，金属离子能被直接准确滴定的判据为

$$\lg c(M) \cdot K_f'(MY) \geqslant 6$$

或

$$c(M) \cdot K_f'(MY) \geqslant 10^6$$

【例 6-2】　在 pH = 5.0 时，能否用 0.02 mol·L^{-1} EDTA 标准溶液直接准确滴定 0.02 mol·L^{-1} Mg^{2+}? 在 pH = 10.0 的氨性缓冲溶液中是否可以?

解：pH = 5.0 时，查表 6-4 知 $\lg \alpha_{Y(H)} = 6.45$，则

$$\lg K_f'(MgY) = \lg K_f(MgY) - \lg \alpha_{Y(H)} = 8.7 - 6.45 = 2.3 < 8$$

故 pH = 5.0 时不能直接准确滴定 Mg^{2+}。

pH = 10.0 时，查表 6-4 知 $\lg\alpha_{Y(H)} = 0.45$，则

$$\lg K_f'(MgY) = \lg K_f(MgY) - \lg\alpha_{Y(H)} = 8.7 - 0.45 = 8.3 > 8$$

在 pH = 10.0 时，Mg^{2+} 可被准确滴定。

6.4.4 配位滴定中适宜的 pH 范围

（1）最低 pH（最高允许酸度）

从上面的讨论可以看出，当 $\lg c(M) \cdot K_f'(MY) \geqslant 6$ 时，金属离子 M 才能被直接准确滴定，若配位反应中只有 EDTA 的酸效应而无其他副反应时，配位滴定中被测金属离子的 $c(M)$ 一般为 $0.01 \ mol \cdot L^{-1}$，则有

$$\lg K_f'(MY) = \lg K_f(MY) - \lg\alpha_{Y(H)} \geqslant 8$$

即

$$\lg\alpha_{Y(H)} \leqslant \lg K_f(MY) - 8$$

上式计算所得的 $\lg\alpha_{Y(H)}$ 值对应的 pH 就是滴定该金属离子的最低 pH（最高允许酸度）。若溶液 pH 低于这一限度，则金属离子就不能被准确滴定。

在配位滴定中，了解各种金属离子滴定时所允许的最低 pH，对解决实际问题有很大帮助。用上述方法计算出 EDTA 溶液滴定其他金属离子所允许的最低 pH，然后以 $\lg\alpha_{Y(H)}$ 或 $\lg K_f(MY)$ 为横坐标，以 pH 为纵坐标作图，可得如图 6-6 所示的曲线。此曲线称为酸效应曲线，或称林邦曲线。

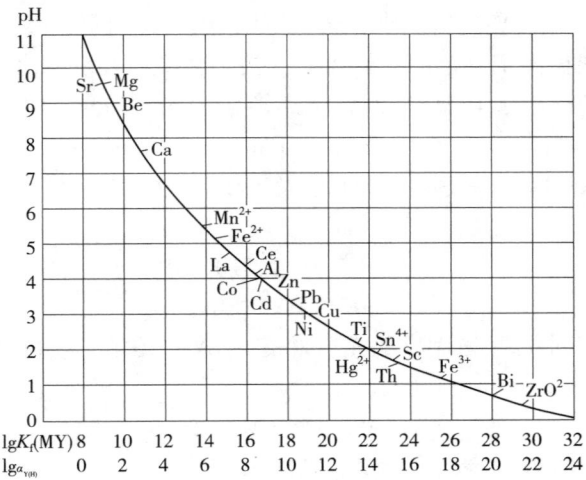

图 6-6 EDTA 的酸效应曲线

酸效应曲线可以解决以下几个问题：

①从曲线上可以找出各种金属离子单独被准确滴定时允许的最低 pH（最高酸度）。若滴定时溶液的 pH 小于该值，则金属离子配位不完全。例如，滴定 Fe^{3+}、Cu^{2+} 和 Zn^{2+} 时，溶液的 pH 必须分别大于 1.2，3 和 4。

②从曲线可以看出，在一定 pH 范围内，哪些离子能被准确滴定，哪些离子对滴定有干扰。例如，在 pH = 8.0 附近滴定 Ca^{2+} 时，溶液中若同时存在位于 Ca^{2+} 下方的离子

(如 Fe^{2+} 或 Mn^{2+} 等)，此时它们均可被同时滴定；溶液中若同时存在位于 Ca^{2+} 上方的离子(如 Mg^{2+})，则 Mg^{2+} 不会被同时滴定。就是说可用"上不干扰下干扰"的原则来判断共存金属离子对被滴金属离子是否有干扰。

③从曲线上还可以看出，当溶液中多种金属离子同时存在时，利用控制溶液酸度的方法可进行选择滴定或连续滴定。例如，当溶液中有 Bi^{3+}、Zn^{2+} 及 Mg^{2+} 共存时，用甲基百里酚蓝作指示剂，在 pH = 1.0 时，用 EDTA 滴定 Bi^{3+}，此时 Zn^{2+} 及 Mg^{2+} 不干扰滴定；然后在 pH = 5.0 ~ 6.0，连续滴定 Zn^{2+}，而 Mg^{2+} 不能被定量滴定；最后在 pH = 10.0 ~ 11.0 时滴定 Mg^{2+}。

(2)最高 pH(最低允许酸度)

必须指出，配位滴定时实际采用的 pH 要比允许的最低 pH 略高一些，以便使金属离子反应更完全。但过高的 pH 又会引起金属离子的水解生成沉淀，影响 MY 的形成，甚至会使滴定无法进行。所以不同金属离子被滴定时有不同的最高 pH(最低允许酸度)。在没有其他配位剂存在时，最高 pH 就由 $M(OH)_n$ 的溶度积求得。

【例 6-3】 求用 0.0200 mol/L EDTA 标准溶液滴定同浓度的 Zn^{2+} 时所允许的最低 pH 和最高 pH。

解：查表 6-2 $\lg K_f(ZnY) = 16.50$

$$\lg \alpha_{Y(H)} \leqslant \lg K_f - 8 = 16.50 - 8 = 8.50$$

查表 6-4 得到与 $\lg \alpha_{Y(H)} = 8.50$ 对应的 pH ≈ 4，即滴定 Zn^{2+} 允许的最低 pH 约为 4。

根据溶度积原理，为防止滴定开始时生成 $Zn(OH)_2$ 沉淀，应使溶液的 pH 满足：

$$[OH^-] \leqslant \sqrt{\frac{K_{sp}[Zn(OH)_2]}{[Zn^{2+}]}} \leqslant \sqrt{\frac{10^{-16.92}}{0.02}} = 10^{-7.61}(mol \cdot L^{-1})$$

$$pH \leqslant 6.39$$

因此，滴定 Zn^{2+} 的最适宜酸度为 pH = 4 ~ 6.54。

还须指出，金属离子的滴定并非一定要在适宜的酸度范围内，如还可以在 pH = 10 的氨性缓冲溶液中滴定 Zn^{2+}，此时 $\lg K_f'(ZnY) \geqslant 8$，可选择在碱性范围内变色的铬黑 T 为指示剂。由此可见，在配位滴定中，应根据被测金属离子以及所选用的指示剂性质进行综合考虑，拟定合适的 pH 范围。

由于 EDTA 在滴定过程中随着 MY 的形成会不断释放出 H^+：$H_2Y + M = MY + 2H^+$，溶液的 pH 逐渐减小，增大了酸效应，使配合物越不稳定，也减小了突跃范围，从而不利于滴定的进行。因此，在配位滴定中常常需加入一定量的酸碱缓冲溶液来控制溶液的 pH。

6.5 金属指示剂

在配位滴定中，通常利用一种能与金属离子生成有色配合物的显色剂来作指示剂，这种显色剂称为金属离子指示剂，简称金属指示剂。

6.5.1 金属指示剂的性质与作用原理

金属指示剂是一类具有酸碱指示剂性质的有机配位剂，在一定 pH 下能与被测金属离子形成与其本身颜色明显不同的配合物来指示终点。若以 M 表示金属离子，In 表示指示剂的阴离子，Y 表示滴定剂 EDTA(略去所有离子的电荷)，则金属指示剂的作用原理可以简述如下：

在开始滴定之前，在待测金属离子溶液中加少量指示剂，其反应为

$$M+In(甲色) \Longrightarrow MIn(乙色)$$

滴定开始至化学计量点前，加入的 EDTA 先与游离的金属离子反应：

$$M+Y \Longrightarrow MY$$

随着加入 EDTA 的体积增大，溶液中游离的金属离子浓度不断减小，接近计量点时，游离的金属离子已消耗殆尽。由于 MIn 的稳定性小于 MY 的稳定性，故再加入 EDTA 就会夺取 MIn 中的 M，释放出指示剂，从而溶液由乙色变为甲色，表示到达终点。

$$MIn(乙色)+Y \Longrightarrow MY+In(甲色)$$

6.5.2 金属指示剂应具备的条件

根据金属指示剂的变色原理可以看出，金属指示剂应具备下列条件：

①在滴定的 pH 范围内，指示剂 In 与其金属离子配合物 MIn 的颜色应明显不同，这样才能使终点有明显的颜色变化。

②MIn 的稳定性应适当。MIn 的稳定性必须比 MY 的稳定性低，即 $K_f'(MIn) < K_f'(MY)$。因为若 $K_f'(MIn) > K_f'(MY)$，则滴定到化学计量点时再加入稍过量的 Y 也不能夺取 MIn 中的 M 而释放出指示剂，致使溶液颜色没有变化，因而使终点拖后，甚至得不到滴定终点。但 $K_f'(MIn)$ 比 $K_f'(MY)$ 还不能小太多，若 $K_f'(MIn) \ll K_f'(MY)$，那么在计量点之前就会夺取 MIn 中的 M 使指示剂释放出来，导致终点提前。因此，一般要求 $K_f'(MY)$ 至少是 $K_f'(MIn)$ 的 10~100 倍。

③金属指示剂与金属离子的反应必须灵敏、迅速，有良好的变色可逆性。

④指示剂本身及其配合物 MIn 都应易溶于水。如果生成胶体或沉淀，则会影响显色反应的可逆性，从而使变色不明显。

⑤金属指示剂应较稳定，便于贮藏和使用。

6.5.3 金属指示剂的选择

与酸碱滴定类似，指示剂的选择原则都是以滴定过程中化学计量点附近产生的突跃范围为基本依据的。

根据配位平衡，被测金属离子 M 与指示剂形成有色配合物 MIn 在溶液中有下列解离平衡：

$$MIn \Longrightarrow M+In$$

考虑到溶液中副反应的影响，可得

$$K_f{}'(MIn) = \frac{[MIn]}{[M'][In']}$$

$$\lg K_f{}'(MIn) = pM' + \lg\frac{[MIn]}{[In']}$$

指示剂的变色点时，有 $[MIn] = [In']$，则

$$\lg K_f{}'(MIn) = pM'$$

可见指示剂变色点时的 pM'等于有色配合物的 $\lg K_f{}'(MIn)$。

需要注意的是：金属指示剂不像酸碱指示剂有一个确定的变色点。因为金属指示剂不但是配位剂，且具有酸碱性质，存在酸效应，指示剂与金属离子 M 形成的有色配合物 MIn 的条件稳定常数 $K_f{}'(MIn)$ 将随 pH 的变化而变化，故指示剂变色点时的 pM'也随 pH 的变化而不同。因此，在选择指示剂时，要求指示剂能在滴定突跃范围内发生明显的颜色变化，并且须考虑体系的酸度，使指示剂变色点的 $pM_{ep}{}'$ 应尽量与化学计量点 $pM_{sp}{}'$ 一致，以减小终点误差。

虽然指示剂的选择可以通过其有关常数进行理论计算，但目前金属指示剂的有关常数还不齐全，所以在实际工作中大多采用实验方法来选择指示剂，即先试验待选指示剂在终点时的变色敏锐程度，然后再检查滴定结果的准确度，这样就可以确定该指示剂是否符合要求。

6.5.4　金属指示剂的封闭、僵化和氧化变质现象

金属指示剂在化学计量点附近应有敏锐的颜色变化，但实际上有时会存在下列一些现象：

（1）指示剂的封闭现象

当配位滴定进行到终点时，稍过量的滴定剂 EDTA 并不能夺取 MIn 中的金属离子，使指示剂在计量点附近没有颜色变化，这种现象称为指示剂的封闭现象。指示剂封闭现象的消除可通过分析造成封闭的不同原因而采取相应的措施来完成。产生封闭现象的原因有：

①由于溶液中存在干扰离子，且干扰离子与 In 形成了稳定性大于 MY 的配合物而导致指示剂在计量点附近不变色，因而产生了封闭现象。一般可加入适当的掩蔽剂消除这些离子的干扰。例如，在 pH = 10.0 时，以铬黑 T 为指示剂，用 EDTA 滴定水中的 Ca^{2+}、Mg^{2+} 时，若水样中含有 Fe^{3+}、Al^{3+} 时，就会对指示剂铬黑 T 造成封闭，可加入三乙醇胺来掩蔽。若水样中含有 Cu^{2+}、Co^{2+}、Ni^{2+} 等干扰离子对指示剂有封闭现象，可加入 KCN 来掩蔽消除。

②由待测离子 M 本身造成的，即未满足 $K_f{}'(MIn) < K_f{}'(MY)$，或 $K_f{}'(MY)$ 至少是 $K_f{}'(MIn)$ 的 $10 \sim 100$ 倍。对于这种现象可采用返滴定法进行消除。例如，Al^{3+} 对二甲酚橙有封闭作用，则测定 Al^{3+} 时可在 pH = 3.5 的条件下，先加入过量的 EDTA 标准溶液，煮沸，使 Al^{3+} 与 EDTA 充分反应形成 AlY 后，再调节 pH 到 $5.0 \sim 6.0$，加入指示剂二甲酚橙，用 Zn^{2+} 或 Pb^{2+} 标准溶液返滴剩余的 EDTA，即可避免 Al^{3+} 对指示剂的封闭。

③由于指示剂有色配合物 MIn 的颜色变化可逆性差导致封闭。MIn 的稳定性虽不及

MY 的稳定性高，但由于动力学方面的原因，有色配合物并不能很快地被 EDTA 破坏，即颜色变化为不可逆，指示剂无法游离出来，因而产生封闭现象。这种情况只好重新更换指示剂。

(2)指示剂的僵化现象

有些指示剂本身或其金属离子配合物的水溶性比较差，或其配合物的稳定性只稍差于 MY 的稳定性，因而使到达终点时溶液变色缓慢而使终点拖长，这种现象称为指示剂的僵化现象。通常可采用加入适当的有机溶剂增大其溶解度，或采用加热的办法来消除指示剂的僵化现象。

例如，用 PAN 作指示剂时，加入乙醇或丙酮等有机溶剂，或加热都可使指示剂颜色变化明显。

(3)指示剂的氧化变质现象

多数金属离子指示剂含有不同数量的双键，所以在日光、氧化剂、空气等充足时很容易分解变质，分解变质的速率与试剂的纯度有关。一般纯度较高时，保存的时间较长。另外，有些金属离子对指示剂的氧化分解有催化作用。例如，铬黑 T 在 Mn(Ⅳ)、Ce^{4+} 存在下，仅数秒钟就分解褪色。

由于上述原因，金属指示剂在使用时，通常将其与中性盐(如 NaCl、KNO_3 等)按一定比例(一般质量比为 1:100)配成固体混合物，或在指示剂溶液中加入还原剂(如盐酸羟胺、抗坏血酸等)进行保护。另外，指示剂溶液配制后，不要放置时间过长，最好是现用现配。

6.5.5　常用的金属指示剂

目前，已知的金属指示剂已达 300 多种。这里介绍几种最常用的。

(1)铬黑 T

铬黑 T，简称 EBT，属偶氮染料。其化学名称为 1-(1-羟基-2-萘偶氮基)-6-硝基-2-萘酚-4-磺酸钠。结构式为

铬黑 T(用符号 NaH_2In 表示)是带有金属光泽的黑褐色粉末。溶于水时，磺酸基上的 Na^+ 全部离解形成 H_2In^-。它在水溶液中存在下列酸碱平衡：

$$H_2In^- \underset{}{\overset{pK_{a_2}=6.3}{\rightleftharpoons}} HIn^{2-} \underset{}{\overset{pK_{a_3}=11.6}{\rightleftharpoons}} In^{3-}$$

pH<6.3	pH=8~11	pH>11.6
紫红色	蓝色	橙色

铬黑 T 能与许多金属离子(如 Ca^{2+}、Mg^{2+}、Zn^{2+}、Cd^{2+}、Pb^{2+}、Hg^{2+} 等)形成红色配

合物。在 pH<6.3 和 pH>11.6 的溶液中，由于指示剂本身接近红色，与配合物颜色接近，故难以确定终点。根据酸碱指示剂的变色原理（$pH = pK_a \pm 1$），$pH = 7.3 \sim 10.6$ 时，铬黑 T 溶液呈蓝色，所以，理论上看在这个 pH 范围内，铬黑 T 可以作为金属指示剂使用。但实验结果表明，使用铬黑 T 的最适宜酸度范围是 $pH = 9.0 \sim 10.5$。而且使用时需注意 Al^{3+}、Fe^{3+}、Co^{3+}、Ni^{2+}、Cu^{3+}、Ti^{3+} 等离子对铬黑 T 有封闭作用。

铬黑 T 固态时比在水溶液中性质稳定得多，这主要是因为在水溶液中会发生如下的分子聚合反应：

$$n H_2 In^- \rightleftharpoons (H_2 In^-)_n$$
$$\text{紫红色} \qquad\qquad \text{棕色}$$

尤其在 pH<6.5 的条件下，聚合更为严重。加入三乙醇胺，可减缓聚合速率。

另外，在碱性溶液中，空气中的 O_2 以及 Mn^{4+}、Ce^{4+} 等能将铬黑 T 氧化并褪色。加入盐酸羟胺或抗坏血酸等还原剂可防止其氧化。

在实际应用中，通常把铬黑 T 与纯净的中性盐（如 $NaCl$、KNO_3 等）按 1∶100 的比例混合后直接使用。

（2）钙指示剂

钙指示剂简称 NN 或钙红，也属偶氮染料。其化学名称为 2-羟基-1-（2-羟基-4-磺酸基-1-萘偶氮基）-3-萘甲酸。结构式为

纯的钙指示剂（用符号 $Na_2 H_2 In$ 表示）为紫黑色粉末。在水溶液中有下列酸碱平衡：

$$H_2 In^{2-} \xrightleftharpoons{pK_{a_3} = 7.26} HIn^{3-} \xrightleftharpoons{pK_{a_4} = 13.67} In^{4-}$$
$$\text{红色} \qquad\qquad \text{蓝色} \qquad\qquad \text{紫色}$$

钙指示剂与 Ca^{2+} 可形成红色配合物 CaIn。通常在 $pH = 12 \sim 13$ 测定 Ca^{2+} 时，用钙指示剂指示终点（蓝色）。在此条件下测定 Ca^{2+}，不仅终点颜色变化明显，而且试液中即使有 Mg^{2+} 共存也不会干扰 Ca^{2+} 的测定，因为 $pH = 12 \sim 13$ 时，Mg^{2+} 已生成 $Mg(OH)_2$ 白色沉淀而析出。

钙指示剂受封闭的情况与铬黑 T 相似，可用 KCN 和三乙醇胺联合掩蔽来消除。

纯的固态钙指示剂性质稳定，但它的水溶液和乙醇溶液都不稳定，故一般用固体试剂与 NaCl 按 1∶100 的比例混合后使用。

（3）二甲酚橙

二甲酚橙简称 XO，属三苯甲烷类显色剂。其化学名称为 3-3'-双[N,N-二(羧甲基)-氨甲基]-邻甲酚磺酞。结构式为

二甲酚橙为易溶于水的紫色结晶。它有 7 种不同型体，其中 H_6In 至 H_2In^{4-} 都是黄色，HIn^{5-} 至 In^{6-} 为红色。在 pH = 5~6 时，主要以 H_2In^{4-} 型体存在。H_2In^{4-} 的酸碱离解平衡如下：

$$H_2In^{4-} \xrightleftharpoons{pK_{a_5} = 6.3} H^+ + HIn^{5-}$$

$\qquad\qquad$ 黄色 $\qquad\qquad\qquad\qquad\qquad$ 红色

由此可见，pH>6.3 时，呈红色；pH<6.3 时，呈黄色。二甲酚橙与金属离子形成的配合物都是红紫色，因此，它适合在 pH<6.3 的酸性溶液中使用。通常将其配成 0.5% 的水溶液，大约可稳定 2~3 周。许多金属离子可用二甲酚橙作指示剂直接滴定。例如 ZrO^{2+}(pH<1)，Bi^{3+}(pH = 1~2)，Th^{4+}(pH = 2.3~3.5)，Pb^{2+}、Zn^{2+}、Cd^{2+}、Hg^{2+}、La^{3+}、Y^{3+}(pH = 5.0~6.0)等，终点由红紫色转变为亮黄色，变色敏锐。

Al^{3+}、Fe^{3+}、Ni^{2+}、Ti^{4+} 等离子对二甲酚橙有封闭作用，其中 Al^{3+}、Ti^{4+} 可用氟化物掩蔽，Ni^{2+} 可用邻二氮菲掩蔽，Fe^{3+} 可用抗坏血酸还原。

6.6 提高配位滴定选择性的方法

EDTA 具有很强的配位能力，能与许多金属离子形成配合物，在实际工作中，经常遇到的情况是多种金属离子共存于同一溶液中。因此，如何提高配位滴定选择性就成为配位滴定中一个十分重要的问题。

下面介绍一些提高配位滴定选择性的主要方法。

6.6.1 控制溶液酸度

通过酸效应曲线可知，不同金属离子被 EDTA 滴定时允许的最低 pH 是不同的。若溶液中同时存在两种或两种以上的金属离子，并都符合被 EDTA 滴定的条件 $\lg cK_f' \geqslant 6$ 时，若要对共存离子进行分别滴定则应满足 $\lg c(M)K_f'(MY) - \lg c(N)K_f'(NY) \geqslant 5$，这样滴定时通过控制溶液的酸度，致使其中一种离子形成稳定的配合物，而其他离子不易形成，这样就避免了相互干扰。

【例 6-4】 溶液中 Bi^{3+} 和 Pb^{2+} 同时存在，其浓度均为 0.01 mol·L^{-1}。试问能否利用控制溶液酸度的方法选择滴定 Bi^{3+}？若可以，确定在 Pb^{2+} 存在下，选择滴定 Bi^{3+} 的酸度范围。

解：查表 6-2 得：$\lg K_f(BiY) = 27.94$，$\lg K_f(PbY) = 18.04$

已知　　　　　　　　　　$c(Bi^{3+}) = c(Pb^{2+}) = 0.01\ mol \cdot L^{-1}$

得　　　　　　　　　　　$\lg c(Bi^{3+}) K_f(BiY) > 6$

且　　　$\lg c(Bi^{3+}) K_f(BiY) - \lg c(Pb^{2+}) K_f(PbY) = 27.94 - 18.04 = 9.90 > 5$

故可利用控制酸度的方法滴定 Bi^{3+} 而 Pb^{2+} 不干扰。

从酸效应曲线（图 6-6）可查出，滴定 Bi^{3+} 允许的最高酸度为 pH = 0.70，即要求 pH > 0.70，但滴定时 pH 不能太高，因 pH = 2 时，Bi^{3+} 就会与水发生反应，析出沉淀。另外，要使 Pb^{2+} 完全不反应，则要求 $\lg c(Pb^{2+}) K_f'(PbY) \leqslant 1$，当 $c(Pb^{2+}) = 0.01\ mol \cdot L^{-1}$ 时，即为 $\lg K_f'(PbY) \leqslant 3$。

由　　　　　　　　$\lg K_f'(PbY) = \lg K_f(PbY) - \lg \alpha_{Y(H)}$

得　　　　　　　　　$\lg K_f(PbY) - \lg \alpha_{Y(H)} \leqslant 3$

　　　　　$\lg \alpha_{Y(H)} \geqslant \lg K_f(PbY) - 3 = 18.04 - 3 = 15.04$

查表 6-4 可知 pH ≈ 1.6，即 pH < 1.6 时，Pb^{2+} 就不能被滴定。因此，在 Pb^{2+} 存在下选择滴定 Bi^{3+} 的酸度范围是 pH 为 0.7～1.6，在实际测定中一般选 pH = 1.0。

如果两种金属离子与 EDTA 所形成的配合物的稳定性很相近时，就不能利用控制酸度的方法来进行分别滴定，可采用其他方法。

6.6.2　利用掩蔽和解蔽作用

当 $\lg c(M) K_f'(MY) - \lg c(N) K_f'(NY) \leqslant 5$ 时，就不能用控制酸度的方法选择滴定 M。在这种情况下可利用加入掩蔽剂来降低干扰离子的浓度，从而达到消除干扰的目的，这种方法称为掩蔽法。常用的掩蔽法有配位掩蔽法、沉淀掩蔽法和氧化还原掩蔽法。其中配位掩蔽法应用最广。

配位掩蔽法是利用配位反应来降低干扰离子浓度以消除干扰。例如，当 Al^{3+} 和 Zn^{2+} 共存时，加入 NH_4F 使 Al^{3+} 生成稳定的 AlF_6^{3+} 配合物而被掩蔽起来，调节 pH 为 5～6，选用二甲酚橙作指示剂，可准确滴定 Zn^{2+}，而 Al^{3+} 不干扰。

沉淀掩蔽法是利用沉淀反应来降低干扰离子的浓度，以消除干扰的方法。例如，在 Ca^{2+}、Mg^{2+} 两种离子共存的溶液中，加入 NaOH，使 pH $\geqslant$ 12，此时 Mg^{2+} 全部生成 $Mg(OH)_2$ 沉淀，使用钙指示剂，可用 EDTA 直接滴定 Ca^{2+}。

氧化还原掩蔽法是利用氧化还原反应来改变干扰离子的价态，以消除干扰的方法。例如，用 EDTA 滴定 Bi^{3+}、Zr^{4+}、Th^{4+} 等离子时，溶液中如果存在 Fe^{3+} 就会干扰滴定，这时可在酸性溶液中加入抗坏血酸或盐酸羟胺，将 Fe^{3+} 还原成 Fe^{2+}，以消除 Fe^{3+} 的干扰。

掩蔽某些离子滴定以后，若还要测定被掩蔽离子，可采用适当的方法使掩蔽的离子释放出来，这种方法称为解蔽，所用试剂称为解蔽剂。例如，Zn^{2+} 和 Pb^{2+} 共存时，用配位滴定法分别测定 Zn^{2+} 和 Pb^{2+} 时，先用氨水中和试液，再加入 KCN，掩蔽 Zn^{2+}（Zn^{2+} 对 Pb^{2+} 的测定有干扰）。在 pH = 10.0 时，以铬黑 T 作指示剂，用 EDTA 可准确滴定 Pb^{2+}。

然后加入甲醛，以破坏[Zn(CN)$_4$]$^{2-}$配离子而释放出Zn^{2+}，其反应如下：

$$[Zn(CN)_4]^{2-}+4HCHO+4H_2O \Longrightarrow Zn^{2+}+4HOCH_2CN(羟基乙腈)+4OH^-$$

6.6.3 采用其他配位剂

氨羧配位剂种类很多，除EDTA外，许多氨羧配位剂也能与金属离子生成配合物，但其稳定性与EDTA配合物的稳定性有时差别很大，故选用这些氨羧配位剂作为滴定剂，有可能提高滴定某些金属离子的选择性。下面介绍几种滴定剂：

(1)EGTA(乙二醇二乙醚二胺四乙酸)

EGTA与Ca^{2+}、Mg^{2+}形成的配合物稳定性相差较大，故可在Ca^{2+}、Mg^{2+}共存时，用EGTA直接滴定Ca^{2+}。而EDTA与Ca^{2+}、Mg^{2+}形成的配合物稳定性相差不大。

(2)EDTP(乙二胺四丙酸)

EDTP与Cu^{2+}形成的配合物有相当高的稳定性，而与Zn^{2+}、Cd^{2+}、Mn^{2+}、Mg^{2+}等离子形成的配合物稳定性就相对低得多，故可以在Zn^{2+}、Cd^{2+}、Mn^{2+}、Mg^{2+}存在下，用EDTP直接滴定Cu^{2+}。

(3)DCTA(环己烷二胺四乙酸)

DCTA亦可简称C$_Y$DTA。它与金属离子形成的配合物一般比相应的EDTA配合物更稳定。但DCTA与金属离子配位反应速率较慢，使终点拖长，且价格较贵，一般不使用。但它与Al^{3+}的配位反应速率相当快，用DCTA滴定Al^{3+}，可省去加热等手续(EDTA滴定Al^{3+}需加热)。

6.6.4 分离干扰离子

在配位滴定中，为消除干扰离子的影响，还可采用化学分离的方法，将干扰离子预先分离，再进行滴定。常见的分离方法有沉淀分离法、溶剂萃取分离法、层析分离法、离子交换分离法等。有关这方面的内容将在以后的章节中专门讨论。

6.7 配位滴定法的应用

6.7.1 EDTA标准溶液的配制和标定

EDTA标准溶液可以采用直接法或标定法来配制。由于分析纯EDTA二钠盐中常有0.3%的湿存水，若直接配制应将试剂在80℃干燥过夜或在120℃下烘至恒重。又因为水或其他试剂中常含有少量金属离子，故EDTA标准溶液常用标定法配制，方法是先配成接近所需浓度的EDTA溶液，然后再进行标定。

标定EDTA溶液的基准物质有Zn、ZnO、CaCO$_3$、MgSO$_4 \cdot 7H_2O$等。用Zn标定EDTA溶液时，可用二甲酚橙作指示剂，滴定反应需在HAc-NaAc缓冲溶液(pH=5~6)中进行，终点为红紫色变成亮黄色；若用铬黑T作指示剂，滴定反应需在NH$_3$-NH$_4$Cl

缓冲溶液(pH≈10)中进行，终点为紫红色变成纯蓝色。标定和测定的条件(包括滴定时酸度及指示剂等)应尽可能接近，这样测定结果就越准确。因为不同指示剂终点变色的敏锐性常有差异，滴定误差就不同；溶液中若含有杂质，在不同条件下干扰也就不一样。但在同样条件下标定和测定，这些影响大致相同，误差可以抵消。标定 EDTA 溶液时，应尽可能采用被测元素的金属或化合物作为基准物质，以消除系统误差。

EDTA 标准溶液应贮存在聚乙烯塑料瓶或硬质玻璃瓶中，否则会溶入某些金属离子(如 Ca^{2+}、Mg^{2+} 等)，使 EDTA 浓度发生变化。

6.7.2　各种配位滴定方式

在配位滴定中，采用不同滴定方式，不仅可扩大应用范围，而且还可以提高配位滴定的选择性。

(1)直接滴定法

直接滴定法是配位滴定法中常用的基本方法。若金属离子与 EDTA 反应能满足滴定分析的要求就可直接滴定。大多数金属离子(如 Cu^{2+}、Zn^{2+} 等)都可用 EDTA 进行直接滴定。

(2)返滴定法

若被测金属离子与 EDTA 反应缓慢，或发生水解等副反应，或对指示剂有封闭作用，或没有合适指示剂，可采用返滴定法，即加入过量的 EDTA 标准溶液使被测离子反应完全，然后用另一种金属离子的标准溶液返滴剩余的 EDTA，则可求得被测物质的含量。

如在 pH＝5~6 的 Al^{3+} 溶液中，以二甲酚橙作指示剂，若用 EDTA 直接滴定 Al^{3+} 会出现下列问题：Al^{3+} 与 EDTA 反应缓慢；Al^{3+} 会水解；Al^{3+} 对指示剂有封闭作用，故不能直接滴定 Al^{3+}，可采用返滴定法。在试液中，先加入已知过量 EDTA 标准溶液，pH＝3~4 时加热煮沸，使 Al^{3+} 与 EDTA 反应完全，由于过量 EDTA 的存在，Al^{3+} 浓度很小，对指示剂不产生封闭作用。然后在 pH＝5~6，加入二甲酚橙，用 Zn^{2+} 标准溶液返滴剩余的 EDTA。

(3)置换滴定法

利用置换反应，将被测离子定量地置换成另一种金属离子，然后用 EDTA 标准溶液进行滴定。例如，Ag^+ 与 EDTA 的配合物不稳定，EDTA 不能直接滴定 Ag^+。若在 Ag^+ 试液中加入过量的 $Ni(CN)_4^{2-}$，则发生下面的置换反应：

$$2Ag^+ + Ni(CN)_4^{2-} \Longrightarrow 2Ag(CN)_2^- + Ni^{2+}$$

置换出来的 Ni^{2+}，可在 $NH_3-NH_4^+$ 缓冲溶液(pH≈10)中用 EDTA 滴定，从而可求得 Ag^+ 的含量。

(4)间接滴定法

有些金属离子(如 Na^+、Li^+)与 EDTA 生成的配合物很不稳定，而非金属离子(如 PO_4^{3-}、SO_4^{2-} 等)又不与 EDTA 形成配合物，所以欲用配位滴定法测定这些离子，可采用间接滴定的方式。例如 PO_4^{3-} 的测定，在一定条件下可将其沉淀为 $MgNH_4PO_4 \cdot 6H_2O$，经过滤、洗净并溶解后，调节 $pH \approx 10$，加入铬黑 T，用 EDTA 标准溶液滴定 Mg^{2+}，从而间接求得磷的含量。

6.7.3 配位滴定法应用实例

(1)水的总硬度及钙镁含量的测定

水的硬度最初是指水沉淀肥皂的能力，使肥皂沉淀的主要原因是水中存在的钙、镁离子。水的总硬度指水中钙、镁离子的总硬度，其中包括碳酸盐硬度(即通过加热能以碳酸盐形式沉淀下来的钙、镁离子，又称暂时硬度)和非碳酸盐硬度(即加热后不能沉淀下来的那一部分钙、镁离子，又称永久硬度)。

硬度的表示方法在国际、国内都尚未统一，我国目前使用的表示方法是将所测得的钙、镁折算成 CaO 或 $CaCO_3$ 的质量，即用 1 L 水中含有多少毫克 CaO 或 $CaCO_3$，单位为 $mg \cdot L^{-1}$。

工业用水和生活饮用水对水的硬度都有一定的要求，我国生活饮用水卫生标准规定以 $CaCO_3$ 计的硬度不得超过 450 $mg \cdot L^{-1}$。

①水的总硬度的测定　在一份水样中加入 $pH = 10.0$ 的氨性缓冲溶液和少许铬黑 T 指示剂，此时溶液呈红色。铬黑 T 和 EDTA 分别与 Ca^{2+}、Mg^{2+} 生成配合物的稳定性大小为

$$CaY^{2-} > MgY^{2-} > MgIn^- > CaIn^-$$

所以，此时的红色配合物是 $MgIn^-$，其反应如下：

$$Mg^{2+} + HIn^{2-}(蓝色) \Longleftrightarrow MgIn^-(红色) + H^+$$

当用 EDTA 标准溶液滴定时，它先与游离的 Ca^{2+} 配位，再与 Mg^{2+} 配位，在计量点时，EDTA 从 $MgIn^-$ 中夺取 Mg^{2+}，从而使指示剂游离出来，溶液的颜色由红色变为纯蓝色，即为终点。有关反应如下：

$$Ca^{2+} + H_2Y^{2-} \Longleftrightarrow CaY^{2-} + 2H^+$$

$$Mg^{2+} + H_2Y^{2-} \Longleftrightarrow MgY^{2-} + 2H^+$$

$$MgIn^- + H_2Y^{2-} \Longleftrightarrow MgY^{2-} + HIn^{2-} + H^+$$

水的总硬度可由 EDTA 标准溶液的浓度 $c(EDTA)$ 和消耗体积 $V_1(EDTA)$ 以及水样的体积 $V_{水样}$ 来计算。以 $CaCO_3$ 计，单位为 $mg \cdot L^{-1}$。

$$总硬度 = \frac{c(EDTA) \cdot V_1(EDTA) \cdot M(CaCO_3)}{V_{水样}}$$

式中　$c(EDTA)$——EDTA 标准溶液的浓度($mol \cdot L^{-1}$)；

$V_1(EDTA)$——滴定时 Ca^{2+}、Mg^{2+} 共消耗 EDTA 的体积(mL)；

$M(CaCO_3)$——$CaCO_3$ 的摩尔质量($g \cdot mol^{-1}$)；

$V_{水样}$——水样的体积(L)。

当水样中 Mg^{2+} 极少时，加入的铬黑 T 除了与 Mg^{2+} 配位外还与 Ca^{2+} 配位，但 $CaIn^-$ 比

MgIn⁻的显色灵敏度要差很多，往往得不到敏锐的终点。为了提高终点变色的敏锐性，可在 EDTA 标准溶液中加入适量的 Mg^{2+}（注意，要在 EDTA 标定前加入，这样就不影响 EDTA 与被测金属离子之间的滴定定量关系），或在缓冲溶液中加入一定量的 Mg-EDTA 盐。

水样中若有 Fe^{3+}、Al^{3+} 等干扰离子时，可用三乙醇胺掩蔽。如有 Cu^{2+}、Pb^{2+}、Zn^{2+}、Co^{2+}、Ni^{2+} 等干扰离子，可用 Na_2S、KCN 等掩蔽。

②钙含量测定　另取一份水样，用 NaOH 调至 pH＝12.0，此时 Mg^{2+} 生成 $Mg(OH)_2$ 沉淀，不干扰 Ca^{2+} 的测定。加入少量钙指示剂，溶液呈红色。

$$Ca^{2+}+HIn^{3-} \Longrightarrow CaIn^{2-}+H^+$$
$$\phantom{Ca^{2+}+H}蓝色 \qquad\quad 红色$$

滴定开始至计量点，有关反应为

$$Ca^{2+}+H_2Y^{2-} \Longrightarrow CaY^{2-}+2H^+$$
$$CaIn^{2-}+H_2Y^{2-} \Longrightarrow CaY^{2-}+HIn^{3-}+H^+$$

溶液由红色变为蓝色即为终点，所消耗的 EDTA 的体积为 $V_2(EDTA)$，按下式计算 Ca^{2+} 的质量浓度，单位为 $mg \cdot L^{-1}$。

$$\rho(Ca^{2+})=\frac{c(EDTA) \cdot V_2(EDTA) \cdot M(Ca^{2+})}{V_{水样}}$$

式中　$\rho(Ca^{2+})$——Ca^{2+} 的质量浓度（$mg \cdot L^{-1}$）；

　　　$c(EDTA)$——EDTA 标准溶液的浓度（$mol \cdot L^{-1}$）；

　　　$V_2(EDTA)$——滴定时 Ca^{2+} 消耗 EDTA 的体积（mL）；

　　　$M(Ca^{2+})$——Ca^{2+} 的摩尔质量（$g \cdot mol^{-1}$）；

　　　$V_{水样}$——水样的体积（L）。

Mg^{2+} 的质量浓度，单位为 $mg \cdot L^{-1}$，计算公式为

$$\rho(Mg^{2+})=\frac{c(EDTA) \cdot [V_1(EDTA)-V_2(EDTA)] \cdot M(Mg^{2+})}{V_{水样}}$$

式中　$\rho(Mg^{2+})$——Mg^{2+} 的质量浓度（$mg \cdot L^{-1}$）；

　　　$c(EDTA)$——EDTA 标准溶液的浓度（$mol \cdot L^{-1}$）；

　　　$V_1(EDTA)$——滴定时 Ca^{2+}、Mg^{2+} 共消耗 EDTA 的体积（mL）；

　　　$V_2(EDTA)$——滴定时 Ca^{2+} 消耗 EDTA 的体积（mL）；

　　　$M(Mg^{2+})$——Mg^{2+} 的摩尔质量（$g \cdot mol^{-1}$）；

　　　$V_{水样}$——水样的体积（L）。

（2）可溶性硫酸盐中 SO_4^{2-} 的测定

SO_4^{2-} 不能与 EDTA 直接反应，可采用间接滴定法进行测定。即在含有 SO_4^{2-} 的溶液中加入已知准确浓度的过量 $BaCl_2$ 标准溶液，使 SO_4^{2-} 与 Ba^{2+} 充分反应生成 $BaSO_4$ 沉淀，剩余的 Ba^{2+} 用 EDTA 标准溶液返滴定，可用铬黑 T 指示剂。由于 Ba^{2+} 与铬黑 T 的配合物不够稳定，终点颜色变化不明显，因此，实验时常加入已知量的 Mg^{2+} 标准溶液，以提

高测定的准确性。

SO_4^{2-} 的质量分数可用下式求得

$$\omega(SO_4^{2-}) = \frac{[c(Ba^{2+})V(Ba^{2+}) + c(Mg^{2+})V(Mg^{2+}) - c(EDTA)V(EDTA)]M(SO_4^{2-})}{m_{水样}}$$

式中　$c(Ba^{2+})$——加入 $BaCl_2$ 标准溶液的浓度 $(mol \cdot L^{-1})$；

　　　$V(Ba^{2+})$——加入 $BaCl_2$ 标准溶液的体积 (L)；

　　　$c(Mg^{2+})$——加入 Mg^{2+} 标准溶液的浓度 $(mol \cdot L^{-1})$；

　　　$V(Mg^{2+})$——加入 Mg^{2+} 标准溶液的体积 (L)；

　　　$c(EDTA)$——EDTA 标准溶液的浓度 $(mol \cdot L^{-1})$；

　　　$V(EDTA)$——滴定时消耗 EDTA 的体积 (L)；

　　　$M(SO_4^{2-})$——SO_4^{2-} 的摩尔质量 $(g \cdot mol^{-1})$；

　　　$m_{水样}$——称取硫酸盐样的质量 (g)。

（3）Ag^+ 的测定

Ag^+ 与 EDTA 的配合物不稳定，不能用 EDTA 直接滴定，此时可采用置换滴定法进行测定。

在含 Ag^+ 的试液中加入已知过量的 $[Ni(CN)_4]^{2-}$ 标准溶液，发生如下反应：

$$2Ag^+ + [Ni(CN)_4]^{2-} \Longrightarrow 2[Ag(CN)_2]^- + Ni^{2+}$$

在 pH = 10.0 的氨性缓冲溶液中，以紫脲酸铵为指示剂，用 EDTA 滴定置换出来的 Ni^{2+}，根据 Ag^+ 和 Ni^{2+} 的换算关系，即可求得 Ag^+ 的含量。

本章小结

配位滴定法实际上主要是指 EDTA 滴定法，即用 EDTA 标准溶液直接或间接滴定金属离子的方法。

EDTA 是俗名，化学名是乙二胺四乙酸，通常用 H_4Y 表示，在水中溶解度较小，常用其二钠盐（$Na_2H_2Y \cdot 2H_2O$）作滴定剂。EDTA 能提供 6 个配位原子，与大多数金属离子能按 1∶1 配位生成相当稳定、易溶于水的配合物。

影响 M—EDTA 配位化合物稳定性的主要因素是酸效应和配位效应，影响程度用酸效应系数 $\alpha_{Y(H)}$ 和配位效应系数 $\alpha_{M(L)}$ 表示，其值越大，影响越严重。所以综合考虑这些影响因素，M—EDTA 配合物的实际稳定性应用条件稳定常数 K_f' 表示，它们之间关系为 $\lg K_f' = \lg K_f - \lg\alpha_{Y(H)} - \lg\alpha_{M(L)}$。

从配位滴定曲线可知在化学计量点附近出现了滴定突跃，其突跃范围大小受被测金属离子浓度 $c(M)$ 及 M—EDTA 配合物的条件稳定常数 K_f' 影响，且 $c(M)$ 或 K_f' 越大，突跃范围越大。单一金属离子能被 EDTA 准确直接滴定的条件是 $\lg c(M)K_f'(MY) \geqslant 6$。据此可推算出滴定各金属离子的最低 pH，由 pH 和 $\lg\alpha_{Y(H)}$ 可绘出酸效应曲线。配位滴定中常需加入一定量的缓冲溶液来控制溶液的 pH。

配位滴定终点可选用金属指示剂来确定。使用时要注意金属指示剂的封闭、僵化和氧化变质现象。

共存离子被分别准确滴定时应在符合 $\lg cK_f' \geqslant 6$ 的前提下还需符合 $\lg c(M) K_f'$(MY)$-\lg c(N) K_f'(NY) \geqslant 5$。通过控制溶液的酸度、加掩蔽剂或分离干扰离子等手段提高配位滴定选择。

思考题与习题

1. EDTA 与金属离子形成的配合物有哪些特点？为什么？

2. EDTA 对酸效应曲线指什么？从酸效应曲线上可得出哪些信息？

3. 配合物的条件稳定常数与其稳定常数、酸效应系数及配位效应系数之间有什么关系？

4. 影响配位滴定曲线突跃范围的因素是什么？

5. 配位滴定中，金属离子能被 EDTA 准确直接滴定的条件是什么？

6. 金属指示剂的作用原理是什么？金属离子指示剂应具备哪些条件？选择指示剂的依据是什么？使用时应注意哪些问题？

7. 用 EDTA 直接滴定无色金属离子 M，终点时溶液的颜色是何物质的颜色？

8. 配位滴定中为何要使用缓冲溶液？

9. 已知 EDTA－Ca 配合物的 $\lg K_f(CaY) = 10.69$。当 pH = 9.0 时，$\lg \alpha_{Y(H)} = 1.29$，若无其他副反应，计算在这个酸度下 EDTA－Ca 配合物的 $\lg K_f'(CaY)$。　　　　　(9.40)

10. 已知 EDTA－Ca 配合物的 $\lg K_f(CaY) = 10.69$。在某酸度下该配合物的 $\lg K_f'$(CaY) = 8.00，且无其他副反应，计算该酸度下 $\lg \alpha_{Y(H)}$。　　　　　(2.69)

11. 计算 pH = 5 时，EDTA 的酸效应系数及对数值，若此时 EDTA 各种型体总浓度为 0.02 mol·L^{-1}，求[Y]。　　　　　(7.1×10^{-9} mol·L^{-1})

12. 0.020 00 mol·L^{-1} 的 EDTA 溶液滴定同浓度的 Fe^{3+} 离子，已知 $\lg K_f(FeY) = 25.10$，若要求误差在 ±0.1% 之内，问 $\lg \alpha_{Y(H)}$ 应在什么范围内？　　　　　(0~17.10)

13. 取 100.0 mL 水样测定水的硬度时，耗去 0.015 00 mol·L^{-1}EDTA 标准溶液 15.75 mL，计算以 CaCO$_3$ 表示的水的总硬度(mg·L^{-1})[M_r(CaCO$_3$) = 100.0]。

(236.2 mg·L^{-1})

14. 今有一水样，取 100 mL 一份，调节溶液的 pH = 10，以铬黑 T 为指示剂，用 0.010 00 mol·L^{-1}EDTA 标准溶液滴定至终点，用去 25.40 mL；另取一份 100 mL 水样，调节溶液的 pH = 12，用钙指示剂，用 0.010 00 mol·L^{-1}EDTA 标准溶液滴定至终点，用去 14.25 mL。求每升水样中所含 Ca 和 Mg 的质量。　　　　　(57.1 mg；27.1 mg)

15. 称取 0.500 g 煤样，灼烧时其中的 S 完全被氧化为 SO$_4^{2-}$，处理成溶液后，除去重金属离子，加入 0.0500 mol·L^{-1} 的 BaCl$_2$ 标准溶液 20.00 mL，使之形成 BaSO$_4$ 沉淀，再用 0.0250 mol·L^{-1} 的 EDTA 滴定过量的 Ba^{2+}，用去 20.00 mL。求煤中 S 的质量分数

$[M_r(S)=32.07]$。   (0.0321)

16. 测定奶粉中 Ca 含量，称取 2.5 g 试样经灰化处理，制备为试液，然后用 EDTA 标准溶液滴定消耗了 25.10 mL。称取 0.6256 g 高纯锌，用稀 HCl 溶解后，定容为 1.000 L，吸取 10.00 mL，用上述 EDTA 溶液滴定消耗了 10.80 mL。求奶粉中 Ca 含量（以 mg·g^{-1} 表示）。   (3.56 mg·g^{-1})

第7章 氧化还原滴定法

学习目标：
- 理解标准电极电势及条件电极电势，理解氧化还原反应的方向以及影响氧化还原反应进行的各种因素；
- 掌握氧化还原滴定过程中电极电势的变化规律、化学计量点时电极电势的计算以及影响突跃范围的因素，掌握氧化还原指示剂的变色原理，掌握选择氧化还原指示剂的原则；
- 熟练掌握高锰酸钾法、重铬酸钾法及碘量法的原理、特点、滴定条件、标准溶液的制备及方法的应用范围。

氧化还原滴定法(redoxtitration)是以氧化还原反应为基础的滴定分析方法，可用于测定许多具有氧化还原性质的金属阳离子、阴离子和有机化合物，对一些不具有氧化性或还原性的物质，也可以通过发生化学计量反应转化为具有氧化性或还原性物质的形式进行间接滴定。因此，氧化还原滴定法是滴定分析中应用最广泛的方法之一。

适当的氧化剂和还原剂标准溶液均可用作氧化还原滴定的滴定剂。通常根据滴定剂的名称来命名氧化还原滴定法，常用的有高锰酸钾法、重铬酸钾法、碘量法等。

7.1 氧化还原平衡

7.1.1 条件电极电势

从普通化学的学习中知道，氧化剂和还原剂的强弱可以用有关电对的电极电势(简称电势)来衡量。电对的电势越高，其氧化态的氧化能力越强；电对的电势越低，其还原态的还原能力越强。作为一种氧化剂，它可以氧化电势较其低的还原剂；作为一种还原剂，它可以还原电势较其高的氧化剂。由此可见，根据电对的电极电势，可以判断氧化还原反应进行的方向。

氧化还原共轭电对的电极电势 φ 可通过能斯特(Nernst)方程求得

$$\varphi(\text{Ox/Red}) = \varphi^{\ominus}(\text{Ox/Red}) + \frac{2.303RT}{nF}\lg\frac{a(\text{Ox})}{a(\text{Red})} \tag{7-1}$$

在25℃时

$$\varphi(\text{Ox/Red}) = \varphi^{\ominus} + \frac{0.0592}{n}\lg\frac{a(\text{Ox})}{a(\text{Red})} \tag{7-2}$$

式中　$\varphi(\text{Ox/Red})$——电对的电极电势；

$\varphi^{\ominus}(\mathrm{Ox/Red})$——电对的标准电极电势；

$a(\mathrm{Ox})$，$a(\mathrm{Red})$——分别为氧化态和还原态的活度（离子在化学反应中起作用的有效浓度）；

n——共轭电对间转移的电子数。

$\varphi^{\ominus}(\mathrm{Ox/Red})$的大小与电对本身的性质有关，温度一定时为常数。

需要说明的是，氧化还原电对常分为可逆与不可逆两大类，可逆电对（如 $\mathrm{Fe^{3+}/Fe^{2+}}$、$\mathrm{I_2/I^-}$、$\mathrm{Ce^{4+}/Ce^{3+}}$ 等）在氧化还原反应的任一瞬间都能快速地建立起平衡，其电势值严格遵从 Nernst 方程；不可逆电对（如 $\mathrm{MnO_4^-/Mn^{2+}}$、$\mathrm{Cr_2O_7^{2-}/Cr^{3+}}$、$\mathrm{S_4O_6^{2-}/S_2O_3^{2-}}$ 等）则相反，它在氧化还原反应的任一瞬间，不能真正建立起按氧化还原半反应所示的平衡，其实际电势与理论电势相差较大，所以 Nernst 方程只适用于可逆的氧化还原电对，而对于不可逆电对将产生较大的偏差。尽管如此，对于不可逆电对来说，用 Nernst 方程计算结果作为初步判断，仍具有一定的实际意义。

如果使用式（7-2）计算则须获得氧化态和还原态物质活度，而在实际工作中容易知道的是氧化态和还原态的浓度，而不是活度。通常物质的活度与浓度存在如下关系：

$$a(\mathrm{Ox}) = \gamma(\mathrm{Ox}) \cdot c(\mathrm{Ox})；\quad a(\mathrm{Red}) = \gamma(\mathrm{Red}) \cdot c(\mathrm{Red}) \tag{7-3}$$

$\gamma(\mathrm{Ox})$ 和 $\gamma(\mathrm{Red})$ 为氧化态和还原态的活度系数，将式（7-3）代入式（7-2）中，得

$$\varphi(\mathrm{Ox/Red}) = \varphi^{\ominus} + \frac{0.0592}{n}\lg \frac{\gamma(\mathrm{Ox}) \cdot c(\mathrm{Ox})}{\gamma(\mathrm{Red}) \cdot c(\mathrm{Red})} \tag{7-4}$$

此外还应考虑溶液中可能发生的各种副反应（如酸度、沉淀与配合物的形成等）对电势的影响，还应引入相应的副反应系数 $\alpha(\mathrm{Ox})$ 和 $\alpha(\mathrm{Red})$，以 $[\mathrm{Ox}]$ 和 $[\mathrm{Red}]$ 分别表示氧化态和还原态的平衡浓度，则根据副反应系数的定义：

$$\alpha(\mathrm{Ox}) = \frac{c(\mathrm{Ox})}{[\mathrm{Ox}]} \text{和} \alpha(\mathrm{Red}) = \frac{c(\mathrm{Red})}{[\mathrm{Red}]}$$

有 $\quad c(\mathrm{Ox}) = \alpha(\mathrm{Ox}) \cdot [\mathrm{Ox}]$ 和 $c(\mathrm{Red}) = \alpha(\mathrm{Red}) \cdot [\mathrm{Red}]$

代入式（7-4）：

$$\begin{aligned} \varphi(\mathrm{Ox/Red}) &= \varphi^{\ominus}(\mathrm{Ox/Red}) + \frac{0.0592}{n}\lg \frac{\gamma(\mathrm{Ox}) \cdot c(\mathrm{Ox})}{\gamma(\mathrm{Red}) \cdot c(\mathrm{Red})} \\ &= \varphi^{\ominus}(\mathrm{Ox/Red}) + \frac{0.0592}{n}\lg \frac{\gamma(\mathrm{Ox}) \cdot \alpha(\mathrm{Ox}) \cdot [\mathrm{Ox}]}{\gamma(\mathrm{Red}) \cdot \alpha(\mathrm{Red}) \cdot [\mathrm{Red}]} \\ &= \varphi^{\ominus}(\mathrm{Ox/Red}) + \frac{0.0592}{n}\lg \frac{\gamma(\mathrm{Ox}) \cdot \alpha(\mathrm{Ox})}{\gamma(\mathrm{Red}) \cdot \alpha(\mathrm{Red})} + \frac{0.0592}{n}\lg \frac{[\mathrm{Ox}]}{[\mathrm{Red}]} \end{aligned}$$

在一定条件下，γ、α 都是常数，可以把它们并入前边的标准电极电势项中，则 Nernst 方程可进一步写为：

$$\varphi(\mathrm{Ox/Red}) = \varphi^{\ominus\prime}(\mathrm{Ox/Red}) + \frac{0.0592}{n}\lg \frac{[\mathrm{Ox}]}{[\mathrm{Red}]} \tag{7-5}$$

当 $[\mathrm{Ox}] = [\mathrm{Red}] = 1 \ \mathrm{mol \cdot L^{-1}}$ 时，

$$\varphi(\mathrm{Ox/Red}) = \varphi^{\ominus\prime}(\mathrm{Ox/Red}) = \varphi^{\ominus}(\mathrm{Ox/Red}) + \frac{0.0592}{n}\lg \frac{\gamma(\mathrm{Ox}) \cdot \alpha(\mathrm{Ox})}{\gamma(\mathrm{Red}) \cdot \alpha(\mathrm{Red})} \tag{7-6}$$

式(7-6)中，$\varphi^{\ominus\prime}$(Ox/Red)称为 Ox/Red 电对的条件电极电势。它表示在一定的介质条件下氧化态 Ox 和还原态 Red 的分析浓度都是 1 mol·L^{-1}时的实际电极电势，当条件确定时，$\varphi^{\ominus\prime}$(Ox/Red)为一常数。当介质的种类或浓度改变时，条件电势也随之改变。条件电极电势能有效地反映离子强度和各种副反应的影响，理论上可按式(7-6)计算，但实际上活度系数和副反应系数计算较困难，所以，条件电势大多由实验测得，目前所得数据较少。通常若找不到相同条件下的条件电极电势时，可采用条件相近的实际电极电势，甚至采用相关的条件电极电势来代替。

7.1.2　氧化还原反应进行的方向

在氧化还原反应中，有关电对的电极电势的大小，是判断氧化还原反应进行方向的主要依据。电极电势的大小不仅取决于物质的性质，而且还与反应的条件密切相关。改变反应条件，电极电势发生变化，从而可能改变氧化还原反应进行的方向。

(1)氧化态与还原态浓度

由 Nernst 方程可知，氧化态与还原态浓度的改变会影响氧化还原电对的电极电势，从而影响氧化还原反应的方向。

例如：当$[Sn^{2+}]=[Pb^{2+}]=1.0$ mol·L^{-1}时

$\varphi^{\ominus}(Sn^{2+}/Sn)=-0.14(V)$，$\varphi^{\ominus}(Pb^{2+}/Pb)=-0.126(V)$，$\varphi^{\ominus}(Sn^{2+}/Sn)<\varphi^{\ominus}(Pb^{2+}/Pb)$

氧化还原反应 $Pb^{2+}+Sn=Pb+Sn^{2+}$ 向右进行。

当$[Sn^{2+}]=1.0$ mol·L^{-1}，$[Pb^{2+}]=0.10$ mol·L^{-1}时

$$\varphi^{\ominus}(Sn^{2+}/Sn)=-0.14\ (V)$$

$$\varphi(Pb^{2+}/Pb)=\varphi^{\ominus}(Pb^{2+}/Pb)+\frac{0.0592}{2}lg[Pb^{2+}]$$

$$=-0.126+\frac{0.0592}{2}lg0.10=-0.156(V)$$

$$\varphi^{\ominus}(Sn^{2+}/Sn)>\varphi(Pb^{2+}/Pb)$$

氧化还原反应 $Pb^{2+}+Sn =\!=\!= Pb+Sn^{2+}$ 向左进行。

应该指出，若两电对的条件电极电势相差较大时，则难以通过小幅度增减某一氧化剂(或还原剂)的浓度来改变反应进行的方向。

(2)生成沉淀的影响

在氧化还原体系中，若加入能与氧化态或还原态生成沉淀的沉淀剂，则可使电对的电极电势改变，从而影响反应进行的方向。

例如，电对 Cu^{2+}/Cu^{+} 的 $\varphi^{\ominus}(Cu^{2+}/Cu^{+})=0.17(V)$；电对 $I_2+2e^-=\!=\!=2I^-$ 的 $\varphi^{\ominus}(I_2/I^-)=0.54\ (V)$。

当$[Cu^{2+}]=[I^-]=1.0$ mol·L^{-1}时，如果直接比较两电对的标准电极电势，则反应方程式应为

$$I_2+2Cu^+=\!=\!=2Cu^{2+}+2I^-$$

但由于溶液中的 I^- 会和 Cu^+ 结合生成沉淀 CuI，即有

$$Cu^{+}+I^{-} \Longrightarrow CuI$$

若不考虑离子强度的影响，则

$$\varphi(Cu^{2+}/Cu^{+})=\varphi^{\ominus}(Cu^{2+}/Cu^{+})+0.0592 lg\frac{[Cu^{2+}]}{[Cu^{+}]}$$

$$=\varphi^{\ominus}(Cu^{2+}/Cu^{+})+0.0592 lg\frac{[I^{-}][Cu^{2+}]}{K_{sp}}$$

因为 $K_{sp}(CuI)=1.1 \times 10^{-12}$，$[Cu^{2+}]=[I^{-}]=1.0 \ mol \cdot L^{-1}$，代入得

$$\varphi(Cu^{2+}/Cu^{+})=0.88 \ (V)$$

此例中由于 $CuI \downarrow$ 生成，使 Cu^{2+}/Cu^{+} 电对的电极电势由 0.17 V 增加到 0.88 V，因此上述反应应为

$$2Cu^{2+}+4I^{-}\Longrightarrow 2CuI \downarrow +I_{2}$$

（3）形成配合物的影响

在氧化还原反应中，加入能与氧化态或还原态形成稳定配合物的配位剂时，由于氧化态与还原态浓度之比发生变化，引起电对的电极电势的改变，从而影响氧化还原反应的方向。

【例7-1】 已知 $\varphi^{\ominus}(Cu^{2+}/Cu)=+0.337 \ V$，$K_{f}^{\ominus}\{[Cu(NH_{3})_{4}]^{2+}\}=4.8\times10^{12}$。求 $\varphi^{\ominus}\{[Cu(NH_{3})_{4}]^{2+}/Cu\}=?$

解：
$$Cu^{2+}+2e^{-}\Longrightarrow Cu$$
$$[Cu(NH_{3})_{4}]^{2+}+2e^{-}\Longrightarrow Cu+4NH_{3}$$

根据 Nernst 方程将上述两电极反应分别写为

$$\varphi(Cu^{2+}/Cu)=\varphi^{\ominus}(Cu^{2+}/Cu)+\frac{0.0592}{2}lg c_{eq}(Cu^{2+})$$

$$\varphi\{[Cu(NH_{3})_{4}]^{2+}/Cu\}=\varphi^{\ominus}\{[Cu(NH_{3})_{4}]^{2+}/Cu\}+\frac{0.0592}{2}lg\frac{c_{eq}\{[Cu(NH_{3})_{4}]^{2+}\}}{c_{eq}^{4}(NH_{3})}$$

将上述两电对组成原电池，当电池电动势等于零时：
$\varphi(Cu^{2+}/Cu)=\varphi\{[Cu(NH_{3})_{4}]^{2+}/Cu\}$，即

$$\varphi^{\ominus}(Cu^{2+}/Cu)+\frac{0.0592}{2}lg c_{eq}(Cu^{2+})=\varphi^{\ominus}\{[Cu(NH_{3})_{4}]^{2+}/Cu\}+\frac{0.0592}{2}lg\frac{c_{eq}\{[Cu(NH_{3})_{4}]^{2+}\}}{c_{eq}^{4}(NH_{3})}$$

整理后得 $\quad \varphi^{\ominus}\{[Cu(NH_{3})_{4}]^{2+}/Cu\}=\varphi^{\ominus}(Cu^{2+}/Cu)+\frac{0.0592}{2}lg\frac{c_{eq}(Cu^{2+}) \cdot c_{eq}^{4}(NH_{3})}{c_{eq}\{[Cu(NH_{3})_{4}]^{2+}\}}$

因为 $K_{f}^{\ominus}\{[Cu(NH_{3})_{4}]^{2+}\}=\dfrac{c_{eq}\{[Cu(NH_{3})_{4}]^{2+}\}}{c_{eq}(Cu^{2+}) \cdot c_{eq}^{4}(NH_{3})}=4.8\times10^{12}$

连同 $\varphi^{\ominus}(Cu^{2+}/Cu)=+0.337 \ V$ 代入上式得

$$\varphi^{\ominus}\{[Cu(NH_{3})_{4}]^{2+}/Cu\}=+0.337+\frac{0.0592}{2}lg\frac{1}{4.8\times10^{12}}=-0.038(V)$$

虽然 $[Cu(NH_{3})_{4}]^{2+}$ 与 NH_{3} 的浓度都为标准状态 $1 \ mol \cdot L^{-1}$，但由于 $[Cu(NH_{3})_{4}]^{2+}$

的生成，使 $c(Cu^{2+})$ 发生改变，从而使电极电势改变。由此可能改变氧化还原反应进行的方向。

（4）氢离子或氢氧根离子浓度的影响

在有 H^+ 或 OH^- 参加电极反应时，溶液的酸度改变将使电极电势有显著的改变。如氧化态物质是含氧酸根 MnO_4^-、$Cr_2O_7^{2-}$、AsO_4^{3-}、$C_2O_4^{2-}$ 等，它们的氧化能力与介质的酸度有密切关系。

例如，氧化还原反应：$H_3AsO_4 + 2I^- + 2H^+ \rightleftharpoons HAsO_2 + I_2 + 2H_2O$ [$\varphi^\ominus(H_3AsO_4/HAsO_2) = +0.56\ V$，$\varphi^\ominus(I_2/I^-) = +0.535\ V$]，在不同的 pH 条件下，反应进行的方向不同。

①标准状态下　$\varphi^\ominus(H_3AsO_4/HAsO_2) > \varphi^\ominus(I_2/I^-)$，反应向右进行。

②溶液 pH = 7.00，即 $c(H^+) = 1.0 \times 10^{-7}\ mol \cdot L^{-1}$ 时

$$\varphi(H_3AsO_4/HAsO_2) = \varphi^\ominus(H_3AsO_4/HAsO_2) + \frac{0.0592}{2} \lg \frac{c_{eq}(H_3AsO_4) \cdot c_{eq}^2(H^+)}{c_{eq}(HAsO_2)}$$

$$= +0.56 + \frac{0.0592}{2} \lg \frac{1 \times (10^{-7})^2}{1} = +0.15\ (V)$$

在 $I_2 + 2e^- \rightleftharpoons 2I^-$ 的电极反应中，无 H^+ 参与，故改变溶液酸度不会影响其电对的电极电势。此时，$\varphi(H_3AsO_4/HAsO_2) < \varphi^\ominus(I_2/I^-)$，反应向左进行。

③$c(H^+) = 6\ mol \cdot L^{-1}$ 时

$$\varphi(H_3AsO_4/HAsO_2) = +0.56 + \frac{0.0592}{2} \lg \frac{1 \times (6)^2}{1} = +0.61\ (V)$$

此时 $\varphi(H_3AsO_4/HAsO_2) > \varphi^\ominus(I_2/I^-)$，反应向右进行。

7.1.3　氧化还原反应进行的程度

氧化还原反应进行的程度可用反应的平衡常数 $K^\ominus$（equilibrium constant of redox reaction）来衡量，而平衡常数 $K^\ominus$ 值可从有关电对的标准电极电势求得。若考虑溶液中各种副反应的影响，则以相应的条件电极电势计算，所得常数为条件平衡常数 K'（conditional equilibrium constant），更能说明反应进行的程度。

若氧化还原反应为　　　$n_2 Ox_1 + n_1 Red_2 \rightleftharpoons n_2 Red_1 + n_1 Ox_2$

25℃时，两电对的半反应及相应的 Nernst 方程式为

$$Ox_1 + n_1 e = Red_1,\qquad \varphi_1 = \varphi_1^{\ominus\prime} + \frac{0.0592}{n_1} \lg \frac{c(Ox_1)}{c(Red_1)}$$

$$Ox_2 + n_2 e = Red_2,\qquad \varphi_2 = \varphi_2^{\ominus\prime} + \frac{0.0592}{n_2} \lg \frac{c(Ox_2)}{c(Red_2)}$$

当反应达到平衡时，$\varphi_1 = \varphi_2$，则

$$\varphi_1^{\ominus\prime} + \frac{0.0592}{n_1} \lg \frac{c(Ox_1)}{c(Red_1)} = \varphi_2^{\ominus\prime} + \frac{0.0592}{n_2} \lg \frac{c(Ox_2)}{c(Red_2)}$$

整理后得　　$\lg K' = \lg \frac{c(Red_1)}{c(Ox_1)}^{n_2} \cdot \frac{c(Ox_2)}{c(Red_2)}^{n_1} = \frac{n \cdot (\varphi_1^{\ominus\prime} - \varphi_2^{\ominus\prime})}{0.0592}$ 　　　(7-7)

式(7-7)中 n 是两电对的得失电子数的最小公倍数。

两电对的条件电势相差越大，氧化还原反应的平衡常数 K' 就越大，反应进行的就越完全。对于滴定反应，反应的完全程度应在 99.9% 以上，若以氧化剂 Ox_1 标准溶液滴定还原剂 Red_2，在终点时允许 Red_2 残留 0.1%，或氧化剂 Ox_1 过量 0.1%，即

$$\frac{c(Ox_2)}{c(Red_2)} \geqslant \frac{99.9}{0.1} \approx 10^3 \quad 或 \quad \frac{c(Ox_1)}{c(Red_1)} \geqslant \frac{100}{0.1} \approx 10^3$$

当两电对的半反应中电子转移数 $n_1 = n_2 = 1$ 时：

$$\lg K' = \lg \frac{c(Red_1)}{c(Ox_1)} \cdot \frac{c(Ox_2)}{c(Red_2)} \geqslant \lg(10^3 \times 10^3) = 6$$

$$\varphi_1^{\ominus\prime} - \varphi_2^{\ominus\prime} = 0.0592 \lg K' \geqslant \frac{0.0592}{1} \times 6 \approx 0.35(V)$$

对于 $n_1 = 1$，$n_2 = 2$ 型的氧化还原反应，如

$$2Ox_1 + Red_2 =\!=\!= 2Red_1 + Ox_2$$

$$\varphi_1^{\ominus\prime} - \varphi_2^{\ominus\prime} = 0.0592 \lg K' \geqslant \frac{0.0592}{2} \times 9 \approx 0.27(V)$$

$$\lg K' = \lg \frac{c(Red_1)}{c(Ox_1)}^2 \cdot \frac{c(Ox_2)}{c(Red_2)} \geqslant \lg[(10^3)^2 \times 10^3] = 9$$

对于 $n_1 = 2$，$n_2 = 3$ 型的氧化还原反应，如

$$3Ox_1 + 2Red_2 =\!=\!= 3Red_1 + 2Ox_2$$

$$\lg K' = \lg \frac{c(Red_1)}{c(Ox_1)}^3 \cdot \frac{c(Ox_2)}{c(Red_2)}^2 \geqslant \lg[(10^3)^3 \times (10^3)^2] = 15$$

$$\varphi_1^{\ominus\prime} - \varphi_2^{\ominus\prime} = 0.0592 \lg K' \geqslant \frac{0.0592}{6} \times 15 \approx 0.15(V)$$

对于氧化还原反应为

$$n_2 Ox_1 + n_1 Red_2 =\!=\!= n_2 Red_1 + n_1 Ox_2$$

$$\lg K' = \lg \frac{c(Red_1)}{c(Ox_1)}^{n_2} \cdot \frac{c(Ox_2)}{c(Red_2)}^{n_1} \geqslant \lg(10^{3n_2} \times 10^{3n_1}) = 3(n_1 + n_2) \tag{7-8}$$

$$\varphi_1^{\ominus\prime} - \varphi_2^{\ominus\prime} \geqslant \frac{0.0592}{n_1 \cdot n_2} \times 3(n_1 + n_2)(V) \tag{7-9}$$

由此可见，若仅考虑氧化还原反应的完全程度，通常认为：对于 $n_1 = n_2$ 的反应，只有满足 $\lg K' \geqslant 6$ 条件，才能符合滴定分析的要求；对于 $n_1 \neq n_2$ 的反应，需满足 $\lg K' \geqslant 3(n_1 + n_2)$ 条件，才能符合滴定分析的要求。

另外，也可用氧化还原反应中两电对的电极电势差值 $\varphi_1^{\ominus\prime} - \varphi_2^{\ominus\prime}$ 来判断反应是否进行完全。通常认为，当满足 $\varphi_1^{\ominus\prime} - \varphi_2^{\ominus\prime} \geqslant 0.4V$ 时，就能满足滴定分析的要求。

7.1.4　氧化还原反应的速率及其影响因素

虽然可以根据电对的电极电势来判断氧化还原反应进行的方向及计算平衡常数 K'，

但却不能由此决定反应进行的速率，即电极电势只能判断反应发生的可能性、完全程度。氧化还原反应的机理比酸碱反应、沉淀反应和配位反应要复杂得多，因此一般不能单从平衡的观点来考虑反应的可能性，还应从它的反应速率来考虑反应的现实性。影响氧化还原反应速率的因素，除了参加反应的氧化还原电对本身的性质外，还有反应条件，如浓度、温度、催化剂等。

（1）浓度对反应速率的影响

根据质量作用定律，反应速率与反应物的浓度乘积成正比，反应物浓度越大，反应的速率越快。例如，在酸性溶液中，一定量的 $K_2Cr_2O_7$ 与 KI 反应：

$$Cr_2O_7^{2-}+6I^-+14H^+ =\!=\!= 2Cr^{3+}+3I_2+7H_2O$$

此反应速率较慢，若增大 I^- 的浓度（KI 过量约 5 倍）和提高溶液的 $c(H^+)$（约 0.4 mol·L^{-1}），只需 3～5min，反应就能进行完全。

（2）温度对反应速率的影响

对于大多数反应，增加溶液的温度可提高反应速率。这是由于增加溶液温度，不仅增加了反应物之间的碰撞几率，更重要的是增加了活化分子或活化离子的数目，因而提高了反应速率。通常每增加 10℃，反应速率约增大 2～3 倍。如在酸性溶液中 MnO_4^- 与 $C_2O_4^{2-}$ 的反应，室温下反应速率缓慢，如将溶液加热，则反应速率显著提高。故用 $KMnO_4$ 滴定 $H_2C_2O_4$ 时，通常将溶液加热至 70～80℃。

（3）催化剂与反应速率

在分析化学中，经常使用催化剂来改变反应速率。催化剂是能够改变反应速率而不改变化学平衡的一种物质。一般认为在催化反应中，由于催化剂的存在使得反应过程中产生一些不稳定的中间价态离子、游离基或活泼的中间配合物，从而改变原氧化还原反应历程，或降低了原反应进行时所需的活化能，使反应速率发生变化。例如，Mn^{2+} 对 MnO_4^- 与 $C_2O_4^{2-}$ 的反应有催化作用。加入适量的 Mn^{2+} 能使此反应的反应速率加快。即使不加入 Mn^{2+}，而利用 MnO_4^- 与 $C_2O_4^{2-}$ 刚开始反应生成微量的 Mn^{2+} 作催化剂，也可以加快反应速率。这种由反应产物引起催化作用的现象称为自动催化作用（self−catalyzed function）。

（4）诱导反应

有些氧化还原反应在通常情况下并不发生或进行极慢，但由于另一反应的进行会促使其发生。例如，在酸性溶液中 $KMnO_4$ 氧化 Cl^- 的反应速率很慢，但当溶液中同时存在 Fe^{2+} 时，$KMnO_4$ 氧化 Fe^{2+} 的反应加速了 $KMnO_4$ 氧化 Cl^- 的反应。这种由于一个反应的发生，促进另一个反应进行的现象，称为诱导作用（induced function），前者称为诱导反应，后者则为受诱反应。如：

$$MnO_4^-+5Fe^{2+}+8H^+ =\!=\!= Mn^{2+}+5Fe^{3+}+4H_2O \qquad （诱导反应）$$
$$2MnO_4^-+10Cl^-+16H^+ =\!=\!= 2Mn^{2+}+5O_2+8H_2O \qquad （受诱反应）$$

其中 MnO_4^- 称为作用体，Fe^{2+} 称为诱导体，Cl^- 称为受诱体。

诱导反应与催化反应不同，在催化反应中，催化剂参加反应后，又恢复其原来的状态与数量；在诱导反应中，诱导体参加反应后变为其他物质。诱导反应的产生，与氧化还原反应中间步骤中产生的不稳定中间价态离子或游离基团等因素有关。

7.2 氧化还原滴定的基本原理

7.2.1 氧化还原滴定曲线

在氧化还原滴定过程中，随着标准溶液的加入，溶液中氧化态物质和还原态物质浓度逐渐改变，有关电对的电极电势也随之不断变化，对于这种变化，可以用滴定曲线来表示。滴定曲线一般可以通过实验测得数据来描绘，也可以应用 Nernst 方程计算，根据计算结果来描绘。

现以 $1.0 \ mol \cdot L^{-1} H_2SO_4$ 体系中，$0.1000 \ mol \cdot L^{-1} Ce(SO_4)_2$ 标准溶液滴定 20.00 mL 的 $0.1000 \ mol \cdot L^{-1} FeSO_4$ 溶液为例，绘制氧化还原反应的滴定曲线。已知在此条件下两电对的电极反应和条件电极电势分别为

$$Ce^4 + e^- \rightleftharpoons Ce^3 \qquad \varphi^{\ominus'}(Ce^{4+}/Ce^{3+}) = 1.44(V)$$
$$Fe^3 + e^- \rightleftharpoons Fe^2 \qquad \varphi^{\ominus'}(Fe^{3+}/Fe^{2+}) = 0.68(V)$$

滴定反应为 $\qquad Ce^4 + Fe^2 = Ce^3 + Fe^3$

计算前应该指出的是：在滴定过程中的任一时刻，当反应体系达平衡时，溶液体系中同时存在两个电对，并且两电对的电极电势相等，即

$$\varphi(Ce^{4+}/Ce^{3+}) = \varphi(Fe^{3+}/Fe^{2+})$$

因此，在滴定的不同阶段，可选择方便于计算的电对，用 Nernst 方程式计算滴定过程中任意时刻该平衡溶液的电势。与酸碱滴定法和配位滴定法相似，将整个滴定过程分为 4 个阶段进行讨论。

(1)滴定开始前

对于 $0.1000 \ mol \cdot L^{-1} Fe^{2+}$ 溶液，由于空气中氧的氧化作用，可将少量的 Fe^{2+} 氧化为 Fe^{3+}，但 Fe^{3+} 浓度不可知，故此时溶液的电势无法计算。

(2)滴定开始至化学计量点前

化学计量点前，溶液中存在剩余的 Fe^{2+}，滴定过程中电势的变化可根据 Fe^{3+}/Fe^{2+} 电对计算：

$$\varphi(Fe^{3+}/Fe^{2+}) = \varphi^{\ominus'}(Fe^{3+}/Fe^{2+}) + 0.0592 \lg \frac{c(Fe^{3+})}{c(Fe^{2+})}$$

当滴入 Ce^{4+} 标准溶液 19.80 mL 时，$\dfrac{c(Fe^{3+})}{c(Fe^{2+})} = \dfrac{\dfrac{0.1000 \times 19.80 \times 10^{-3}}{(20.00 + 19.80) \times 10^{-3}}}{\dfrac{0.1000 \times (20.00 - 19.80) \times 10^{-3}}{(20.00 + 19.80) \times 10^{-3}}} = 99$

$$\varphi(Fe^{3+}/Fe^{2+}) = 0.68 + 0.0592 \lg 99 = 0.80(V)$$

当滴入 Ce^{4+} 标准溶液 19.98 mL 时，$\dfrac{c(Fe^{3+})}{c(Fe^{2+})}=\dfrac{\dfrac{0.1000\times19.98\times10^{-3}}{(20.00+19.98)\times10^{-3}}}{\dfrac{0.1000\times(20.00-19.98)\times10^{-3}}{(20.00+19.98)\times10^{-3}}}=999$

$$\varphi(Fe^{3+}/Fe^{2+})=0.68+0.0592\lg999=0.86(V)$$

（3）化学计量点时

此时，加入 20.00 mL 0.1000 $mol\cdot L^{-1}Ce(SO_4)_2$ 标准溶液，化学计量点时：

$$\varphi(Fe^{3+}/Fe^{2+})=\varphi(Ce^{4+}/Ce^{3+})=\varphi_{sp}$$

而 $$\varphi(Ce^{4+}/Ce^{3+})=1.44+0.0592\lg\dfrac{c(Ce^{4+})}{c(Ce^{3+})}=\varphi_{sp}$$

$$\varphi(Fe^{3+}/Fe^{2+})=0.68+0.0592\lg\dfrac{c(Fe^{3+})}{c(Fe^{2+})}=\varphi_{sp}$$

将上面两式相加得 $2\varphi_{sp}=1.44+0.68+0.0592\lg\dfrac{c(Ce^{4+})}{c(Ce^{3+})}+0.0592\lg\dfrac{c(Fe^{3+})}{c(Fe^{2+})}$

$$=1.44+0.68+0.0592\lg\dfrac{c(Ce^{4+})\cdot c(Fe^{3+})}{c(Ce^{3+})\cdot c(Fe^{2+})}$$

根据等物质的量原则，化学计量点时：$c(Fe^{3+})=c(Ce^{3+})$，$c(Fe^{2+})=c(Ce^{4+})$

代入上式得 $$\varphi_{sp}=\dfrac{1.44+0.68}{2}=1.06(V)$$

注意上述为参加滴定反应的两电对 Fe^{3+}/Fe^{2+} 与 Ce^{4+}/Ce^{3+} 为对称电对（氧化态与还原态系数相同的电对）时的化学计量点的电极电势的计算方法，对于不对称电对（氧化态与还原态系数相同的电对，如 $Cr_2O_7^{2-}/Cr^{3+}$、I_2/I^- 等），也可用同样的方法推导出计量点时溶液电势为

$$\varphi_{sp}=\dfrac{n_1\varphi_1^{\ominus}{}'+n_2\varphi_2^{\ominus}{}'}{n_1+n_2}+\dfrac{0.0592}{n_1+n_2}\lg\dfrac{1}{a\left[Red_1\right]^{a-1}}$$

式中，a 为还原态在电极半反应中的系数。例如 $K_2Cr_2O_7$ 法测定 $FeSO_4$ 时，滴定反应为

$$Cr_2O_7^{2-}+6Fe^{2+}+14H^+=\!=\!=2Cr^{3+}+6Fe^{2+}+7H_2O$$

化学计量点时溶液电势为

$$\varphi_{sp}=\dfrac{6\varphi^{\ominus}{}'(Cr_2O_7^{2-}/Cr^{3+})+\varphi^{\ominus}{}'(Fe^{3+}/Fe^{2+})}{6+1}+\dfrac{0.0592}{6+1}\lg\dfrac{1}{2[Cr^{3+}]}$$

（4）化学计量点后

化学计量点后，由于 Fe^{2+} 几乎全部被氧化为 Fe^{3+}，$c(Fe^{3+})$ 不易求得，所以根据电对 Ce^{4+}/Ce^{3+} 计算此时溶液的电势：$\varphi(Ce^{4+}/Ce^{3+})=\varphi^{\ominus}(Ce^{4+}/Ce^{3+})+0.0592\lg\dfrac{c(Ce^{4+})}{c(Ce^{3+})}$，如

当滴入 Ce^{4+} 标准溶液 20.02 mL 时：$\dfrac{c(Ce^{4+})}{c(Ce^{3+})} = \dfrac{\dfrac{0.1000\times(20.02-20.00)\times10^{-3}}{(20.00+20.02)\times10^{-3}}}{\dfrac{0.1000\times20.00\times10^{-3}}{(20.00+20.02)\times10^{-3}}} = 0.001$

$$\varphi(Ce^{4+}/Ce^{3+}) = 1.44+0.0592\lg0.001 = 1.26(V)$$

当滴入 Ce^{4+} 标准溶液 20.20 mL 时：$\dfrac{c(Ce^{4+})}{c(Ce^{3+})} = \dfrac{\dfrac{0.1000\times(20.20-20.00)\times10^{-3}}{(20.00+20.20)\times10^{-3}}}{\dfrac{0.1000\times20.00\times10^{-3}}{(20.00+20.20)\times10^{-3}}} = 0.01$

$$\varphi(Ce^{4+}/Ce^{3+}) = 1.44+0.0592\lg0.01 = 1.32(V)$$

综上所述，将滴定过程中各点的计算结果列于表 7-1 中，并以 Ce^{4+} 标准溶液加入量与溶液电势变化绘成滴定曲线（图 7-1）。

表 7-1　在 $1.0\ mol \cdot L^{-1}H_2SO_4$ 溶液中，以 $0.1000\ mol \cdot L^{-1}Ce(SO_4)_2$ 标准溶液
滴定 20.00 mL 的 $0.1000\ mol \cdot L^{-1}FeSO_4$ 溶液的电势变化

Ce^{4+} 溶液体 V/mL	滴入分数/%	溶液电势(φ)/V
1.00	5.0	0.60
2.00	10.0	0.62
4.00	20.0	0.64
8.00	40.0	0.67
10.00	50.0	0.68
12.00	60.0	0.69
18.00	90.0	0.74
19.80	99.0	0.80
19.98	99.9	0.86
20.00	100.0	1.06
20.02	100.1	1.26
22.00	110.0	1.38
30.00	150.0	1.42
40.00	200.0	1.44

从表 7-1 和图 7-1 可以看出，在氧化还原滴定过程中，随着滴定剂的加入，有关电对的氧化态和还原态的浓度发生了变化，使得溶液电势也发生相应的变化，特别是在化学计量点附近溶液电势发生了突跃。与其他滴定法相似，从化学计量点前的 99.9% 的

Fe^{2+} 被氧化到计量点后加入过量 0.1% 的 Ce^{4+}，溶液电势就由 0.86 V 突然增加到 1.26 V，即 0.86～1.26 V 为突跃范围。突跃范围的大小是氧化还原滴定能否准确进行的判断依据，也是选择指示剂的依据。

上述 Ce^{4+} 滴定 Fe^{2+} 的反应中，两对电子转移数相同，且等于 1，化学计量点电势恰好处于滴定突跃范围（0.86～1.26 V）的中心，化学计量点前后的曲线基本对称。对于电子转移数不同的对称电对之间的滴定反应，由于 $n_1 \neq n_2$，所以滴定曲线在化学计量点前后是不对称的，化学计量点电势不在滴定突跃范围的中心，而是偏向电子转移数较大的电对一方。例如，以 Fe^{3+} 滴定 Sn^{2+} 的反应（在 1 mol·L^{-1} HCl 介质中）化学计量点电势为 0.32 V，其滴定突跃范围为 0.23～0.50 V。

此时，化学计量点电势偏向电子转移数大的电对一方。

必须指出，对于不对称电对，如 $Cr_2O_7^{2-}/Cr^{3+}$、MnO_4^-/Mn^{2+}、I_2/I^-、$S_4O_6^{2-}/S_2O_3^{2-}$ 等的电势计算不符合 Nernst 方程式，因此计算的滴定曲线与实际的滴定曲线有较大的差异。一般地说，不可逆氧化还原体系的滴定曲线均由实验测得，如图 7-2 所示。

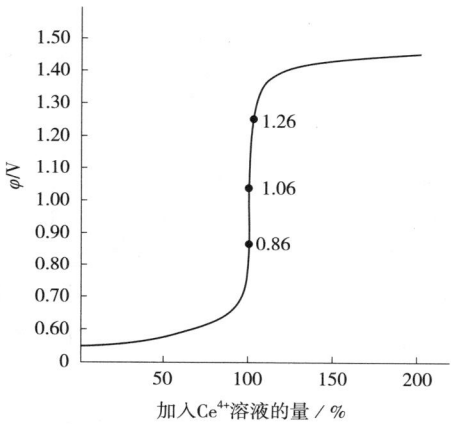

图 7-1　氧化还原滴定曲线

0.1000 mol·L^{-1} Ce(SO$_4$)$_2$ 标准溶液滴定

20.00 mL 的 0.1000 mol·L^{-1} FeSO$_4$ 溶液

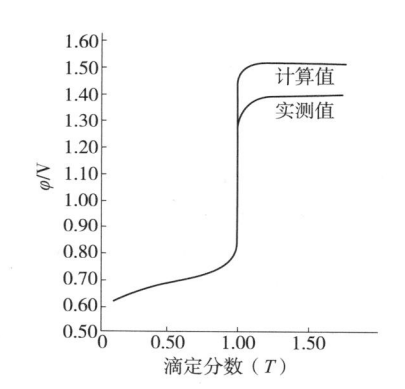

图 7-2　0.1000 mol·L^{-1} KMnO$_4$ 标准溶液

滴定 0.1000 mol·L^{-1} Fe^{2+} 时理论

滴定曲线与实测滴定曲线的比较

7.2.2　影响氧化还原滴定突跃范围的因素

由滴定曲线和化学计量点溶液电势的计算可知，氧化还原滴定突跃范围的大小，取决于组成氧化还原反应的两个电对的条件电极电势的差值。条件电极电势相差越大，滴定的突跃范围越大，反之突跃范围就越小，如图 7-3 所示。

通常情况下，两电对的条件电极电势（或标准电极电势）之差大于 0.20 V 时，才有明显的滴定突跃。若两个电对条件电极电势（或标准电极电势）差值在 0.20～0.40 V，可采用电位法确定终点，若差值大于 0.40 V 时，可选用氧化还原指示剂法（也可用电位法）指示终点。

此外，如图 7-4 所示，在不同介质中，氧化还原电对的条件电极电势不同，滴定曲线的突跃范围大小则不同。

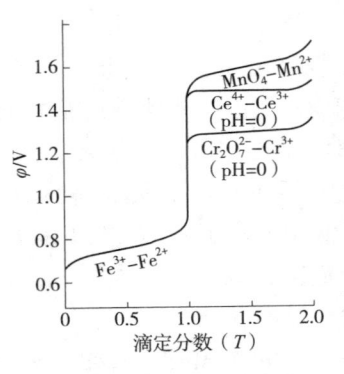 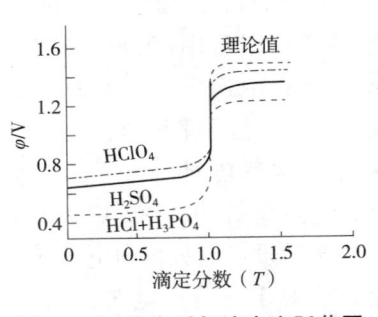

图 7-3　$\Delta\varphi^{\ominus}$ 与滴定曲线突跃　　　图 7-4　反应介质与滴定突跃范围

7.2.3　氧化还原指示剂

在氧化还原滴定中，除用电位法确定滴定终点外，还可利用某些物质在化学计量点时颜色的改变指示滴定终点。应用于氧化还原滴定中的氧化还原指示剂有以下三类。

（1）自身指示剂

在氧化还原滴定中，有些标准溶液或被滴定物质本身有颜色，而反应后变成无色或浅色物质，此种情况在滴定时就不必另外加入指示剂。这种利用标准溶液本身的颜色变化来指示滴定终点的指示剂叫作自身指示剂。如 MnO_4^- 本身为紫红色，其还原产物 Mn^{2+} 几乎无色。当用 $KMnO_4$ 作标准溶液滴定无色或颜色很浅的物质时，无须另加指示剂，到达化学计量点后，只要有微过量的 MnO_4^-（浓度为 $2\times10^{-6}\ mol\cdot L^{-1}$）存在，就可使溶液呈现粉红色，由此确定滴定终点的到达。

（2）特殊指示剂

有些物质本身并不具有氧化还原性，但它能与氧化剂或还原剂产生特殊的颜色由此来确定滴定终点，该种指示剂叫作特殊指示剂。例如，可溶性淀粉能与碘生成深蓝色的吸附化合物，反应特效而灵敏。室温下，淀粉可检出约 $10^{-5}\ mol\cdot L^{-1}$ 的碘溶液，由此颜色的出现或消失以确定滴定终点。

（3）氧化还原指示剂

此类指示剂本身就是氧化剂或还原剂，其氧化态和还原态具有不同的颜色。在滴定中因被还原或氧化而发生颜色改变从而指示滴定终点。

若以 $In(Ox)$ 和 $In(Red)$ 分别表示指示剂的氧化态和还原态，n 表示其电子转移数，则氧化还原指示剂的半反应可用下式表示：

$$In(Ox)+ne^-=In(Red)$$

根据 Nernst 方程，氧化还原指示剂的电极电势与其浓度的关系为（25℃）：

$$\varphi[In(Ox)/In(Red)]=\varphi^{\ominus\prime}[In(Ox)/In(Red)]+\frac{0.0592}{n}\lg\frac{c[In(Ox)]}{c[In(Red)]}$$

将该氧化还原指示剂加入到被滴溶液中，随着滴定的进行，溶液电势不断发生变化，指示剂的 $c[In(Ox)]$ 和 $c[In(Red)]$ 随之变化，溶液的颜色也随之改变，与酸碱指示剂情况相似：

当 $\dfrac{c[In(Ox)]}{c[In(Red)]} \geqslant 10$ 时，呈指示剂氧化态 $In(Ox)$ 的颜色，此时电极电势为

$$\varphi(In) = \varphi^{\ominus'}(In) + \frac{0.0592}{n}$$

当 $\dfrac{c[In(Ox)]}{c[In(Red)]} \leqslant \dfrac{1}{10}$ 时，呈指示剂还原态 $In(Red)$ 的颜色，此时电极电势为

$$\varphi(In) = \varphi^{\ominus'}(In) - \frac{0.0592}{n}$$

当 $\dfrac{1}{10} \leqslant \dfrac{c[In(Ox)]}{c[In(Red)]} \leqslant 10$ 时，$\varphi^{\ominus'}(In) - \dfrac{0.0592}{n} \leqslant \varphi \leqslant \varphi^{\theta'}(In) + \dfrac{0.0592}{n}$，溶液呈现指示剂氧化态和还原态的混合色。这里溶液电势 φ 的变化范围为氧化还原指示剂的理论变色范围。

当 $\dfrac{c[In(Ox)]}{c[In(Red)]} = 1$ 时，呈氧化态和还原态的中间颜色，此时 $\varphi[In(Ox)/In(Red)] = \varphi^{\ominus'}[In(Ox)/In(Red)]$，该点称为氧化还原指示剂的理论变色点。

所以，氧化还原指示剂理论变色范围的电极电势为 $\varphi(In) = \varphi^{\ominus'}(In) \pm \dfrac{0.0592}{n}$，此称为氧化还原指示剂的理论变色范围。

而 $\dfrac{c[In(Ox)]}{c[In(Red)]} = 1$ 时，其电极电势为 $\varphi(In) = \varphi^{\ominus'}(In)$。此时，指示剂呈氧化态和还原态的中间颜色，此称为氧化还原指示剂的理论变色点。

表 7-2 列出的是一些常用的氧化还原指示剂的条件电极电势，在选择指示剂时，应使指示剂的条件电极电势尽量与滴定反应的化学计量点电势一致，以减小终点误差。

表 7-2　一些常用的氧化还原指示剂

指示剂	$\varphi_{In}^{\ominus}/V$ $[c(H^+) = 1\ mol \cdot L^{-1}]$	颜色变化	
		还原态	氧化态
亚甲基蓝	0.53	蓝	无
二苯胺	0.76	紫	无
二苯胺硫酸钠	0.84	紫红	无
邻苯氨基苯甲酸	0.89	紫红	无
邻二氮菲-亚铁	1.06	浅蓝	红
硝基邻二氮菲-亚铁	1.25	浅蓝	紫红

7.3 氧化还原滴定的主要方法及应用

7.3.1 高锰酸钾法

7.3.1.1 概述

高锰酸钾是强氧化剂，它的氧化能力和还原产物均与溶液的 pH 有关。

在强酸性溶液中 $[c(H^+)>0.1\ mol \cdot L^{-1}]$，$MnO_4^-$ 的还原产物为 Mn^{2+}：

$$MnO_4^- + 8H^+ + 5e = Mn^{2+} + 4H_2O \qquad \varphi^\ominus = 1.51\ V$$

在弱酸性、中性或弱碱性溶液中，MnO_4^- 还原为 MnO_2（实际为 MnO_2 的水合物）：

$$MnO_4^- + 2H_2O + 3e = MnO_2 + 4OH^- \qquad \varphi^\ominus = 0.595\ V$$

在强碱溶液中 $[c(OH^-)>2.0\ mol \cdot L^{-1}]$，$MnO_4^-$ 还原为 MnO_4^{2-}：

$$MnO_4^- + e = MnO_4^{2-} \qquad \varphi^\ominus = 0.57\ V$$

7.3.1.2 标准溶液的配制与标定

$KMnO_4$ 试剂中含有少量 MnO_2 和其他杂质，$KMnO_4$ 氧化能力强，容易与水中的有机物、空气中的还原性物质作用，故不能直接用 $KMnO_4$ 试剂配制标准溶液，通常首先配制成近似浓度的溶液，然后再进行标定。

标定 $KMnO_4$ 溶液的基准物质很多，有 $Na_2C_2O_4$、$H_2C_2O_4 \cdot 2H_2O$、$(NH_4)_2Fe(SO_4)_2 \cdot H_2O$、$As_2O_3$ 和纯铁丝等。其中最常用的是 $Na_2C_2O_4$，它易于提纯，性质稳定；不含结晶水，在 $105 \sim 110℃$ 烘 2 h 后即可使用。

在 H_2SO_4 溶液中，MnO_4^- 与 $C_2O_4^{2-}$ 的反应如下：

$$2MnO_4^- + 5C_2O_4^{2-} + 16H^+ = 2Mn^{2+} + 10CO_2 + 8H_2O$$

为使反应定量而又较快地进行，应注意以下滴定条件：

①温度　此反应在室温下速率缓慢，需把溶液加热至 $70 \sim 80℃$ 进行滴定。滴定完毕时，温度也不应低于 $60℃$，但温度也不宜过高，若高于 $90℃$，会使 $H_2C_2O_4$ 发生部分分解，导致标定结果偏高。

②pH　若 pH 过高，MnO_4^- 会部分被还原为 MnO_2；若 pH 过低，则会促使 $H_2C_2O_4$ 分解。一般滴定开始的最宜 pH 条件约为 $c(H^+)=1\ mol \cdot L^{-1}$。为防止诱导氧化 Cl^- 的反应发生，应在 H_2SO_4 介质中进行。

③滴定速率　开始滴定时，MnO_4^- 与 $C_2O_4^{2-}$ 的反应速率很慢，此时若滴定速率过快，则使滴入的 $KMnO_4$ 来不及与 $C_2O_4^{2-}$ 反应，就在热的酸性溶液中发生分解，导致标定结果偏低：

$$4MnO_4^- + 12H^+ = 4Mn^{2+} + 5O_2 + 6H_2O$$

④催化剂　用 $KMnO_4$ 滴定时，开始加入的几滴溶液褪色较慢，但当这几滴 $KMnO_4$ 与 $C_2O_4^{2-}$ 作用完毕后，由于生成物 Mn^{2+} 的自动催化作用，反应的速率逐渐加快。若在滴定前加入少量 $MnSO_4$ 作催化剂，则在滴定的最初阶段能够以较快的速率进行。

⑤指示剂　MnO_4^- 本身具有颜色，当溶液中有稍微过量的 MnO_4^- 就可以显出粉红色，故一般不需另加指示剂。但若 $KMnO_4$ 标准溶液浓度很稀（如 $\leqslant 0.002$ $mol \cdot L^{-1}$）时，最好采用适当的氧化还原指示剂，如二苯胺磺酸钠、邻二氮菲–亚铁等，以确定滴定终点。

⑥滴定终点　用 $KMnO_4$ 溶液滴定至终点时，稍过量的 $KMnO_4$ 溶液会被空气中的还原性气体和灰尘还原，故溶液的粉红色会逐渐消失。所以，滴定时当溶液中出现的粉红色在 $0.5 \sim 1$ min 内不褪色时，即可认为到达滴定终点。

标定好的 $KMnO_4$ 溶液在放置一段时间后，若发现有 MnO_2 沉淀析出，应过滤并重新标定。

根据 $Na_2C_2O_4$ 的质量（g），消耗的 $KMnO_4$ 标准溶液的体积（mL），即可求出标准溶液的浓度。

$$c(KMnO_4) = \frac{\frac{2}{5}m(Na_2C_2O_4)}{V(KMnO_4) \cdot M(Na_2C_2O_4)}$$

7.3.1.3　$KMnO_4$ 法应用示例

（1）H_2O_2 的测定

在酸性溶液中，H_2O_2 可被 MnO_4^- 定量氧化：

$$2MnO_4^- + 5H_2O_2 + 6H^+ =\!=\!= 2Mn^{2+} + 5O_2\uparrow + 8H_2O$$

此反应在滴定开始时反应较慢，随着 Mn^{2+} 的生成，反应速率会加快，也可在滴定前先加入少量 Mn^{2+} 作催化剂。若 H_2O_2 中含有少量有机物质，也将消耗 $KMnO_4$，会使测定结果偏高。这时应改用碘量法或铈量法测定 H_2O_2。

（2）Ca^{2+} 的测定

先将 Ca^{2+} 沉淀为 CaC_2O_4，再经过滤、洗涤，将沉淀溶于热的稀 H_2SO_4 溶液中，最后用 $KMnO_4$ 标准溶液滴定溶液中释放的定量 $H_2C_2O_4$。各步反应如下：

沉淀　$Ca^{2+} + C_2O_4^{2-} =\!=\!= CaC_2O_4\downarrow$

酸溶　$CaC_2O_4 + 2H^+ =\!=\!= Ca^{2+} + H_2C_2O_4$

滴定　$2MnO_4^- + 5C_2O_4^{2-} + 16H^+ =\!=\!= 2Mn^{2+} + 10CO_2\uparrow + 8H_2O$

根据所消耗 $KMnO_4$ 的量，间接求得 Ca^{2+} 的含量。为了保证 Ca^{2+} 与 $C_2O_4^{2-}$ 间 1∶1 的计量关系，以及获得颗粒较大的 CaC_2O_4 沉淀，必须采取以下措施：①在酸性试液中先加入过量 $(NH_4)_2C_2O_4$，再用稀氨水慢慢中和试液至甲基橙显黄色，使沉淀缓慢地生成；②沉淀完全后，必须放置陈化一段时间；③用蒸馏水洗去沉淀表面吸附的 $C_2O_4^{2-}$。为减少沉淀溶解损失，应该使用少量的冷水洗涤沉淀。

（3）水中化学耗氧量 COD_{Mn} 的测定

化学耗氧量 COD_{Mn} 是在规定条件下，用 $KMnO_4$ 氧化水样中的某些有机物及无机还原性物质所消耗的 MnO_4^- 量相当的氧的质量浓度（以 O_2 计，$mg \cdot L^{-1}$）。它是反映水体被还原性物质污染的主要指标。还原性物质包括有机物、亚硝酸盐、亚铁盐和硫化物等，但多数水受有机物污染极为普遍，因此，化学耗氧量可作为有机物污染程度的指标。

COD_{Mn} 的测定方法：在酸性条件下，加入过量的 $KMnO_4$ 溶液，将水样中的某些有机物及还原性物质氧化，反应后在剩余的 $KMnO_4$ 中加入过量的 $Na_2C_2O_4$ 还原，再用 $KMnO_4$ 溶液回滴过量的 $Na_2C_2O_4$，从而计算出水样中所含还原性物质所消耗的 $KMnO_4$，再换算为 COD_{Mn}。测定过程所发生的有关反应如下：

$$4KMnO_4 + 6H_2SO_4 + 5C = 2K_2SO_4 + 4MnSO_4 + 5CO_2 + 6H_2O$$

$$MnO_4^- + 5C_2O_4^{2-} + 16H^+ = 2Mn^{2+} + 8H_2O + 10CO_2\uparrow$$

$KMnO_4$ 法测定的化学耗氧量 COD_{Mn} 只适用于较为清洁水样。对于工业废水和污染严重的环境水中 COD 的测定，要采用 $K_2Cr_2O_7$ 法。

(4) 一些有机物的测定

氧化有机物的反应在碱性溶液中比在酸性溶液中快，采用加入过量 $KMnO_4$ 并加热的方法可进一步加速反应。例如，测定甘油时，加入一定量过量的 $KMnO_4$ 标准溶液到含有试样的 $2\ mol\cdot L^{-1}NaOH$ 溶液中，放置片刻，溶液中发生如下反应：

$$C_3H_8O_3 + 14MnO_4^- + 20OH^- = 3CO_3^{2-} + 14MnO_4^{2-} + 14H_2O$$

待溶液反应完全后将溶液酸化，MnO_4^{2-} 歧化成 MnO_4^- 和 MnO_2，加入过量的 $Na_2C_2O_4$ 标准溶液还原所有高价锰为 Mn^{2+}。最后再以 $KMnO_4$ 标准溶液滴定剩余的 $Na_2C_2O_4$。由两次加入的 $KMnO_4$ 和 $Na_2C_2O_4$ 的量，计算甘油的质量分数。甲醛、甲酸、酒石酸、柠檬酸、苯酚、葡萄糖等都可按此法测定。

7.3.2 重铬酸钾法

7.3.2.1 概述

重铬酸钾是常用的氧化剂之一。在酸性溶液中，$K_2Cr_2O_7$ 与还原剂作用时，被还原为 Cr^{3+}：

$$Cr_2O_7^{2-} + 14H^+ + 6e^- = 2Cr^{3+} + 7H_2O \qquad \varphi^{\ominus} = 1.33\ V$$

实际上，在酸性溶液中，$Cr_2O_7^{2-}/Cr^{3+}$ 电对的条件电势常常比标准电势小。例如，在 $4\ mol\cdot L^{-1}H_2SO_4$ 溶液中，$\varphi^{\ominus\prime} = 1.15\ V$；在 $1\ mol\cdot L^{-1}HClO_4$ 溶液中，$\varphi^{\ominus\prime} = 1.025\ V$；在 $3\ mol\cdot L^{-1}HCl$ 溶液中，$\varphi^{\ominus\prime} = 1.08\ V$；在 $1\ mol\cdot L^{-1}HCl$ 溶液中，$\varphi^{\ominus\prime} = 1.00\ V$。溶液的 $c(H^+)$ 增大，$Cr_2O_7^{2-}/Cr^{3+}$ 电对的条件电势亦随之增大。

重铬酸钾容易提纯(可达 99.99%)，在 $100\sim110℃$ 干燥后，可直接称量配制标准溶液，并且 $K_2Cr_2O_7$ 溶液非常稳定，可以长期保存。据有关文献记载，一瓶 $0.017\ mol\cdot L^{-1}$ $K_2Cr_2O_7$ 溶液，放置 24 年后，其浓度无明显改变。

$K_2Cr_2O_7$ 的氧化性较 $KMnO_4$ 弱，在室温下，当 HCl 浓度低于 $3\ mol\cdot L^{-1}$ 时，$Cr_2O_7^{2-}$ 不能氧化 Cl^-，故可在 HCl 介质中用 $K_2Cr_2O_7$ 滴定 Fe^{2+}。在酸性介质中，橙色的 $Cr_2O_7^{2-}$ 的还原产物是绿色时的 Cr^{3+}，颜色变化难以观察，故不能根据 $Cr_2O_7^{2-}$ 本身颜色变化来确定滴定终点，而需采用氧化还原指示剂，如二苯胺磺酸钠等。

7.3.2.2　重铬酸钾标准溶液的配制

$K_2Cr_2O_7$ 标准溶液可用直接法配制，但在配制前应将 $K_2Cr_2O_7$ 基准试剂在 $105 \sim 110℃$ 温度下烘至恒重。准确称取一定量的 $K_2Cr_2O_7$ 基准试剂，加水溶解后定量转移至一定体积的容量瓶中，稀释至刻度，摇匀。然后根据其质量和定容的体积，计算标准溶液的浓度。

7.3.2.3　重铬酸钾法应用示例

（1）铁矿石中含铁量的测定

重铬酸钾法是测定铁矿石中含铁量的经典方法。其方法是：用热的浓盐酸分解试样完全后，用 $SnCl_2$ 趁热还原 Fe^{3+} 为 Fe^{2+}。冷却后，过量的 $SnCl_2$ 用 $HgCl_2$ 氧化除去，此时溶液中出现 Hg_2Cl_2 白色丝状沉淀，再用水稀释，并加入 H_2SO_4-H_3PO_4 混合酸，以二苯胺磺酸钠作指示剂，用 $K_2Cr_2O_7$ 标准溶液滴定 Fe^{2+}，至溶液由绿色变为紫红色为终点。

滴定反应为　　　　$Cr_2O_7^{2-}+6Fe^{2+}+14H^+ \!=\!\!=\!\!= 2Cr^{3+}+6Fe^{2+}+7H_2O$

由下式计算出样品中铁的含量：

$$\omega(\text{Fe})=\frac{6c(\text{K}_2\text{Cr}_2\text{O}_7)\cdot V(\text{K}_2\text{Cr}_2\text{O}_7)\cdot M(\text{Fe})}{m_{水样}}$$

指示剂选用二苯胺磺酸钠，其易溶于水，在酸性溶液中遇强氧化剂时，首先被氧化为无色的二苯联苯胺磺酸，然后再进一步氧化为二苯联苯胺磺酸紫的紫色化合物，反应过程为：

二苯联苯胺磺酸紫不稳定，在含有氧化剂的溶液中，会缓慢地被氧化而分解为其他物质。因此，滴定到终点后，溶液的紫红色逐渐消失。

在该滴定中，如果直接选用二苯胺磺酸钠（$\varphi_{\text{In}}^{\ominus'}=0.85\text{ V}$）为指示剂，则由于理论变色点低于突跃范围的下限（0.86 V），滴定终点会提前出现，滴定误差较大。但若在滴定前向溶液中加入 H_3PO_4，由于 H_3PO_4 与 Fe^{3+} 可形成稳定的 $[\text{Fe}(\text{HPO}_4)_2]^-$ 无色配离子，可降低溶液体系中的 Fe^{3+} 的浓度，从而降低了 Fe^{3+}/Fe^{2+} 电对的电极电势，使滴定突跃的下限向下延伸，增大了突跃范围，使二苯胺磺酸钠的变色点落在滴定突跃范围以

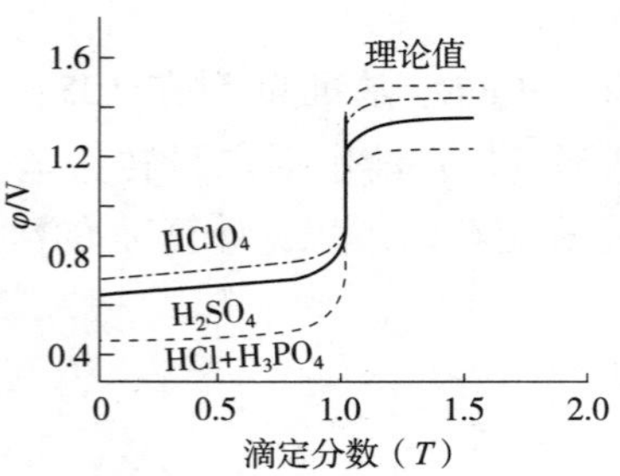

图 7-5 加入 H_3PO_4 前后滴定曲线的变化

内。如图 7-5 所示，图中虚线为加入 H_3PO_4 后的滴定曲线。此外，由于 Fe^{3+} 浓度的降低也消除了其自身黄褐色对滴定终点颜色的干扰。此时，选用二苯胺磺酸钠为指示剂便能准确地指示测定亚铁盐的滴定终点。

（2）重铬酸钾法测定土壤中的腐殖质

腐殖质是土壤中结构复杂的有机物质，其含量与土壤的肥力有着密切的联系。

在浓 H_2SO_4 与少量催化剂 Ag_2SO_4 的存在下，加入过量的 $K_2Cr_2O_7$ 标准溶液，在 $170 \sim 180℃$ 温度下，使土壤中的碳被 $K_2Cr_2O_7$ 氧化成 CO_2，剩余的 $K_2Cr_2O_7$ 中加入 H_3PO_4 和二苯胺磺酸钠指示剂，用 $FeSO_4$ 标准溶液滴定至溶液由紫红色变为绿色（Cr^{3+}）即为滴定终点。记录 $FeSO_4$ 标准溶液所消耗的体积 $V(mL)$。滴定反应如下：

$$2K_2Cr_2O_7 + 8H_2SO_4 + 3C \rule[0.5ex]{1.5em}{0.4pt} 2K_2SO_4 + 2Cr_2(SO_4)_3 + 3CO_2\uparrow + 8H_2O$$
$$Cr_2O_7^{2-} + 6Fe^{2+} + 14H^+ \rule[0.5ex]{1.5em}{0.4pt} 2Cr^{3+} + 6Fe^{2+} + 7H_2O$$

7.3.3 碘量法

7.3.3.1 概述

碘量法是利用 I_2 的氧化性或 I^- 的还原性进行测定的方法。由于固体 I_2 在水中的溶解度很小（$0.001\ 33\ mol \cdot L^{-1}$），且易于挥发，通常将 I_2 溶解于 KI 溶液中，此时 I_2 在溶液中以 I_3^- 配离子形式存在，其半反应为

$$I_3^- + 2e \rule[0.5ex]{1.5em}{0.4pt} 3I^- \qquad \varphi^{\ominus} = 0.545\ V$$

为简化起见并强调化学计量关系，一般仍将 I_3^- 简写为 I_2。从 I_3^-/I^- 电对的电势大小，可知 I_2 是较弱的氧化剂，能与较强的还原剂作用；而 I^- 是中等强度的还原剂，能与许多氧化剂反应。碘量法可分为直接碘量法和间接碘量法两种。

（1）直接碘量法

I_2 标准溶液可以直接滴定电极电势比 $\varphi^{\ominus}(I_3^-/I^-)$ 低的还原性物质，如 S^{2-}、SO_3^{2-}、Sn^{2+}、$S_2O_3^{2-}$、As（Ⅲ）、维生素 C 等，这种碘量法称为直接碘量法。

（2）间接碘量法

在一定条件下，I^- 可还原电极电势比 $\varphi^{\ominus}(I_3^-/I^-)$ 高的氧化性物质，定量生成 I_2，然后用 $Na_2S_2O_3$ 标准溶液滴定生成的 I_2，这种方法称为间接碘量法。间接碘量法可以测定很多氧化性物质，如 Cu^{2+}、$Cr_2O_7^{2-}$、IO_3^-、BrO_3^-、AsO_4^{3-}、ClO^-、NO_2^-、H_2O_2、MnO_4^- 和 Fe^{3+} 等。

7.3.3.2 碘量法标准溶液的制备

碘量法一般需要分别配制和标定 I_2 和 $Na_2S_2O_3$ 两种标准溶液。

（1）$Na_2S_2O_3$ 标准溶液的配制

硫代硫酸钠，俗称海波。一般都含有少量杂质，所以 $Na_2S_2O_3$ 标准溶液只能用间接法配制。

配制好的 $Na_2S_2O_3$ 溶液在空气中不稳定，容易分解，还有水中微量的 Cu^{2+} 或 Fe^{3+} 等也能促进 $Na_2S_2O_3$ 溶液分解，因此应当用新煮沸并冷却的蒸馏水配制 $Na_2S_2O_3$ 溶液。$Na_2S_2O_3$ 溶液应贮于棕色瓶中，于暗处放置 2 周后，过滤去除沉淀，然后再标定；标定后的 $Na_2S_2O_3$ 标准溶液在贮存过程中如发现溶液变混浊，应重新标定。

标定 $Na_2S_2O_3$ 溶液的基准物质有 $K_2Cr_2O_7$、KIO_3、$KBrO_3$ 等。标定时，需在酸性的基准物溶液中，加入过量 KI，待析出 I_2 完全后，再用配制的 $Na_2S_2O_3$ 溶液滴定。以 $K_2Cr_2O_7$ 作基准物为例，在酸性 $K_2Cr_2O_7$ 溶液中加入 KI：

$$Cr_2O_7^{2-}+6I^-+14H^+ =\!=\!=\!= 2Cr^{3+}+3I_2+7H_2O$$

析出的 I_2 以淀粉为指示剂用 $Na_2S_2O_3$ 溶液滴定。

$$I_2+2S_2O_3^{2-} =\!=\!=\!= 2I^-+S_4O_6^{2-}$$

根据称取 $K_2Cr_2O_7$ 的质量 m 和消耗 $Na_2S_2O_3$ 溶液的体积 V，可按下式计算出 $Na_2S_2O_3$ 标准溶液的浓度：

$$c(Na_2S_2O_3)=\frac{6m(K_2Cr_2O_7)}{V(Na_2S_2O_3)\cdot M(K_2Cr_2O_7)}$$

（2）I_2 标准溶液的制备

用市售的碘先配成近似浓度的碘溶液，然后用基准试剂或已知准确浓度的 $Na_2S_2O_3$ 标准溶液来标定 I_2 溶液的准确浓度。由于 I_2 难溶于水，易溶于 KI 溶液，故配制时应将 I_2、KI 与少量水一起研磨后再用水稀释，并保存在棕色试剂瓶中待标定。I_2 溶液可用 As_2O_3 基准物标定。由于 As_2O_3 在水中溶解度小，通常多用 NaOH 溶液溶解，使之生成亚砷酸钠，再用 I_2 溶液滴定 AsO_3^{3-}。

$$As_2O_3+6NaOH =\!=\!=\!= 2Na_3AsO_3+3H_2O$$
$$AsO_3^{3-}+I_2+H_2O =\!=\!=\!= AsO_4^{3-}+2I^-+2H^+$$

根据称取的 As_2O_3 质量 m 和滴定时消耗 I_2 溶液的体积 V，可计算出 I_2 标准溶液的浓度。计算公式如下：

$$c(I_2)=\frac{2m(As_2O_3)}{V(I_2)\cdot M(As_2O_3)}$$

7.3.3.3　碘量法应用实例

（1）抗坏血酸含量的测定

抗坏血酸（$C_6H_8O_6$）又称维生素 C（Vc）。由于维生素 C 具有还原性，所以它能被 I_2 标准溶液直接滴定。

测定时，称取准确质量的含抗坏血酸试样，溶解在新煮沸且冷却的蒸馏水中，以 HAc 酸化，加入淀粉指示剂，迅速用 I_2 标准溶液滴定至终点。由 I_2 标准溶液计算出 Vc 的含量：

$$\omega(\mathrm{Vc}) = \frac{c(\mathrm{I_2}) \cdot V(\mathrm{I_2}) \cdot M(\mathrm{Vc})}{m}$$

因为抗坏血酸的还原性很强,尤其在碱性介质中,极易被空气中氧所氧化,所以测定时应加入 HAc 使溶液呈现弱酸性,以减少维生素 C 的副反应。

(2)水中溶解氧的测定

溶解在水中的氧称为"溶解氧",常以 DO 表示,含量用 1 L 水中溶解的氧气量(O_2,$\mathrm{mg} \cdot \mathrm{L}^{-1}$)表示。当水源被污染,水中溶解氧逐渐减少,水中生物难以生存,严重时,水源将发黑发臭。

碘量法测定水中溶解氧的方法:在水样中加入硫酸锰和碱性碘化钾溶液,使生成氢氧化亚锰沉淀。氢氧化亚锰极不稳定,迅速与水中溶解氧化合生成棕色锰酸锰沉淀。

$$\mathrm{MnSO_4 + 2NaOH = Mn(OH)_2 \downarrow + Na_2SO_4}$$
白色沉淀

$$\mathrm{2Mn(OH)_2 + O_2 = 2H_2MnO_3 \downarrow}$$
棕色沉淀

$$\mathrm{Mn(OH)_2 + H_2MnO_3 = MnMnO_3 \downarrow + 2H_2O}$$
棕色沉淀

加入硫酸酸化,使锰酸锰与所加入的 $\mathrm{I^-}$ 起氧化还原反应,析出相当量的 $\mathrm{I_2}$。溶解氧越多,析出的碘也越多,溶液的颜色也就越深。

$$\mathrm{MnMnO_3 + 3H_2SO_4 + 2KI = 2MnSO_4 + K_2SO_4 + I_2 + 3H_2O}$$

最后取出一定量反应完的水样,以淀粉为指示剂,用 $\mathrm{Na_2S_2O_3}$ 标准溶液滴定至终点。测定结果按下式计算:

$$\mathrm{DO} = \frac{(V_0 - V_1) \cdot c(\mathrm{Na_2S_2O_3}) \cdot M(\mathrm{O})}{4V_{水}}$$

式中　V_1——滴定水样时消耗硫代硫酸钠标准溶液体积;

　　　$V_{水}$——水样体积。

(3)碘量法还可用于测定葡萄糖、甲醛、丙酮及硫脲等有机物

以葡萄糖为例,在葡萄糖试液中加碱液使溶液呈碱性,加入一定量过量的 $\mathrm{I_2}$ 标准溶液,由于 $\mathrm{I_2}$ 在碱性溶液中生成 $\mathrm{IO^-}$,葡萄糖的醛基被 $\mathrm{IO^-}$ 氧化为葡萄糖酸。剩余的 $\mathrm{IO^-}$ 在碱液中歧化为 $\mathrm{IO_3^-}$ 和 $\mathrm{I^-}$,溶液酸化后又析出 $\mathrm{I_2}$,最后用 $\mathrm{Na_2S_2O_3}$ 标准溶液滴定析出的 $\mathrm{I_2}$。有关反应为

$$\mathrm{I_2 + 2OH^- = IO^- + H_2O}$$
$$\mathrm{C_6H_{12}O_6 + IO^- + OH^- = C_6H_{12}O_7 + I^- + H_2O}$$
$$\mathrm{3IO^- = IO_3^- + 2I^-}$$
$$\mathrm{IO_3^- + 2I^- + 6H^+ = 3I_2 + 3H_2O}$$
$$\mathrm{I_2 + 2S_2O_3^{2-} = 2I^- + S_4O_6^{2-}}$$

根据 I_2 与 $S_2O_3^{2-}$ 的反应计量关系，从 I_2 标准溶液的加入量和滴定时 $S_2O_3^{2-}$ 的消耗量即可求出葡萄糖的含量。

$$\omega(C_6H_{12}O_6)=\dfrac{c(I_2)\cdot V(I_2)-\dfrac{1}{2}c(Na_2S_2O_3)\cdot V(Na_2S_2O_3)\quad\cdot M(C_6H_{12}O_6)}{m(s)}$$

本章小结

氧化还原滴定法是以氧化还原反应为基础的滴定分析方法。在氧化还原反应中，有关电对的电极电势的大小，是判断氧化还原反应进行方向的主要依据。影响反应速率的主要因素有反应物的浓度、温度、催化剂及诱导反应等。

氧化还原滴定曲线和其他滴定曲线类似，在化学计量点附近也会出现突跃，突跃范围的大小取决于两电对条件电极电势的差值。其差值越大，突跃范围越大。另外，在不同介质中，氧化还原电对的条件电极电势不同，滴定曲线的突跃范围和化学计量点在曲线的位置就不同。两电对均为可逆电极的氧化还原反应的化学计量点时溶液电势可用公式 $\varphi_{sp}=\dfrac{n_1\varphi_1^{\ominus\prime}+n_2\varphi_2^{\ominus\prime}}{n_1+n_2}$ 计算得到。

氧化还原滴定确定终点时可采用的指示剂有自身指示剂、特殊指示剂及氧化还原指示剂。滴定中要选择氧化还原指示剂时应使指示剂的条件电极电势处于滴定的突跃范围内，并尽可能与化学计量点 φ_{sp} 接近，以减少终点误差。

本章重点介绍氧化还原滴定法中常见的几种滴定方法：高锰酸钾法、重铬酸钾法与碘量法等。

思考题与习题

1. 什么是条件电极电势？条件电极电势与标准电极电势有什么不同？影响条件电极电势的因素有哪些？

2. 如何衡量氧化还原反应进行的程度？氧化还原反应进行的程度取决于什么？

3. 如何确定对称电对氧化还原反应的化学计量点电势？

4. 氧化还原滴定曲线突跃大小与哪些因素有关？

5. 在 $1.5\ mol\cdot L^{-1}$ HCl 介质中，当 $c(Cr^{6+})=0.10\ mol\cdot L^{-1}$，$c(Cr^{3+})=0.020\ mol\cdot L^{-1}$ 时，计算此时共轭电对 $Cr_2O_7^{2-}/Cr^{3+}$ 电对的电极电势。　　　　　　　（1.01 V）

6. 计算 $pH=10.0$，$[NH_4^+]+[NH_3]=0.20\ mol\cdot L^{-1}$ 时，Zn^{2+}/Zn 电对的条件电势。若 $c(Zn^{2+})=0.020\ mol\cdot L^{-1}$，体系的电势是多少？　　　　　（$-0.94$ V；-0.99 V）

7. 分别计算 $[H^+]=2.0\ mol\cdot L^{-1}$ 和 $pH=2.00$ 时 MnO_4^-/Mn^{2+} 电对的条件电势。

（1.54 V；1.32 V）

8. 在 $0.5\ mol\cdot L^{-1}$ H_2SO_4 介质中，等体积的 $0.60\ mol\cdot L^{-1}$ Fe^{2+} 溶液与 $0.20\ mol\cdot L^{-1}$

Ce^{4+} 溶液混合。反应达到平衡后，Ce^{4+} 的浓度为多少？ $[c(Ce^{4+})=6.02\times10^{-15}\ mol\cdot L^{-1}]$

9. 准确称取 0.4903 g 纯 $K_2Cr_2O_7$，用水溶解并稀释至 100.00 mL。移取 25.00 mL，加入 H_2SO_4 及 KI，以 $Na_2S_2O_3$ 溶液滴定至终点，消耗 25.00 mL。计算 $Na_2S_2O_3$ 溶液的浓度。 $(0.1000\ mol\cdot L^{-1})$

10. 准确移取过氧化氢试样溶液 25.00 mL，置 250.0 mL 容量瓶中，加水至刻度，混匀。再准确吸取 25.00 mL，加 H_2SO_4 酸化，用 0.027 32 $mol\cdot L^{-1}$ $KMnO_4$ 标准溶液滴定消耗 35.86 mL。试计算试样中过氧化氢的浓度($g\cdot L^{-1}$)。 $(33.32\ g\cdot L^{-1})$

第8章 沉淀滴定法

学习目标：
- 掌握沉淀滴定法的特点；
- 掌握莫尔法、佛尔哈德法和法扬司法确定计量点的原理和滴定条件；
- 掌握吸附指示剂的应用；
- 掌握沉淀滴定法的应用和计算。

沉淀滴定法(precipitation titration)是基于沉淀反应为基础的滴定分析方法。由于很多沉淀反应速度太慢、反应不够完全或没有合适的指示剂指示终点，所以用于沉淀滴定的反应屈指可数。能用于滴定分析的沉淀反应必须满足以下条件：

①反应形成的沉淀要有恒定的组成且沉淀的溶解度要小。

②生成的沉淀产生的吸附现象要小，不影响滴定终点的辨认。

③沉淀反应迅速、定量地进行。

④有适当的指示剂指示滴定终点。

目前，比较有实际意义的是生成难溶性银盐的沉淀反应：

$$Ag^+ + X^- \rightleftharpoons AgX \downarrow （X^- 为 Cl^-、Br^-、I^-、CN^- 和 SCN^- 等）$$

利用上述沉淀反应的滴定分析方法，称为银量法。在银量法中，既可以用 $AgNO_3$ 标准溶液测定卤族离子和拟卤族离子，也可以用 KSCN 或 NH_4SCN 为标准溶液测定 Ag^+ 离子等。

8.1 滴定曲线

在沉淀滴定过程中，被测离子浓度随滴定剂的加入而变化，其变化情况与其他滴定法类似，亦可绘制成滴定曲线。

现以 $0.1000 \ mol \cdot L^{-1} AgNO_3$ 标准溶液滴定 $20.00 \ mL \ 0.1000 \ mol \cdot L^{-1}$ 的 NaCl 溶液为例，讨论沉淀滴定曲线。沉淀反应为

$$Ag^+ + Cl^- \rightleftharpoons AgCl \downarrow \qquad K_{sp}^{\ominus}(AgCl) = 1.8 \times 10^{-10}$$

(1)滴定前

溶液中 Cl^- 浓度为溶液的原始浓度：

$$[Cl^-] = 0.1000 \ mol \cdot L^{-1} \qquad pCl = 1.00$$

(2)化学计量点前

化学计量点前，随着不断滴入 $AgNO_3$ 标准溶液，溶液中 Cl^- 不断形成 AgCl 沉淀，

其浓度近似等于剩余的 NaCl 的浓度，即

$$[Cl^-] = \frac{c(NaCl) \cdot V(NaCl) - c(AgNO_3) \cdot V(AgNO_3)}{V(NaCl) + V(AgNO_3)}$$

当 $V(AgNO_3) = 19.98$ mL 时，溶液中 Cl^- 浓度为

$$[Cl^-] = \frac{0.1000 \times (20.00 - 19.98)}{20.00 + 19.98} = 5.0 \times 10^{-5} (mol \cdot L^{-1})$$

$$pCl = 4.30$$

（3）化学计量点时

当滴定达化学计量点时，可近似认为所加入的 $AgNO_3$ 标准溶液按化学计量关系与 Cl^- 沉淀完全。实际上，化学计量点时溶液是 AgCl 的饱和溶液，为沉淀溶剂平衡。因此当 $V(AgNO_3) = 20.00$ mL 时，

$$[Cl^-] = [Ag^+] = \sqrt{K_{sp}^{\ominus}(AgCl)} = \sqrt{1.8 \times 10^{-10}} = 1.33 \times 10^{-5} (mol \cdot L^{-1})$$

$$pCl = pAg = 4.88$$

（4）化学计量点后

化学计量点后，由于 $AgNO_3$ 过量加入，溶液中 Cl^- 不断减少，但沉淀溶解平衡依然存在，因此可根据溶液中过量的 Ag^+ 和 $K_{sp}^{\ominus}(AgCl)$ 计算 $[Cl^-]$ 或 pCl。

$$[Ag^+] = \frac{c(AgNO_3) \cdot V(AgNO_3) - c(NaCl) \cdot V(NaCl)}{V(NaCl) + V(AgNO_3)}$$

$$[Cl^-] = \frac{K_{sp}^{\ominus}(AgCl)}{[Ag^+]}$$

当 $V(AgNO_3) = 20.02$ mL 时，溶液中 Ag^+ 平衡浓度为

$$[Ag^+] = 0.1000 \times \frac{20.02 - 20.00}{20.02 + 20.00} = 5.0 \times 10^{-5} (mol \cdot L^{-1})$$

$$[Cl^-] = \frac{K_{sp}^{\ominus}(AgCl)}{[Ag^+]} = 3.6 \times 10^{-6} (mol \cdot L^{-1})$$

$$pCl = 5.44$$

按照以上计算方法，可计算出滴定过程中任意一点的 pCl 值。计算结果列于表 8-1。以滴加 $AgNO_3$ 溶液的体积为横坐标，以 pCl 值为纵坐标绘制曲线，即可得到沉淀滴定曲线，如图 8-1 所示。

表 8-1　0.1000 mol · L⁻¹ AgNO₃ 分别滴定 20.00 mL 同浓度的 NaCl 和 NaBr 时离子浓度的变化

AgNO₃ 加入量/mL	pCl	pAg	pBr	pAg
0.00	1.0	—	1.0	—
18.00	2.3	7.5	2.3	9.8
19.98	4.3	5.5	4.3	7.8

（续）

AgNO$_3$ 加入量/mL	pCl	pAg	pBr	pAg
20.00	4.9	4.9	6.05	6.05
20.02	5.5	4.3	7.8	4.3
40.00	8.5	1.3	10.8	1.3

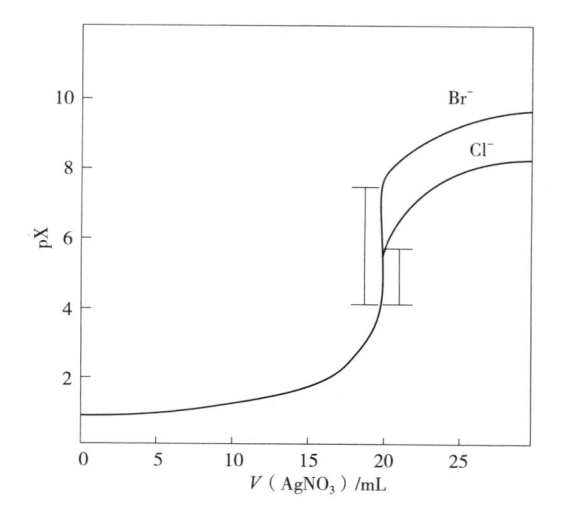

图 8-1　0.1000 mol·L^{-1}AgNO$_3$ 滴定 20.00 mL 同浓度的 Cl$^-$、Br$^-$ 离子时的滴定曲线

由图 8-1 可知，pCl、pBr 在化学计量点附近有突跃发生，突跃范围的大小主要取决于所形成沉淀的溶度积 $K_{sp}^{\ominus}$ 的大小。$K_{sp}^{\ominus}$ 越小，相应突跃范围就越大。如 AgBr 的 $K_{sp}^{\ominus}$（$7.7×10^{-13}$）小于 AgCl 的 $K_{sp}^{\ominus}$（$1.8×10^{-10}$），所以，pBr 比 pCl 的突跃范围大。此外，突跃范围与溶液的浓度也有关系，浓度越大，突跃范围越大。

8.2　常用的沉淀滴定法

与其他滴定分析法一样，沉淀滴定法的关键问题是正确测定滴定终点，使滴定终点与化学计量点尽可能一致，以减少滴定误差。根据所用指示剂的不同，下面分别介绍根据选择合适终点指示剂的人名命名的沉淀滴定分析方法。

8.2.1　莫尔(Mohr)法
8.2.1.1　方法原理
莫尔法是以铬酸钾（K$_2$CrO$_4$）为指示剂，以 AgNO$_3$ 为标准溶液滴定卤化物，在中性或弱碱性溶液中滴定 Cl$^-$ 等的分析方法。

例如，在中性或弱碱性条件下测定 Cl$^-$，以 K$_2$CrO$_4$ 为指示剂，以 AgNO$_3$ 为标准溶

液进行滴定。即

$$Ag^+ + Cl^- \rightleftharpoons AgCl \downarrow （白色） \qquad K_{sp}^{\ominus}(AgCl) = 1.8 \times 10^{-10}$$

$$2Ag^+ + CrO_4^{2-} \rightleftharpoons Ag_2CrO_4 \downarrow （砖红色） \qquad K_{sp}^{\ominus}(Ag_2CrO_4) = 2.0 \times 10^{-12}$$

由于 $AgCl$ 和 Ag_2CrO_4 不是同一类型的沉淀，所以不能用溶度积直接进行比较和计算，需要用它们的溶解度进行讨论。

设 $AgCl$ 的溶解度为 x，则沉淀平衡中 $[Ag^+] = [Cl^-] = x$，代入溶度积：

$$K_{sp}^{\ominus}(AgCl) = [Ag^+][Cl^-] = 1.56 \times 10^{-10}$$

$$x^2 = 1.56 \times 10^{-10}$$

$$x = \sqrt{1.56 \times 10^{-10}} = 1.25 \times 10^{-5}$$

因此，$AgCl$ 的溶解度为 $1.25 \times 10^{-5} \text{ mol} \cdot L^{-1}$。

设 y 为 Ag_2CrO_4 的溶解度，则 $[Ag^+] = [CrO_4^{2-}] = 2y$，代入溶度积：

$$[Ag^+]^2[CrO_4^{2-}] = K_{sp}^{\ominus}(Ag_2CrO_4) = 2.0 \times 10^{-12}$$

$$y^3 = 0.5 \times 10^{-12}$$

$$y = \sqrt[3]{0.5 \times 10^{-12}} = 7.94 \times 10^{-5}$$

即 Ag_2CrO_4 的溶解度为 $7.94 \times 10^{-5} \text{ mol} \cdot L^{-1}$。

显然 $AgCl$ 的溶解度小于 Ag_2CrO_4 的溶解度。根据分步沉淀的原理，在滴定过程中，随着 $AgNO_3$ 标准溶液的滴加，溶液中首先形成白色的 $AgCl$ 沉淀，溶液中 Cl^- 浓度不断减小，当 Cl^- 浓度降到一定程度接近化学计量点时，即 Cl^- 近乎于完全沉淀时，稍过量的 $AgNO_3$ 与 CrO_4^{2-} 生成砖红色的 Ag_2CrO_4 沉淀，从而指示滴定终点的到达。

8.2.1.2 滴定条件

（1）指示剂用量

使用莫尔法进行测定时，必须严格控制指示剂 K_2CrO_4 的用量。根据分步沉淀原理，莫尔法滴定终点的出现与溶液中 CrO_4^{2-} 浓度大小有关，可由沉淀平衡原理从理论上计算恰好能在化学计量点时出现砖红色 Ag_2CrO_4 沉淀的指示剂用量，化学计量点时：

$$[Ag^+] = [Cl^-] = \sqrt{K_{sp}^{\ominus}(AgCl)} = \sqrt{1.8 \times 10^{-10}} = 1.3 \times 10^{-5}(\text{mol} \cdot L^{-1})$$

若此时恰能生成砖红色的 Ag_2CrO_4 沉淀，则理论上所需 CrO_4^{2-} 的浓度为：

$$[CrO_4^{2-}] = \frac{K_{sp}^{\ominus}(Ag_2CrO_4)}{[Ag^+]^2} = \frac{K_{sp}^{\ominus}(Ag_2CrO_4)}{K_{sp}^{\ominus}(AgCl)} = \frac{2.0 \times 10^{-12}}{1.8 \times 10^{-10}} = 1.2 \times 10^{-2}(\text{mol} \cdot L^{-1})$$

从以上分析数据可知，滴定终点出现的迟早与溶液中 Ag^+ 浓度和 CrO_4^{2-} 的浓度大小有关，即与指示剂的浓度有关。指示剂的浓度过高，终点提前；指示剂的浓度过低，终点推迟。因此，指示剂用量的多少决定滴定终点的正确与否。在实际测定时，若 K_2CrO_4 的浓度太高，K_2CrO_4 的黄色会影响对 Ag_2CrO_4 沉淀颜色的观察，从而影响对终点的判断。因此，在实际测定中 K_2CrO_4 的浓度一般控制在 $3 \times 10^{-3} \sim 5 \times 10^{-3} \text{ mol} \cdot L^{-1}$，虽然多消耗一点 $AgNO_3$ 标准溶液，但产生的终点误差为 0.062%，符合滴定分析要求。

（2）溶液的酸碱度

莫尔法需在中性或弱碱性（pH 6.5~10.5）溶液中进行。若溶液酸性较强，CrO_4^{2-} 会转化为 $Cr_2O_7^{2-}$，即

$$2H^+ + 2CrO_4^{2-} \Longrightarrow 2HCrO_4^- \Longrightarrow Cr_2O_7^{2-} + H_2O$$

导致 CrO_4^{2-} 浓度减小，Ag_2CrO_4 沉淀出现过迟，甚至不出现沉淀。若溶液酸性太强，可用 $NaHCO_3$ 或 $Na_2B_4O_7 \cdot 10H_2O$ 中和。

若溶液碱性较强，将出现 Ag_2O 沉淀，即

$$Ag^+ + OH^- \Longrightarrow AgOH \downarrow$$
$$2AgOH \Longrightarrow Ag_2O \downarrow + H_2O$$

若溶液碱性太强，可先用稀 HNO_3 中和。当滴定液中有铵盐存在时，如果溶液的碱性较强，会增大游离 NH_3 的浓度，使沉淀 $AgCl$ 和 Ag_2CrO_4 转化为 $[Ag(NH_3)_2]^+$ 配离子而溶解，降低测定的准确度。实验证明，当 $c_{NH_4^+} > 0.05 \ mol \cdot L^{-1}$ 时，溶液的 pH 控制在 6.5~7.2 之间为宜。

（3）滴定时的摇动速度

由于沉淀对被测离子的吸附作用，滴定时需剧烈摇动试液，以减小吸附。莫尔法可用于测定 Cl^-、Br^-，但不能测定 I^- 和 SCN^-，因为 AgI、$AgSCN$ 沉淀强烈吸附 I^- 或 SCN^-，即使剧烈摇动也不能解吸，导致终点过早出现，测定结果偏低。

（4）滴定的干扰因素

莫尔法的选择性较差。能与 CrO_4^{2-} 生成沉淀的阳离子均会干扰滴定，如 Ba^{2+}、Pb^{2+}、Hg^{2+} 等。同样，能与 Ag^+ 生成沉淀的阴离子均会干扰滴定，如 CO_3^{2-}、$C_2O_4^{2-}$、PO_4^{3-}、AsO_4^{3-}、S^{2-}、SO_3^{2-} 等离子。另外，Fe^{3+}、Al^{3+}、Co^{2+}、Ni^{2+}、Cu^{2+} 等一些有色离子以及一些在中性或碱性溶液中易发生水解的离子会干扰滴定。

8.2.1.3 莫尔法的应用范围

（1）测定离子

莫尔法主要用于以 $AgNO_3$ 标准溶液直接滴定 Cl^-、Br^-、CN^- 反应，但不适用于滴定 I^- 和 SCN^-，也不适用于以 $NaCl$ 为标准溶液直接滴定 Ag^+，因为 Ag_2CrO_4 转化为 $AgCl$ 十分缓慢而使测定无法进行。

（2）用返滴定法测定 Ag^+

如用莫尔法测定 Ag^+，必须采用返滴定，即先加入一定过量的 $NaCl$ 标准溶液与其充分反应，然后加入指示剂，用 $AgNO_3$ 标准溶液返滴定。

8.2.2 佛尔哈德（Volhard）法

佛尔哈德法是以铁铵矾 $[NH_4Fe(SO_4)_2 \cdot 12H_2O]$ 为指示剂，以 NH_4SCN 为标准溶液的银量法。在滴定过程中，首先析出白色 $AgSCN$ 沉淀，当接近化学计量点时，NH_4SCN 标准溶液与 Fe^{3+} 生成红色配位化合物 $[FeSCN]^{2+}$，从而指示滴定终点。佛尔哈德法包括

直接滴定法和返滴定法两种滴定方式。

8.2.2.1 直接滴定法

（1）方法原理

直接滴定法主要用于直接测定 Ag^+。在稀酸（HNO_3）条件，以铁铵矾为指示剂，用 NH_4SCN 标准溶液直接滴定 Ag^+。当 $AgSCN$ 沉淀完全后，稍过量的 SCN^- 与 Fe^{3+} 生成红色配合物确定滴定终点。相关反应如下：

$$SCN^- + Ag^+ \rlap{=}{=} AgSCN \downarrow（白色）\qquad K_{sp}^{\ominus}(AgSCN) = 1.0 \times 10^{-12}$$

$$SCN^- + Fe^{3+} \rlap{=}{=} [FeSCN]^{2+}（红色）\qquad K_f^{\ominus}([FeSCN]^{2+}) = 1.4 \times 10^2$$

（2）滴定条件

①佛尔哈德法滴定终点的出现与溶液中 Fe^{3+} 浓度大小有关，可由化学平衡原理从理论上计算恰好能在化学计量点时出现红色配位化合物 $[FeSCN]^{2+}$ 的指示剂用量，化学计量点时：

$$[SCN^-] = [Ag^+] = \sqrt{K_{sp}^{\ominus}(AgSCN)} = \sqrt{1.0 \times 10^{-12}} = 1.0 \times 10^{-6}(mol \cdot L^{-1})$$

由于人的眼睛可以觉察到 $[FeSCN]^{2+}$ 的最低浓度为 $6.0 \times 10^{-6} \ mol \cdot L^{-1}$，则

$$\frac{[FeSCN^{2+}]}{[Fe^{3+}][SCN^-]} = 138$$

$$\frac{6.0 \times 10^{-6}}{[Fe^{3+}] \times 1.0 \times 10^{-6}} = 138$$

$$[Fe^{3+}] = 0.043 \ (mol \cdot L^{-1})$$

又由于 Fe^{3+} 呈黄色，会干扰终点的判断，因此在实际测定时，Fe^{3+} 的浓度约为 $0.015 \ mol \cdot L^{-1}$，对于滴定终点的判断既明确又不会引入较大的误差。

②佛尔哈德法应在酸性介质中进行，控制 pH 值在 0~1 范围内。因为在中性或碱性溶液中，Fe^{3+} 会水解生成 $Fe(OH)^{2+}$、$Fe(OH)_2^+$ 等深色配合物甚至 $Fe(OH)_3$ 沉淀。

③滴定时需剧烈摇动试液。可以最大程度减少 $AgSCN$ 沉淀对 Ag^+ 离子的吸附。

④与 SCN^- 发生反应的干扰因子，如强氧化剂、铜盐、汞盐及氮的低价态氧化物等，应预先消除。

⑤不能在高温下进行滴定，高温会促进 Fe^{3+} 水解，并使 $[FeSCN]^{2+}$ 配合物褪色，影响终点的判断。

⑥测定 I^- 时，不能过早加入 Fe^{3+} 指示剂，否则会发生如下反应 $2Fe^{3+} + 2I^- = 2Fe^{2+} + I_2$，从而影响分析结果的准确度。

8.2.2.2 返滴定法

返滴定法主要用于测定卤素离子，在较稀的 HNO_3 介质的被测试液中，先加入定量且过量的 $AgNO_3$ 标准溶液与卤素离子反应，待银盐反应结束后，以铁铵矾为指示剂，用 NH_4SCN 标准溶液返滴定剩余的 Ag^+。相关反应如下：

$$Ag^+（定量且过量）+ X^- \rlap{=}{=} AgX \downarrow$$

$$Ag^+（剩余量）+ SCN^- \rlap{=}{=} AgSCN \downarrow$$

$$Fe^{3+}+SCN^- \Longrightarrow [FeSCN]^{2+}$$

返滴定法测定时，应满足以上直接滴定法所需条件，此外，返滴定法在测定 Cl^- 时，由于 $AgCl(K_{sp}^\ominus=1.8\times10^{-10})$ 的溶解度大于 $AgSCN(K_{sp}^\ominus=1.0\times10^{-12})$，再者计量点时出现的 $[FeSCN]^{2+}(K_f^\ominus=1.4\times10^2)$ 不很稳定，在溶液中易发生以下转化：

$$FeSCN^{2+} \Longrightarrow SCN^-+Fe^{3+}$$
$$+$$
$$AgCl \Longrightarrow AgSCN\downarrow+Cl^-$$

从而影响分析结果的准确度。因此，当 AgCl 沉淀完全后，将生成的 AgCl 沉淀过滤、洗涤，再用 NH_4SCN 标准溶液滴定滤液中的 $AgNO_3$，可防止 AgCl 沉淀转化为 AgSCN 沉淀。或者在返滴定前向待测试液中加入有机溶剂，如1,2-二硝基乙烷、硝基苯或异戊醇等，使 AgCl 沉淀表面包裹有机溶剂，也可以防止 AgCl 向 AgSCN 转化。返滴法测定 Br^-、I^- 时不存在转化问题。

佛尔哈德法能在酸性溶液中进行滴定分析，Ba^{2+}、Pb^{2+}、PO_4^{3-}、AsO_4^{3-}、CO_3^{2-} 等离子均不干扰滴定，但由于强氧化剂、氮的低价态氧化物以及铜盐、汞盐等能与 SCN^- 起作用，干扰测定，滴定前应当采取一定措施除去。

8.2.3　法扬司法

法扬司法是一种利用吸附指示剂，如荧光黄、二氯荧光黄、曙红等确定滴定终点的银量法。常以 $AgNO_3$ 作为标准溶液，可以直接滴定 Cl^-、Br^-、I^-、SCN^- 等。

8.2.3.1　方法原理

吸附指示剂(adsorption indicators)是一类有机染料，当吸附指示剂被溶液中的胶状沉淀吸附后，被吸附后指示剂的分子结构随即发生变化，导致颜色的变化，从而指示滴定终点的到达。例如，用 $AgNO_3$ 标准溶液滴定 Cl^- 时，一般所用的指示剂是荧光黄。荧光黄是一种有机弱酸，用 HFIn 表示，在溶液中发生如下离解：

$$HFIn \Longrightarrow FIn^-+H^+$$

在溶液中离解为黄绿色的阴离子 FIn^-。在化学计量点前，溶液中 Cl^- 过量，这时 AgCl 胶状沉淀吸附 Cl^- 而带负电荷，FIn^- 受排斥而不被吸附，溶液呈黄绿色；而在化学计量点后，溶液中 Ag^+ 过量，使得 AgCl 胶状沉淀吸附 Ag^+ 而带正电荷，溶液中 FIn^- 被吸附，溶液由黄绿色变为粉红色，即可指示滴定终点的到达。表 8-2 列出了一些常见的吸附指示剂。

表 8-2　吸附指示剂

指示剂	被测离子	滴定剂	适用的 pH 范围
荧光黄	Cl^-、Br^-、I^-、SCN^-	Ag^+	7~10
二氯荧光黄	Cl^-、Br^-、I^-、SCN^-	Ag^+	4~6
曙红	Br^-、I^-、SCN^-	Ag^+	2~10

（续）

指示剂	被测离子	滴定剂	适用的 pH 范围
甲基紫	SO_4^{2-}、Ag^+	Ba^{2+}、Cl^-	酸性溶液
溴酚蓝	Cl^-、SCN^-	Ag^+	2~3
罗丹明 6G	Ag^+	Br^-	稀 HNO_3

8.2.3.2　滴定条件

为了使终点变化敏锐，使用吸附指示剂时需满足以下几点：

①常用的吸附指示剂多为有机弱酸，起指示作用的是其电离出的阴离子，为使指示剂呈现阴离子状态，需控制适当的 pH 值。若吸附指示剂酸性较弱，待测溶液的 pH 值需高些；若吸附指示剂的酸性较强，则待测溶液 pH 值需低些。例如，荧光黄的 $K_a =$ 10^{-7}，酸性较弱，可用于 pH 7~10 的溶液中；二氯荧光黄的 $K_a = 10^{-4}$，酸性较强，可用于 pH 4~10 的溶液中。

②吸附指示剂的颜色变化主要发生在沉淀表面，要使终点变色敏锐，应使沉淀具有较大的比表面。因此，在滴定前常适当加入沉淀保护剂，如糊精、淀粉等的高分子化合物，可防止沉淀凝聚，保持胶体状态，从而增大沉淀的比表面。

③沉淀对指示剂离子的吸附能力要适当，应略小于对待测离子的吸附能力。即滴定稍过化学计量点时，胶粒就立即吸附指示剂离子而变色。否则，在化学计量点之前，指示剂离子取代了待测离子，使终点提前。如果胶体微粒对指示剂离子吸附的能力太弱，则终点会出现太迟。沉淀对卤离子及指示剂的吸附能力如下：

$$I^- > SCN^- > Br^- > 曙红 > Cl^- > 荧光黄$$

④因为卤化银沉淀对光敏感，受光照后易转变为灰黑色，从而影响终点的观察，所以滴定过程应避免强光照射。

⑤待测离子浓度要适当，不能太低。由于浓度太低时，生成的沉淀少，终点变化不明显，不宜使用此法。

8.3　沉淀滴定法的应用

8.3.1　标准溶液的配制与标定

（1）$AgNO_3$ 标准溶液的配制与标定

$AgNO_3$ 可以得到符合滴定分析要求的基准试剂，因此可用直接法配制标准溶液。对纯度不够高的 $AgNO_3$，则先配成近似浓度的溶液，然后再用基准物质 NaCl 标定。标定时，由于 NaCl 易潮解，使用前应在 500~600℃下干燥，除去吸附水。$AgNO_3$ 溶液见光易分解，因此标准溶液应保存在棕色试剂瓶中，并放置在暗处。

（2）NH_4SCN 标准溶液的配制与标定

NH_4SCN 试剂一般含有杂质，且易潮解，只能先配成近似浓度的溶液，然后用

$AgNO_3$ 基准物质或 $AgNO_3$ 标准溶液进行标定。

8.3.2　应用示例

（1）可溶性氯化物中氯的测定

例如天然水中、饲料中的氯含量测定等，一般可采用莫尔法进行测定。但如果试样含有 PO_4^{3-}、AsO_4^{3-}、S^{2-}、$C_2O_4^{2-}$ 等能与 Ag^+ 生成沉淀的阴离子时，则应在酸性条件下，使用佛尔哈德法进行测定。

（2）有机卤化物中卤素含量的测定

有机卤化物中的卤素含量的测定，多数不能直接滴定，测定前，必须经过适当的预处理，使有机卤化物中的卤素转变为卤离子形式，才能使用银量法进行滴定。由于有机卤化物中卤素的结合方式不同，因而所选用的预处理方法也不同。对于脂肪族卤化物和卤素结合在芳香环侧链上的芳香化合物，由于其卤素原子性质较活泼，因此可将试样与 KOH 或 NaOH 的乙醇溶液一起加热回流，按下式反应，使卤素原子以离子的形式转入溶液中：

$$RX+KOH =\!=\!= ROH+KX$$

溶液冷却后，用 HNO_3 酸化，再用佛尔哈德法测定试样中的卤素离子。溴米那、六六六和对硝基-2-溴代苯乙酮等均可采用此方法测定卤素含量；结合在苯环上或杂环上的卤素原子性质比较稳定，可采用熔融法或氧化法预处理后，用佛尔哈德法进行分析。

本章小结

方法	莫尔法	佛尔哈德法	法扬司法
指示剂	K_2CrO_4	$FeNH_4(SO_4)_2$	Cl^- 或 Ag^+
滴定剂	Ag^+	SCN^-	
滴定反应	$Ag^+ + Cl^- =\!=\!= AgCl$	$SCN^- + Ag^+ =\!=\!= AgSCN$	$Ag^+ + Cl^- =\!=\!= AgCl$
指示原理	沉淀反应 $2Ag^+ + CrO_4^{2-} =\!=\!= Ag_2CrO_4$	配位反应 $Fe^{3+} + SCN^- =\!=\!= FeSCN^{2+}$	物理吸附导致指示剂结构变化
pH 条件	$pH = 6.5\ 10.5$	$0.3\ mol/L$ 的 HNO_3	与指示剂 pK_a 有关，使其以离子形态存在
测定对象	Cl^-、Br^-、CN^-、Ag^+	Ag^+、Cl^-、Br^-、I^-、SCN^- 等	Cl^-、Br^-、SCN^-、Ag^+ 等

思考题与习题

1. 什么叫沉淀滴定法？沉淀滴定法所用的沉淀反应应具备哪些条件？
2. 试述 3 种银量法的指示剂作用原理。

3. 莫尔法测定氯离子时，如果溶液酸度过高或者过低，对测定结果有何影响？

4. 佛尔哈德法测定 Cl^- 试液，为何要在加入过量 $AgNO_3$ 标准溶液之后加入有机溶剂？

5. 在银量法滴定过程中，为什么强调要一边滴加一边剧烈摇动，其目的是什么？否则，对分析结果有何影响？

6. 沉淀滴定中，滴定突跃范围的大小与哪些因素有关？如何影响？

7. 下列方法进行测定时，分析结果是否准确，是偏高还是偏低，为什么？

(1) 在 pH=4 时，用莫尔法滴定 Cl^-；

(2) 佛尔哈德法测定 Cl^- 时，既没有将 $AgCl$ 沉淀过滤，又没有加硝基苯；

(3) 用法扬司法测定 Cl^-，以曙红作指示剂；

(4) 用法扬司法测定 I^-，以曙红作指示剂。

8. 某 $NaCl$ 试样 0.5000 g，溶解后加入固体 $AgNO_3$ 0.8920 g，用 Fe^{3+} 作指示剂，过量的 $AgNO_3$ 用 0.1400 mol·L^{-1} 的 $KSCN$ 溶液回滴，用去 25.50 mL。求试样中氯化钠的含量（试样中除 Cl^- 外，不含有与 Ag^+ 生成沉淀的其他物质的离子）。 （19.64%）

9. 称取 1.9221 g 分析纯 KCl，加水溶解后在 250 mL 容量瓶中定容，取出 20.00 mL 用 $AgNO_3$ 溶液滴定，用去 18.30 mL。求 $AgNO_3$ 溶液物质的量浓度。

（0.1127 mol·L^{-1}）

10. 称取食盐 0.2000 g 溶于水，以 K_2CrO_4 作指示剂，用 0.1500 mol·L^{-1} $AgNO_3$ 标准溶液滴定，用去 22.50 mL。计算 $NaCl$ 的质量分数。 （0.9860）

11. 某含砷农药 0.2000 g，溶于 HNO_3 后，转化为 H_3AsO_4，加入 $AgNO_3$ 使其沉淀为 Ag_3AsO_4。沉淀经过滤洗涤后，再以稀 HNO_3 溶解，以铁铵矾为指示剂，用去 0.1180 mol·L^{-1} NH_4SCN 标准溶液 33.85 mL。计算该农药中 As_2O_3 的质量分数。

（0.6585）

12. 佛尔哈德法中标定 $AgNO_3$ 溶液和 NH_4SCN 溶液的物质的量浓度时，称取基准物质 $NaCl$ 0.2000 g，溶解后，准确加入 $AgNO_3$ 标准溶液 50.00 mL。用 NH_4SCN 溶液返滴定过量的 $AgNO_3$，消耗 NH_4SCN 溶液 25.00 mL。已知 1.20 mL $AgNO_3$ 溶液相当于 1.00 mL NH_4SCN 溶液，$NaCl$ 的摩尔质量为 58.44 g·mol^{-1}。问测得 $AgNO_3$ 标准溶液的准确浓度为多少？ （0.042 78 mol·L^{-1}；0.051 33 mol·L^{-1}）

13. 称取不纯水溶性氯化物（其中没有干扰佛尔哈德法的物质存在）0.1350 g，加入 0.1121 mol·L^{-1} 的 $AgNO_3$ 30.00 mL，然后用 0.1231 mol·L^{-1} $KSCN$ 溶液滴定过量的 $AgNO_3$，用去 10.50 mL。计算氯化物样品中氯的质量分数。 （0.5437）

第9章　重量分析法

学习目标：
- 了解重量分析法的基本原理及方法特点；
- 理解沉淀溶解度的影响因素；
- 了解沉淀的形成过程及影响沉淀纯度的因素，会选择适当的沉淀条件以获得符合重量分析要求的沉淀；
- 了解沉淀析出后的处理操作。

重量分析法是根据生成物的重量来确定被测物质组分含量的一种分析方法。分析时，一般是先采用适当方法将被测组分与试样中其他组分分离后，再转化为一定的称量形式并称重，由所称得的质量的方法计算被测组分的含量。

根据被测组分与试样中其他组分分离方法的不同，重量分析法可分为沉淀法、气化法、电解法及萃取法。

（1）沉淀重量法

利用沉淀反应将被测组分以难溶化合物的形式沉淀下来，然后将沉淀过滤、洗涤、并经烘干或灼烧后使之转化为组成一定的物质，最后称重计算出被测组分的含量。沉淀重量法是重量分析法中的主要方法，应用也最为广泛。

（2）气化法

利用物质的挥发性质，通过加热、蒸馏或其他方法使被测组分转化为挥发性物质从试样中逸出，根据气体逸出前后试样的质量之差来计算被测组分含量，又称挥发法。有时，也可用吸收剂将逸出的该组分气体全部吸收，这时根据吸收剂质量的增值来计算该组分的含量。例如，要测定氯化钡晶体（$BaCl_2 \cdot 2H_2O$）中结晶水的含量，可将一定质量的氯化钡试样加热，使水分逸出，根据氯化钡质量的减小值算出试样的含湿量。也可以用吸湿剂（如氯酸镁）吸收逸出的水分，根据吸湿剂质量的增加值来计算试样的含湿量。在无机物中，具有挥发性质的物质并不多，所以，气化法的选择性比较好。

（3）电解法

利用电解原理，用电子作沉淀剂使金属离子在电极上还原析出，然后称量，求得其含量。

（4）萃取法

利用被测组分在互不混溶的两种溶剂中溶解度的差异，将被测组分从一种溶剂定量萃取到另一种溶剂中，然后将萃取液中的溶剂蒸去，干燥至恒重，称量干燥物的质量，从而确定被测组分的含量，又称提取重量法。

重量分析法是用分析天平称量而获得分析结果，测定中不需要与标准试样或基准物质进行比较，故其准确度高。对于常量组分测定，一般相对误差在 0.1%～0.2% 之间。该法的缺点是操作烦琐、费时、周期长，不适用于微量组分分析。本章主要讨论应用较为广泛的沉淀重量法。

9.1 沉淀重量法概述

沉淀重量法是根据沉淀的重量来计算试样中被测组分含量。分析的一般步骤如下：首先将试样分解成试液，再加入合适的沉淀剂，使被测组分沉淀析出，由此所得的沉淀称为沉淀形式。沉淀形式经过过滤、洗涤，在适当的温度下烘干或灼烧，转化为组成恒定、可用于称量的形式称为称量形式。最后称重，由称得的质量计算出被测组分的含量。例如，测定某试液中 SO_4^{2-} 的含量时，向试液中加入沉淀剂 $BaCl_2$，根据称得的 $BaSO_4$ 沉淀的质量即可求出试样中 SO_4^{2-} 的含量。在沉淀法各步骤中，最重要的一步是进行沉淀反应，要求沉淀应尽可能完全、纯净，且易于过滤和洗涤。

利用沉淀反应进行重量分析时，沉淀形式和称量形式可能相同，也可能不同。例如，用氯化银重量法测定试样中的 Cl^- 时，加入沉淀剂 $AgNO_3$，得到 AgCl 沉淀，沉淀烘干后称量时仍为 AgCl，此时沉淀形式与称量形式完全相同，均为 AgCl。但用草酸钙重量法测定 Ca^{2+} 含量时，其沉淀形式为 $CaC_2O_4 \cdot H_2O$，沉淀经灼烧后转化为 CaO，此时沉淀形式与称量形式不相同。在重量分析中，为了保证测定结果的准确度，对沉淀形式和称量形式均有一定的要求。

9.1.1 沉淀重量法对沉淀形式的要求

①沉淀的溶解度要小，一般要求溶解损失小于 0.1 mg。

②沉淀要纯净，不应带入沉淀剂和其他杂质。

③沉淀要便于过滤和洗涤。因此在进行沉淀反应时，应控制适宜的沉淀条件，以获得颗粒粗大的晶形沉淀。对于无定形沉淀，更应控制好沉淀条件。

④沉淀形式要易于转化为称量形式。

9.1.2 沉淀重量法对称量形式的要求

①组成恒定 称量形式的组成必须与化学式完全相符，这样才能根据化学比例计算被测组分的质量。

②性质稳定 称量形式要有一定的化学稳定性，不易吸收空气中的水分和 CO_2，在干燥、灼烧时不易分解等。

③摩尔质量要大 待测组分在称量形式中含量要小，以减小称量的相对误差，提高分析的灵敏度和准确度。

9.1.3　沉淀剂的选择和用量

沉淀剂应具有较好的选择性，即沉淀剂只能与待测组分生成沉淀，而与试液中其他组分不发生作用。此外，还应尽可能选用易挥发或易灼烧除去的沉淀剂，不要生成难以过滤的胶体状物质。一些铵盐和有机沉淀剂都可满足此要求。有机沉淀剂的选择性较好，且组成固定，易于分解和洗涤，操作简便，加之称量形式的摩尔质量较大，因此，在沉淀分离中，有机沉淀剂的应用日益广泛。

沉淀剂应适当过量，因为过量的沉淀剂能使沉淀达到完全。但沉淀剂的加入量并非越多越好，沉淀剂过多，则会由于酸效应、盐效应或配合效应等而使溶解度增大。一般来说，挥发性沉淀剂以过量 50% ~ 100% 为宜；非挥发性沉淀剂则以过量 20% ~ 30% 为宜。

9.2　沉淀的溶解度及其影响因素

沉淀重量法误差的主要来源是沉淀的溶解。为了保证分析结果的准确度，要求沉淀反应进行完全。一般可根据沉淀溶解度的大小来衡量沉淀反应的完全程度。溶解度越小，沉淀反应越完全；反之，溶解度越大，沉淀反应越不完全。

在重量分析中，通常要求被测组分在溶液中的残留量不超过 0.0001 g，即小于分析天平的允许称量误差，但很多沉淀不能满足此要求。因此，如何减少沉淀的溶解损失，降低溶解度，是沉淀分析中的一个重要问题。为此，我们首先讨论沉淀的溶解度及其影响因素。

9.2.1　沉淀的溶解度

（1）沉淀的溶度积

自然界中绝对不溶解的物质是不存在的，只是溶解度很小而已。例如，将固体 AgCl 置于水中，则溶液中存在下列过程：

$$AgCl(s) \rightleftharpoons AgCl(aq) \rightleftharpoons Ag^+(aq) + Cl^-(aq)$$

在一定温度下，当 AgCl 的沉淀速率和溶解速率相等时，就达到了 AgCl 的沉淀溶解平衡，此时的溶液称为饱和溶液。平衡体系中有关离子的浓度也不再发生变化。

沉淀的溶解平衡是多相平衡，平衡常数表达式可以写为

$$K_{sp} = c_{eq}(Ag^+) \cdot c_{eq}(Cl^-)$$

对于任一难溶化合物（$M_m A_n$），沉淀溶解平衡为：

$$M_m A_n(s) \rightleftharpoons M_m A_n(aq) \rightleftharpoons m M^{n+}(aq) + n A^{m-}(aq)$$

$$K_{sp} = [c_{eq}(M^{n+})]^m \cdot [c_{eq}(A^{m-})]^n \tag{9-1}$$

K_{sp} 是沉淀溶解平衡常数，又称为溶度积常数，简称溶度积。K_{sp} 随温度的升高而增大，但温度的影响并不显著。常见难溶化合物的溶度积 K_{sp} 参见附录 10。

（2）沉淀的溶解度

溶解度是指在一定的温度和压力下，物质在一定量的溶剂中，当沉淀与溶解达到平衡时所溶解的最大量。如在纯水中，难溶化合物 MA 的溶解度很小，有

$$c_{eq}(M^+) = c_{eq}(A^-) = S$$

$$c_{eq}(M^+) c_{eq}(A^-) = S^2 = K_{sp}$$

$$S = \sqrt{K_{sp}}$$

式中　　S——稀溶液中无其他离子共存时 MA 的溶解度。

对于其他类型的沉淀，如 $M_m A_n$ 型难溶化合物溶解于水中达到沉淀溶解平衡时

$$S = \frac{c_{eq}(M)}{m} = \frac{c_{eq}(A)}{n}$$

$$K_{sp} = [c_{eq}(M^{n+})]^m [c_{eq}(A^{m-})]^n = (mS)^m (nS)^n = m^m n^n S^{m+n} \tag{9-2}$$

$$S = \sqrt[m+n]{\frac{K_{sp}}{m^m n^n}} \tag{9-3}$$

可见，难溶化合物的溶度积和溶解度可以互相换算，换算时要把溶解度的单位化成物质的量浓度单位（即 $mol \cdot L^{-1}$）。另外，由于难溶化合物的溶解度都很小，溶液浓度很稀，所以可将难溶化合物饱和溶液的密度近似地看成是水的密度，即 $1\ g \cdot mL^{-1}$。

对于不同类型的难溶化合物，不能根据 K_{sp} 的大小直接比较溶解度的大小。例如 AgCl 和 Ag_2CrO_4，尽管 $K_{sp}(AgCl) > K_{sp}(Ag_2CrO_4)$，但 $S(AgCl) < S(Ag_2CrO_4)$。所以只有同一类型的难溶化合物，才能根据溶度积直接比较其溶解度的大小，溶度积大，其溶解度大；溶度积小，其溶解度则小。

9.2.2　影响沉淀溶解度的因素

影响沉淀溶解度的因素很多，如同离子效应、盐效应、酸效应、配位效应等。此外，温度、溶剂、晶体结构、沉淀的颗粒大小等也对溶解度有影响。

（1）同离子效应

在难溶化合物的溶液中，加入与难溶化合物有相同离子的强电解质时，则难溶化合物的溶解度降低，这种现象称为同离子效应。同离子效应的实质是浓度对化学平衡移动的影响。

在沉淀重量分析中，利用同离子效应可以大大降低沉淀的溶解度，这是保证沉淀反应趋于完全的重要措施。但是，沉淀剂的加入量并非越多越好，过多会产生盐效应或配位效应，反而使沉淀的溶解度增大。

（2）盐效应

在难溶化合物的饱和溶液中，加入易溶的强电解质，会使沉淀的溶解度增大，这种现象称为盐效应。例如，在 KNO_3、Na_2SO_4 等强电解质存在下 $PbSO_4$ 的溶解度比在纯水中的溶解度大。产生盐效应的原因是当有强电解质存在时，溶液中的离子强度增大，从而使离子的活度系数减小。因此在加入过量沉淀剂时，必须注意盐效应的影响。

（3）酸效应

溶液的酸度对沉淀溶解度的影响称为酸效应。酸效应产生的原因是由于组成沉淀的构晶离子与溶液中的 H^+ 或 OH^- 反应，使构晶离子的浓度降低，因而沉淀的溶解度增大。酸效应的实质是酸碱平衡对沉淀溶解平衡移动的影响。例如，氢氧化物沉淀易溶于酸，应当在碱性条件下进行沉淀。某些难溶性酸（如硅酸、钨酸等）易溶于碱，就应当在强酸性条件下进行沉淀。许多金属离子与弱酸或多元酸以及有机沉淀剂形成的沉淀，在溶液的酸度增大时，其溶解度都显著增大。例如，将 $Mg(OH)_2(s)$ 放入含 NH_4^+ 的溶液中，可使 $Mg(OH)_2(s)$ 溶解：

$$Mg(OH)_2(s) + 2NH_4^+(aq) \rightleftharpoons Mg^{2+}(aq) + 2NH_3(aq) + 2H_2O$$

（4）配位效应

向溶液中加入能与沉淀的构晶离子形成配合物的配位剂时，沉淀的溶解度会增大，甚至完全溶解，这种现象称为配位效应。配位效应的实质是配位平衡对沉淀溶解平衡移动的影响。例如，向含有 AgCl 沉淀的溶液中加入氨水，由于 NH_3 能与 Ag^+ 形成 $[Ag(NH_3)_2]^+$ 配离子，而使 AgCl 的溶解度增大，甚至全部溶解。

（5）综合效应

进行沉淀重量分析时，有时沉淀剂本身就是配位剂。此时，加入过量的沉淀剂，反应过程中既有同离子效应，降低沉淀的溶解度，又有配位效应，增大沉淀的溶解度。如果沉淀剂适当过量，同离子效应起主导作用，则有利于沉淀的生成；如果沉淀剂过量太多，则配位效应起主导作用，反而会促使沉淀溶解，影响分析结果的准确度。

例如，以 NaCl 为沉淀剂使 Ag^+ 形成 AgCl 沉淀。最初当 NaCl 浓度较小时，AgCl 的溶解度是随 NaCl 浓度的增大而迅速减小，此时，同离子效应起主要作用。当 NaCl 浓度增加到一定程度后，过量的 Cl^- 与 AgCl 配位形成 $AgCl_2^-$、$AgCl_3^{2-}$ 等配离子，使 AgCl 沉淀的溶解度增大；当 Cl^- 的浓度增大到 $0.5\ mol \cdot L^{-1}$ 时，AgCl 的溶解度甚至比在纯水中还大；若 Cl^- 的浓度继续增大，AgCl 沉淀则会消失。此时，配位效应起主要作用。

由以上讨论可知，同离子效应降低沉淀的溶解度，而盐效应、酸效应和配位效应增加沉淀的溶解度。因此，在实际工作中应根据具体情况，控制适宜的操作条件，保证分析结果的准确性。

（6）其他影响因素

①温度　沉淀的溶解一般是吸热反应。因此，沉淀的溶解度通常随温度的升高而增大。在热溶液中溶解度大的沉淀，应在室温下过滤、洗涤，如 $MgNH_4PO_4$；无定形沉淀（如 $Fe_2O_3 \cdot nH_2O$）的溶解度小，冷却后难以过滤洗涤，要趁热过滤洗涤。

②溶剂　大部分无机物沉淀为离子型晶体，在水中的溶解度比在有机溶剂中的溶解度大，而有机物沉淀在水中的溶解度较在有机溶剂中小。因此，在沉淀重量法中，向水中加入一些与水能混溶的有机溶剂（如乙醇、丙酮等）可显著降低沉淀的溶解度。例如，$PbSO_4$ 在水中溶解度为 $45\ mg \cdot L^{-1}$，而在 30% 的乙醇水溶液中，溶解度降低为 $2.3\ mg \cdot L^{-1}$。

③沉淀颗粒的大小　同一种沉淀，晶体颗粒越大，溶解度越小；反之，晶体颗粒越

小，溶解度越大。通常采用陈化可获得大颗粒的沉淀。

④形成胶体溶液　胶体颗粒很小，容易透过滤纸而引起损失，因此，要避免形成胶体溶液。通常可将溶液加热或加入大量电解质，以破坏胶体和促进胶凝作用。

⑤沉淀的形态　初生成时，"亚稳态"的溶解度大，放置后，"稳定态"的溶解度小。

9.3　沉淀的形成及影响沉淀纯度的因素

9.3.1　沉淀的类型

沉淀按其物理性质可粗略地分为 3 类：晶形沉淀、非晶形沉淀（又称为无定形沉淀或胶状沉淀）以及介于二者之间的凝乳状沉淀。它们之间最主要的区别是沉淀颗粒的大小不同。一般来说，晶形沉淀的颗粒直径为 $0.1 \sim 1\ \mu m$，内部离子排列有规则，结构紧密，体积小，易于过滤和洗涤，纯度较高，如 $BaSO_4$；无定形沉淀的颗粒直径小于 $0.02\ \mu m$，内部离子排列杂乱无章，并含有大量的水分子，结构疏松，体积庞大，不易过滤和洗涤，如 $AgCl$；凝乳状沉淀颗粒大小介于二者之间，其性质也介于二者之间，如 $Fe_2O_3 \cdot nH_2O$。

生成的沉淀类型，首先取决于沉淀的性质，其次与沉淀形成的条件、沉淀后的处理也有密切的关系。在重量分析法中，最好能获得晶形沉淀。如果是无定形沉淀，则应注意掌握好沉淀条件，改善沉淀的物理性质。

9.3.2　沉淀的形成过程

沉淀的形成是一个非常复杂的过程，目前仍未有成熟的理论。一般认为，当介质达到过饱和、过冷却状态时，首先是构晶离子在过饱和溶液中形成晶核，然后进一步成长为按一定晶格排列的晶形沉淀。沉淀的形成过程可用下图表示：

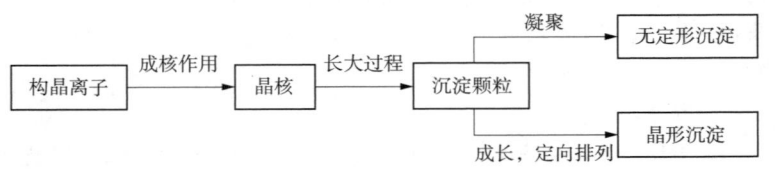

（1）溶度积规则

沉淀溶解平衡是化学平衡的一种，是有条件的平衡，当条件改变时，平衡就会发生相应的移动。对于任一难溶化合物沉淀溶解平衡：

$$A_mB_n(s) \rightleftharpoons mA^{n+}(aq) + nB^{m-}(aq)$$

根据化学反应等温式

$$\Delta_r G_m = RT \ln \frac{Q}{K_{sp}} \tag{9-4}$$

式中，$Q = [A^{n+}]^m [B^{m-}]^n$ 表示难溶化合物溶液中以其计量系数为指数的离子浓度的乘积，也称离子积。

根据离子积 Q 与溶度积常数 K_{sp} 的关系，可以判断反应进行的方向：

当 $Q=K_{sp}(\Delta_r G_m=0)$ 时，体系为饱和溶液，反应处于平衡状态；

当 $Q<K_{sp}(\Delta_r G_m<0)$ 时，体系为未饱和溶液，反应向沉淀溶解的方向进行；

当 $Q>K_{sp}(\Delta_r G_m>0)$ 时，体系为过饱和溶液，反应向生成沉淀的方向进行。

以上结论称为溶度积规则。

(2) 沉淀的形成

在某种介质体系中，过饱和、过冷却状态的出现，并不意味着整个体系的同时结晶。体系内各处首先出现瞬时的微细结晶粒子。这时由于温度或浓度的局部变化，外部撞击，或一些杂质粒子的影响，而导致体系中出现局部过饱和度、过冷却度较高的区域，使结晶粒子的大小达到临界值以上。这种形成结晶微粒子的作用称为成核作用。

介质体系内的质点同时进入不稳定状态形成新相，称为均匀成核作用。在体系内的某些局部小区首先形成新相的核，称为不均匀成核作用或非均匀成核作用。均匀成核要求一个体系内各处的成核几乎相等，这要克服相当大的表面能位垒，即需要相当大的过冷却度才能成核。非均匀成核过程是由于体系中已经存在某种不均匀性，如悬浮的杂质微粒，容器壁上凹凸不平等，有效地降低了成核时的表面能位垒，故优先在这些具有不均匀性的地点形成晶核，即在过冷却度很小时也能局部地成核。

由离子形成晶核，进一步聚集成沉淀微粒的速率称为聚集速率。聚集速率主要由沉淀条件所决定，其中最重要的因素是溶液生成沉淀物质的过饱和度或过冷却度。过饱和度或过冷却度越高，聚集速率越大。关于聚集速率，冯·韦曼提出了一个经验公式

$$v=K\cdot\frac{Q-S}{S} \tag{9-5}$$

式中　v——沉淀生成的初始速率，也称晶核形成速率或聚集速率；

　　　Q——开始沉淀瞬间构晶离子的浓度；

　　　S——沉淀物质的溶解度；

　　　$Q-S$——开始形成沉淀时溶液的过饱和度；

　　　$\dfrac{Q-S}{S}$——相对过饱和度；

　　　K——比例常数，与沉淀的性质、温度以及介质等因素有关。

冯·韦曼经验公式的物理意义是晶核形成速率与溶液相对过饱和度成正比。由此可知，沉淀的类型不仅决定于沉淀的本质，也与沉淀的条件有关。改变沉淀条件，则有可能改变沉淀的类型。

不同的沉淀条件下，同种物质可以形成无定形沉淀，也可以形成晶形沉淀。溶液的相对过饱和度越小，聚集速率越小，形成的晶核数目越少，沉淀晶形就越大。若聚集速率小于晶核成长速率，则获得较大沉淀颗粒，且能定向地排列成为晶形沉淀。相反，溶液的相对过饱和度越大，聚集速率越快，形成的晶核数目越多，沉淀晶形就越小。

9.3.3 影响沉淀纯度的因素

在沉淀重量法中，为了保证测定结果的准确度，不仅要求沉淀的溶解度小，而且要求沉淀的纯度高。影响沉淀纯度的主要原因是共沉淀和后沉淀现象。

9.3.3.1 共沉淀

当难溶化合物从溶液中沉淀析出时，溶液中某些可溶性成分混入沉淀中被同时沉淀下来的现象称为共沉淀。例如，用 $BaCl_2$ 为沉淀剂沉淀 SO_4^{2-} 时，若溶液中存在 Fe^{3+}，则当 $BaSO_4$ 析出时，可溶性的 $Fe_2(SO_4)_3$ 也同时被沉淀带下来，原因是共沉淀现象使沉淀玷污。共沉淀现象是重量分析中误差的主要来源之一。共沉淀的产生主要是因为表面吸附、吸留与包藏、生成混晶等。

（1）表面吸附

表面吸附是指沉淀表面吸附了杂质使沉淀玷污。表面吸附产生的原因是沉淀表面的离子电荷不完全平衡，因而通过静电引力把溶液中带相反电荷的离子吸附到沉淀表面。例如，AgCl 在过量的 $AgNO_3$ 溶液中沉淀时，每个 Ag^+ 被带相反电荷的 Cl^- 所包围，每个 Cl^- 也被带相反电荷的 Ag^+ 所包围，整个晶体内部处于静电平衡状态。但沉淀表面上的 Cl^- 至少有一面未被包围，Cl^- 通过静电引力吸附溶液中带相反电荷的离子，首先被吸附的离子是溶液中过量的构晶离子 Ag^+，形成带正电荷的吸附层；然后，吸附层的 Ag^+ 再通过静电引力吸附带相反电荷的 NO_3^- 离子，形成扩散层。吸附层和扩散层共同组成包围沉淀颗粒表面的双电层，使电荷达到平衡。双电层随沉淀一起沉淀，产生共沉淀现象，玷污沉淀。

沉淀表面对溶液中离子的吸附是有选择性的。对吸附层的选择性吸附的规律是：首先吸附构晶离子；其次吸附与构晶离子半径相似、电荷相同的离子。对扩散层抗衡离子的选择性吸附的规律是：如果各种离子的浓度相同，首先吸附与构晶离子形成溶解度最小或离解度最小的化合物的离子；其次，离子的价数越高，浓度越大，越容易被吸附。

此外，沉淀表面吸附杂质的量还与下列因素有关：

①沉淀的总表面积　因为吸附作用发生在沉淀表面，所以沉淀的总表面积越大，吸附杂质的量越多。对于相同质量的沉淀而言，沉淀的颗粒越小，表面积越大，吸附杂质的量越多。晶形沉淀的颗粒较大，总表面积小，吸附现象不严重；而无定形沉淀的颗粒很小，总表面积很大，吸附现象相当严重。

②温度　吸附作用是放热过程，故溶液的温度越高，吸附杂质的量越少。

③杂质的浓度　在稀溶液中，杂质离子浓度越大，吸附现象越严重。表面吸附现象发生在沉淀表面，因此，洗涤沉淀是减少表面吸附杂质的有效方法。

（2）吸留和包藏

沉淀过程中，如果沉淀生成过快，沉淀表面吸附的杂质离子来不及离开沉淀表面就被随后沉积下来的沉淀所覆盖，使杂质或母液被包藏在沉淀内部。吸留是指被吸附的杂质机械地嵌入沉淀中。包藏指母液被包夹在沉淀中。这种杂质用洗涤的方法不能除去，因此应尽量避免吸留和包藏现象的发生。另外，可以通过改变沉淀条件、陈化或重结晶等方法来减小吸留和包藏现象。

（3）混晶

如果溶液中的杂质离子与构晶离子的半径相近，电子层结构相同，形成的晶体结构也相同，在沉淀的过程中极易形成混晶。例如，$BaSO_4$ 与 $PbSO_4$，$AgCl$ 与 $AgBr$，$MnSO_4 \cdot 5H_2O$ 与 $FeSO_4 \cdot 7H_2O$ 等都能形成混晶。生成混晶的选择性是比较高的，只要溶液中有能形成混晶的杂质离子存在，杂质离子就会在沉淀过程中取代构晶离子而进入到沉淀中形成混晶，使沉淀严重玷污。这种共沉淀现象通过改变沉淀条件、洗涤、陈化和重结晶等方法效果都不明显。减少或消除混晶生成的最好方法，是将杂质事先分离除去。

9.3.3.2　后沉淀

析出的沉淀在与母液一起放置的过程中，溶液中某些可溶性或微溶性杂质缓慢沉淀到原沉淀上，这种现象称为后沉淀（继沉淀）。例如，向含有 Cu^{2+} 和 Zn^{2+} 的酸性溶液中通入 H_2S，最初得到的 CuS 沉淀中并未夹杂 ZnS，但是，如果将沉淀与溶液长时间放置，由于 CuS 表面吸附 S^{2-}，而使沉淀表面的 S^{2-} 浓度增大，致使 S^{2-} 浓度与 Zn^{2+} 浓度的乘积大于 ZnS 的溶度积时，在 CuS 沉淀表面上就会析出 ZnS 沉淀。

后沉淀引入杂质的量比共沉淀要多，而且随着放置时间的延长而增多。避免后沉淀的办法是缩短沉淀与母液共同放置的时间。

9.3.3.3　共沉淀和后沉淀的区别及消除

后沉淀与共沉淀现象的区别在于：

①后沉淀引入杂质的量随沉淀在试液中放置时间的延长而增加，而共沉淀受放置时间影响小。

②温度升高，后沉淀现象更为严重。

③不论杂质是在沉淀之前就存在，还是沉淀后加入，后沉淀引入杂质的量基本上一致。

④后沉淀引入杂质的量，有时比共沉淀严重得多。

需要注意的是，在重量分析法中，共沉淀和后沉淀是消极因素，而在痕量组分富集分离时，却是一种积极因素。

共沉淀和后沉淀产生的原因及消除方法总结见表 9-1。

表 9-1　影响沉淀的因素产生原因及消除方法

影响沉淀纯度的因素		产生原因	消除方法
共沉淀	表面吸附	沉淀表面电荷不平衡，导致吸附相反电荷的离子形成吸附层，再通过静电引力吸附抗衡离子形成扩散层，它们共同组成双电层，与沉淀一起下沉，而玷污沉淀	选用有机沉淀剂可减少共沉淀；用含构晶离子的洗涤液，去置换抗衡离子；选用合适的沉淀条件，如热溶液沉淀可减少吸附，再沉淀可减少混晶和吸留
	混晶	杂质离子与构晶离子的半径相近，电子层结构相同，形成的晶体结构也相同时，易形成混晶	

（续）

影响沉淀纯度的因素		产生原因	消除方法
共沉淀	吸留和包藏	当沉淀形成较快时，沉淀表面吸附的杂质来不及离开沉淀表面就被沉积上来的离子所覆盖，杂质被包藏在沉淀内部，为吸留；当母液被包夹时，为包藏	选用有机沉淀剂可减少共沉淀；用含构晶离子的洗涤液，去置换抗衡离子；选用合适的沉淀条件，如热溶液沉淀可减少吸附，再沉淀可减少混晶和吸留
后沉淀		由于在沉淀表面构晶离子的浓度比溶液中大，本来达不到溶度积难以产生沉淀的组分，在沉淀表面可以达到溶度积而沉淀。随加热和放置而加重	控制沉淀时的温度，减少沉淀与母液共置时间等

9.3.3.4　提高沉淀纯度的方法

（1）选择合适的分析步骤

如果溶液中需要沉淀分离的两种离子含量相差很大，为了防止低含量的离子因共沉淀而损失，应先沉淀低含量的离子。例如，分析 MgO 含量90%以上、CaO 含量只有1%左右的烧结菱镁矿时，应先沉淀低含量的 CaO，并且不能采用$(NH_4)_2C_2O_4$沉淀法测Ca^{2+}，因为镁含量太大，MgC_2O_4共沉淀严重，而应采用乙醇介质中稀H_2SO_4沉淀法将Ca^{2+}沉淀成$CaSO_4$分离出来。

（2）选择合适的沉淀剂

选择有机沉淀剂可以减少共沉淀现象。

（3）选择合适的洗涤剂

吸附过程是一种可逆过程，因此，洗涤沉淀可以使沉淀表面吸附的杂质进入洗涤液中，从而达到提高沉淀纯度的目的。注意，在沉淀烘干或灼烧时所选择的洗涤剂必须易挥发除去。

（4）选择合适的沉淀条件

为了获得纯净的沉淀，要根据沉淀的具体情况，选择合适的沉淀条件。例如，溶液浓度、温度、试剂的加入顺序和速度、陈化过程等。

（5）降低易被吸附的杂质离子的浓度

为了减少杂质浓度，一般都是在稀溶液中进行沉淀。对于易被吸附的杂质离子，必要时应先分离除去或加以掩蔽。例如，$BaSO_4$沉淀易吸附Fe^{3+}，沉淀前应先将Fe^{3+}还原成不易被吸附的Fe^{2+}，或加 EDTA 掩蔽。

（6）进行再沉淀

即将沉淀过滤、洗涤后重新溶解，再进行一次沉淀。再沉淀时，由于溶液中杂质的量大大减少，共沉淀和后沉淀现象自然减少，这种方法对除去吸留杂质十分有效。

如果采用上述措施后，沉淀的纯度依然提高不大，则可以对沉淀中的杂质进行测定，再对分析结果加以校正。

9.4　沉淀条件的选择

重量分析中要求沉淀完全、纯净，易于过滤、洗涤，并且要设法降低沉淀时溶液的相对过饱和度以及沉淀的溶解损失。沉淀的类型主要由沉淀物质本身的性质及沉淀条件决定。在实际工作中，当沉淀物质确定之后，选择适当的沉淀条件以获得符合重量分析要求的沉淀，是保证沉淀重量法分析结果准确度的关键。

9.4.1　晶形沉淀的沉淀条件

颗粒粗大的晶形沉淀具有溶解度低、纯度高、易于过滤和洗涤的特点。如前所述，获得大颗粒的晶形沉淀的关键是要控制溶液的相对过饱和度。由式(9-5)可知，为得到纯净且易于分离的晶形沉淀，应满足以下沉淀条件：

(1)沉淀反应应在较稀的溶液中进行

因为在稀溶液中，沉淀形成的瞬间溶液的相对过饱和度小，生成晶核的速率较慢，有利于生成颗粒大的晶体。

(2)沉淀反应宜在热溶液中进行

因为在热溶液中，首先可以增加沉淀的溶解度，使溶液的相对过饱和度降低，有利于生成大颗粒沉淀；其次可以减少沉淀对杂质的吸附量，有利于得到纯净的沉淀；而且还可以增加构晶离子的扩散速度，加快晶体的生长，有利于获得大晶粒。但需注意，为了防止沉淀在热溶液中的溶解损失，应将溶液冷却至室温再过滤。

(3)沉淀剂应在不断搅拌下缓慢滴加

这样可以防止溶液中沉淀剂浓度局部过浓，相对过饱和度增大，不利于晶形沉淀的形成。

(4)沉淀应当陈化

沉淀完全后，将初生的沉淀和母液一起放置一段时间，这一过程称为陈化。当溶液中同时存在大晶粒和微小晶粒时，由于微小晶粒的溶解度比大晶粒的溶解度大，对于大晶粒沉淀来说已经达到饱和，而对于微小晶粒来说尚未达到饱和，因而微小晶粒逐渐溶解，溶液中的构晶离子就在大晶粒上沉积。沉积到一定程度后，溶液对小晶粒而言又成为不饱和状态，小晶粒又将溶解。如此下去，小晶粒逐渐消失、大晶粒不断长大，结果获得颗粒粗大的晶体。陈化过程中，随着小晶粒的溶解，被吸附、吸留或包藏在沉淀内部的杂质将重新进入溶液，故提高了沉淀的纯度。因此，陈化的目的是使小晶粒逐渐溶解，大晶粒逐渐长大，以获得完整、稳定、纯净、较大颗粒的晶形沉淀。

加热搅拌可加快沉淀的溶解速度和构晶离子在溶液中的扩散速度，从而缩短陈化时间。

9.4.2　无定形沉淀的沉淀条件

无定形沉淀一般溶解度小，结构疏松，含水量多，易生成胶体溶液，吸附杂质多，难以洗涤和过滤，不易沉淀下来。所以，对于无定形沉淀，关键是要破坏胶体，加速沉淀微粒凝聚，减少杂质吸附，获得结构紧密的沉淀。为此，应满足以下沉淀条件：

（1）沉淀反应应在较浓的溶液中进行

因为无定形沉淀（如 $Fe_2O_3 \cdot H_2O$ 和 $Al_2O_3 \cdot nH_2O$）的溶解度一般都很小，在生成沉淀的过程中，溶液的相对过饱和度非常大，因此，通过减小溶液的相对过饱和度来改变沉淀的结构是非常困难的。相反，在较浓的溶液中进行沉淀，可使沉淀含水较少，微粒凝聚较紧密，体积小，易于洗涤和过滤。因此，沉淀剂的加入速度可适当加快。为防止沉淀在浓的溶液中吸附较多的杂质，待沉淀完全后，应加入大量热水稀释并充分搅拌，使吸附的杂质尽量转移到溶液中去。

（2）沉淀反应应在热溶液中进行

在热溶液中可以减小离子的水化程度，得到含水量少、结构紧密的沉淀，同时可以促使沉淀微粒的凝聚，防止胶溶现象。热溶液还可以减小杂质的吸附量，有利于提高沉淀的纯度。

（3）加入适当的电解质

在沉淀的过程中，加入电解质可以有效地防止沉淀的胶溶。为避免电解质的加入而玷污沉淀，一般采用易挥发的铵盐（如 NH_4Cl 或 NH_4NO_3）或稀的强酸作为电解质，以便灼烧时能除去。同时，洗涤剂中也应加入适当的电解质。

（4）不进行陈化

沉淀完全后，不宜陈化，应立即趁热过滤，否则沉淀易失水，结构紧密，原来吸附在沉淀表面的杂质被包裹在沉淀内部，不易洗涤除去。

9.4.3 均匀沉淀法

一般的沉淀反应，尽管沉淀剂是在不断搅拌下逐滴缓慢加入的，但沉淀剂局部过浓现象仍难避免。此时，可用均匀沉淀法。均匀沉淀法是指沉淀剂不是直接加入到溶液中，而是通过一定的化学反应在溶液中缓慢均匀地释放出来，使沉淀在溶液中缓慢均匀地产生。因此，用均匀沉淀法得到的沉淀，颗粒较大，表面吸附杂质少，易过滤和洗涤。均匀沉淀法甚至可以得到晶形的 $Fe_2O_3 \cdot nH_2O$、$Al_2O_3 \cdot nH_2O$ 等水合氧化物沉淀。但均匀沉淀法还是不能避免后沉淀和混晶共沉淀现象。

（1）控制溶液 pH 值的均匀沉淀法

例如，均匀沉淀法沉淀 Ca^{2+} 时，先向含 Ca^{2+} 的酸性溶液中加入 $H_2C_2O_4$，由于酸效应的影响，不能析出 CaC_2O_4 沉淀。然后向溶液中加入尿素，并加热到 90℃ 左右，此时尿素水解：

$$CO(NH_2)_2 + H_2O \Longrightarrow CO_2 \uparrow + 2NH_3$$

尿素水解产生的 NH_3 均匀地分布在溶液中，并中和溶液中的 H^+，使溶液的 pH 不断提高，$C_2O_4^{2-}$ 浓度逐渐增大，最后均匀缓慢地形成 CaC_2O_4 沉淀。由此得到的 CaC_2O_4 沉淀颗粒粗大且纯净。

（2）酯类或其他有机化合物水解，产生沉淀剂阴离子

例如，均匀沉淀法沉淀 Ba^{2+} 时，可向含 Ba^{2+} 的试液中加入硫酸甲酯，利用酯水解产生的 SO_4^{2-}，均匀缓慢地生成 $BaSO_4$ 沉淀：

$$(CH_3)_2SO_4 + 2H_2O \Longleftrightarrow 2CH_3OH + SO_4^{2-} + 2H^+$$

（3）利用配合物分解，控制金属离子释放速率

例如，沉淀 Ba^{2+} 时，可将 $EDTA-Ba^{2+}$ 加入含 SO_4^{2-} 的溶液中，然后加入氧化剂破坏 EDTA，使络合物逐渐分解，将 Ba^{2+} 均匀释出，生成 $BaSO_4$ 沉淀。

（4）利用氧化还原反应产生所需的沉淀离子

例如，用过硫酸铵氧化 $Ce(III) \rightarrow Ce(IV)$，均匀沉淀生成碘酸高铈。

（5）通过合成试剂法，在溶液中慢慢合成有机试剂

如：　　　　　丁二酮+羟胺+Ni^{2+} $\Longleftrightarrow$ 丁二酮肟镍晶状沉淀

均匀沉淀法得到的沉淀颗粒较大，表面吸附的杂质少，易洗涤过滤。缺点是手续烦琐、费时。

9.4.4　有机沉淀剂的应用

（1）有机沉淀剂的特点

①选择性较高。有机沉淀剂品种多，性质各异，有些试剂的选择性很高，便于选用。

②沉淀的溶解度一般很小，有利于被测物质沉淀完全。

③沉淀极性小，吸附无机杂质较少，沉淀易于过滤、洗涤。

④沉淀的摩尔质量大，有利于提高分析结果的准确性。

⑤有些沉淀组成恒定，烘干后即可称量，简化了重量分析操作。

（2）有机沉淀剂的类型

有机沉淀剂与金属离子通常形成螯合物沉淀或离子缔合物沉淀，因此，有机沉淀剂可分为生成螯合物的沉淀剂和生成离子缔合物的沉淀剂两种类型。

①螯合物沉淀剂　作为沉淀剂的有机螯合剂，至少有两种官能团。一种是酸性官能团，如—COOH、—OH、=NOH、—SH 和—SO_3H 等，这些官能团中的 H^+ 可被金属离子置换；另一种是碱性官能团，如—NH_2、=NH、≡N—、$\diagdown$C=O、$\diagdown$C=S 等，这些官能团具有未被共用的电子对，可与金属离子形成配位键。金属离子与螯合沉淀剂反应时，通过酸性基团和碱性基团的共同作用，生成微溶性的螯合物。例如，丁二酮肟与 Ni^{2+} 形成的螯合物沉淀，可用于镍的重量法测定。

②离子缔合物沉淀剂　有些相对分子质量较大的有机沉淀剂在水溶液中以阳离子或阴离子形式存在，它们与带相反电荷的离子反应后，可生成溶解度很小的离子缔合物沉淀。例如，四苯硼酸阴离子与 K^+ 生成的 $KB(C_6H_5)_4$ 溶解度很小，组成恒定，烘干后即可直接称量，所以 $NaB(C_6H_5)_4$ 是测定 K^+ 较好的沉淀剂。

有机沉淀剂的亲水基团多，在水中的溶解度大；疏水基团多在水中溶解度小。亲水基团有—SO_3H、—OH、—$COOH$、—NH_2、$\equiv NH$ 等；疏水基团有烷基、苯基、卤代烃基等。

（3）有机沉淀剂应用示例

①丁二酮肟　丁二酮肟是选择性较高的沉淀剂，在金属离子中只有 Ni^{2+}、Pd^{2+}、Pt^{2+}、Fe^{2+}能形成沉淀。它与 Co^{2+}、Cu^{2+}、Zn^{2+}等能生成水溶性的络合物。

在氨性溶液中，丁二酮肟与 Ni^{2+}生成鲜红色的螯合物沉淀，沉淀组成恒定，烘干后可直接称重，常用于重量法测定镍。

丁二酮肟与 Fe^{3+}、Al^{3+}、Cr^{3+}等在氨性溶液中能生成水合氧化物沉淀，干扰测定，可加入柠檬酸或酒石酸掩蔽。

②8-羟基喹啉　在弱酸性或弱碱性溶液中，8-羟基喹啉能与许多金属离子发生沉淀反应，生成的沉淀组成恒定，烘干后可直接称重。但8-羟基喹啉选择性较差，目前已合成了一些选择性较高的8-羟基喹啉衍生物，如2-甲基-8-羟基喹啉，可在 pH=5.5 时沉淀 Zn^{2+}，在 pH=9 时沉淀 Mg^{2+}，但却不与 Al^{3+}发生沉淀反应。

③四苯硼酸钠　四苯硼酸钠易溶于水，溶于水后电离为 Na^+和 $[B(C_6H_5)_4]^-$，能与 K^+、Rb^+、Tl^+、NH_4^+、Ag^+等生成离子缔合物沉淀，是测定 K^+的良好沉淀剂。沉淀组成恒定，烘干后可直接称重。银离子、亚铜离子有干扰(也生成相应的沉淀)。

$$K^+ + B(C_6H_5)_4^- \Longrightarrow KB(C_6H_5)_4 \downarrow$$

9.5　沉淀析出后的处理

如何使沉淀完全、纯净、易于分离，固然是重量分析中的首要问题，但沉淀以后的各项操作完成得好坏，同样影响着分析结果的准确度。下面对过滤、洗涤、烘干或灼烧作一简要叙述。

9.5.1　沉淀的过滤和洗涤

（1）沉淀的过滤

沉淀常用滤纸或玻璃砂芯滤器过滤。对于需要灼烧的沉淀，常用无灰滤纸过滤。滤纸的紧密程度不同，应根据沉淀的性状选用不同的滤纸。一般非晶形沉淀，如 $Fe(OH)_3$、$Al(OH)_3$ 等，应用疏松的快速滤纸过滤，以免过滤太慢；粗粒的晶形沉淀，如 $MgNH_4PO_4 \cdot 6H_2O$，可用较紧密的中速滤纸；颗粒较细的沉淀，如 $BaSO_4$、偏锡酸等，应选用最紧密的慢速滤纸，以防沉淀穿过滤纸。

重量分析用的漏斗应为长颈的，锥形顶角应为 60°。在过滤时，滤纸应紧贴漏斗，这样才能使漏斗颈中充满滤液，利用液柱坠引漏斗内滤液来加速过滤。盛接滤液的烧杯，其内壁应与漏斗颈末端接触，以防滤液溅失。

为了使滤纸不致迅速被沉淀堵塞，应采用倾泻法过滤，即先将沉淀上澄清液沿玻棒小心倾入漏斗，尽可能使沉淀留在杯中，最后再倾入沉淀浊液过滤。

需烘干的沉淀，一般用玻璃砂芯坩埚或玻璃砂芯漏斗过滤。过滤时，将滤器安置在具有橡皮垫圈或有孔塞的抽滤瓶上，连接抽气装置，减压过滤。

用玻璃砂芯滤器前，应将所用玻璃砂芯滤器洗净，并在烘干沉淀的温度下（一般不超过 200℃）反复烘过，置于干燥器中冷却至室温（约需 30 min），准确称量，直至恒重。

用玻璃砂芯滤器进行过滤时，同用滤纸一样，要采用倾泻法。倾泻完清液后，再倾入沉淀浊液过滤。对滤液同样要检查是否有穿漏现象。

（2）沉淀的洗涤

洗涤沉淀是为了洗去沉淀表面吸附的杂质和混杂在沉淀中的母液。洗涤时要尽量减少沉淀的溶解损失和避免形成胶体，因此需选择合适的洗液。选择洗液的原则是：对于溶解度很小而又不易形成胶体的沉淀，可用蒸馏水洗涤；对于溶解度大的晶形沉淀，可用沉淀剂稀溶液洗涤，但沉淀剂必须是在烘干或灼烧时易挥发或易分解的，如可用 $(NH_4)_2C_2O_4$ 稀溶液洗涤 CaC_2O_4 沉淀；对于溶解度较小而又可能分散成胶体的沉淀，则应采用易挥发的电解质稀溶液洗涤，如用 NH_4NO_3 稀溶液洗涤 $Al(OH)_3$。

用热洗涤液洗涤，过滤较快，且能防止形成胶体，但沉淀溶解度随温度升高而增大较快的沉淀，则不能用热洗液洗涤。

洗涤开始时，一般仍采用倾泻法，即加适量洗液于盛有沉淀的烧杯中，充分搅和，放置澄清，将澄清液用倾泻法过滤。如此洗涤几次，每次应尽可能将澄清液滗出。洗涤若干次后，再将沉淀转移到滤纸上。沉淀全部转移后，再洗涤沉淀几次，直到将沉淀洗净。沉淀洗净与否应进行检查，一般是通过判断最后流出的洗液是否还显示某种离子的反应来进行定性检查。如用 $BaCl_2$ 沉淀 SO_4^{2-} 生成的 $BaSO_4$ 沉淀，应洗涤到滤液中不含氯离子为止。

洗涤必须连续进行，一次完成，不能将沉淀干涸放置太久。尤其是一些非晶形沉淀，放置凝聚后，就不易洗净。

洗涤沉淀时，既要将沉淀洗净，又不能用过多的洗涤剂，以免增加沉淀的溶解损失。用适当少量的洗液，分多次洗涤，每次加洗液前，应尽量使前次洗液流尽，以提高洗涤效率。

9.5.2 沉淀的烘干或灼烧

（1）沉淀的烘干

烘干是为了除去沉淀中的水分和可挥发物质，使沉淀组成固定为称量形式。烘干的温度和时间随沉淀而异，如丁二酮肟–Ni^{2+} 螯合物，只需在 110～120℃烘 40～60 min 即可冷却、称量；而磷钼酸喹啉则需在 130℃烘 45 min。沉淀烘干时所用的玻璃砂芯滤器都应先烘到恒重，沉淀也应烘至恒重。

目前烘干法逐渐代替灼烧沉淀的方法，尤其是用有机沉淀剂时，烘干法应用日多。

（2）沉淀的灼烧

灼烧除了要除掉沉淀中水分和易挥发物外，有时还是为了使沉淀在较高温度下分解为组成固定的称量形式。例如沉淀得到的 SiO_2 含有化合水（$SiO_2 \cdot xH_2O$），虽经烘干也不易除尽；用动物胶法沉淀的 SiO_2，其中尚含有动物胶，必须高温灼烧才能除去化合水和动物胶。

灼烧温度一般在 800℃以上，因此不能用玻璃砂芯滤器，常用瓷坩埚。若需用氢氟酸处理沉淀，则应用铂坩埚。

灼烧用的瓷坩埚和盖，应预先在灼烧沉淀的高温下灼烧 15～20 min，冷却（约需 40 min），称量，直至恒重。然后用滤纸包好沉淀，放入已灼烧至恒重的坩埚中。再加热烘干、焦化、灼烧至恒重。

沉淀灼烧所需的温度和时间，随沉淀不同而异。

坩埚和沉淀经灼烧、称量达恒重后，即可由沉淀质量计算结果。

9.6 重量分析的计算和应用实例

9.6.1 重量分析结果的计算

在沉淀重量法中，通常用式(9-6)计算被测组分的含量：

$$\omega = \frac{m}{m(s)} \tag{9-6}$$

式中 ω——被测组分的质量分数；

m——被测组分的质量；

$m(s)$——试样的质量。

很多情况下，沉淀的称量形式与被测组分的形式不同，这就需要将称量形式的质量换算成被测组分的质量。被测组分的摩尔质量与称量形式的摩尔质量之比是常数，称为化学因素或换算因素，又称重量分析因素，通常用 F 表示。书写换算因素时，要注意用适当的系数使被测组分化学式与称量形式化学式中的主体原子数目相等。

$$换算因素(F) = \frac{a \times 被测组分的相对分子质量}{b \times 称量形式的相对分子质量} \tag{9-7}$$

式中　a, b——为使分子和分母中所含主体元素的原子个数相等而乘的系数。

$$被测组分的质量 = 称量形式的质量 \times 换算因素(F) \tag{9-8}$$

由此可进一步推导出被测组分含量的计算公式：

$$\omega = \frac{称量形式的质量 \times F}{试样的质量} \times 100\% \tag{9-9}$$

由式(9-9)可知，在重量分析中，只要知道了称量形式的质量，利用换算因素可很容易计算出被测组分的含量。

【**例 9-1**】　用重量法测定铁矿中的铁含量。样品经适当处理后，其沉淀形式为 $Fe(OH)_3$，灼烧后转化为 Fe_2O_3，称量形式为 Fe_2O_3，计算测定结果以 Fe、Fe_2O_3、Fe_3O_4 等形式表示时，换算因素各为多少？

解：换算因素$(F) = \dfrac{a \times 被测组分的相对分子质量}{b \times 称量形式的相对分子质量}$

测定结果以 $\omega(Fe)$ 表示时

$$F = \frac{2M(Fe)}{M(Fe_2O_3)} = \frac{2 \times 55.845}{159.69} = 0.6994$$

测定结果以 $\omega(Fe_2O_3)$ 表示时

$$F = \frac{M(Fe_2O_3)}{M(Fe_2O_3)} = 1$$

测定结果以 $\omega(Fe_3O_4)$ 表示时

$$F = \frac{2M(Fe_3O_4)}{3M(Fe_2O_3)} = \frac{2 \times 231.54}{3 \times 159.69} = 0.9666$$

【**例 9-2**】　测定某试样中铁的含量时，称取样品重 m 为 0.2500 g，经处理后其沉淀形式为 $Fe(OH)_3$，然后灼烧为 Fe_2O_3，称得其质量 $m(s)$ 为 0.1245 g，求此试样中铁的质量分数。若以 Fe_3O_4 表示结果，质量分数又为多少？

解：以铁表示时：$\omega(Fe_3O_4) = \dfrac{m(s) \times \dfrac{2M(Fe)}{3M(Fe_2O_3)}}{m} = \dfrac{0.1245 \times 0.9666}{0.2500} = 0.4813$

以 Fe_3O_4 表示时：　$\omega(Fe) = \dfrac{m(s) \times \dfrac{2M(Fe)}{M(Fe_2O_3)}}{m} = \dfrac{0.1245 \times 0.6994}{0.2500} = 0.3483$

可见，用不同形式表示分析结果时，由于换算因素不同，所得结果也不同。

【例 9-3】 称取试样 0.3621 g，用 $MgNH_4PO_4$ 重量法测定其中镁的含量，得 $Mg_2P_2O_7$ 0.6300 g，求 $\omega(MgO)$。

解：

$$\omega(MgO) = \frac{m(Mg_2P_2O_7) \times \dfrac{2M(MgO)}{M(Mg_2P_2O_7)}}{m} \times 100\%$$

$$= \frac{0.6300 \times \dfrac{2 \times 40.32}{222.6}}{0.3621} \times 100\%$$

$$= 63.00\%$$

9.6.2　应用实例

(1) 硫酸根的测定

测定硫酸根时一般采用 $BaCl_2$ 将 SO_4^{2-} 沉淀成 $BaSO_4$，再灼烧、称量。$BaSO_4$ 沉淀颗粒较细，浓溶液中沉淀时可能形成胶体。$BaSO_4$ 不易被一般溶剂溶解，不能进行二次沉淀，因此沉淀应在稀酸溶液中进行。溶液中不能有酸不溶物和易被吸附的离子（如 Fe^{3+}、NO_3^- 等）存在。对于存在的 Fe^{3+}，常采用 EDTA 配位掩蔽。

硫酸钡重量法测定 SO_4^{2-} 的方法应用很广，如铁矿石中的 $BaSO_4$ 的含量测定（参见 GB 6730.16—1986 和 GB 6730.29—1986），磷肥、萃取磷酸、水泥中的硫酸根和许多其他可溶性硫酸盐都可用此法测定。

(2) 磷的测定

如测定磷酸一铵、磷酸二铵中的有效磷，GB 102070—1988 采用磷钼酸喹啉重量法。磷酸盐用酸分解后，可能成为偏磷酸（HPO_3）或次磷酸（H_3PO_2）等形式，故在沉淀前要用硝酸处理，使之全部变为正磷酸（H_3PO_4）形式。

磷酸在酸性溶液中（7%～10% HNO_3）与钼酸钠和喹啉作用形成磷钼酸喹啉沉淀：

$$H_3PO_4 + 3C_9H_7N + 12Na_2MoO_4 + 24HNO_3 \rightleftharpoons$$

$$(C_9H_7N)_3H_3[PO_4 \cdot 12MoO_3] \cdot H_2O \downarrow + 11H_2O + 24NaNO_3$$

生成的沉淀经过滤、烘干、除去水分后称重。

沉淀剂用喹钼柠酮试剂（含有喹啉、钼酸钠、柠檬酸、丙酮）。柠檬酸的作用是在溶液中与钼酸配位，以降低钼酸浓度，避免沉淀出硅钼酸喹啉（它对测定有干扰），同时防止钼酸钠水解析出 MoO_3。丙酮的作用是使沉淀颗粒增大而疏松，便于洗涤，同时可增加喹啉的溶解度，避免其沉淀析出而干扰测定。

磷也可以转化为磷钼酸铵沉淀，分离后，用 NaOH 溶解，以 HNO_3 回滴过量的 NaOH，锰铁中的磷即用此法测定含量（参见 GB 7730.3—1997）。

重量法精密度高，易获得准确结果。磷钼酸喹啉沉淀颗粒比磷钼酸铵沉淀颗粒粗些，较易过滤，但喹啉具有特殊气味，因此要求实验室通风良好。

（3）血清中蛋白质总量的测定

血清中的蛋白质包括白蛋白和球蛋白，测定方法如下：取一定量血清试样，加入丙酮，放置使蛋白质沉淀，离心，除去上清液，重复用丙酮洗涤沉淀，离心，除去上清液。然后加 NaCl 溶液，加乙酸成酸性，水浴煮沸，离心，除去上清液。再用蒸馏水洗涤沉淀，转入已恒重的玻砂漏斗中过滤、抽干，于 105℃ 干燥后称量，便可计算出每 100 mL 血清中所含蛋白质的总量。

（4）硅酸盐中二氧化硅的测定

硅酸盐在自然界分布很广，绝大多数硅酸盐不溶于酸，因此试样一般需用碱性溶剂熔融后，再加酸处理。此时金属元素成为离子溶于酸中，而硅酸根则大部分成胶状硅酸 $SiO_2 \cdot xH_2O$ 析出，少部分仍分散在溶液中，需经脱水才能沉淀。经典方法是用盐酸反复蒸干脱水，准确度虽高，但手续麻烦、费时。后来多采用动物胶凝聚法，即利用动物胶吸附 H^+ 而带正电荷（蛋白质中氨基酸的氨基吸附 H^+），与带负电荷的硅酸胶粒发生胶凝而析出，但必须蒸干才能完全沉淀。近年来，多用长碳链季铵盐作沉淀剂，如十六烷基三甲基溴化铵（简称 CTMAB，它在溶液中呈带正电荷胶粒，能将硅酸定量沉淀，可以不再加盐酸蒸干），所得沉淀疏松而易洗涤。这种方法比动物胶凝聚法优越，且可缩短分析时间。

得到的硅酸沉淀，需经高温灼烧才能完全脱水和除去带入的沉淀剂。但即使经过灼烧，一般仍带有不挥发的杂质（如铁、铝等的化合物）。因此，对于要求较高的分析，在灼烧、称量后，还需加 HF 及 H_2SO_4，再加热灼烧，使 SiO_2 转换成 SiF_4 挥发逸去，再称量，从两次所得质量的差可计算出纯 SiO_2 的质量。

本章小结

重量分析法可分为沉淀重量法、气化法、电解法及萃取法。影响沉淀溶解度的因素主要有同离子效应、盐效应、酸效应、配位效应等。影响沉淀纯度的主要原因是共沉淀和后沉淀现象。

生成的沉淀类型，主要取决于沉淀的性质，还与沉淀形成的条件、沉淀后的处理有关。在重量分析法中，最好能获得晶形沉淀。如果是无定形沉淀，则应注意掌握好沉淀条件，改善沉淀的物理性质。重量分析时，应选择适当的沉淀条件以获得符合重量分析要求的沉淀。

进行重量分析的计算时，可运用换算因素简化计算。

思考题与习题

1. 沉淀有几种类型？各种沉淀类型之间有何差别？
2. 影响沉淀溶解度的因素有哪些？
3. 沉淀形式和称量形式有何区别？试举例说明。

4. 共沉淀与后沉淀有何区别？对重量分析有哪些不良影响？

5. 晶形沉淀的沉淀条件和无定形沉淀的沉淀条件分别是什么？

6. 何谓均匀沉淀法？与一般的沉淀法相比它有何优点？

7. 计算下列各换算因素：

(1) 将 SiO_2 换算成 Si　　　　　　(2) 将 $PbCrO_4$ 换算成 Cr_2O_3

(3) 将 $PbCrO_4$ 换算成 PbO　　　　(4) 将 $Mg_2P_2O_7$ 换算成 MgO

　　　　　　　　　　　　　　(0.4674；0.2351；0.6906；0.3622)

8. 称取某可溶性硫酸盐 0.3100 g，用 $BaSO_4$ 重量法测定其中的硫含量，得 $BaSO_4$ 沉淀 0.2842 g。计算试样中 SO_4^{2-} 的百分含量。　　　　　　　　(37.73%)

9. 今有纯的 CaO 和 BaO 混合物 2.212 g，转化为混合硫酸盐后重 5.023 g。计算原混合物中 CaO 和 BaO 的含量。　　　　　　　　　(82.64%；17.36%)

10. 准确称取纯净的 $BaCl_2 \cdot xH_2O$ 0.4885 g，得到硫酸钡沉淀 0.4668 g。计算 $BaCl_2$ 和结晶水的百分含量，并推断该氯化物的分子式。　　(85.3%；14.7%；$BaCl_2 \cdot 2H_2O$)

第 10 章　吸光光度法

学习目标：
- 了解吸光光度法的特点；
- 掌握光吸收定律的基本内容；
- 了解影响显色反应的因素；
- 熟悉吸光光度法的误差来源及消除的方法；
- 掌握吸光光度法定量测定的原理与应用。

基于物质对光的选择性吸收而建立的分析方法称为吸光光度法，包括比色法、可见分光光度法及紫外分光光度法等。本章重点讨论可见光区的吸光光度法。

有些物质的溶液是有色的，如 $KMnO_4$ 水溶液呈紫红色，$K_2Cr_2O_7$ 水溶液呈橙色。许多物质的溶液本身是无色或浅色的，但它们与某些试剂发生反应后生成有色物质，如 Fe^{3+} 与 SCN^- 生成血红色配合物；Fe^{2+} 与邻二氮菲生成红色配合物。有色物质溶液颜色的深浅与其浓度有关，浓度越大，颜色越深。如果是通过与标准色阶比较颜色深浅的方法确定溶液中有色物质的含量，则称为目视比色法；如果是使用分光光度计，利用溶液对单色光的吸收程度确定物质含量，则称为分光光度法。

吸光光度法主要用于测定试样中的微量组分，具有以下特点：

①灵敏度高　常可不经富集用于测定试样质量分数为 $10^{-2} \sim 10^{-5}$ 的微量组分，甚至可测定低至质量分数为 $10^{-6} \sim 10^{-8}$ 的痕量组分。通常所测试的浓度下限达 $10^{-5} \sim 10^{-6}$ $mol \cdot L^{-1}$。

②准确度高　一般目视比色法的相对误差为 5%~10%，分光光度法为 2%~5%。

③应用广泛　几乎所有的无机离子和许多有机化合物都可以直接或间接地用分光光度法进行测定。不仅用于测定微量组分，也能用于测定高含量组分，以及配合物组成、化学平衡等的研究。如农业部门常用于品质分析、动植物生理生化及土壤、植株等的测定。

④仪器简单、操作方便、快速　近年来，由于新的、灵敏度高、选择性好的显色剂和掩蔽剂的不断出现，以及化学计量学方法的应用，常常可以不经分离就能直接进行比色或分光光度测定。

例如，含铁量为 0.001% 的试样，若用滴定法测定，称量 1 g 试样，仅含铁 0.01 mg，用 1.6×10^{-3} $mol \cdot L^{-1}$ $K_2Cr_2O_7$ 标准溶液来滴定，仅需消耗 0.02 mL 即达终点。一般滴定管的读数误差为 0.02 mL。显然，不能用滴定法测定上述试样中微量铁。但是如果将含铁 0.01 mg 的试样，在容量瓶中配成 50 mL 溶液，在一定条件下，用 1,10-邻二氮杂菲显色，即生成橙红色的 1,10-邻二氮杂菲亚铁络合物就可用吸光光度法来测定。

10.1 物质对光的选择性吸收

10.1.1 光的基本性质

光是一种电磁场波，同时具有波动性和微粒性。光的传播，如光的折射、衍射、偏振和干涉等现象可用光的波动性来解释。描述波动性的重要参数是波长 λ(m)，频率 υ(Hz)，它们与光速 c 的关系是：

$$\lambda\upsilon=c \qquad (10\text{-}1)$$

在真空介质中光速为 2.9979×10^8 m·s^{-1}，约等于 3×10^8 m·s^{-1}。还有一些现象，如光电效应、光的吸收和发射等，只能用光的微粒性才能说明，即把光看作是带有能量的微粒流。这种微粒称为光子或光量子。单个光子的能力 E 决定于光的频率。

$$E=h\upsilon=h\frac{c}{\lambda} \qquad (10\text{-}2)$$

式中　E——光子的能量(J)；

　　　h——普朗克常数(6.626×10^{-34} J·s)。

由式(10-2)可知，λ 越小，E 越大，所以短波能量高，长波能量低。如果按其频率或波长的大小排列，则可得如表 10-1 所示的电磁波谱表。

表 10-1　电磁波谱及各谱区相应分析方法

光谱名称	波长范围	能量 E/J	辐射源	分析方法
X 射线	0.1~10 nm	$1.99\times10^{-15}\sim1.99\times10^{-17}$	X 射线管	X 射线光谱法
远紫外光	10~200 nm	$1.99\times10^{-17}\sim9.94\times10^{-19}$	氢、氦、氩灯	真空紫外光度法
近紫外光	200~400 nm	$9.94\times10^{-19}\sim4.97\times10^{-19}$	氢、氦、氩灯	紫外光度法
可见光	400~750 nm	$4.97\times10^{-19}\sim2.65\times10^{-19}$	钨灯	比色及可见光度法
近红外光	0.75~2.5 μm	$2.65\times10^{-19}\sim7.95\times10^{-20}$	碳化硅热棒	近红外光度法
中红外光	2.5~5.0 μm	$7.95\times10^{-20}\sim3.97\times10^{-20}$	碳化硅热棒	中红外光度法
远红外光	5.0~1000 μm	$3.97\times10^{-20}\sim1.99\times10^{-22}$	碳化硅热棒	远红外光度法
微波	0.1~100 cm	$1.99\times10^{-22}\sim1.99\times10^{-25}$	电磁波发生器	微波光谱法
无线电波	1~1000 m	$1.99\times10^{-25}\sim1.99\times10^{-28}$		核磁共振光谱法
声波	15~10^6 km	$1.32\times10^{-29}\sim1.99\times10^{-34}$		光声光谱法

我们将眼睛能够感觉到的那一小段的光称为可见光，它只是电磁波中的一个很小的波段(400~750 nm)，也就是我们日常所见的日光、白炽光，都是由红、橙、黄、绿、

青、蓝、紫 7 种不同色光组合而成的复合光（即由不同波长的光所组成的光）。理论上，将仅具有某一波长的光称为单色光，单色光由具有相同能量的光子所组成。由不同波长的光组成的光称为复合光。单色光其实只是一种理想的"单色"，实际上常含有少量其他波长的色光。各种单色光之间并无严格的界限，例如黄色与绿色之间就有各种不同色调的黄绿色。不仅 7 种单色光可以混合成白光，两种适当颜色的单色光按一定强度比例混合也可得到白光。这两种单色光称为互补色，如图 10-1 所示，图中处于对角线上的两种单色光为互补色光，如绿色光和紫色互补，黄色光和蓝色光互补等。

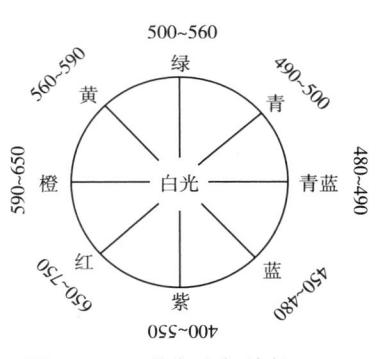

图 10-1　互补色光与波长（nm）范围示意图

10.1.2　光吸收曲线

　　颜色是物质对不同波长光的吸收特性表现在人视觉上所产生的反映。一种物质呈现何种颜色，是与入射光组成和物质本身的结构有关。如果把不同颜色的物体放在暗处，什么颜色也看不到。当光束照射到物体上时，由于不同物质对于不同波长的光的吸收、透射、反射、折射的程度不同而呈现不同的颜色。溶液呈现不同的颜色是由溶液中的质点（离子或分子）对不同波长的光具有选择性吸收而引起的。当白光通过某一均匀溶液时，如该溶液对可见光区波段的光都不吸收，即入射光全部透过，则溶液无色透明；如果各种颜色的光几乎全部被吸收，则溶液呈黑色；当白光通过某一有色溶液时，该溶液会选择性地吸收某些波长的色光而让那些未被吸收的色光透射过去，即溶液呈现透射光的颜色，亦即呈现的是它吸收光的互补色光的颜色。例如，$KMnO_4$ 溶液选择吸收了白光中的绿色光，与绿色光互补的紫色光因未被吸收而透过溶液，所以 $KMnO_4$ 溶液呈现紫色。

　　当依次将各种波长的单色光通过某一有色溶液，测量每一波长下有色溶液对该波长光的吸收程度（吸光度 A），然后以波长为横坐标，吸光度为纵坐标作图，得到一条曲线，称为该溶液的吸收曲线，亦称吸收光谱。图 10-2 是 4 种浓度 $KMnO_4$ 溶液的吸收曲线。

　　从图 10-2 可知：

　　①同一溶液对不同波长的光的吸收程度不同。如 $KMnO_4$ 对绿色光区中 525 nm 的光吸收程度最大，此波长称为最大吸收波长，以 λ_{max} 或 $\lambda_{最大}$ 表示，所以吸收曲线上

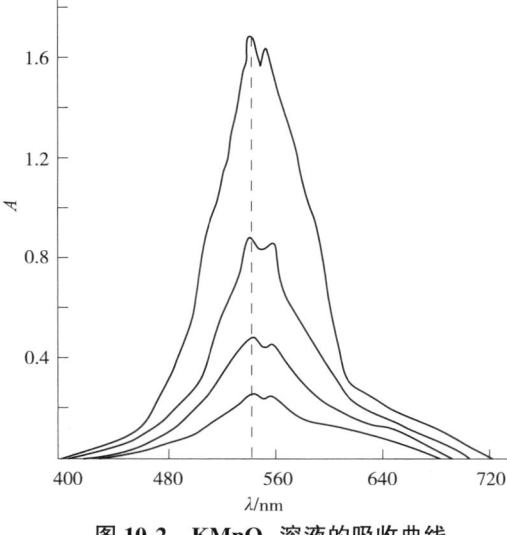

图 10-2　$KMnO_4$ 溶液的吸收曲线

有一高峰。相反，对红色和紫色光基本不吸收，所以，$KMnO_4$ 溶液呈现紫红色。

②不同浓度的 $KMnO_4$ 溶液的光吸收曲线形状相似，其最大吸收波长不变；不同物质吸收曲线的形状和最大吸收波长均不相同。光吸收曲线与物质特性有关，故据此可作为物质定性分析的依据。

③同一物质不同浓度的溶液，在一定波长处吸光度随溶液浓度的增加而增大。这个特性可作为物质定量分析的依据。在测定时，只有在 λ_{max} 处测定吸光度，其灵敏度最高，因此，吸收曲线是吸光光度法中选择测量波长的依据。

10.1.3 吸收光谱产生的原理

吸收光谱一般有原子吸收光谱和分子吸收光谱。原子吸收光谱是由原子外层电子选择性地吸收某些波长的电磁波产生跃迁而引起的。我们所讨论的溶液的吸光度，属于分子吸收，所产生的光谱为分子吸收光谱，是分子中的价电子在分子轨道间跃迁产生的。在分子中，除了电子相对于原子核的运动之外，还有原子核的相对运动，分子作为整体围绕其重心的转动、分子的平动，以及原子之间的相对振动和分子中基团间的内旋转运动。因此，在分子中，除了电子运动能 E_e、原子的核能 E_n、分子转动能 E_r 和分子平动能 E_t 外，还有原子间的相对振动能 E_v 和基团间的内旋转能 E_i 等。当不考虑各种运动之间的相互作用时，可近似地认为分子的总能量为

$$E = E_e + E_n + E_r + E_t + E_v + E_i$$

由于在一般化学实验条件下，E_n 不发生变化，E_t 和 E_i 又比较小，所以一般只需考虑电子运动能量、振动能量和转动能量：

$$E \approx E_e + E_v + E_r$$

而这 3 种能量又都是量子化的，对应有一定的能级。

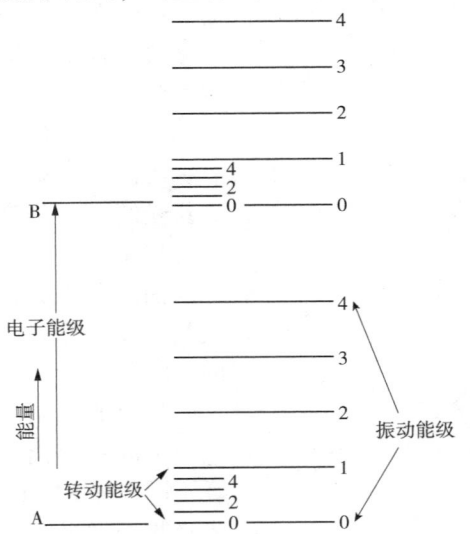

图 10-3 分子中电子能级、振动能级和转动能级示意图

图 10-3 是双原子分子的能级示意图。图中 A 和 B 表示不同能量的电子运动能级（简称电子能级），A 是电子能级的基态，B 是电子能级的最低激发态。在同一电子能级内，分子的能量还因振动能量的不同而分成若干支级，称为振动能级。当分子处于某一电子能级中某一振动能级时，分子的能量还会因转动能量的不同再分为若干分级，称为转动能级。显然，电子能级的能量差 ΔE_e、振动能级的能量差 ΔE_v 和转动能级的能量差 ΔE_r 间相对大小关系为

$$\Delta E_e > \Delta E_v > \Delta E_r$$

当分子状态一定时，分子的总能量就是分子所处的电子能级、振动能级和转动能级的能量之和。

分子的转动能级能量差一般在 $0.005 \sim 0.05$ eV，产生此能级的跃迁，需吸收波长约为 $250 \sim 25$ μm 的远红外光，这种光谱称为转动光谱或远红外光谱。

分子的振动能级能量差一般在 $0.05 \sim 1$ eV，需吸收波长约为 $25 \sim 1.25$ μm 的红外光才能产生跃迁，在分子振动时，同时有分子的转动运动。这样，分子振动产生的吸收光谱中，必然包括转动光谱，所以常称为振-转光谱。振-转光谱是一系列波长间隔很小的谱线，加上谱线变宽和仪器分辨率低的原因，观察到的是一个谱峰，或称吸收带。因此它是带状光谱，每一不同的吸收带对应于不同的振动跃迁。由于它所吸收的能量处于红外光区，所以常称为红外光谱。各种物质的分子对红外光的选择吸收与其分子结构密切相关，故红外吸收光谱可应用于分子结构的研究。

分子的电子能级能量差约 $1 \sim 20$ eV，比分子振动能级差要大几十倍，所吸收光的波长约为 $0.06 \sim 1.25$ μm，主要在真空紫外到可见光区，相应形成的光谱，称为电子光谱或紫外、可见光谱。通常，分子是处在电子能级基态的振动能级上。当用紫外、可见光照射分子时，价电子可以从跃迁产生的吸收光谱，包含了大量谱线，并由于这些谱线的重叠而成为连续的吸收带。

10.2　光吸收的基本定律

10.2.1　朗伯-比耳定律

1760 年，朗伯（Lambert）指出，当单色光通过浓度一定的、均匀的吸收溶液时，该溶液对光的吸收程度与液层厚度 b 成正比。这种关系称为朗伯定律，数学表达式为

$$\lg \frac{I_0}{I_t} = K_1 b \tag{10-3}$$

1852 年，比耳（Beer）指出，当单色光通过液层厚度一定的、均匀的吸收溶液时，该溶液对光的吸收程度与溶液中吸光物质的浓度 c 成正比。这种关系称为比耳定律，数学表达式为

$$\lg \frac{I_0}{I_t} = K_2 c \tag{10-4}$$

如果同时考虑溶液浓度与液层厚度对光吸收程度的影响，即将朗伯定律与比耳定律结合起来，则可得

$$\lg \frac{I_0}{I_t} = Kbc \tag{10-5}$$

式(10-5)称为朗伯-比耳定律的数学表达式。上述各式中 I_0，I_t 分别为入射光强度和透射光强度；b 为光通过的液层厚度(cm)；c 为吸光物质的浓度($\text{mol} \cdot \text{L}^{-1}$)；$K_1$，$K_2$ 和 K 均为比例常数，与吸光物质的性质、入射光波长及温度等因素相关。上式的物理意义为：当一束平行的单色光通过均匀的某吸收溶液时，溶液对光的吸收程度 $\lg \frac{I_0}{I_t}$ 与吸光物质的浓度和光通过的液层厚度的乘积成正比。

由于式(10-5)中的 $\lg \frac{I_0}{I_t}$ 项表明了溶液对光的吸收程度，定义为吸光度，并用符号 A 表示；同时，I_t/I_0 是透射光强度与入射光强度之比，表示了入射光透过溶液的程度，称为透光度(以%表示，为透光率)，以 T 表示，所以式(10-5)又可表示为

$$A = \lg \frac{I_0}{I_t} = \lg \frac{1}{T} = Kbc \tag{10-6}$$

应用该定律时，应注意：①朗伯-比耳定律不仅适用于有色溶液，也可适用于其他均匀非散射的吸光物质(包括液体、气体和固体)；②该定律应用于单色光，既适用于可见光，也适用于红外光和紫外光，是各类吸光光度法的定量依据；③吸光度具有加和性，是指溶液的总吸光度等于各吸光物质的吸光度之和。根据这一规律，可以进行多组分的测定及某些化学反应平衡常数的测定。这个性质对于理解吸光光度法的实验操作和应用都有着极其重要的意义。

10.2.2 吸光系数和摩尔吸光系数

式(10-6)中的比例常数 K 值随 c，b 所用单位不同而不同。如果液层厚度 b 的单位为 cm，浓度 c 的单位为 $\text{g} \cdot \text{L}^{-1}$，$K$ 用 a 表示，a 称为吸光系数，其单位是 $\text{L} \cdot \text{g}^{-1} \cdot \text{cm}^{-1}$，则式(10-5)成为

$$A = abc \tag{10-7}$$

如果液层厚度 b 的单位仍为 cm，但浓度 c 的单位为 $\text{mol} \cdot \text{L}^{-1}$，则常数 K 用 ε 表示，ε 称为摩尔吸光系数，其单位是 $\text{L} \cdot \text{mol}^{-1} \cdot \text{cm}^{-1}$，此时式(10-5)成为

$$A = \varepsilon bc \tag{10-8}$$

吸光系数 a 和摩尔吸光系数 ε 是吸光物质在一定条件、一定波长和溶剂情况下的特征常数。同一物质与不同显色剂反应，生成不同的有色化合物时具有不同的 ε 值，同一化合物在不同波长处的 ε 也可能不同。在最大吸收波长处的摩尔吸光系数，常以 $\varepsilon_{\max}$ 或 $\varepsilon_{最大}$ 表示。ε 值越大，表示该有色物质对入射光的吸收能力越强，显色反应越灵敏。所以，可根据不同显色剂与待测组分形成有色化合物的 ε 值的大小，比较它们对测定该组

分的灵敏度。以前曾认为 $\varepsilon > 1 \times 10^4$ 的反应即为灵敏反应，随着近代高灵敏显色反应体系的不断开发，现在，通常认为 $\varepsilon \geq 6 \times 10^4$ 的显色反应才属灵敏反应，$\varepsilon < 2 \times 10^4$ 已属于不灵敏的显色反应。目前已有许多 $\varepsilon \geq 1.0 \times 10^5$ 的高灵敏显色反应可供选择。

应该指出的是，ε 值仅在数值上等于浓度为 $1~mol \cdot L^{-1}$，液层厚度为 $1~cm$ 时有色溶液的吸光度，在分析实践中不可能直接取浓度为 $1~mol \cdot L^{-1}$ 的有色溶液测定 ε 值，而是根据低浓度时的吸光度，通过计算求得。

【例 10-1】 纯化后的胡萝卜素（$C_{40}H_{56}$，摩尔质量为 $536~g \cdot mol^{-1}$），用氯仿配成浓度为 $2.50~mg \cdot L^{-1}$ 的溶液，在 $\lambda_{max} = 465~nm$，比色皿厚度为 $1.0~cm$，测得吸光度为 0.550。试计算胡萝卜素的 ε 值。

解：
$$c(C_{40}H_{56}) = \frac{m(C_{40}H_{56})}{M(C_{40}H_{56}) \cdot V(C_{40}H_{56})}$$

$$= \frac{2.50 \times 10^{-3}~g}{536~g \cdot mol^{-1} \times 1.00~L} = 4.66 \times 10^{-6}(mol \cdot L^{-1})$$

$$\varepsilon = \frac{A}{bc} = \frac{0.550}{1.0~cm \times 4.66 \times 10^{-6}~mol \cdot L^{-1}} = 1.2 \times 10^5 (L \cdot mol^{-1} \cdot cm^{-1})$$

还应指出的是，上例求得的 ε 值是把待测组分看作完全转变为有色化合物计算的。实际上，溶液中的有色物质浓度常因副反应和显色反应平衡的存在，并不完全符合这种化学计量关系，因此，求得的摩尔吸光系数称为表观摩尔吸光系数。

10.2.3 偏离朗伯-比耳定律的原因

根据朗伯-比耳定律，当波长和强度一定的入射光通过液层厚度一定的有色溶液时，吸光度与有色溶液浓度成正比。若以一系列标准溶液的吸光度为纵坐标，对应的浓度为横坐标作图，可得一条通过原点的直线，称为标准曲线或工作曲线，如图 10-4 所示。但在实际工作中，经常出现标准曲线不呈直线的情况，特别是当吸光物质浓度较高时，标准曲线明显地弯向浓度轴，个别情况弯向吸光度轴。这种情况称为偏离朗伯-比耳定律（图 10-4）。若在曲线弯曲部分进行定量分析，将会引起较大的误差。

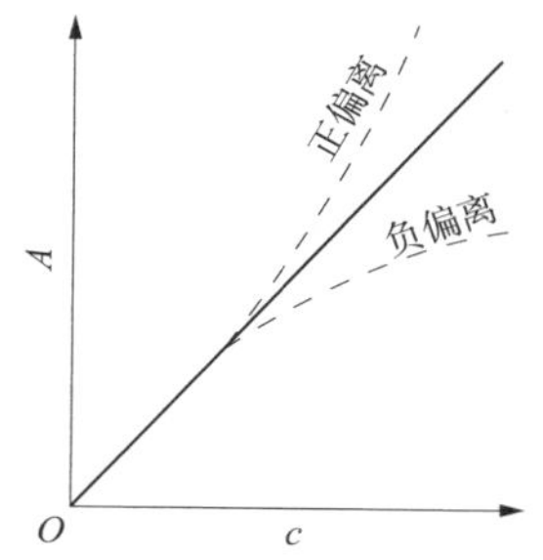

图 10-4 标准曲线及对朗伯-比耳定律的偏离

偏离朗伯-比耳定律的原因主要是仪器或溶液的实际条件与朗伯-比耳定律所要求的理想条件不一致。引起这种偏离的因素很多，大致可分为两类：一类是物理性的，即仪器性的因素；一类是化学性因素。

（1）物理性因素

由于物理性因素引起的偏离，包括入射光不是真正的单色光，单色器内的内反射，以及因光源的波动，检测器灵敏度波动等引起的偏离，其中最主要的是非单色光作为入射光引起的偏离。

严格地说，朗伯-比耳定律只适用于单色光，但采用任何方法都不可能得到纯的单色光，实际上得到的都是具有某一波段的复合光。由于物质对不同波长光的吸收程度不同，因而导致对朗伯-比耳定律的偏离。

设有两种波长的单色光 λ_1 和 λ_2 分别通过溶液，根据朗伯-比耳定律则有

$$\lambda_1\ \text{时} \qquad A_1=\lg\frac{I_{0_1}}{I_{t_1}}=\varepsilon_1 bc\ \text{或}\ I_1=I_{0_1}\times 10^{-\varepsilon_1 bc} \tag{10-9}$$

$$\lambda_2\ \text{时} \qquad A_2=\lg\frac{I_{0_2}}{I_{t_2}}=\varepsilon_2 bc\ \text{或}\ I_2=I_{0_2}\times 10^{-\varepsilon_2 bc} \tag{10-10}$$

若让含 λ_1 和 λ_2 的复合光通过待测溶液，其吸光度为

$$A=A_1+A_2=\lg\frac{I_{0_1}}{I_{t_1}}+\lg\frac{I_{0_2}}{I_{t_2}}=\lg\frac{I_{0_1}+I_{0_2}}{I_{01}\times 10^{-\varepsilon_1 bc}+I_{02}\times 10^{-\varepsilon_2 bc}} \tag{10-11}$$

从式（10-11）可见，当 $\varepsilon_1=\varepsilon_2$ 时，$A=\varepsilon bc$，A 与 c 呈直线关系；当 $\varepsilon_1\neq\varepsilon_2$ 时，$A\neq\varepsilon bc$，A 与 c 不呈直线关系。ε_1 与 ε_2 相差越大，即 λ_1 和 λ_2 相差越大，对朗伯-比耳定律偏离就越严重。实验证明，只有在选用的入射光波带宽度中，吸光度随波长变化不大时，朗伯-比耳定律才成立。所以实际工作中，并不严格要求很纯的单色光。一般应将入射光波长选择在被测物质的最大吸收处，这不仅保证了测定有较高的灵敏度，而且此处的吸收曲线较为平坦，在 $\lambda_{\max}$ 附近各波长光的 ε 值大体相等，非单色光引起的偏离比在其他波长处小得多。

（2）化学性因素

不同物质，甚至同一物质的不同型体对光的吸收程度可能不同。溶液中的吸光物质因离解、缔合、溶剂化作用或化合物形式的改变，可能引起对朗伯-比耳定律的偏离。

设化合物 HB 在溶液中存在下列离解平衡：

$$\text{HB}\ \rightleftharpoons\ \text{H}^++\text{B}^-$$

溶液的总吸光度：

$$A_{\text{总}}=A_{\text{HB}}+A_{\text{B}^-}=(\varepsilon_{\text{HB}}\cdot c_{\text{HB}}+\varepsilon_{\text{B}^-}\cdot c_{\text{B}^-})b$$

当有 pH 缓冲溶液时，酸型 HB 与碱型 B 之比值在各种浓度下保持不变。但若无缓冲作用，离解度将随稀释而增大。若 $\varepsilon_{\text{B}^-}>\varepsilon_{\text{HB}^-}$，当溶液浓度增大时，产生负偏离；若 $\varepsilon_{\text{B}^-}<\varepsilon_{\text{HB}^-}$，当溶液浓度增大时，产生正偏离。

又如 $\text{Cr}_2\text{O}_7^{2-}$ 水溶液在 450 nm 处有最大吸收，但因存在下列平衡：

$$\text{Cr}_2\text{O}_7^{2-}+\text{H}_2\text{O}\ \rightleftharpoons\ 2\text{HCrO}_4^-\ \rightleftharpoons\ 2\text{CrO}_4^{2-}+2\text{H}^+$$

当 $\text{Cr}_2\text{O}_7^{2-}$ 溶液按一定程度稀释时，$\text{Cr}_2\text{O}_7^{2-}$ 的浓度并不按相同的程度降低，而 $\text{Cr}_2\text{O}_7^{2-}$，$2\text{HCrO}_4^-$，$2\text{CrO}_4^{2-}$ 对光的吸收特性明显不同，此时，若仍以 450 nm 处测得的吸光度制作工作曲线，将严重地偏离朗伯-比耳定律。如果控制溶液均在高酸度时测定，由于六价铬均以重铬酸根形式存在，就不会引起偏离。

另外，按吸收定律假定，所有的吸光质点（分子或离子）的行为必须是相互无关的，而不论其数量和种类如何，这一假定也是利用光吸收的加合性同时测定多组分混合物的

基础。但事实证明，这种假设只是在稀溶液（$<10^{-2}$ mol·L^{-1}）时才是基本正确的。当溶液浓度较大时，往往因凝聚、聚合或缔合作用、水解及配合物配位数的改变等改变了物质的吸光特性，结果使吸收曲线的位置、形状及峰高随着浓度的增加而改变。

所以，在用吸光光度法进行分析测定时，要控制溶液的条件，使被测组分以一种形式存在，就可以克服化学因素引起的偏离。

10.3　比色法和吸光光度法及其仪器

10.3.1　目视比色法

用眼睛观察、比较溶液颜色深浅以确定物质含量的分析方法称为目视比色法。常用的目视比色法采用标准系列法。这种方法是使用一套由同种材料制成、大小形状相同的平底玻璃管（称为比色管），分别加入一系列不同量的标准溶液和待测溶液，在实验条件相同的情况下，再加入等量的显色剂和其他试剂，稀释至一定刻度，然后从管口垂直向下观察，比较待测溶液与标准溶液颜色的深浅。若待测液与某一标准溶液颜色一致，则说明两者浓度相等；若待测液颜色介于两标准溶液之间，则取其算术平均值作为待测液的浓度。

目视比色法的主要缺点是准确度不高，如果待测液中存在第二种有色物质，就无法进行测定。另外，由于许多有色溶液颜色不稳定，标准系列不能久存，经常需在测定时配制，比较麻烦。虽然可采用某些稳定的有色物质（如重铬酸钾、硫酸铜和硫酸钴等）配制永久性标准系列，或利用有色塑料、有色玻璃制成永久色阶，但由于它们的颜色与试液的颜色往往有差异，也需要进行校正。

目视比色法的优点是仪器简单，操作简便，适用于大批试样的分析，灵敏度较高。因为是在复合光——白光下进行测定，故某些显色反应不符合朗伯-比耳定律时，仍可用该法进行测定。因而它广泛用于准确度要求不高的常规分析中，如土壤和植株中氮、磷、钾的速测等。

10.3.2　吸光光度法

（1）*方法原理*

吸光光度法是借助分光光度计测定溶液的吸光度，根据朗伯-比耳定律确定物质溶液的浓度。吸光光度法与目视比色法在原理上并不完全一样。吸光光度法是比较有色溶液对某一波长光的吸收情况，目视比色法则是比较透过光的强度。例如，测定溶液中 $KMnO_4$ 的含量时，吸光光度法测量的是 $KMnO_4$ 溶液对黄绿色光的吸收情况，目视比色法则是比较 $KMnO_4$ 溶液透过红紫色光的强度。

（2）*测定方法*

①比较法　是先配制与被测试液浓度相近的标准溶液 c_s 和被测试液 c_x，在相同条

件下显色后，测其相应的吸光度为 A_s 和 A_x，根据朗伯-比耳定律：

$$A_s = \varepsilon b_s c_x \; ; \quad A_x = \varepsilon b_x c_s$$

两式相比得

$$\frac{A_s}{A_x} = \frac{\varepsilon b c_s}{\varepsilon b c_x}$$

则得

$$c_x = \frac{A_x}{A_s} c_s \qquad\qquad (10\text{-}12)$$

应当注意，利用式(10-12)进行计算时，只有当 c_x 与 c_s 相近时，结果才可靠，否则将有较大误差。

②标准曲线法 借助分光光度计来测量一系列标准溶液的吸光度，将吸光度对浓度作图，绘制标准曲线(图10-4)，然后根据被测试液的吸光度，从标准曲线上求得被测物质的浓度或含量。当测试样品较多时，利用标准曲线法比较方便，而且误差较小。

吸光光度法的特点是：因入射光是纯度较高的单色光，故使偏离朗伯-比耳定律的情况大为减少，标准曲线直线部分的范围更大，分析结果的准确度较高。因可任意选取某种波长的单色光，故利用吸光度的加和性，可同时测定溶液中两种或两种以上的组分。由于入射光的波长范围扩大了，许多无色物质，只要它们在紫外或红外光区域内有吸收峰，都可以用吸光光度法进行测定。

10.3.3 分光光度计及其基本部分

分光光度计一般按工作波长范围分类，紫外-可见分光光度计主要应用于无机物和有机物含量的测定，红外分光光度计主要用于结构分析。分光光度计又可分为单光束和双光束两类。

分光光度计通常由下列5个基本部件组成：

$$\boxed{光源} \rightarrow \boxed{单色器} \rightarrow \boxed{样品室} \rightarrow \boxed{检测器} \rightarrow \boxed{显示仪表或记录仪}$$

(1) 光源

一般采用钨灯($350\sim800$ nm，可见光用)和氘灯($190\sim400$ nm，紫外光用)，根据不同波长的要求选择使用。要求光源有一定的强度且稳定。光源的作用是提供分析所需的复合光。

(2) 单色器

单色器的作用是将光源发出的复合光分解为按波长顺序排列的单色光，并能通过出射狭缝分离出某一波长单色光。它由入射和出射狭缝、反射镜和色散元件组成，其关键部分是色散元件。色散元件有两种基本形式：棱镜和衍射光栅。

①棱镜 由玻璃或石英玻璃制成。复合光通过棱镜时，由于棱镜材料的折射率不同而产生折射。但是，折射率与入射光的波长有关。对一般的棱镜材料，在紫外-可见光区内，折射率与波长之间的关系可用科希经验公式表示：

$$n = A + \frac{B}{\lambda^2} + \frac{C}{\lambda^2} \qquad\qquad (10\text{-}13)$$

式中　n——波长为 λ 的入射光的折射率；

A，B，C——均为常数。

所以，当复合光通过棱镜的两个界面发生两次折射后，根据折射定律，波长小的偏向角大，波长大的偏向角小（图 10-5），故而能将复合光色散成不同波长的单色光。

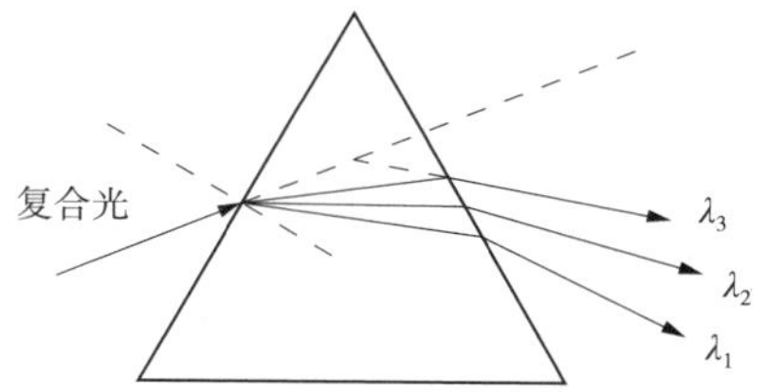

②光栅　有多种，光谱仪中多采用平面闪耀光栅

图 10-5　棱镜的色散作用

（图 10-6）。它由高度抛光的表面（如铝）上刻画许多根平行线槽而成。一般为 600 条/mm、1200 条/mm，多的可达 2400 条/mm，甚至更多。当复合光照射到光栅上时，光栅的每条刻线都产生衍射作用，而每条刻线所衍射的光又会互相干涉而产生干涉条纹。光栅正是利用不同波长的入射光产生的干涉条纹的衍射角不同，波长长的衍射角大，波长短的衍射角小，从而使复合光色散成按波长顺序排列的单色光。图 10-6 是光栅衍射原理示意。

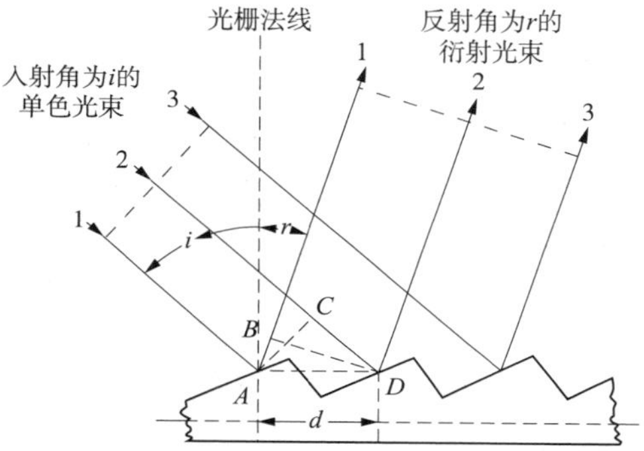

图 10-6　光栅衍射原理的示意图

（3）样品室

样品室包括吸收池架和吸收池。吸收池（又称比色皿）由玻璃或石英玻璃制成，用于盛放试液。有不同厚度规格的吸收池。玻璃吸收池只能用于可见光区，而石英池既可用于可见光区，亦可用于紫外光区。

（4）检测器

检测器是一种光电转换元件，其作用是将透过吸收池的光信号强度变成可测量的电信号强度，进行测量。目前，在紫外−可见分光光度计中多用光电管和光电倍增管。

光电倍增管是利用二次电子发射放大光电流的一种真空光敏器件。它由一个光电发射阴析、一个阳极以及若干级倍增极所组成。图 10-7 是光电倍增管的结构和光电倍增原理示意图。

当阴极 K 受到光撞击时，发出光电子，K 释放的一次光电子再撞击倍增极，就可产生增加了若干倍的二次光电子，这些电子再与下一级倍增级撞击，电子数依次倍增，经过 9~16 级倍增，最后一次倍增极上产生的光电子可以比最初阴极放出的光电子高 10^6 倍，最高可达 10^9 倍，最后倍增了的光电子射向阳极 A 形成电流。阳极电流与入射光强度及光电倍增管的增益成正比，改变光电倍增管的工作电压，可改变其增益。光电流通过光电倍增管的负载

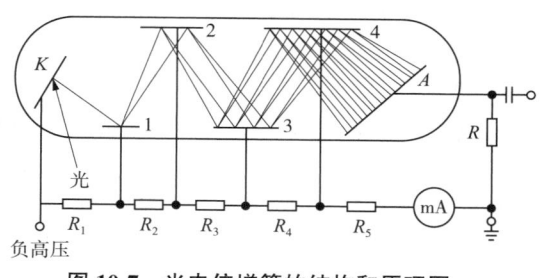

图 10-7　光电倍增管的结构和原理图

K. 光敏阴极；1~4. 倍增极；R，$R_1 \sim R_5$. 电阻；A. 阳极

电阻 R，即可变成电压信号，送入放大器进一步放大。

(5)显示仪表或记录仪

早期的分光光度计多采用检流计、微安表作显示装置，直接读出吸光度或透光率。近代的分光光度计则多采用数字电压表等显示和用 X—Y 记录仪直接绘出吸收(或透射)曲线，并配有计算机数据处理台。

10.4　显色反应与反应条件

10.4.1　显色反应

测定某种物质时，如果待测物质本身有较深的颜色，就可以进行直接测定，但大多数待测物质是无色或很浅的颜色，故需要选适当的试剂与被测离子反应生成有色化合物再进行测定，这是分光光度法测定金属离子最常用的方法。此反应称为显色反应，所用的试剂称为显色剂。

(1)显色反应的选择

显色反应主要有配位反应和氧化-还原反应，同一组分常可与多种显色剂反应生成不同的有色化合物，应选用哪一种显色反应呢？通常，需做下列考虑：

①首先是选择灵敏高，即摩尔吸光系数大的反应。但是，在分析化学中接触到的试样大多是成分复杂的物质，必须认真考虑共存组分的干扰，即希望显色反应的选择性好、干扰少。需要指出的是，在满足测定灵敏度的前提下，选择性的好坏常常成为选择显色反应的主要依据。例如，Fe(Ⅱ)与 1,10-二氮菲在 pH＝2~9 的水溶液中生成橙红色配合物的反应，虽然灵敏度不是很高($\varepsilon_{508}＝1.1\times10^4$ L·mol^{-1}·cm^{-1})，但由于选择性好，在实际分析中仍广泛被采用。

②有色化合物的组成恒定，符合一定的化学式。对于形成不同配位比的配位反应，必须注意控制实验条件，使其生成一定组成的配合物，以免引起误差。

③有色化合物的化学性质应足够稳定，至少保证在测量过程中溶液的吸光度基本恒定。这就要求有色化合物不容易受外界环境条件的影响，如日光照射、空气中的氧和二氧化碳的作用等，此外，也不应受溶液中其他化学因素的影响。

④有色化合物与显色剂的关系差别要大，即显色剂对光的吸收与络合物的吸收有明显区别，一般要求两者的吸收峰波长之差 $\Delta\lambda$(称为对比度)大于 60 nm。

(2)显色剂

灵敏的分光光度法是以待测物质与显色剂之间的反应为基础的。多数无机配位剂单独与金属离子生成的配合物，如 Cu^{2+} 与 NH_3，形成的蓝色配合物，Fe^{3+} 与 SCN^- 形成的红色配合物等，组成不恒定，也不够稳定，反应的灵敏度不高，选择性较差，所以单独应用不多。目前不少高灵敏的方法是基于金属的硫氰酸盐、氟化物、氯化物、溴化物和碘化物的配阴离子与碱性染料的阳离子形成的离子缔合物的反应，特别是基于这些离子缔合物的萃取体系和引入表面活性剂或水溶性高分子的多元体系。例如，在 0.12 mol·

$L^{-1}H_2SO_4$ 介质中，在聚乙烯醇存在下，Hg^{2+}-I^--乙基罗丹明 B 离子缔合物显色体系的 ε 高达 1.14×10^6 $L \cdot mol^{-1} \cdot cm^{-1}$，$\lambda_{max}=605$ nm，测量范围是 $0\sim2.5$ $\mu g(Hg)/25mL$。

分光光度法中主要使用有机显色剂。有机显色剂及其与金属离子反应产物的颜色和它们的分子结构有密切关系。由于显色剂分子结构的复杂性和各基团间相互影响的多样性，分子结构与颜色的关系十分复杂。根据近代发色理论，显色分子中多含有不饱和的共轭链，如—C≡C—，—N=N—，=⬡=，＞C=S等，其一端与某些供电子基（如—OH，—NH₂，$\overset{R}{\underset{R}{N}}$—，$\overset{R}{\underset{H}{N}}$—等）或吸电子基（—NO₂，＞C=O等）相连，而另一端一般再与另一供电性相反的基团相连。当吸收一定波长的光量子能量后，从电子给予体通过共轭作用，传递到电子接受基团，显色分子发生极化并产生一定的偶极矩，使价电子在不同能级间跃迁而得到不同的颜色。

有机显色剂的种类繁多，分类方法各异。本书不作赘述。

（3）多元络合物

①三元（多元）混配混合物　由一种中心离子和两种（或三种）配位体形成的配合物称为三元混配配合物，如 $Mo(\mathbb{IV})NH_2OH$ 和硝基磺苯酚 K 形成的三元配合物，其结构为：

混配配合物形成的条件首先是中心离子应能分别与这两种配位体单独发生配位反应，其次是中心离子与一种配位体形成的配合物必须是配位不饱和的，只有再与另一种配位体配位后，才能满足其配位数的要求。混配配合物 ML_1L_2 中，L_1 和 L_2 可能都是有机配位体，也可能其中之一是无机配位体。由于配位反应的空间效应，其中一种配位体最好是体积小的单齿配位体，如 NH_2OH，H_2O_2，F^- 等，另一种是多齿配位体。混配配合物的特点是极为稳定，并且具有不同于单一配位体配合物的性质，不仅能提供具有分析价值的特殊灵敏度和选择性，并且常常能改善其可萃性和溶解性。例如，用 H_2O_2 测定 $V(V)$，灵敏度太低（$\varepsilon_{450nm}=2.7\times10^2$ $L \cdot mol^{-1} \cdot cm^{-1}$），用 PAR 显色灵敏度虽较高（$\varepsilon_{550nm}=3.6\times10^4$ $L \cdot mol^{-1} \cdot cm^{-1}$），但选择性很差。如果在一定条件下使之形成 $V(V)$-H_2O_2-PAR 三元配合物，不仅灵敏度较高（$\varepsilon_{540nm}=1.4\times10^4$ $L \cdot mol^{-1} \cdot cm^{-1}$），选择性也较好。

②三元离子缔合物　离子缔合物型三元配合物与三元混配配合物的区别是一种配位体已满足中心离子配位数的要求，但彼此间的电性并未中和，因此，形成的是带有电荷的

二元配离子，当带有相反电荷的第二种配位体离子参与反应时，便可通过电价键结合成离子缔合物型的三元配合物。这类配合物体系多属 M-B-R 型。M 为金属离子，B 为有机碱，如吡啶、喹啉、安替比林类、邻二氮菲及其衍生物、二苯胍和有机染料等阳离子，R 为电负性配位体，如卤素离子 X^-、SCN^-、SO_4^{2-}、ClO_4^-、HgI_4^{2-}、水杨酸、邻苯二酚等。

离子缔合物型三元配合物在金属离子的萃取分离和萃取光度法中占有重要地位。由于在光度测定之前需要经萃取法分离、富集，因此，提高了测定的灵敏度和选择性。例如，在硫酸溶液中，InI_4^- 配阴离子可与孔雀绿阳离子(B^+)形成离子缔合物$[InI_4]^-$，用苯萃取，测定吸光度，$\varepsilon = 1.05 \times 10^5$ L·mol^{-1}·cm^{-1}，用于测定铟，非常灵敏。需要指出的是，为了克服离子缔合物用于光度分析需经萃取分离，操作比较麻烦和有机污染的缺点，近些年提出了用水溶性高分子，如聚乙烯醇、阿拉伯树胶等增溶分散的方法，不仅可以直接在水相中进行测定，而且提高了测定灵敏度。例如，在 1.1 mol/L HCl 介质中，在聚乙烯醇存在下，Zn^{2+}-SCN-罗丹明体系的 $\varepsilon_{607nm} = 2.6 \times 10^4$ L·mol^{-1}·cm^{-1}。

③金属离子-络合剂-表面活性剂体系　许多金属离子与显色剂反应时，加入某些表面活性剂，可以形成胶束化合物，它们的吸收峰向长波方向移动(红移)，而测定的灵敏度显著提高。目前，常用于这类反应的表面活性剂有溴化十六烷基吡啶、氯化十四烷基二甲基苄胺、氯化十六烷基三甲基铵、溴化十六烷基三甲基铵、溴化羟基十二烷基三甲基铵、OP 乳化剂。例如，稀土元素、二甲酚橙及溴化十六烷基吡啶反应，生成三元络合物，在 pH 8~9 时呈蓝紫色，用于痕量稀土元素总量的测定。

④杂多酸　溶液在酸性的条件下，过量的钼酸盐与磷酸盐、硅酸盐、砷酸盐等含氧的阴离子作用生成杂多酸，可作为吸光光度法测定相应的磷、硅、砷等元素的基础。杂多酸法需要还原反应的酸度范围较窄，必须严格控制反应条件。很多还原剂都可应用于杂多酸中。氯化锡及某些有机还原剂，如 1-氨基-2-萘酚-4-磺酸加亚硫酸盐和氢醌常用于磷的测定。硫酸肼在煮沸溶液中作砷钼酸盐和磷钼酸盐的还原剂。抗坏血酸也是较好的还原剂。

10.4.2　显色反应条件的选择

确定了显色反应以后，还要确定合适的反应条件，一般是通过实验研究来得到的。这些实验条件包括：溶液酸度，显色剂用量，试剂加入顺序，显色时间，显色温度，有机配合物的稳定性及共存离子的干扰等。

(1)反应体系的酸度

反应时，介质溶液的酸度常常是首先需要确定的问题。因为酸度的影响是多方面的，表现为：

M (待测组分) +R (显色剂)＝MR (有色化合物) ?

$\downarrow$OH⁻　H⁺＼N⁻　　H⁺＼　＼OH⁻＼R

M(OH)　HR　NR　MHR M(OH)R MR₂ ···

⋮　　⋮　⋮

R 的不同型体可能有不同的颜色，产生不同的吸收；M 离子可能形成羟基配合物乃至沉淀，影响显色反应的定量完成；有干扰组分时，可能会影响主反应进行的程度，影响显色配合物存在的型体，甚至组成比，产生不同的吸收。例如，Fe(Ⅲ) 与磺基水杨酸的反应随 pH 的改变，产物的组成和颜色会产生明显的改变。pH = 1.8~2.5 时，形成 1∶1 的紫红色配合物；pH = 4~8 时，生成 1∶2 的橙红色配合物；pH = 8~11.5 时，生成 1∶3 的黄色配合物；pH>12 时，只能生成棕红色的 $Fe(OH)_3$ 沉淀。

对某种显色体系，最适宜的 pH 范围与显色剂、待测元素以及共存组分的性质有关。目前，虽然已有用有关平衡常数值估算显色反应适宜酸度范围的报道，但在实践中仍然是通过实验来确定。其方法是保持其他实验条件相同，分别测定不同 pH 条件下显色溶液和空白溶液相对于纯溶剂的吸光度，显色溶液和空白溶液吸光度之差值呈现最大而平坦的区域，即为该显色体系最适宜的 pH 范围。控制溶液酸度的有效方法是加入适宜的缓冲溶液。缓冲溶液的选择，不仅要考虑其缓冲 pH 范围和缓冲容量，还要考虑缓冲溶液阴、阳离子可能引起的干扰效应。

（2）显色剂的用量

为了使显色反应进行完全，一般需加入过量的显色剂，但显色剂不是越多越好。对于有些显色反应，显色剂加入太多，反而会引起副反应，对测定不利。在实际工作中，通常根据实验结果来确定显色剂的用量。

显色剂用量对显色反应的影响一般有 3 种可能的情况，如图 10-8 所示。其中图 10-8(a) 的曲线形状比较常见，当显色剂用量达到某一数值时，吸光度不再增大，出现 ab 平坦部分，这意味着显色剂用量已足够，于是可在 ab 之间选择合适的显色剂用量。图 10-8(b) 与图 10-8(a) 不同之处是平坦部分较窄，即当显色剂浓度继续增大时，试液的吸光度反而下降。例如用 SCN^- 测定 Mo(Ⅴ) 时，Mo(Ⅴ) 与 SCN^- 生成 $Mo(SCN)_3^{2+}$（浅红）、$Mo(SCN)_5$（橙红）、$Mo(SCN)_6^-$（浅红）配位数不同的络合物，用吸光光度法测定时，通常测得的是 $Mo(SCN)_5$ 的吸光度。因此，如果 SCN^- 浓度太高，由于生成浅红色的 $Mo(SCN)_6^-$ 络合物，将使试液的吸光度降低。遇此情况，必须严格控制显色剂的量，否则得不到正确的结果。图 10-8(c) 与前两种情况完全不同，随显色剂用量增大，试液的吸光度也增大。例如用 SCN^- 测定 Fe^{3+}，随着 SCN^- 浓度的增大，生成颜色越来越深的高配位数络合物 $Fe(SCN)_4^-$ 和 $Fe(SCN)_5^{2-}$，溶液颜色由橙黄变至血红色。对于这种情况，只有严格地控制显色剂的用量，才能得到准确的结果。

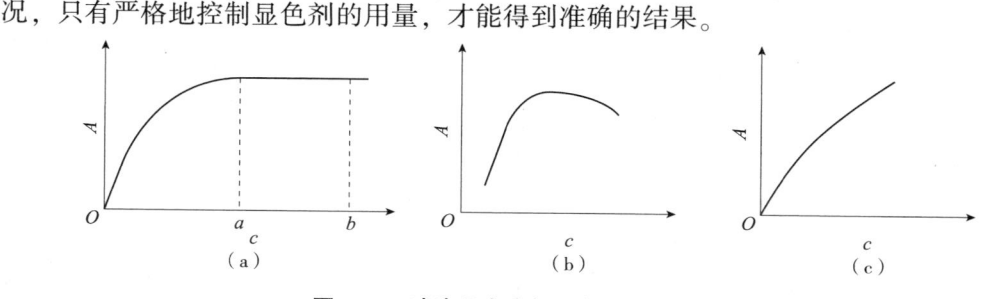

图 10-8　试液吸光度与显色剂浓度的关系

（3）显色反应时间

有些显色反应瞬间完成，溶液颜色很快达到稳定状态，并在较长时间内保持不变；有些显色反应虽能迅速完成，但有色配合物的颜色很快开始褪色；有些显色反应进行缓慢，溶液颜色需经一段时间后才稳定。因此，必须经实验来确定最合适测定的时间区间。实验方法为配制一份显色溶液，从加入显色剂起计算时间，每隔几分钟测量一次吸光度，制作吸光度–时间曲线，根据曲线来确定适宜时间。

（4）显色反应温度

通常，显色反应大多在室温下进行。但是，有些显色反应必须加热至一定温度才能完成。例如，用硅钼酸法测定硅的反应，在室温下需 10 min 以上才能完成；而在沸水浴中，则只需 30 s 便能完成。许多有色化合物在温度较高时容易分解，如 MnO_4^- 溶液长时间煮沸就会与水中的微生物或有机物反应而褪色。同样，通过实验确定显色反应的适宜温度。

（5）溶剂

有机溶剂常降低有色化合物的解离度，从而提高了显色反应的灵敏度。如在 $Fe(SCN)_3$ 溶液中加入与水混溶的有机溶剂（如丙酮），由于降低了 $Fe(SCN)_3$ 的解离度而使颜色加深，提高了测定的灵敏度。此外，有机溶剂还可能提高显色反应的速率，影响有色配合物的溶解度和组成等。如用偶氮氯膦Ⅲ法测定 Ca^{2+}，加入乙醇后，吸光度显著增大。又如，用氯代磺酚 S 法测定铌（V）时，在水溶液中显色需几小时，加入丙酮后，则只需 30 min。

（6）干扰及其消除方法

试样中存在干扰物质会影响被测组分的测定。例如，干扰物质本身有颜色或与显色剂反应，在测量条件下也有吸收，造成正干扰。干扰物质均与被测组分反应或与显色剂反应，使显色反应不完全，也会造成干扰。干扰物质在测量条件下从溶液中析出，使溶液变混浊，无法准确测定溶液的吸光度。

为消除以上原因引起的干扰，可采取以下几种方法：

①控制溶液酸度　如用二苯硫腙法测定 Hg^{2+} 时，Cd^{2+}、Cu^{2+}、Co^{2+}、Ni^{2+}、Sn^{2+}、Zn^{2+}、Pb^{2+}、Bi^{3+} 等均可能发生反应，但如果在稀酸（0.5 $mol \cdot L^{-1} H_2SO_4$）介质中进行萃取，则上述离子不再与二苯硫腙作用，从而消除其干扰。

②加入掩蔽剂　选取的条件是掩蔽剂不与待测离子作用，掩蔽剂以及它与干扰物质形成的配合物的颜色应不干扰待测离子的测定。如用二苯硫腙法测 Hg^{2+} 时，即使在 0.5 $mol \cdot L^{-1} H_2SO_4$ 介质中进行萃取，尚不能消除 Ag^+ 和大量 B^{3+} 的干扰。这时，加 KSCN 掩蔽 Ag^+，EDTA 掩蔽 Bi^{3+} 可消除其干扰。

③利用氧化还原反应，改变干扰离子的价态　如用铬天青 S 比色测定 Al^{3+} 时，Fe^{3+} 有干扰，加入抗坏血酸将 Fe^{3+} 还原为 Fe^{2+} 后，干扰即消除。

④利用校正系数　如用 SCN^- 测定钢中钨时，可利用校正系数扣除钒（V）的干扰，因为钒（V）与 SCN^- 生成蓝色 $(NH_4)_2[VO(SCN)_4]$ 配合物而干扰测定。实验表明，质量分数为 1% 的钒相当于 0.20% 钨（随实验条件不同略有变化）。这样，在测得试样中钒的

量后，就可以从钨的结果中扣除钒的影响。

⑤利用参比溶液消除显色剂和某些共存有色离子的干扰 如用铬天青 S 比色法测定钢中的铝、Ni^{2+}、Co^{2+} 等干扰。为此可取一定量试液，加入少量 NH_4F，使 Al^{3+} 形成 AlF_6^{3-} 络离子而不再显色，然后加入显色剂及其他试剂，以此作参比溶液，以消除 Ni^{2+}、Co^{2+} 对测定的干扰。

⑥选择适当的波长 如 MnO_4^- 的最大吸收波长为 525 nm，测定 MnO_4^- 时，若溶液中有 $Cr_2O_7^{2-}$ 存在，由于它在 525 nm 处也有一定的吸收，故影响 MnO_4^- 的测定。为此，可选用 545 nm 甚至 575 nm 波长进行 MnO_4^- 的光度测定。这时，测定灵敏度虽较低，但却在很大程度上消除了 $Cr_2O_7^{2-}$ 的干扰。

⑦当溶液中存在有消耗显色剂的干扰离子时，可以通过增加显色剂的用量来消除干扰。

⑧分离 若上述方法均不能奏效时，只能采用适当的预先分离的方法。

10.5 仪器测量误差和测量条件的选择

10.5.1 吸光度测量的误差

在吸光光度法分析中，除了前面已讲述的偏离朗伯-比耳定律所引起的误差外，仪器测量不准确也是误差的主要来源。这些误差可能来源于光源不稳定、实验条件的偶然变动、读数不准确及仪器噪声等引起的。其中，透光度与吸光度的读数误差是衡量测定结果的主要因素，也是衡量仪器精度的主要指标之一。透光度与吸光度的读数误差对浓度测量的相对误差有何影响呢？现讨论如下：

在光度计中，透光度的标尺刻度是均匀的，吸光度与透光度呈负对数关系，故它的标尺刻度是不均匀的。光度计算尺上吸光度与透光度的关系，如图 10-9 所示。

由图 10-9 可见，对一给定的分光光度计，透光度读数误差 ΔT 约为 0.01 ~ 0.02，基本上为一常数。但在不同吸光度范围内读数将对测定带来不同程度的误差，因为吸光度测量的误差不为常数。吸光度越大，读数波动所引起的吸光度读数误差也越大。

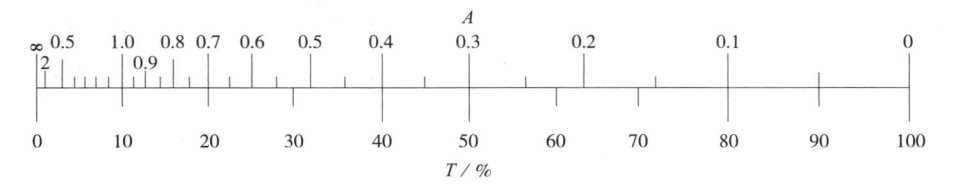

图 10-9 光度计算尺上吸光度与透光的关系

为了提高光度法分析结果的准确度，透光度(或吸光度)在什么范围内具有较小的浓度测量误差呢？可推证如下：

若在测量吸光度 A 时产生了一个微小的绝对误差 dA，则测量 A 的相对误差 E_r 为

$$E_r = \frac{dA}{A} \tag{10-14}$$

根据朗伯–比耳定律： $\qquad A = \varepsilon bc$

当 b 值一定时，两边微分得 $\qquad dA = \varepsilon b dc$

dc 为测量浓度 c 的微小的绝对误差。两式相除得

$$\frac{dA}{A} = \frac{dc}{c} \tag{10-15}$$

由此可见，吸光度测量的相对误差（$\frac{dA}{A}$）与浓度测量的相对误差 $\frac{dc}{c}$ 相等。

又因为 $\qquad A = -\lg T = -0.434 \ln T$

微分得 $\qquad dA = -0.434 \frac{dT}{T}$

$$\frac{dA}{A} = \frac{dT}{T \ln T} \tag{10-16}$$

将式（10-14）、式（10-15）代入式（10-16）得

$$E_r = \frac{dc}{c} \times 100\% = \frac{dA}{A} \times 100\% = \frac{dT}{T \ln T} \times 100\% \tag{10-17}$$

由于 T 的测量绝对误差或不确定是固定的，即 $dT = \Delta T$，故

$$E_r = \frac{\Delta c}{c} = \frac{\Delta T}{T \ln T} \times 100\% = \frac{0.434 \Delta T}{T \lg T} \times 100\% \tag{10-18}$$

由式（10-18）可知，浓度的相对误差，不仅与透光度的绝对误差 ΔT 有关，还与透光度读数范围有关。表 10-2 列出了不同 ΔT 和不同 T 值时计算的浓度相对误差。将表 10-2 中数据（$\Delta T = \pm 1.0\%$）作图，可得图 10-10。

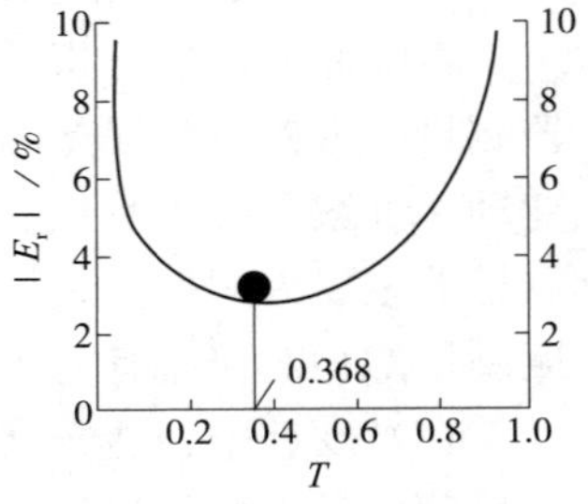

图 10-10 $\mid E_r \mid$ –T 关系图

表 10-2 不同 T（或 A）值时浓度测量的相对误差

透光度 $T/\%$	吸光度 A	浓度相对误差 $\Delta c/c = 0.434 \Delta T / T \lg T /\%$	
		$\Delta T = \pm 1.0\%$	$\Delta T = \pm 0.5\%$
95	0.022	± 20.5	± 10.3
90	0.045	± 10.6	± 5.30
80	0.097	± 5.60	± 2.80
70	0.155	± 4.01	± 2.00
60	0.222	± 3.26	± 1.63
50	0.301	± 2.88	± 1.44
40	0.398	± 2.73	± 1.37

（续）

透光度 $T/\%$	吸光度 A	浓度相对误差 $\Delta c/c = 0.434\Delta T/T\ \lg T/\%$	
		$\Delta T = \pm 1.0\%$	$\Delta T = \pm 0.5\%$
36.8	0.434	± 2.72	± 1.36
30	0.523	± 2.77	± 1.39
20	0.699	± 3.11	± 1.56
10	1.000	± 4.34	± 2.17
5	1.301	± 6.70	± 3.43

由表 10-2 和图 10-10 均可看出，透光度很大或很小时相对误差都较大，即吸光度读数最好落在标尺的中间而不要落在标尺的两端。

在实际测定时，只有使待测溶液的透光度 T 在 $15\% \sim 65\%$ 之间，或使吸光度 A 在 $0.2 \sim 0.8$ 之间，才能保证浓度测量的相对误差较小（$|E_r| < 4\%$）。当透光度 $T = 36.8\%$ 或 $A = 0.434$ 时，浓度测量的相对误差最小。

10.5.2　测量条件的选择

（1）测量波长的选择

根据吸收光谱曲线，以选择被测组分具有最大吸收时的波长（$\lambda_{\max}$）的光作为入射光，称为"最大吸收原则"。选用 $\lambda_{\max}$ 的光作为测量波长，不仅灵敏度高，而且能够减少或消除由非单色光引起的对朗伯-比耳定律的偏离。但是若在 $\lambda_{\max}$ 处有其他吸光物质干扰测定时，则应根据"吸收最大，干扰最小"的原则来选择测量波长，即可选用灵敏度稍低但能避开干扰的入射光进行测定。

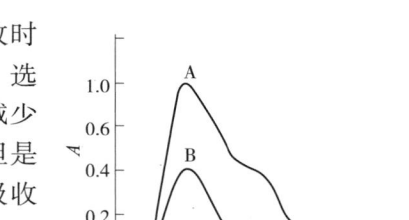

图 10-11　吸收曲线及入射光波长的选择

曲线 A 为钴配合物的吸收曲线；曲线 B 为 1-亚硝基-2-萘酚-3，6-二磺酸显色剂的吸收曲线

现以图 10-11 为例。显色剂和钴配合物在 420 nm 波长处均有最大吸收峰。如用此波长测定钴，则未反应的显色剂会发生干扰而降低测定的准确度。这时可选择 500 nm 波长测定，在此波长下显色剂不发生吸收，而钴配合物则有一吸收平台。因此，用此波长测定，灵敏度虽有所下降，却消除了干扰，提高了测定的准确度和选择性。

（2）选择适当的参比溶液

基于吸光度具有加和性，可用适当的参比溶液消除干扰。具体做法是使用参比溶液来调节仪器的零点。它可以消除由于吸收池壁及溶剂、试剂对入射光的反射和吸收带来的误差，并可扣除干扰的影响。参比溶液的选择方法如下：

①如果仅待测物与显色剂的反应产物有吸收，可用纯溶剂作参比溶液，称为"溶剂空白"。一般用蒸馏水作参比溶液。

②当样品溶液无色，而显色剂及试剂有色时，可用不加样品的显色剂、试剂的溶液作参比溶液，称为"试剂空白"。

③当样品溶液中其他离子有色，而试剂、显色剂无色时，应采用不加显色剂的样品溶液作参比溶液，称为"样品空白"。

此外，有时可改变加入试剂的顺序，使待测组分不发生显色反应，可以用此溶液作为参比溶液。总之，选择参比溶液总的原则是，使试液的吸光度真正反映待测组分的浓度。

(3)控制合适的吸光度读数范围

前面已指出，吸光度在 0.2~0.8 时，测量结果的准确度较高，一般应控制标准溶液和被测试液的吸光度在 0.2~0.8 范围内。为此，可通过控制溶液的浓度或选择不同厚度的吸收池来达到目的。

10.6　可见吸光光度法的应用

分光光度法广泛地应用于微量组分的测定，也能用于多组分和常量组分的测定。同时还用于研究化学平衡、配合物组成及弱酸(或弱碱)离解常数的测定等。这里仅简单介绍常量组分和多组分的测定。

10.6.1　示差吸光光度法

(1)示差吸光光度法的原理

一般来说，吸光光度法只适用于微量组分的测定，当被测组分浓度过高或过低，即吸光度读数超出了准确测量的范围，这时即使不偏离朗伯-比耳定律，也会引起很大的测量误差，导致准确度降低。采用示差吸光光度法可以弥补这一不足，使测定误差降低至 0.5% 以下，有时达到重量法或滴定分析法同等的精密度。目前，主要有高浓度示差吸光光度法、低浓度示差吸光光度法和使用两个参比溶液的精密示差吸光光度法。它们的基本原理相同，这里只讨论应用最多的高浓度示差吸光光度法。

示差吸光光度法与普通分光光度法的主要区别是它所采用的参比溶液不同。示差吸光光度法是采用比待测溶液浓度稍低的标准溶液作参比溶液，测量待测溶液的吸光度，从测得的吸光度求出它的浓度。其原理如下：

设：用作参比的标准溶液浓度为 c_s，待测试液浓度为 c_x，且 $c_x > c_s$。

根据朗伯-比耳定律得

$$A_s = \varepsilon b c_s \qquad A_x = \varepsilon b c_x$$

两式相减得相对吸光度为

$$A_{相对} = \Delta A = A_x - A_s = \varepsilon b (c_x - c_s) = \varepsilon b \Delta c = \varepsilon b c_{相对} \qquad (10\text{-}19)$$

式(10-19)表明，所得吸光度之差与这两种溶液的浓度差成正比。这样便可以作 $\Delta A - \Delta c$ 标准曲线，根据测得的 ΔA 求出 Δc 值，再从 $c_x = c_s + \Delta c$ 求出待测试液的浓度。

（2）示差吸光光度法的误差

如图 10-12 所示，设按一般吸光光度法用试剂空白作参比溶液，测得试液的透光度 $T_x = 5\%$，显然，这时的测量误差是很大的。采用示差吸光光度法时，若按一般吸光光度法测得 $T_1 = 10\%$ 的标准溶液作参比溶液，即使其透光率从标尺上的 $T_1 = 10\%$ 处调至 $T_2 = 100\%$ 处时，相当于把标尺扩展到原来的 10 倍（$T_2/T_1 = 100\%/10\% = 10$）。这样待测试液透光度由原来的 5%，读数落在测量误差很大的区域；改为用示差法测定时，透光度则为 50%，读数落在测量误差较小的区域，从而提高了测定的准确度。因此，用示差吸光光度法测定浓度过高或过低的试液，其准确度比一般吸光光度法要高。只要选择合适的参比溶液，参比溶液的浓度越接近待测试液的浓度，测量误差越小，最小误差可达 0.3%。

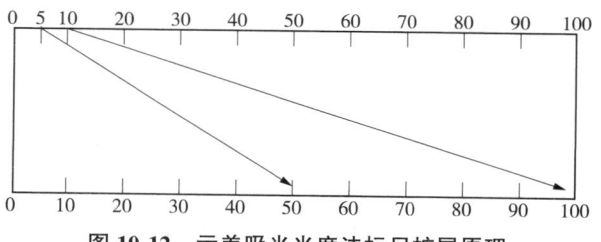

图 10-12　示差吸光光度法标尺扩展原理

10.6.2　双波长吸光光度法

对于吸收光谱有重叠的单组分（显色剂与有色络合物的吸收光谱重叠）或多组分（两种性质相近的组分所形成的有色络合物吸收光谱重叠）、试样、混浊试样以及背景吸收较大的试样，由于存在很强的散射和特征吸收，难以找到一个合适的参比溶液来抵消这种影响。利用双波长吸光光度法，使两束不同波长的单色光以一定的时间间隔交替地照射同一吸收池，测量并记录两者吸光度的差值。这样就可以从分析波长的信号中扣除来自参比波长的信号，消除上述各种干扰，求得待测组分的含量。该法不仅简化了分析手续，还能提高分析方法的灵敏度、选择性及测量的精密度。因此，被广泛用于环境试样及生物试样的分析。

（1）双波长吸光光度法的原理

双波长吸光光度法的原理如图 10-13 所示。从光源发射出来的光线分成两束，分别经过两个单色器，得到两束波长不同的单色光。借助切光器，使这两道光束以一定的频率交替照到装有试液的吸收池，最后由检测器显示出试液对波长为 λ_1 和 λ_2 的光的吸光度差 ΔA。

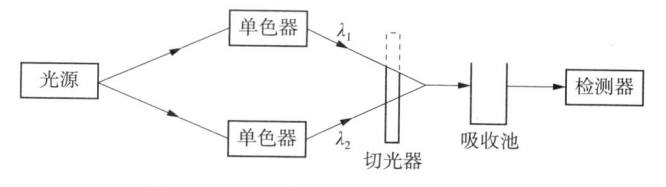

图 10-13　双波长吸光光度法原理图

设波长为 λ_1 和 λ_2 的两束单色光的强度相等，则有

$$A_{\lambda_1} = \varepsilon_{\lambda_1} bc \qquad A_{\lambda_2} = \varepsilon_{\lambda_2} bc$$

所以 $$\Delta A = A_{\lambda_1} - A_{\lambda_2} = (\varepsilon_{\lambda_1} - \varepsilon_{\lambda_2})bc \tag{10-20}$$

可见 ΔA 与吸光物质浓度成正比。这是用双波长吸光光度法进行定量分析的理论依据。由于只用一个吸收池，而且以试液本身对某一波长的光的吸光度为参比，因此消除了因试液与参比溶液及两个吸收池之间的差异所引起的测量误差，从而提高了测量的准确度。

（2）双波长吸光光度法的应用

①混浊试液中组分的测定　在一般吸光光度法中必须使用相同浊度的参比溶液，但在实际中很难找到合适的参比溶液。在双波长光度法中，作为参比的不是另外的参比溶液，而是试液本身，它只需要用一个比色皿盛装试液，用两束不同波长的光照射试液时，两束光都受到同样的悬浮粒子的散射，当 λ_1 和 λ_2 相距不大时，由同一试样产生的散射可认为大致相等，不影响吸光度差 ΔA 的值。一般选择待测组分的最大吸收波长为测量波长（λ_1），选择与 λ_1 相近而两波长相差在 $40 \sim 60$ nm 范围内且又有较大的 ΔA 值的波长为参比波长。

②单组分的测定　用双波长吸光光度法进行定量分析，是以试液本身对某一波长的光的吸光度作为参比，这不仅避免了因试液与参比溶液或两吸收池之间的差异所引起的误差，而且还可以提高测定的灵敏度和选择性。在进行单组分的测定时，以络合物吸收峰作参比波长，参比波长的选择有：以等吸收点为参比波长；以有色络合物吸收曲线下端的某一波长作为参比波长；以显色剂的吸收峰为参比波长。

③两组分共存时的组分分别测定　当两种组分（或它们与试剂生成的有色物质）的吸收光谱有重叠时，要测定其中一个组分就必须设法消除另一组分的光吸收。对于相互干扰的双组分体系，它们的吸收光谱重叠，选择参比波长和测定波长的条件是：待测组分在两波长处的吸光度之差 ΔA 要足够大，干扰组分在两波长处的吸光度应相等，这样用双波长法测得的吸光度差只与待测组分的浓度呈线性关系，而与干扰组分无关，从而消除了干扰。

10.6.3　多组分的分析

应用吸光光度法，常常可能在同一试样溶液中不进行分离而测定一个以上的组分。

假定溶液中同时存在两种组分 x 和 y，它们的吸收光谱一般有如下两种情况，如图 10-14、图 10-15 所示。

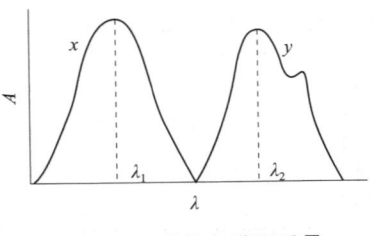

图 10-14　吸收光谱不重叠

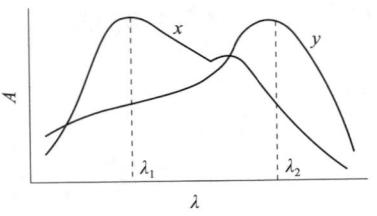

图 10-15　吸收光谱重叠

①光谱不重叠　至少可能找到某一波长处 x 有吸收而 y 不吸收，在另一波长处，y 吸收而 x 不吸收，则可分别在波长 λ_1 和 λ_2 时，测定组分 x 和 y 而相互不产生干扰。

②光谱重叠 可找出两个波长，在该波长下，二组分的吸光度差值 ΔA 较大，如图 10-14 所示。在波长为 λ_1 和 λ_2 测定吸光度 A_1 和 A_2，由吸光度的加和性得联立方程：

$$A_1 = \varepsilon_{x,1} bc_x + \varepsilon_{y,1} bc_y$$
$$A_2 = \varepsilon_{x,2} bc_x + \varepsilon_{y,2} bc_y$$

式中　c_x，c_y——分别为 x 和 y 的浓度；

$\varepsilon_{x,1}$，$\varepsilon_{y,1}$——分别为 x 和 y 在波长 λ_1 时的摩尔吸光系数；

$\varepsilon_{x,2}$，$\varepsilon_{y,2}$——分别为 x 和 y 在波长 λ_2 时的摩尔吸光系数。

摩尔吸光系数值，可用 x 和 y 的标准溶液在两波长处测得，解联立方程可求出 c_x 和 c_y 值。

原则上对任何数目的组分都可以用此方法建立方程求解，在实际应用中通常仅限于两个或三个组分的体系。如能利用计算机解多元联立方程，则不会受到这种限制。但随着测量组分的增多，实验结果的误差也将增大。

当然对于多组分分析，还有导数分光光度法等多种分析方法，若有兴趣，可查阅有关参考书。

本章小结

吸光光度法是基于物质对光的选择性吸收而建立起来的分析方法，主要用于对试样中的一些微量组分进行定性和定量分析。本章主要知识点总结如下：

（1）概述：分光光度分析的基本原理；光的基本性质(波粒二象性)；吸收光谱的产生；可见光与溶液的颜色；光吸收曲线的产生、特点及应用。

（2）光吸收定律：朗伯-比耳定律的描述和数学表达式；吸光度、透光度、浓度三者之间的关系；吸光度的加和性及应用；吸光系数、摩尔吸光系数；桑德尔灵敏度。

（3）分光光度分析及仪器：光度分析的测定方法(比较法和工作曲线法)及特点；分光光度计的主要部件及其作用原理。

（4）显色反应及其影响因素：分光光度分析对显色反应的要求；显色反应的条件优化；消除干扰的方法。

（5）光度测量误差及测量条件的选择：仪器测量误差；光度测量误差的表示及影响因素；光度测量误差较小的吸光度及透光度范围；光度测量条件的选择；最大吸收原则；参比溶液的使用及选择。

（6）吸光光度法的应用：单组分测定；双组分测定；示差光度法；配位物组成的测定。

本章重点难点：可见光与溶液的颜色；光吸收定律；分光光度计的主要部件及其作用原理；光度测量误差及测量条件的选择。

思考题与习题

1. 解释下列名词：光吸收曲线及标准曲线，互补色光及单色光，吸光度及透射比。

2. 符合朗伯–比尔定律的某一吸光物质溶液，其最大吸收波长和吸光度随吸光物质浓度的增加其变化情况如何？

3. 光物质的摩尔吸收系数与下列哪些因素有关？入射光波长，被测物质的浓度，络合物的解离度，掩蔽剂。

4. 研究一种新的显色体系，建立一种新的分光光度法时，必须做哪些实验条件的研究？为什么？

5. 试说明吸光光度法中标准曲线不通过原点的原因。

6. 酸度对显色反应的影响主要表现在哪些方面？

7. 在吸光光度法中，选择入射光波长的原则是什么？

8. 分光光度计由哪些部件组成？各部件的作用如何？

9. 测量吸光度时，应如何选择参比溶液？

10. 示差吸光光度法的原理是什么？为什么它能提高测定的准确度？

11. 计算并绘制吸光度和透射比的关系标尺。

12. 某试液用 2 cm 比色皿测量时，$T=60\%$，若改用 1 cm 或 3 cm 比色皿，T 及 A 等于多少？
$\qquad$（77%，0.11；46%，0.33）

13. 某有色溶液，当用 1 cm 吸收池时，其透光率为 T，若改用 2 cm 吸收池，则透光率应为（　　）。

A. $2T$ B. $2\lg T$ C. $\sqrt{T}$ D. T^2 （D）

14. 某钢样含镍约 0.12%，用丁二酮肟光度法（$\varepsilon=1.3\times10^4$ L·mol^{-1}·cm^{-1}）进行测定。试样溶解后，转入 100 mL 容量瓶中，显色，并加入稀释至刻度。取部分试液于波长 470 nm 处用 1 cm 比色皿进行测量。如要求此时的测量误差最小，应称取试样多少克？
$\qquad$（0.16 g）

15. 有一溶液，每 1 mL 含铁 0.056 mg，吸取此试液 2.0 mL 于 50 mL 容量瓶中显色，用 1 cm 吸收池于 508 nm 处测得吸光度 $A=0.400$，计算吸光系数 α 和摩尔吸光系数 ε。
$\qquad$（1.8×10^2 L·g^{-1}·cm^{-1}；1.0×10^4 L·mol^{-1}·cm^{-1}）

16. 用一般吸光光度法测量 0.001 00 mol·L^{-1} 锌标准溶液和含锌的试液，分别测得 $A=0.700$ 和 $A=1.000$，两种溶液的透射比相差多少？如用 0.001 00 mol·L^{-1} 标准溶液作参比溶液，试液的吸光度是多少？与示差吸光光度法相比较，读数标尺放大了多少倍？
$\qquad$（10.0%；0.301；5 倍）

17. 以示差吸光光度法测定高锰酸钾溶液的浓度，以含锰 10.0 mg·mL^{-1} 的标准溶液作参比溶液，其对水的透射比为 $T=20.0\%$，并以此调节透射比为 100%，此时测得未知浓度高锰酸钾溶液的透射比为 $T_x=40.0\%$，计算高锰酸钾的质量浓度。
$\qquad$（15.7 mg·mL^{-1}）

18. 用磺基水杨酸分光光度法测铁，称取 0.5000 g 铁铵矾[$NH_4Fe(SO_4)_2\cdot12H_2O$]溶于 250 mL 水中制成铁标准溶液，吸取 5.00 mL 试样溶液稀释至 250 mL，从中吸取 2.00 mL 按标准溶液显色条件显色定容至 50 mL，测得 $A=0.400$。求试样溶液中的铁的含量(以 $g \cdot L^{-1}$ 计)。已知 $A_r(Fe) = 55.85$, $M_r[NH_4Fe(SO_4)_2 \cdot 12H_2O] = 482.18$。

$$(30.5 \ g \cdot L^{-1})$$

19. 称取含铬(Cr)、锰(Mn)的钢样 0.500 g，溶解后定容至 100 mL，吸取此试液 10.0 mL 置于 100 mL 容量瓶中，加硫磷混酸，在沸水浴中，以 Ag^+ 作催化剂，用 $(NH_4)_2S_2O_8$ 将 Cr 和 Mn 分别定量氧化为 $Cr_2O_7^{2-}$ 和 MnO_4^- 冷却后，用水稀释至刻度，摇匀。再取 5.00 mL 锰标准溶液(含 Mn $1.00 \ mg \cdot mL^{-1}$)分别置于 2 只 100 mL 容量瓶中，按上述钢样的显色方法处理。用 2 cm 吸收池，在波长 440 nm 和 540 nm 处分别测量各显色溶液的吸光度列于下表中，计算钢样中 Cr 和 Mn 的质量分数。

溶液	$c/(mg \cdot 100 \ mL^{-1})$	$A_1(440 \ nm)$	$A_2(540 \ nm)$
Mn	1.00	0.032	0.780
Cr	5.00	0.380	0.011
试液		0.368	0.604

$$(Cr = 9.04\% ; \ Mn = 1.52\%)$$

20. 某有色络合物的 0.0010% 水溶液在 510 nm 处，用 2 cm 吸收池测得透光率 T 为 0.420，已知其摩尔吸光系数为 $2.5 \times 10^3 \ L \cdot mol^{-1} \cdot cm^{-1}$。试求此有色络合物的摩尔质量。

$$(132.6 \ g \cdot mol^{-1})$$

21. NO_2^- 在波长 355 nm 处 $\varepsilon_{355} = 23.3 \ L \cdot mol^{-1} \cdot cm^{-1}$，$\varepsilon_{355}/\varepsilon_{302} = 2.50$；$NO_3^-$ 在波长 355 nm 处的吸收可忽略，在波长 302 nm 处 $\varepsilon_{302} = 7.24 \ L \cdot mol^{-1} \cdot cm^{-1}$。今有一含 NO_2^- 和 NO_3^- 的试液，用 1 cm 吸收池测得 $A_{302} = 1.010$，$A_{355} = 0.730$。计算试液中 NO_2^- 和 NO_3^- 的浓度。 $(0.0313 \ mol \cdot L^{-1}; \ 0.0992 \ mol \cdot L^{-1})$

22. 采用双硫腙吸光光度法测定其含铅试液，于 520 nm 处，用 1 cm 比色皿，以水作参比溶液，测得透射比为 8.0%。已知 $\varepsilon = 1.0 \times 10^4 \ L \cdot mol^{-1} \cdot cm^{-1}$。若改用示差法测定上述试液，问需多大浓度的 Pb^{2+} 标准作参比溶液，才能使浓度测量的相对标准偏差最小？ $(6.6 \times 10^{-5} \ mol \cdot L^{-1})$

23. 浓度为 $2.0 \times 10^{-4} \ mol \cdot L^{-1}$ 的甲基橙溶液，在不同 pH 值的缓冲溶液中，于 520 nm 波长下用 1 cm 吸收池测得下列数据。计算甲基橙的 pK_A 值。

pH	0.88	1.17	2.99	3.41	3.95	4.89	5.50
A	0.890	0.890	0.692	0.552	0.385	0.260	0.260

$$(3.34)$$

24. 利用二苯氨基脲分光光度法测定铬酸钡的溶解度时，加过量的 $BaCrO_4$ 与水在 30℃ 的恒温水浴中，让其充分平衡，吸取上层清液 10.0 mL 于 25 mL 容量瓶中，在酸性介质中以二苯氨基脲显色并用水稀释至刻度，用 1 cm 吸收池于 540 nm 波长下，测得吸光度为 0.200。已知 10.0 mL 铬标准溶液(含 Cr $2.00 \ mg \cdot mL^{-1}$)在同样条件下显色后，测得吸光度为 0.440。试计算 30℃ 时铬酸钡的溶解度及溶度积 K_{sp}。已知 $M_r(Cr) = 52.00$，$M_r(BaCrO_4) = 253.32$。 (3.06×10^{-10})

25. 已知 ZrO^{2+} 的总浓度为 2.0×10^{-5} mol·L^{-1}，四唑显色剂的总浓度为 4.0×10^{-5} mol·L^{-1}，连续变化法测得最大吸光度为 0.420，外推法得 $A_{max}=0.520$，配位比为 $1:2$，求 $K_\text{稳}$ 值？   （7.15×10^{10}）

26. 某有色溶液以试剂空白作参比，用 1 cm 吸收池，于最大吸收波长处测得 $A=1.120$，已知有色溶液的 $\varepsilon=2.5\times10^4$ L·mol^{-1}·cm^{-1}。若用示差法测定上述溶液时，使其测量误差最小，则参比溶液的浓度为多少？（示差法使用吸收池亦为 1 cm 厚）

（2.74×10^{-5} mol·L^{-1}）

27. 以试剂空白调节光度计透光率为 100%，测得某试液的吸光度为 1.301，假定光度计透光率读数误差 $\Delta T=0.003$，光度测量的相对误差为多少？   （2%）

28. 钴和镍的络合物有如下数据：

λ/nm	510	656
ε_{Co}	3.64×10^4	1.24×10^3
ε_{Ni}	5.52×10^3	1.75×10^4

将 0.376 g 土壤样品溶解后定容至 50 mL。取 25 mL 试液进行处理，以除去干扰元素，显色后定容至 50 mL，用 1 cm 吸收池在 510 nm 处和 656 nm 处分别测得吸光度为 0.467 和 0.374，计算土壤样品中钴和镍的质量分数。已知 $A_r(Co)=58.93$，$A_r(Ni)=58.69$。   （0.015%；0.032%）

第 11 章　电势分析法

电势分析法是电化学分析法的一个重要组成部分。电化学分析法(electroanalytical chemistry)是根据物质在溶液中的电化学性质及其变化而建立起来的分析方法。这类方法一般是将试样溶液以适当的形式作为化学电池的一部分，根据被测组分的电化学性质，通过测量电极电势、电流、电阻、电导以及电量等电参量来求得物质的含量。

目前，电化学分析方法已成为生产和科研中广泛应用的一种分析手段。电化学分析法所需仪器简单，具有灵敏度高、准确度好、分析速度快、易与计算机联用、可实现自动化或连续分析等特点，随着微电极的研究成功，也为在生物体内实时监控提供了可能。

根据测量的参数不同，电化学分析法主要有电势分析法、电导分析法、极谱分析法、库仑分析法和电解分析法等。本章重点讨论电势分析法。

11.1　电势分析法概述

根据测定方式，电势分析法又可分为直接电势法(potentiometric analysis)和电势滴定法(potentiometric titration)。

直接电势法是通过测量原电池的电动势，然后根据 Nernst 方程求出被测物质的浓度或含量的分析方法，具有简便、快速和灵敏的特点。应用最为普及的是测定溶液的 pH。随着各种类型离子选择性电极的相继出现，使得某些难以测定的离子和化合物的定量分析得以实现。因而，直接电势法在土壤、食品、水质、环保等领域均得到广泛的应用。

电势滴定法是指在滴定过程中，利用电极电势的变化来指示滴定终点的滴定分析方法。电势滴定法确定的滴定终点比指示剂确定的滴定终点更为准确，但操作相对麻烦，并且需要特制的仪器，所以电势滴定法一般适用于那些缺乏合适的指示剂，或者待测液混浊、有色，不能用指示剂确定终点的滴定分析。

在电势分析法中，构成原电池的两个电极，其中一个电极的电极电势能够指示被测离子活度（或浓度）的变化，称为指示电极（indicator electrode）；而另一个电极的电极电势不受试液组成变化的影响，具有恒定的数值，称为参比电极（reference electrode）。将指示电极和参比电极共同浸入电解质溶液中构成一个原电池，通过测量原电池的电动势，即可求得被测离子的活度（或浓度）。电解质溶液一般由被测试样及其他组分所组成。

电极电势与电活性物质活度之间的关系可用 Nernst 方程式表示。例如，某种金属 M 与其金属离子 M^{n+} 组成的电极 M^{n+}/M，根据 Nernst 方程，其电极电势可表示为

$$\varphi(M^{n+}/M) = \varphi^{\ominus}(M^{n+}/M) + \frac{RT}{zF}\ln a(M^{n+}) \tag{11-1}$$

式中　$a(M^{n+})$——金属离子 M^{n+} 的活度，溶液浓度很小时可以用 M^{n+} 的浓度代替活度。

由 Nernst 方程可知，电极电势 $\varphi(M^{n+}/M)$ 随着溶液中金属离子 M^{n+} 的活度 $a(M^{n+})$ 变化而变化。因此，若测量出此电极的 $\varphi(M^{n+}/M)$，即可由式（11-1）计算出 $a(M^{n+})$。但由于单一电极的电极电势是无法测量的，因而一般测量的是该金属电极与参比电极所组成的原电池的电池电动势 ε，即

$$\varepsilon = \varphi(\text{正}) - \varphi(\text{负}) = \varphi(\text{指示}) - \varphi(\text{参比}) = \varphi^{\ominus}(M^{n+}/M) + \frac{RT}{zF}\ln a(M^{n+}) - \varphi(\text{参比})$$

在一定条件下，$\varphi(\text{参比})$ 和 $\varphi(M^{n+}/M)$ 为恒定值，可将它们合并为常数 K，则

$$\varepsilon = K + \frac{RT}{zF}\ln a(M^{n+}) \tag{11-2}$$

式（11-2）表明，由指示电极与参比电极组成原电池的电池电动势是该金属离子活度的函数，因此只要测出原电池的电动势 ε，就可求得 $a(M^{n+})$。这是直接电势分析法的理论依据。

若用滴定分析法测定金属离子 M^{n+}，在滴定过程中，随着滴定剂的滴加，滴定体系的 $a(M^{n+})$ 连续变化，则 $\varphi(M^{n+}/M)$ 随 $a(M^{n+})$ 的变化而变化，ε 也随之变化。在化学计量点附近，由于 $a(M^{n+})$ 发生突变，从而可根据 ε 的突变确定滴定终点。然后根据滴定剂的浓度和消耗的体积求出被测离子的浓度或含量。这是电势滴定分析法的理论依据。

11.2　电极的分类

电势分析法中使用的电极有金属电极和离子选择性电极。它们可以作参比电极或指示电极。

11.2.1　参比电极

在测量原电池电动势的过程中，电极不受试液组成变化的影响，其电势具有恒定的数值，这一类电极称为参比电极。电势分析法中所使用的参比电极，不仅要求其电极电势与试液组成无关，还要求其性能稳定、重现性好、使用寿命长并且易于制备。标准氢

电极是参比电极的一级标准，其电极电势值规定在任何温度下都是 0 V。但氢电极是一种气体电极，制备较麻烦，使用时很不方便，而且铂黑易中毒，因此，在电化学分析中，一般不用氢电极作参比电极，常用容易制作的甘汞电极、银-氯化银电极等作为参比电极。

11.2.1.1　甘汞电极

甘汞电极是常用参比电极的二级标准，其电极电势可以和标准氢电极相比而精确测定，并且容易制备，使用方便。其构造如图 11-1 所示，是由金属 Hg、Hg_2Cl_2 以及 KCl 溶液组成的电极。电极是由两个玻璃套管组成，内管中封接一根铂丝，铂丝插入纯汞中（厚度为 0.5~1 cm），下置一层甘汞（Hg_2Cl_2）和汞的糊状物构成内部电极，内部电极下端与内参比溶液接触的部分是熔结陶瓷芯等多孔物质。玻璃外管中装入的是 KCl 溶液，即内参比溶液，电极下端与被测溶液接触部分也是熔结陶瓷芯或玻璃砂芯等多孔物质。

甘汞电极的电极符号为

$$Hg，Hg_2Cl_2(s)｜KCl(a)$$

电极反应为

$$Hg_2Cl_2(s)+2e \Longleftrightarrow 2Hg(l)+2Cl^-$$

电极电势为

$$\varphi(Hg_2Cl_2/Hg)=\varphi^{\ominus}(Hg_2Cl_2/Hg)-\frac{2.303RT}{F}lga(Cl^-)$$

25℃时电极电势为

$$\varphi(Hg_2Cl_2/Hg)=0.2676-0.059lga(Cl^-) \quad (11-3)$$

由式（11-3）可知，当温度一定时，甘汞电极的电极电势主要决定于 $a(Cl^-)$，当 $a(Cl^-)$ 一定时，其电极电势是恒定的。不同浓度 KCl 溶液的甘汞电极的电极电势具有不同的恒定值，见表 11-1。

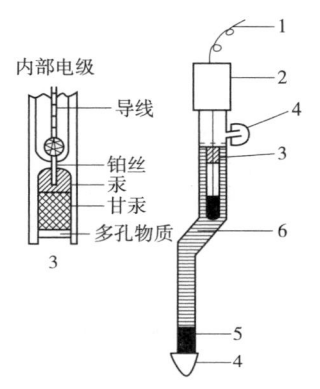

图 11-1　甘汞电极

1. 导线；2. 绝缘体；
3. 内部电极；4. 橡皮帽；
5. 多孔物质；6. KCl 溶液

常用饱和甘汞电极作为参比电极。实际工作中，如果温度不是 25℃，其电极电势值应该按 $\varphi=0.2438-7.6\times10^{-4}(t-25)$ 进行校正。在常温或温度变动不大的情况下，由温度变化而产生的误差可以忽略，在高温（80℃以上）时，饱和甘汞电极的电极电势变得不稳定，可用 Ag-AgCl 电极来代替。

表 11-1　不同浓度 KCl 溶液的甘汞电极的电极电势（25℃）

KCl 溶液浓度	电极名称	电极电势/V
0.1 mol·L^{-1}	0.1 mol 甘汞电极	+0.3365
1 mol·L^{-1}	标准甘汞电极	+0.2888
饱和	饱和甘汞电极（SCE）	+0.2438

11.2.1.2　银-氯化银电极

银-氯化银电极如图 11-2 所示，是在银丝上覆盖一层氯化银，并浸在一定浓度的

KCl 溶液中构成。其电极符号为

$$Ag,\ AgCl(s)\mid Cl^-(a)$$

电极反应为

$$AgCl(s)+e^-\rightleftharpoons Ag(s)+Cl^-$$

电极电势为

$$\varphi(AgCl/Ag)=\varphi^{\ominus}(AgCl/Ag)-\frac{2.303RT}{F}lga(Cl^-)$$

25℃时电极电势为

$$\varphi(AgCl/Ag)=\varphi^{\ominus}(AgCl/Ag)-0.059lga(Cl^-)$$

在一定温度下，其电极电势随氯离子活度（或浓度）的变化而变化。如果把氯离子溶液作为内参比溶液并固定其活度（或浓度）不变，Ag-AgCl 电极就可以作为参比电极使用。25℃时不同浓度的 KCl 溶液的银-氯化银电极的电极电势见表 11-2。这里应该指出的是，银-氯化银电极通常用作参比电极，但也可以作为氯离子的指示电极。

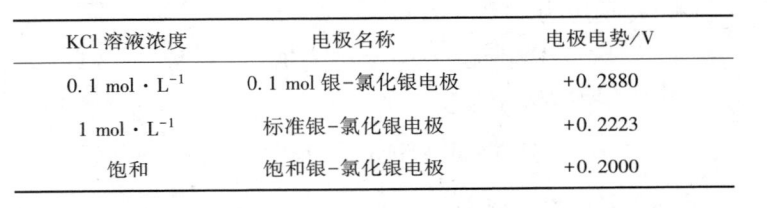

表 11-2　不同浓度 KCl 溶液的银–氯化银电极的电极电势（25℃）

KCl 溶液浓度	电极名称	电极电势/V
0.1 mol·L^{-1}	0.1 mol 银–氯化银电极	+0.2880
1 mol·L^{-1}	标准银–氯化银电极	+0.2223
饱和	饱和银–氯化银电极	+0.2000

图 11-2　银–氯化银电极

1. 镀 AgCl 的 Ag 丝；
2. Hg；3. KCl 溶液；
4. 导线；5. 多孔物质

11.2.2　指示电极

电化学中把测量过程中电极电势能够随着被测离子活度（或浓度）的变化而变化，并能反映出被测离子活度（或浓度）的电极称为指示电极。电势分析法中所使用的指示电极具有灵敏度高、选择性好、重现性好、响应快等特点。常用的指示电极有金属基电极和离子选择性电极两大类。

11.2.2.1　金属基电极

（1）金属–金属离子电极

将金属浸在含有该种金属离子溶液中，达到平衡后构成的电极即为金属–金属离子电极，属于第一类电极。

电极反应为

$$M^{n+}+ne\rightleftharpoons M$$

电极电势为

$$\varphi=\varphi^{\ominus}+\frac{2.303RT}{zF}lga(M^{n+})$$

25℃时电极电势为

$$\varphi=\varphi^{\ominus}+\frac{0.059}{z}lga(M^{n+}) \tag{11-4}$$

这类电极的电极电势决定于金属离子的活度（或浓度），符合 Nernst 方程式，因此可用作测定该金属离子活度（或浓度）的指示电极。这些金属包括 Ag、Cu、Zn、Cd、

Pb、Hg 等。

（2）金属-金属难溶盐电极

这类电极是由一种金属涂上该金属的难溶盐，并浸入与难溶盐有相同阴离子的溶液中而构成，属于第二类电极。金属-金属难溶盐电极对相应的阴离子有响应，其电极电势取决于阴离子的活度（或浓度），亦符合 Nernst 方程式。因此，可用作测定该阴离子活度（或浓度）的指示电极。

如 Ag-AgCl 电极可作为测定 $a(Cl^-)$ 的指示电极。这类电极制作容易、电极电势稳定，常用的还有 Ag-Ag$_2$S 电极、Ag-AgI 电极等。

（3）惰性金属电极

这类电极是由性质稳定的惰性金属（如铂或金）浸在某电对的氧化态和还原态组成的溶液中所构成的电极，属于零类电极。在溶液中，电极本身并不参与反应，仅作为导体，是物质的氧化态和还原态交换电子的场所，通过它可以指示溶液中氧化还原体系的电极电势。惰性金属电极的电极电势与溶液中对应的离子活度（或浓度）之间的关系为

$$\varphi = \varphi^{\ominus} + \frac{2.303RT}{zF}\lg\frac{a(氧化态)}{a(还原态)}$$

例如，将铂丝插入 Fe^{3+} 和 Fe^{2+} 混合溶液中。

电极反应为 $$Fe^{3+} + e^{\ominus} \Longrightarrow Fe^{2+}$$

电极电势为 $$\varphi(Fe^{3+}/Fe^{2+}) = \varphi^{\ominus}(Fe^{3+}/Fe^{2+}) + \frac{2.303RT}{F}\lg\frac{a(Fe^{3+})}{a(Fe^{2+})}$$

25℃时电极电势为 $$\varphi(Fe^{3+}/Fe^{2+}) = \varphi^{\ominus}(Fe^{3+}/Fe^{2+}) + 0.059\lg\frac{a(Fe^{3+})}{a(Fe^{2+})} \qquad (11\text{-}5)$$

11.2.2.2　离子选择性电极

离子选择性电极（ion selective electrode）是以固态或液态敏感膜为传感器，对溶液中某种离子产生选择性的响应的电极，其电极电势与该离子活度（或浓度）的对数呈线性关系，因而可以指示该离子的活度（或浓度），属于指示电极。离子选择性电极的电极电势产生机理与金属基电极不同，电极上没有电子的转移，是由敏感膜两侧的离子交换和扩散而产生的电势差。目前已制成几十种离子选择性电极，可直接或间接地用于 Na^+、K^+、Ag^+、NH_4^+、Ca^{2+}、Cu^{2+}、Pb^{2+}、F^-、Cl^-、Br^-、I^- 等多种离子的测定。

（1）离子选择性电极的构造

离子选择性电极基本上都由敏感膜、内导体、电极腔体以及带屏蔽的导线等部分组成。其中，敏

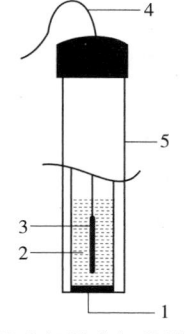

图 11-3　离子选择性电极的基本结构
1. 敏感膜；2. 内参比溶液；3. 内参比电极；
4. 带屏蔽的导线；5. 电极腔体

感膜是离子选择性电极的最重要的组成部分，它起到将溶液中给定离子的活度转变为电势信号的作用；内导体包括内参比溶液和内参比电极，起到将膜电势引出的作用；电极

腔体通常用高绝缘的、化学稳定性好的玻璃或塑料制成，起着固定敏感膜的作用；带屏蔽导线主要是将内导体传出的膜电势输送至仪器的输入端，并防止旁路漏电和外界电磁场以及静电感应的干扰。其基本构造如图 11-3 所示。

（2）离子选择性电极的分类

根据电极敏感膜的响应机理、膜的组成和结构等，1975 年国际纯粹化学与应用化学联合会（IUPAC）建议将离子选择性电极分为以下几类：

离子选择性电极
- 基本（原）电极
  - 晶体膜电极
    - 均相膜电极
    - 非均相膜电极
  - 非晶体膜电极
    - 刚性基质电极（各种玻璃电极）
    - 流动载体电极（液态膜电极）
      - 带正电荷载体电极
      - 带负电荷载体电极
      - 中性载体电极
- 敏化电极
  - 气敏电极
  - 酶电极

基本电极是指敏感膜直接与试液接触的离子选择性电极，敏化电极是以基本电极为基础装配成的复膜电极。

①晶体膜电极 这类电极的敏感膜由具有导电性的难溶盐晶体组成，它对形成难溶盐的阳离子或阴离子有 Nernst 响应。根据活性物质在电极膜中的分布状况，又可分为均相膜电极和非均相膜电极。

均相膜电极包括单晶膜电极和多晶膜电极。

单晶膜电极是由难溶盐的单晶切成薄片，经抛光制成。如用 LaF_3 晶体切片做成的氟离子选择性电极，在 F^- 浓度范围为 $1 \sim 10^{-6}$ mol·L^{-1} 时有 Nernst 响应，若无干扰离子，其测量下限可达 10^{-7} mol·L^{-1}。

多晶膜电极是由难溶盐的沉淀粉末（如 $AgCl$、$AgBr$、AgI、Ag_2S 等）在高温下压制而成，其中 Ag^+ 起传递电荷的作用。为了增加卤化银电极的导电性和机械强度，减少对光的敏感性，常在卤化银中掺入硫化银，用此法可制得对 Cl^-、Br^-、I^- 和 S^{2-} 有响应的离子选择性电极；也可以用 Ag_2S 作为基底，掺入适当的金属硫化物（如 CuS、CdS、PbS 等）压制成阳离子（Cu^{2+}、Cd^{2+}、Pb^{2+} 等）选择性电极。其测定浓度范围一般在 $10^{-6} \sim 10^{-1}$mol·L^{-1}。

非均相膜电极是将难溶盐分布在硅橡胶、聚氯乙烯、聚苯乙烯、石蜡等惰性材料中，制成电极膜。如 I^- 选择性电极是由 AgI 分布在硅橡胶中而制成。

不是所有难溶盐都可以制成离子选择性电极，只有溶解度足够小，室温下有离子导电性，化学稳定性好并且机械强度较大的晶体才可制成电阻不太大、电势稳定的敏感膜。

②非晶体膜电极 这类电极的膜是由一种含有离子型物质或电中性的支持体组成，支持体物质是多孔的塑料膜或无孔的玻璃膜。根据膜的物理状况，又可区分为刚性基质

电极和流动载体电极。

　　刚性基质电极包括各种玻璃膜电极，除了对 H^+ 具有选择性响应的 pH 玻璃电极外，还有 K^+、Na^+、NH_4^+、Ag^+、Li^+ 等玻璃膜电极，其选择性主要决定于玻璃的组成。例如，一种钠电极的玻璃组成是 $11\%Na_2O$、$18\%Al_2O_3$ 和 $71\%SiO_2$。

　　流动载体电极又叫液态膜电极，包括液态离子交换膜电极和中性载体膜电极两种。

　　液态离子交换膜电极是用浸有液体离子交换剂的惰性多孔膜作电极膜制成，通常将含有活性物质的有机溶液浸透在烧结玻璃、聚乙烯、醋酸纤维等惰性材料制成的多孔膜内。钙离子电极是这类电极的代表，它的构造如图 11-4 所示，电极内装有两种溶液，一种是 $0.1\ mol \cdot L^{-1}CaCl_2$ 溶液，Ag-AgCl 内参比电极插在此溶液中；另一种是不溶于水的有机交换剂的非水溶液，即 $0.1\ mol \cdot L^{-1}$ 磷酸二癸钙溶于苯基磷酸二辛酯中。浸有液体离子交换剂的多孔性膜与待测试液隔开，这种多孔性膜具有疏水性。在膜两面发生以下离子交换反应：

$$[(RO)_2PO_2]Ca \Longrightarrow (RO)_2PO_2^{2-}+Ca^{2+}$$

　　　　有机相　　　　　　有机相　　　水相

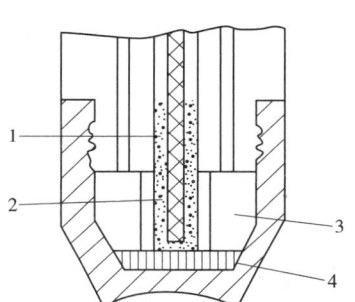

图 11-4　液态离子交换膜电极
1. 内参比溶液；2. 内参比电极；
3. 离子交换剂贮槽；4. 多孔薄膜

　　反应式中 R 为 $C_8 \sim C_{16}$，若为癸基则 R 为 C_{10}。由于这种液体离子交换剂对钙有选择性，所以在内部溶液与待测试液之间，因钙离子的浓度不同而产生一个电势差（膜电势）。

　　中性载体膜电极这种电极的液态膜中，产生离子交换作用的成分是可溶于其中的中性载体。比较重要的中性载体膜电极有钾离子选择性电极和铵离子选择性电极。

　　③敏化电极　气敏电极是一种气体传感器，可用来分析水溶液中所溶解的气体。气敏电极是利用待测气体与电解质溶液发生化学反应，生成一种对电极有响应的离子，由于所生成离子活度（或浓度）与溶解的气体量成正比，因此，电极响应直接与气体的活度（或浓度）有关。需要说明的是，气敏电极实质上已经构成了一个电池，这一点是它与一般电极的不同之处。如 CO_2 在水中发生如下化学反应：

$$CO_2+H_2O \Longrightarrow HCO_3^-+H^+$$

　　反应所生成的 H^+ 可以用玻璃电极来检测。CO_2 电极是由透气膜、内参比溶液、指示电极和内参比电极组成。其中，透气膜是由聚四氟乙烯、聚丙烯和硅橡胶等制作而成，这样的膜具有疏水性，但是能透过气体，并且将内参比溶液和待测溶液分开。测定时，将 CO_2 电极插入试液，试液中的 CO_2 通过透气膜，与内参比溶液接触并发生反应，当透气膜内外的 CO_2 活度（或浓度）相等时，CO_2 所引起的内参比溶液的 pH 变化，可以由 pH 玻璃电极指示出来，从而测定出试样中的 CO_2 的活度（或浓度）。

　　根据同样的原理，可以制成 NH_3、NO_2、H_2S、SO_2 等气敏电极。

　　酶（底物）电极是利用实验方法在敏感膜上附着某种蛋白酶而制成的。由于试液中的待测物质受到酶的催化作用，产生能为离子选择电极敏感膜所响应的离子，从而间接测定试液中物质的含量。如将尿素酶固定在凝胶内，涂布在 NH_4^+ 玻璃电极的敏感膜上，便构成了尿素酶电极。当把电极插入含有尿素的溶液时，尿素经扩散进入酶层，受酶催化水解生成 NH_4^+，化学反应为

$$(NH_2)_2CO+H^++2H_2O \Longrightarrow 2NH_4^++HCO_3^-$$

NH_4^+ 可以被 NH_4^+ 玻璃电极响应，引起电极电势的变化，电势值在一定浓度范围内与尿素的浓度符合 Nernst 方程式。

（3）离子选择性电极的电极电势

离子选择性电极主要是通过膜材料对溶液中某特定离子有选择性响应产生膜电势，利用膜电势与待测离子活度（或浓度）之间的关系指示该离子活度（或浓度）的。各种电极的膜电势在工作范围内都符合 Nernst 方程式。

对阳离子 M^{n+} 有响应的离子选择性电极，其电极电势可用式（11-6）表示：

$$\varphi(膜) = K + \frac{2.303RT}{zF} \lg a(M^{n+}) \tag{11-6}$$

对阴离子 R^{n-} 有响应的离子选择性电极，其电极电势可用式（11-7）表示：

$$\varphi(膜) = K - \frac{2.303RT}{zF} \lg a(R^{n-}) \tag{11-7}$$

式（11-6）与式（11-7）分别适用于阳离子（M^{n+}）与阴离子（R^{n-}）的离子选择性电极。在一定条件下，离子选择性电极的膜电势与被测离子的活度（或浓度）的对数值呈线性关系，斜率为 $\frac{2.303RT}{zF}$，这是离子选择性电极测定离子活度（或浓度）的理论基础。

（4）离子选择性电极的性能

离子选择性电极都有以下特性参数，这些参数也是评价电极性能优劣的指标。

①Nernst 响应、线性范围、检测下限　电极电势随离子活度变化的特征称为响应。若这种响应变化服从 Nernst 方程，则称为 Nernst 响应。离子选择性电极的电极电势对响应离子活度的对数作图，所得的曲线称为校准曲线（图 11-5）。曲线中直线部分 AB 段的斜率为实际响应斜率，而理论斜率为 $\frac{2.303RT}{zF}$，用 $S_{理}$ 表示，一般用转换系数 K_{tr} 表示实际斜率与理论斜率偏离的大小。

$$K_{tr} = \frac{S_{实}}{S_{理}} \times 100\% = \frac{\varepsilon_1 - \varepsilon_2}{S_{理} \lg \frac{a_1}{a_2}} \times 100\% \tag{11-8}$$

式中　ε_1，ε_2——分别为离子活度 a_1、a_2 时的实测电动势。

当 $K_{tr} \geqslant 90\%$ 时，电极有较好的 Nernst 响应。

图 11-5 中两直线外推交点 M 所对应的待测离子的活度，为该电极的检测下限；A 点所对应的待测离子的活度，称为该电极的检测上限；检测上、下限之间，即 AB 段，称为电极的线性范围，通常电极的线性范围在 $10^{-6} \sim 10^{-1}$ mol·L^{-1}。

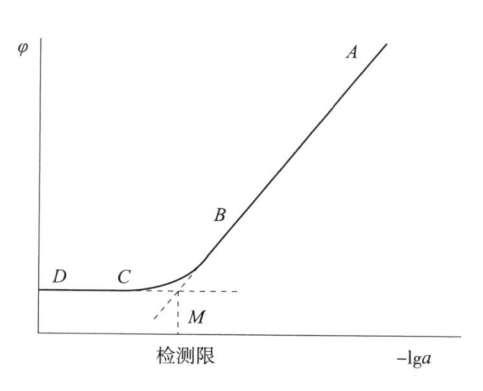

图 11-5　校准曲线

②离子选择性电极的选择性　理想的离子选择性电极应只对待测离子有 Nernst 响应，但实际上当其他离子共存于待测溶液中时，也会有某种程度的响应，因而产生干扰。常用选择性系数来衡量电极的选择性好坏。选择性系数表示干扰离子 N^{n+} 对于电极敏感离子 M^{m+} 的干扰程度。在干扰离子 N^{n+} 存在时，阳离子选择性电极的电极电势为

$$\varphi(\text{膜}) = K + \frac{2.303RT}{zF}\lg\{a(M^{m+}) + K_{M,N}a(N^{n+})^{m/n}\} \tag{11-9}$$

式中　$K_{M,N}$——选择性系数。$K_{M,N}$ 越小，说明 N^{n+} 对 M^{m+} 的干扰越小。

③响应时间　离子选择性电极的响应时间是指从离子选择性电极和参比电极一起接触试液的瞬间算起，至电势稳定在 1 mV 以内的某一瞬间所经过的时间。电极响应时间的长短主要取决于敏感膜的性质，另外也受待测离子的浓度、共存干扰离子的浓度以及温度等因素的影响。膜越薄，光洁度越好，被测溶液浓度越大，响应时间越短。测定稀溶液时，常用搅拌溶液的办法来缩短达到稳定的时间。

④稳定性、重现性和电极的使用寿命　稳定性是指将电极保持在恒温条件下，电极电势可在多长的时间内保持恒定。电极的稳定性用电极的漂移程度和重现性来衡量。

电极的漂移是指在组成和温度恒定的溶液中，离子选择性电极和参比电极组成原电池的电动势随时间缓慢而有序改变的程度。一般漂移应小于 2 mV·h^{-1}。

电极的重现性是指电极在多次重复测定一系列浓度溶液时，电势值重现的程度。重现性不仅和电极的性能有关，而且还和电极的"滞后效应"和"记忆效应"有关。

电极的稳定性和重现性直接影响电极的使用寿命，电极寿命是指电极能符合 Nernst 方程式响应电势的使用期限。电极寿命除取决于电极制作材料、结构和使用保管情况外，还与被测溶液浓度有关，测高浓度溶液时电极寿命变短。一般玻璃电极和固体膜电极的使用寿命较长，可达 1~2 年以上，而液体膜电极的寿命只有几个月或更短。

⑤有效 pH 范围　电极产生 Nernst 响应的 pH 范围称为电极的有效 pH 范围。H^+ 或 OH^- 能影响某些离子的测定，每种离子选择性电极都有其有效 pH 范围。另外，测定离子的线性范围与共存离子的干扰，也与溶液的 pH 有关。

⑥温度和等电势点　离子选择性电极的电极电势与温度有关，改变温度，可引起 ε-$\lg a$ 校准曲线的斜率和截距的改变。大多数离子选择性电极在不同温度下测量所得到

的校准曲线会相交于一点，该点称为电极的等电势点。为了减少温度对测量的影响，最好在等电势点浓度及其邻近浓度范围进行测量。

此外，离子选择性电极的内阻、不对称电势、电极的牢固性等，也常作为考虑离子选择性电极性能的因素。

11.2.2.3 其他指示电极

除上述电极外，还有化学修饰电极和超微电极。

化学修饰电极是利用化学和物理的方法，将具有优良化学性质的分子、离子、聚合物固定在电极表面，从而改变或改善电极原有的性质，实现电极的功能设计。化学修饰电极按修饰的方法不同可分成共价键型、吸附型和聚合物型 3 种。

超微电极的直径在 100 μm 以下，其大小应小于常规电极扩散层的厚度。超微电极的种类很多，按其材料不同，可分为铂、金、汞电极和碳纤维电极；按其形状不同，可分为微盘、微环、微球和组合式微电极。

11.3 直接电势法

直接电势法是选择合适的指示电极和参比电极浸入待测溶液中组成原电池，利用电池电动势与被测组分活度（或浓度）度之间的函数关系，直接测定样品溶液中被测组分活度（或浓度）度的电势法。常分为溶液 pH 值的测定和其他离子浓度的测定。

11.3.1 直接电势法测定溶液的 pH 值

用直接电势法测定溶液 pH 值时，常用 pH 玻璃电极作指示电极，饱和甘汞电极作参比电极。

11.3.1.1 pH 玻璃电极

pH 玻璃电极的构造如图 11-6 所示。它的核心部分是玻璃膜，pH 玻璃电极是由特种软玻璃（原料组成接近 $22\%Na_2O$、$6\%CaO$ 和 $72\%SiO_2$）吹制成球状的电极。玻璃球膜厚度在 $0.05\sim0.15$ mm，玻璃球内盛有 0.10 mol·L^{-1}HCl 溶液作为内参比溶液，以 Ag-AgCl 电极为内参比电极，浸在内参比溶液中。

玻璃电极是重要的 H^+ 选择性电极，其电极电势不受溶液中氧化剂或还原剂的影响，也不受有色溶液或混浊溶液的影响，并且在测定过程中响应快、操作简便、不玷污溶液，所以，用玻璃电极测量溶液的 pH 得到广泛应用。

11.3.1.2 pH 玻璃电极的膜电势

pH 玻璃电极在使用之前必须在去离子水中浸泡约 24 h，在浸泡过程中，由于玻璃表面吸水溶胀，使玻璃球的外表面形成很薄的水化凝胶层，图 11-7 是浸泡后玻璃膜的截面示意图。在水化层中，由于硅酸盐结构中的 SiO_3^{2-} 与 H^+ 的键合能力远大于它与 Na^+ 的键合能力（约为 10^{14} 倍），致使水化层中的 Na^+ 会从硅酸盐晶格的结点上向外流动，而水中的 H^+ 又相应地进入水化层，因此在水化层发生如下的离子交换反应：

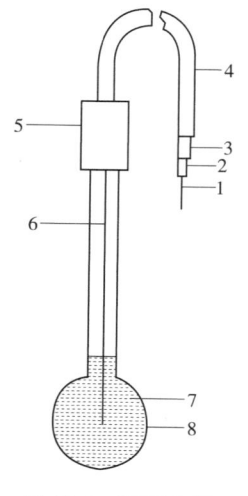

图 11-6　玻璃电极

1. 导线；2. 绝缘体；3. 网状金属屏蔽线；

4. 外套管；5. 电极帽；6. Ag/AgCl 内参比电极；

7. 内参比溶液；8. 玻璃薄膜

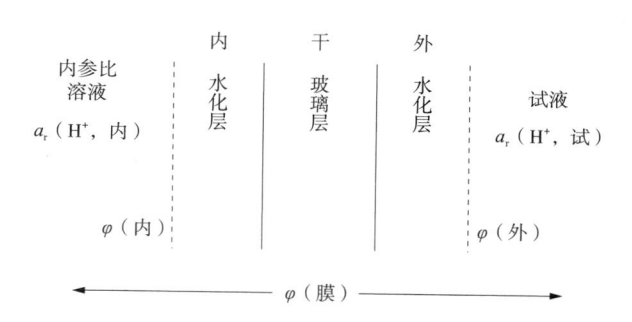

图 11-7　pH 膜电势示意图

$$H^+ + Na^+ Gl^- \rightleftharpoons Na^+ + H^+ Gl^-$$

Gl 表示玻璃膜的硅氧结构。此反应的平衡常数极大，交换达到平衡后，玻璃膜表面几乎全由硅酸（$H^+ Gl^-$）组成。

当水化层与待测溶液接触时，水化层中的 H^+ 与溶液中的 H^+ 建立如下平衡：

$$H^+（水化层）\rightleftharpoons H^+（溶液）$$

由于水化层表面和待测溶液的 H^+ 活度不同，形成活度差，H^+ 便从活度大的一方向活度小的一方迁移，这样改变了固-液两相界面电荷的分布，从而产生了相界电势 φ（外），同样道理，在玻璃膜内侧由于水化层和内参比溶液的 H^+ 活度不同，也产生了相界电势 φ（内）。玻璃膜两侧产生的电势差即为膜电势 φ（膜），由此可见，pH 玻璃电极的膜电势的产生不是由于电子的得失，而是离子迁移（或扩散）的结果。

相界电势 φ 符合 Nernst 方程，可用下式表示（25℃时）：

$$\varphi（外）= \varphi（外）+ 0.059\lg \frac{a(H^+，试)}{a'(H^+，外)} \tag{11-10}$$

$$\varphi（内）= \varphi（内）+ 0.059\lg \frac{a(H^+，内)}{a'(H^+，内)} \tag{11-11}$$

式中　$a(H^+，试)$ 和 $a(H^+，内)$——分别表示玻璃膜外部试液和内参比溶液的 H^+ 活度；

$a'(H^+，外)$ 和 $a'(H^+，内)$——分别表示膜外、内侧水化层表面的 H^+ 活度；

φ（外）和 φ（内）——常熟，分别由外侧、内侧水化层的表面性质决定。

由于玻璃膜两侧的水化层的性质相同，所以 φ（外）和 φ（内）相等。又由于内外水化层的 Na^+ 几乎完全被 H^+ 取代，故 $a'(H^+，外)$ 和 $a'(H^+，内)$ 相等。所以

$$\varphi(膜)=\varphi(外)-\varphi(内)=0.059\lg\frac{a(H^+,试)}{a(H^+,内)} \qquad (11\text{-}12)$$

由于内参比溶液 H^+ 活度是一定的，$a(H^+,内)$ 为一常数，则

$$\varphi(膜)=K+0.059\lg a(H^+,试) \qquad (11\text{-}13)$$

$$\varphi(膜)=K-0.059pH \qquad (11\text{-}14)$$

式中 K 为常数，$\varphi(膜)$ 的大小仅与膜外溶液 $a(H^+,试)$ 有关。可见，在一定温度下，pH 玻璃电极的膜电势与试液的 pH 呈直线关系。

11.3.1.3 pH 玻璃电极的电极电势

根据膜电势产生原理，当 $a(H^+,试)=a(H^+,内)$ 时，膜电势 $\varphi(膜)$ 应等于零，但实际上玻璃膜两侧仍存在一定的电势差，并不等于零，这种电势差称为不对称电势 $\varphi(不)$，它是由于膜内外两个表面情况不同，如组成不均匀、表面张力不同、水化程度不同、由于吸附外界离子而使硅胶层的 H^+ 交换容量改变等引起的。对于同一支玻璃电极，条件一定时，$\varphi(不)$ 也是一个常数。

pH 玻璃电极具有内参比电极，因此，整个玻璃电极的电极电势应包括内参比电极的电极电势 $\varphi(内参)$、膜电势 $\varphi(膜)$ 和不对称电势 $\varphi(不)$ 三部分，即

$$\varphi(玻璃电极)=\varphi(内参)+\varphi(膜)+\varphi(不)=\varphi(内参)+K-0.059pH+\varphi(不)$$

令 $$\varphi(内参)+K+\varphi(不)=K'$$

则 $$\varphi(玻璃电极)=K'-0.059pH \ (25℃时) \qquad (11\text{-}15)$$

说明在一定温度下，玻璃电极的电极电势与待测溶液的 pH 呈直线关系。

11.3.1.4 溶液 pH 的电势测定法

用直接电势法测定溶液 pH 时，指示电极是玻璃电极，参比电极是饱和甘汞电极，两者插入试液中组成原电池，其电池符号可表示为：

$(-)$ Ag $|$ AgCl, 0.1 mol $\cdot$ L^{-1}HCl $|$ 玻璃膜 $|$ 试液 $\parallel$ KCl(饱和)，Hg$_2$Cl$_2$，Hg$(+)$

电池电动势为 $$\varepsilon=\varphi(甘汞电极)+\varphi(液)-\varphi(玻璃电极)$$

将式(11-15)代入，可得

$$\varepsilon=\varphi(甘汞电极)+\varphi(液)-K'+0.059pH \qquad (11\text{-}16)$$

式(11-16)中的 $\varphi(甘汞电极)$、$\varphi(液)$ 和 K' 在一定条件下都是常数，将其合并为常数 K，即得

$$\varepsilon=K+0.059pH \qquad (25℃时) \qquad (11\text{-}17)$$

可见，在一定温度下，电池电动势与溶液的 pH 呈直线关系。但由于 K 除了包括内、外参比电极的电势外，还包括难以测量和计算的 $\varphi(不)$ 和 $\varphi(液)$，所以不能通过测量电动势直接求 pH。在实际工作中，先用已知准确 pH 的缓冲溶液 pH$_s$ 来校准仪器，消除不对称电势等的影响，然后再测定待测液，根据以下原理确定试液的 pH$_x$。

若测得标准缓冲溶液的电动势为 ε_s，则 $\varepsilon_s=K+0.059pH_s$

在相同条件下，测得待测溶液的电动势为 ε_x，则 $\varepsilon_x=K+0.059pH_x$

两式相减得

$$\varepsilon_x-\varepsilon_s=0.059(pH_x-pH_s)$$

即
$$pH_x = \frac{\varepsilon_x - \varepsilon_s}{0.059} + pH_s \qquad (25℃时) \qquad (11-18)$$

以 pH_s 的标准缓冲溶液为基准，通过测量 ε_s 和 ε_x 就可以得出 pH_x，酸度计就是根据这一原理设计的。目前使用的酸度计既可测量 pH，又可以测量电极电势 ε。

在使用 pH 标准缓冲溶液校正仪器时，缓冲溶液和被测溶液的 pH 应尽量接近，以减小测定误差。若待测液 pH<7 时，用 pH=4.003 的标准缓冲溶液（0.05 mol·L^{-1} 邻苯二甲酸氢钾）校正；若待测液 pH>7 时，用 pH=6.864 的标准缓冲溶液（0.025 mol·L^{-1} KH$_2$PO$_4$ 和 0.025 mol·L^{-1}Na$_2$HPO$_4$）校正，常用的标准 pH 缓冲溶液见表 11-3。

表 11-3　常用 pH 标准缓冲溶液的 pH

温度/℃	0.05 mol·L^{-1} 草酸三氢钾	0.05 mol·L^{-1} 邻苯二甲酸氢钾	饱和 酒石酸氢钾	0.025 mol·L^{-1} 磷酸二氢钾 0.025 mol·L^{-1} 磷酸氢二钠	0.01 mol·L^{-1} 硼砂	饱和 氢氧化钙
0	1.668	4.006		6.981	9.458	13.416
5	1.669	3.999		6.949	9.391	13.210
10	1.671	3.996		6.921	9.330	13.011
15	1.673	3.996		6.898	9.276	12.820
20	1.676	3.998		6.879	9.226	12.637
25	1.680	4.003	3.559	6.864	9.182	12.460
30	1.684	4.010	3.551	6.852	9.142	12.292
35	1.688	4.019	3.547	6.844	9.105	12.130
40	1.694	4.029	3.547	6.838	9.072	11.975
50	1.706	4.055	3.555	6.833	9.015	11.697
60	1.721	4.087	3.573	6.837	9.968	11.426

11.3.1.5　溶液 pH 的测量误差

用玻璃电极测定 pH，pH 在 1~9 范围内，电极响应正常。但当溶液 pH>9 或溶液中的 Na$^+$ 浓度较高时，由于溶液中的 H$^+$ 浓度较小，在电极和溶液界面间进行离子交换的不仅有 H$^+$，还有 Na$^+$。因此，在碱性较强的情况下，测得的 pH 偏低，这种误差称为"碱差"或"钠差"。改变玻璃成分可以减小这种误差，如用 Li$_2$O 来取代 Na$_2$O，用这种锂玻璃制成的电极，可测 pH 为 13.5 的溶液。当溶液的 pH<1 时，玻璃电极的响应也有误差，称为"酸差"。这主要是由于在强酸溶液中，水分子活度减小，而 H$^+$ 是靠 H$_2$O 传送的，这样达到电极表面的 H$^+$ 活度就小，所以测得的 pH 偏高。

此外，使用玻璃电极测定 pH 时，溶液的离子强度不能太大，一般不超过 3mol·L^{-1}，否则测定误差较大。

11.3.2 直接电势法测定离子活度(或浓度)

11.3.2.1 基本原理

离子选择性电极测定离子活度(或浓度),是将离子选择性电极作为指示电极,选择合适的参比电极组成电池,由高输入阻抗的测量仪器测得电池电动势来确定待测离子含量。

与 pH 玻璃电极相似,离子选择性电极的膜电势随被测离子的活度(或浓度)不同而变化。其电极电势在工作范围内符合 Nernst 方程式,详见本章 11.2.2 的相关内容介绍。

若指示电极为正极,参比电极为负极,当活度系数一定时,根据式(11-17)和 $\varepsilon = \varphi(正) - \varphi(负)$,可得

$$\varepsilon = K \pm S \lg c_{r,i} \tag{11-19}$$

当测定阳离子时,式(11-19)中取"+";测定阴离子时,式(11-19)中取"−"。常数项 K 除了包括指示电极电势中的常数项、参比电极电势、液接电势,还包括活度系数和游离的离子分数的对数值。$c_{r,i}$ 为待测离子 i 的相对浓度。若测量时指示电极为负极,参比电极为正极时,对于式(11-19)则测定阳离子时,式中取"−";测定阴离子时,式中取"+"。

在一定条件下,离子选择性电极的电极电势与被测离子的活度(或浓度)的对数值呈线性关系,斜率为 $\dfrac{2.303RT}{zF}$,用 S 表示,25℃时 $S = \dfrac{0.059}{z}$。这是离子选择性电极测定离子活度(或浓度)的基本原理。

应用离子选择性电极测定离子活度(或浓度)时,将活化并清洗干净的指示电极与参比电极置于待测试液中组成原电池。测定的基本装置如图 11-8 所示。

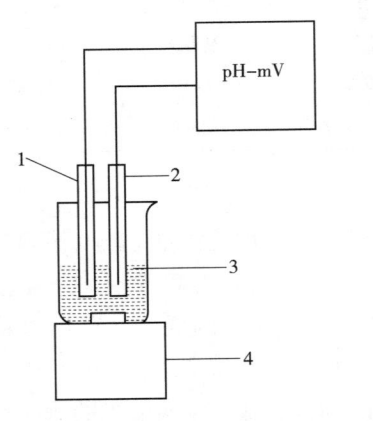

图11-8 离子选择性电极的测定系统

1. 离子选择性电极;2. 参比电极;
3. 试液;4. 电磁搅拌器

离子选择性电极响应的是离子活度而不是离子浓度,但是当溶液中离子活度系数控制不变时,Nernst 方程式中的活度即可用浓度代替。当离子浓度小于 10^{-3} mol·L^{-1} 时,活度系数近似等于 1,浓度与活度相等;当离子浓度较大时,活度系数小于 1,不是一个常数,这时可以把浓度很大的惰性电解质溶液,即总离子强度调节缓冲液(total ionic-strength adjustment buffer,简称 TISAB)加到标准溶液与待测溶液中去,使它们的离子强度很高而且近似一致,从而使两者活度系数相接近。总离子强度调节缓冲剂的作用,除固定溶液的离子强度保持活度系数不变外,还能起到缓冲作用和掩蔽干扰离子的作用。

11. 3. 2. 2 测量方法

（1）标准比较法

此法的原理与 pH 玻璃电极测量溶液 pH 的原理相似。首先配制一个标准溶液 c_s，接着在标准溶液和待测溶液 c_x 中分别加入一定的 TISAB，然后在相同条件下测出标准溶液的电动势 ε_s 和待测溶液的电动势 ε_x。

若指示电极作正极，参比电极作负极，由式（11-19）可得

$$\varepsilon_x = K \pm \frac{2.303RT}{zF} \lg c_{r,x}$$

$$\varepsilon_s = K \pm \frac{2.303RT}{zF} \lg c_{r,s}$$

$$\varepsilon_x - \varepsilon_s = \pm \frac{2.303RT}{zF}(\lg c_{r,x} - \lg c_{r,s}) \qquad (11\text{-}20)$$

将 $S = \dfrac{2.303RT}{zF}$ 代入，整理得

$$c_{r,x} = c_{r,s} \times 10^{\pm(\varepsilon_x - \varepsilon_s)/S} \qquad (11\text{-}21)$$

对式（11-20）和式（11-21）中的"±"，若待测离子为阳离子时取"+"；待测离子为阴离子时取"−"。在实际工作中，为了减少测量误差，应尽量使标准溶液和待测溶液的浓度接近，并且测量时，两溶液温度一致。

【例 11-1】 使用氟离子电极测定 F^- 活度（或浓度）时组成如下的电池：

$(-)Hg$，$Hg_2Cl_2 \mid KCl(饱和) \parallel 试液 \mid LaF_3$ 晶体 $\mid NaF$，$NaCl$ 溶液 $\mid AgCl$，$Ag(+)$

在 25℃时，以饱和甘汞电极作负极，氟离子选择性电极作正极，放入 $0.001\ mol \cdot L^{-1}$ 的 F^- 离子溶液中，测得 $\varepsilon = 0.159\ V$，换用含氟离子试液，测得 $\varepsilon = 0.212\ V$。计算试液中氟离子浓度。

解：由式（11-21）得

$$c_{r,x} = c_{r,s} \times 10^{-(\varepsilon_x - \varepsilon_s)/S}$$
$$= 0.001 \times 10^{-(0.212-0.159)/0.059}$$
$$= 1.3 \times 10^{-4}$$

氟离子试液中 F^- 浓度为 $1.3 \times 10^{-4}\ mol \cdot L^{-1}$。

（2）标准曲线法

配制一系列标准溶液，在相同条件下测定出各自的电动势，然后在坐标纸上，以电动势 ε 为纵坐标，$\lg a$ 或 $\lg c$ 为横坐标，作 ε-$\lg a$ 或 ε-$\lg c$ 标准曲线，若符合 Nernst 方程式，则曲线呈线性关系。在相同条件下测得待测液的电动势后，从标准曲线上即可查出待测液的浓度，这一方法称为标准曲线法。

标准曲线法的优点是操作简便快速，适合同时测定大批试样。

（3）标准加入法

采用标准加入法可避免由于活度系数变化而造成的测定误差。所谓标准加入法是将标准溶液加入到待测溶液中进行测定分析的方法。

待测溶液中某离子的浓度为 c_x，测定时溶液的体积为 V_x，测得电动势为 ε_1，然后准确加入一定体积 V_s 浓度为 c_s 的该离子标准溶液，使其浓度增加 Δc 后，测得电动势为 ε_2。若增加的体积为 ΔV，且 $\Delta V \ll V$，指示电极作正极，参比电极作负极，对于阳离子，则根据式（11-19）可得

$$\varepsilon_1 = K + S\lg c_{r,x}$$

$$\varepsilon_2 = K + S\lg \frac{c_{r,x}V_x + c_{r,s}V_s}{V_x + V_s}$$

因为浓度改变量很小，且在相同条件下测定电动势，所以可认为 K 不变。于是

$$\varepsilon_2 - \varepsilon_1 = \Delta\varepsilon = S\lg \frac{c_{r,x}V_x + c_{r,s}V_s}{c_{r,x}(V_x + V_s)}$$

取反对数，经重排可得

$$c_{r,x} = \frac{c_{r,s}V_s}{V_x + V_s} \left(10^{\frac{\Delta s}{s}} - \frac{V_x}{V_x + V_s}\right)^{-1} \tag{11-22}$$

式（11-22）是标准加入法的精确计算式。令 $\Delta c_r = \dfrac{c_{r,s}V_s}{V_x + V_s}$，又由于 $\Delta V \ll V$，即 $V_x + V_s \approx V_x$，因此式（11-22）可约简为

$$c_{r,x} = \Delta c_r \left(10^{\frac{\Delta s}{s}} - 1\right)^{-1} \tag{11-23}$$

同理，对于阴离子进行标准加入法测定，若指示电极为正极，参比电极为负极，可得

$$c_{r,x} = \Delta c_r \left(10^{\frac{-\Delta s}{s}} - 1\right)^{-1} \tag{11-24}$$

标准加入法适用于测定组成不确定或复杂的试样，可以较好地消除试样中的干扰因素。但其操作时间长，不适用于大批试样的分析。

【**例 11-2**】 称取土壤样品 6.00 g，用 pH＝7 的 1 mol·L^{-1} 醋酸铵提取，离心，转移澄清液于 100 mL 容量瓶中，并稀释至刻度。取 50.00 mL 该溶液在 25℃时用钙离子选择性电极（正极）和饱和甘汞电极测得电动势为 20.0 mV，然后再加入 0.0100 mol·L^{-1} 的标准钙溶液 1.00 mL，测得电动势 32.0 mV，电极实测斜率为 29.0 mV。计算土壤样品中 Ca^{2+} 的质量分数。

解：因为 $\Delta\varepsilon = (32.0 - 20.0)\ \text{mV} = 12.0\ \text{mV}$，$S = 29.0\ \text{mV}$

$$\Delta c_r \approx \frac{1.00 \times 0.0100}{50.00} = 2.00 \times 10^{-4}$$

所以

$$c_{r,\text{Ca}} = \Delta c_r \left(10^{\frac{\Delta s}{s}} - 1\right)^{-1}$$
$$= 2.00 \times 10^{-4} \times \left(10^{\frac{12.0}{29.0}} - 1\right)^{-1}$$
$$= 1.26 \times 10^{-4}$$

被测试液 Ca^{2+} 浓度为 1.26×10^{-4} mol·L^{-1}，则土壤样品中 Ca^{2+} 的质量分数为

$$\omega(\text{Ca}^{2+}) = \frac{1.26 \times 10^{-4}\ \text{mol·L}^{-1} \times 100.0\ \text{mL} \times 10^{-3} \times 40.0\ \text{g·mol}^{-1}}{6.00\ \text{g}} = 0.840 \times 10^{-4}$$

11. 3. 2. 3　直接电势法的测量误差

在直接电势法测定过程中能够产生误差的因素包括多个方面，如测量体系的温度、搅拌情况、电极的干扰、玷污、溶液的离子强度、pH 以及偏离 Nernst 公式等。这些因素最终反映在电动势测量的误差上，影响着分析结果的精密度和准确度。电动势测量误差 $\Delta\varepsilon$ 引起浓度测量的相对误差 $\Delta c / c_{r,x}$，可由下列计算得到

已知　　$\varepsilon = K \pm \dfrac{2.303RT}{zF} \lg c_r$

当温度恒定时，对上式求微分

$$d\varepsilon = \frac{RT}{zF} d\ln c_r$$

$$\Delta\varepsilon = \frac{RT\Delta c_r}{zF c_r}$$

25℃时表示为　　　　　　$$\Delta\varepsilon = \frac{0.0257\Delta c_r}{z c_r}$$

那么，测定浓度的相对误差为　$\dfrac{\Delta c}{c} \times 100 = (3891 \times z \times \Delta\varepsilon)\%$　　　　　　　（11-25）

由式（11-25）可以看出，当电池电动势的测量误差 $\Delta\varepsilon = \pm 0.001\ \text{V}$ 时，对于一价离子的浓度测定，则会引入 $\pm 3.9\%$ 的相对误差；二价离子测量的相对误差为 $\pm 7.8\%$；三价离子则为 $\pm 11.7\%$。表明直接电势法的测定误差相对较大，因此，离子选择性电极一般适用于测定浓度较低的待测组分。

11. 3. 3　直接电势法的其他应用

直接电势法是根据测量原电池的电动势，求出被测物质的活度（或浓度）。应用最多的是测定溶液的 pH。近年来，各种类型的离子选择性电极相继出现，大大扩展了直接电势分析法的应用范围，使某些阳离子和阴离子的活度（或浓度）的测定也像测定溶液的 pH 一样简单。再者，由于电势分析法具有简便、快速和灵敏的特点，特别是它能适用于其他方法难以测定的离子，所以在土壤、食品、药物、水质、环境监测等方面均得到广泛的应用。

11. 3. 3. 1　卤素离子的测定

商品卤素离子选择性电极有晶体薄膜、硅橡胶薄膜和液态薄膜等类型。通过直接电势法，利用氯离子选择性电极可直接测定试样中的 Cl^-，有人结合化学分离的有关方法原理，在 Br^-、I^- 共存下也可以测定试样中的 Cl^-；另外，溴离子、碘离子、氰离子、硫离子等电极也都在实际中得到应用。例如，利用氰离子选择性电极已制成进行环境污染监测的自动化仪器；硫电极和氯电极还可以用作气相色谱仪的检测器。目前，在农业生产和科学研究中，这些离子选择性电极已用于植物提取物、天然水、土壤、牛奶中 Cl^- 的测定；天然水中 Br^- 的测定；有机物质中 I^- 的测定；水、废料、饲料、生物物质中 CN^- 的测定等。

氟离子选择性电极是目前应用广泛的一种阴离子选择性电极。氟离子选择性电极有固态晶体类型和难溶盐硅橡胶不均态类型。可用来测定自来水中的 F^-，应用时需要控制溶液的酸度，有人用缓冲溶液控制溶液的 pH 在 5.0~5.5 范围内进行氟离子的测定。另外氟离子选择性电极可作为气相色谱仪的检测器，能够检测出 5×10^{-11} mol 的氟苯化合物。目前，利用氟离子选择性电极可以测定地质原料、土壤、天然水、饮用水、海水、植物、空气、尿、血清、饮料，以及有机化合物和有机金属化合物等多种物质中的氟离子含量。

11.3.3.2 硝酸根、高氯酸根、氟硼酸根离子的测定

硝酸根离子选择性电极曾用于植物、土壤、水的分析，以缓冲溶液控制其他阴离子的干扰，有人用此法测定棉花叶柄、土壤、河水中硝态氮的含量，测定结果与还原氮法所测定的结果一致。硝酸根离子选择性电极对其他离子的选择性常数，在上述试样的分析中，$K_{M,N}$ 的排列顺序为 $NO_3^- \approx Br^- > S^{2-} > NO_2^- > CN^- > HCO_3^-$（约 10^{-2}）$>$ $RCOO^- > Cl^- > CO_3^{2-} > SO_4^{2-} > H_2PO_4^- > F^-$（约 10^{-4}）。有的硝酸根离子选择性电极也具有高氯酸根离子的选择性；若将硝酸根离子选择性电极内的液体离子交换剂换成 HBF_4 形式，则可作氟硼酸根（BF_4^-）离子的选择性电极。现在已经知道硝酸根离子选择性电极可以测定植物、土壤、水、食物、奶油等试样，以及空气中 NO_2、NO 的测定等。

11.3.3.3 金属离子的测定

用钙离子选择性电极作指示电极可允许在 1000 倍的 Na^+、K^+ 存在下测定海水中的 Ca^{2+}。用 $CuS-Ag_2S$ 不均态电极可直接测量 Cu^{2+} 的含量，其电极响应范围为 $10^{-6} \sim$ 1 $mol \cdot L^{-1}$。铅离子选择性电极已经用于铅毒的检验和测定。银离子选择电极可用于感光胶片生产中对 KBr-KI 乳胶液 Ag^+ 变化的观察，电极响应范围 pAg=0~23，可检测到 1.35×10^{-8} mol，平均误差 0.1%，最大误差 0.15%。

应该指出的是，离子选择性电极虽然在分析化学和生产应用方面已显示出一定的特点，但有些方面还不成熟。从现有的离子选择性电极来看，除了个别品种外，离子选择性电极的最大缺点还是选择性不够好和电极的稳定性较差。为了消除某些离子的干扰，或者增加电极性能的稳定性，往往在直接电势测定前仍需对试样进行必要的处理，如调整酸度、加入适当的配位体等；因此，应用直接电势法测定时，一定要注意实验条件的选择。

11.4 电势滴定法

电势滴定法是根据滴定过程中电极电势的突跃来确定滴定终点的分析方法。与普通滴定分析相比较，电势滴定法有以下特点：能用于反应平衡常数较小、滴定突跃不明显的滴定；能用于缺乏合适指示剂的滴定；能用于浑浊或有色溶液的滴定；能用于非水溶液的滴定；能用于连续滴定和自动滴定；有较高的准确度和精密度。

11.4.1　电势滴定法的仪器装置

电势滴定法是将适当的指示电极和参比电极与待测溶液组成化学电池，进行电势滴定时，溶液用电磁搅拌器进行搅拌，每加入一定量的标准溶液，测量一次电动势。随着标准溶液的加入，待测离子的浓度不断发生变化，在化学计量点附近待测离子的浓度发生突变，指示电极的电极电势也会发生相应的突跃。因此，通过测得滴定过程中电池电动势和加入滴定剂的体积作图或计算，从而确定滴定反应的终点，求出待测试样的含量。电势滴定法的基本装置如图 11-9 所示。如果使用自动电势滴定仪，用计算机处理数据，则可直接得出测定结果。

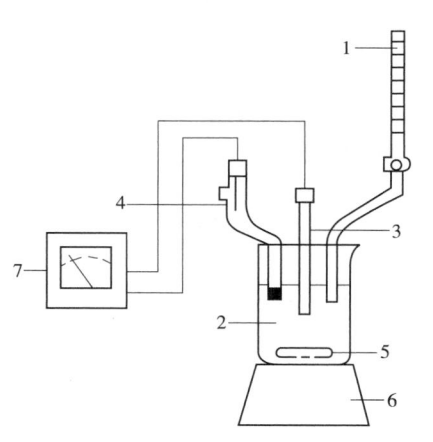

图 11-9　电势滴定的基本装置图

1. 滴定管；2. 被测溶液；
3. 离子选择电极；4. 甘汞电极；
5. 电磁棒；6. 电磁搅拌器；7. 检流计

11.4.2　电势滴定终点的确定方法

在滴定过程中，每加入一定量的滴定剂，测量一次电动势，直到超过化学计量点为止。这样就得到一系列的滴定剂用量(V)和相应的电动势(ε)数值。表 11-4 是用 0.1000 $mol \cdot L^{-1}$ $AgNO_3$ 滴定同浓度的 NaCl 溶液时所得到的实验数据。指示电极为银电极，参比电极为饱和甘汞电极。滴定反应方程式为

$$AgNO_3 + NaCl =\!=\!= NaNO_3 + AgCl \downarrow$$

表 11-4　0.1000 $mol \cdot L^{-1}$ $AgNO_3$ 滴定同浓度的 NaCl 溶液的数据

$V(AgNO_3)/mL$	ε/mV	$\Delta\varepsilon/mV$	$\Delta V(AgNO_3)/mL$	$\Delta\varepsilon/\Delta V/(mV \cdot mL^{-1})$	$\Delta^2\varepsilon/\Delta V^2$
5.00	62				
		23	10.00	2.3	
15.00	85				
		22	5.00	4.4	
20.00	107				
		16	2.00	8	
22.00	123				
		15	1.00	15	
23.00	138				
		8	0.50	16	
23.50	146				
		15	0.30	50	
23.80	161				
		13	0.20	65	
24.00	174				
		9	0.10	90	
24.10	183				
		11	0.10	110	
24.20	194				2800
		39	0.10	390	
24.30	233				4400
		83	0.10	830	
24.40	316				−5900
		24	0.10	240	
24.50	340				
		11	0.10	110	
24.60	351				−1300
		7	0.10	70	
24.70	358				−400

电势滴定法的滴定曲线是以电池电动势对标准溶液的体积作图所得的曲线。确定其滴定终点的方法有以下 3 种。

（1）$\varepsilon - V$ 曲线法

以加入标准溶液的体积 V 为横坐标，以电动势 ε 为纵坐标，根据表 11-4 中的数据即可绘制出图 11-10(a) 所示的 $\varepsilon - V$ 曲线，该曲线的转折点即为滴定终点。

（2）$\dfrac{\Delta \varepsilon}{\Delta V} - V$ 曲线法

如果滴定曲线比较平坦，突跃不明显，则可绘制一次微商曲线，即 $\dfrac{\Delta \varepsilon}{\Delta V} - V$ 曲线法，也称作一次微商法，其中 $\dfrac{\Delta \varepsilon}{\Delta V}$ 表示电动势的连续变化（$\Delta \varepsilon$）与加入标准溶液体积的变化（ΔV）的比值。绘制 $\dfrac{\Delta \varepsilon}{\Delta V} - V$ 曲线时，首先需要根据实验数据分别计算出 $\Delta \varepsilon$、ΔV 和 $\dfrac{\Delta \varepsilon}{\Delta V}$，然后以 V 为横坐标，以 $\dfrac{\Delta \varepsilon}{\Delta V}$ 为纵坐标绘制出如图 11-10(b) 所示的一次微商曲线。曲线最高点所对应的体积值即为滴定终点的体积。用此作图法确定滴定终点较为准确，但作图手续麻烦，可以用二次微商法通过简单计算求出滴定终点。

（3）$\dfrac{\Delta^2 \varepsilon}{\Delta V^2} - V$ 曲线法

也称作二次微商法。既然一次微商曲线的最高点是滴定终点，那么二次微商 $\dfrac{\Delta^2 \varepsilon}{\Delta V^2} = 0$ 时即为滴定终点，如图 11-10(c) 所示。因此，在二次微商曲线上当 $\dfrac{\Delta^2 \varepsilon}{\Delta V^2} = 0$ 时，所对应的标准溶液体积 V 值也就是滴定终点的体积。

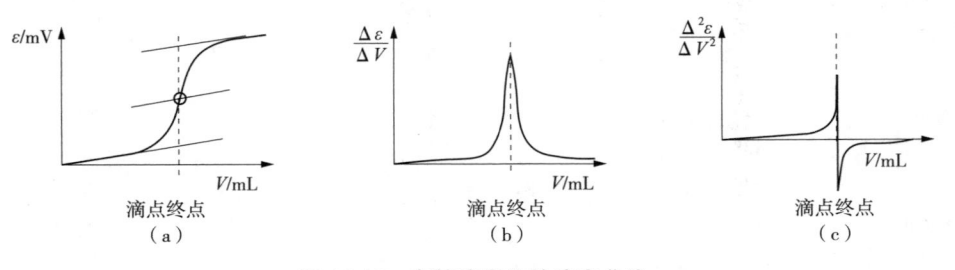

图 11-10　电势滴定法的滴定曲线

从表 11-4 中看出，加入 24.30 mL 标准溶液时，$\dfrac{\Delta^2 \varepsilon}{\Delta V^2} = 4400$；加入 24.40 mL 标准溶液时，$\dfrac{\Delta^2 \varepsilon}{\Delta V^2} = -5900$，设 $\dfrac{\Delta^2 \varepsilon}{\Delta V^2} = 0$ 时，加入标准溶液的体积为 x，则可按如下图意进行比例计算：

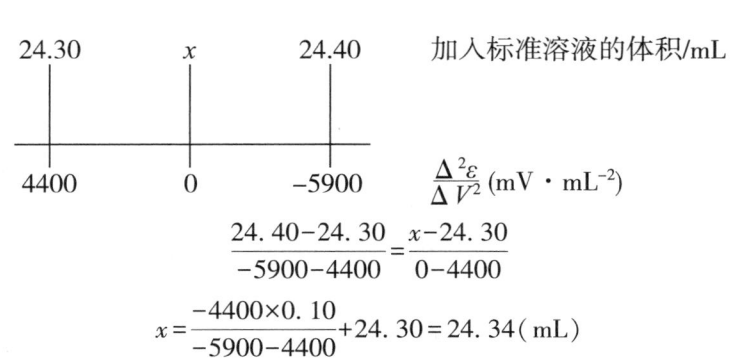

$$\frac{24.40-24.30}{-5900-4400}=\frac{x-24.30}{0-4400}$$

$$x=\frac{-4400\times0.10}{-5900-4400}+24.30=24.34\,(\text{mL})$$

滴定达到滴定终点时，消耗标准溶液的体积为 24.34 mL。

二次微商法可以不经过绘制滴定曲线，而直接通过内插法来计算滴定终点的体积。

11.4.3　电势滴定法的应用

电势滴定法能应用于各种类型的滴定分析法。对于有颜色、浑浊的试液，或者滴定突跃范围太小以及多组分共存的滴定体系，难以用指示剂确定滴定终点，用电势滴定法都可以较准确地确定滴定终点。

（1）酸碱滴定

一般酸碱滴定都可使用电势滴定法，尤其对于 $cK_a<10^{-8}$ 的弱酸或 $cK_b<10^{-8}$ 的弱碱，以及相邻两级电离平衡常数相差小于 10^4 倍的多元酸、碱或混合酸、碱等。滴定中常用 pH 玻璃电极作指示电极，饱和甘汞电极作参比电极。由于 pH 玻璃电极的电极电势与溶液的 pH 呈线性关系，因此在化学计量点附近，玻璃电极的电极电势随溶液 pH 的大幅度变化而产生突跃，从而可以确定滴定终点。

（2）配位滴定

在配位滴定过程中，溶液中的金属离子浓度发生变化，在化学计量点附近，金属离子浓度发生突跃，因此，可以选择合适的指示电极和参比电极进行电势滴定。例如，利用 $AgNO_3$ 和 CN^- 生成 $Ag(CN)_2^-$ 配离子的配位反应测定 CN^-。在滴定过程中 Ag^+ 浓度发生变化，因而可选用银电极作指示电极，饱和甘汞电极为参比电极组成原电池，进行电势滴定。再如，可以用钙离子选择性电极作指示电极，以 EDTA 作标准溶液，采用电势滴定法测定试样中 Ca^{2+} 的含量。

（3）氧化还原滴定

氧化还原反应的电势滴定一般以 Pt 电极作指示电极，甘汞电极作参比电极。滴定过程中，被测物质的氧化态和还原态所组成共轭电对的电极电势：

$$\varphi=\varphi^{\ominus}+\frac{2.303RT}{zF}\lg\frac{c_{r,e}(\text{氧化态})}{c_{r,e}(\text{还原态})}$$

在化学计量点附近，被滴定物质的氧化态和还原态相对平衡浓度发生突变，必然引起指示电极的电极电势突跃，因此可以确定滴定终点。经典氧化还原滴定法中的高锰酸钾法测定 Fe^{2+}、AsO_3^{3-}、V^{4+}、Sn^{2+}、$C_2O_4^{2-}$、I^-、NO_2^-、Cu^{2+} 等，重铬酸钾法测定 Fe^{2+}、

Sn^{2+}、I^-、Ce^{3+}等，碘量法测定 AsO_3^{3-}、Sb^{3+}、维生素 C、咖啡因等，均可利用电势滴定法进行测定。

（4）沉淀滴定

以银电极作指示电极，饱和甘汞电极作参比电极，可用 $AgNO_3$ 标准溶液滴定 Cl^-、Br^-、I^-、CN^- 以及一些有机酸的阴离子等。用铂电极作指示电极，可用六氰合铁（Ⅱ）酸钾标准溶液滴定 Pb^{2+}、Ca^{2+}、Zn^{2+}、Ba^{2+} 等，还可以间接测定 SO_4^{2-}。

本章小结

本章讨论了电势分析法测定溶液 pH 的基本原理、离子选择性电极的电极电势以及应用等问题。

（1）在电势分析法中，构成原电池的两个电极，其中一个电极的电极电势能够指示被测离子活度（或浓度）的变化，称为指示电极；而另一个电极的电极电势不受试液组成变化的影响，具有恒定的数值，称为参比电极。由指示电极与参比电极组成原电池的电动势。

$$\varepsilon = \varphi(指示) - \varphi(参比) = K + \frac{RT}{zF}\ln a(M^{n+})$$

只要测出原电池的电动势 ε，就可求得 $a(M^{n+})$。

（2）离子选择性电极的电极电势与特定的离子活度之间的关系为

$$\varphi = K \pm \frac{2.303RT}{zF}\lg(M^{n+})$$

式中 z 为特定离子所带的电荷数，指示电极为正极时，公式中符号对于阳离子取 "+"，对于阴离子取 "−"。

（3）pH 玻璃电极的膜电势是由于氢离子在玻璃膜表面进行离子交换和扩散形成的，不同于一般的金属基电极。在一定温度下，pH 玻璃电极的膜电势与试液的 pH 呈直线关系：

$$\varphi(膜) = K - 0.059pH$$

（4）直接电势法测定溶液 pH，指示电极是玻璃电极，参比电极是饱和甘汞电极，两者插入试液中组成原电池：

$(-) Ag \mid AgCl, 0.1\ mol \cdot L^{-1} HCl \mid 玻璃膜 \mid 试液 \parallel KCl(饱和), Hg_2Cl_2, Hg(+)$

电池电动势为 $\qquad \varepsilon = K + 0.059pH$（25℃时）

在一定温度下，电池电动势与溶液的 pH 呈直线关系。K 包括内、外参比电极的电势、$\varphi(不)$ 和 $\varphi(液)$。在实际工作中，先用标准缓冲溶液校准仪器，然后再测定待测液。

（5）离子活度（或浓度）测定，为了消除液接电势和不对称电势等，一般不根据电池电动势直接计算被测离子活度（或浓度），其活度（或浓度）需通过标准比较法、标准曲线法、标准加入法来测定。

(6)电势滴定法是电势分析法中的另一种定量分析方法。在滴定过程中记录电动势与标准溶液体积，可通过 ε-V 曲线法、$\frac{\Delta\varepsilon}{\Delta V}$-$V$ 曲线法与 $\frac{\Delta^2\varepsilon}{\Delta V^2}$-$V$ 曲线法确定其滴定终点。

思考题与习题

1. 什么是直接电势法和电势滴定法？

2. 电势分析法的基本原理是什么？

3. 什么是指示电极和参比电极？常用的指示电极和参比电极有哪些？举例说明。

4. 为何用直接电势法测定溶液 pH 时，必须使用标准缓冲溶液进行校正？

5. 简述一般玻璃电极和饱和甘汞电极的基本构造、电极反应、电极符号以及电极电势的计算式。

6. 对于 pH 玻璃电极的适用 pH 范围有什么要求？什么是碱差？什么是酸差？

7. 简述离子选择性电极的一般工作原理、种类、性能和应用。

8. 电势滴定法是如何确定化学计量点的，有何优点？举例说明。

9. 下列原电池(25℃)

(－)玻璃电极｜标准溶液或未知液‖饱和甘汞电极(＋)

当标准缓冲溶液的 pH＝4.00 时电动势为 0.209 V，当缓冲溶液由未知溶液代替时，测得下列电动势值(1)0.088 V；(2)0.312 V。求未知溶液的 pH。

$$[(1)\text{pH}=1.95；(2)\text{pH}=5.75]$$

10. 25℃时下列电池的电动势为 0.518 V(忽略液接电势)

$$Pt｜H_2(10^5\ Pa)，HA(0.01\ mol\cdot L^{-1})，A^-(0.01\ mol\cdot L^{-1})‖SCE$$

计算弱酸 HA 的 K_a 值。 $(K_a=2.25\times10^{-5})$

11. 25℃时，用 F^- 电极测定水中 F^-，取 25.00 mL 水样，加入 10 mL TISAB，定容至 50.00 mL，测得电极电势为 0.1370 V，加入 $1.00\times10^{-3}\ mol\cdot L^{-1}$ 标准 F^- 溶液 1.0 mL 后，测得电极电势为 0.1170 V。计算水样中 F^- 含量。 $(3.22\times10^{-5}\ mol\cdot L^{-1})$

12. 用 pH 玻璃电极测定 pH＝5.0 的溶液，其电极电势为 43.5 mV，测定另一未知溶液时，其电极电势为 14.5 mV，若该电极的响应斜率 S 为 58.0 mV/pH。试求未知溶液的 pH。 $(\text{pH}=5.5)$

13. 将钙离子选择电极和饱和甘汞电极插入 100.00 mL 水样中，用直接电势法测定水样中的 Ca^{2+}。25℃时，测得钙离子电极电势为 －0.0619 V(对 SCE)，加入 0.0731 $mol\cdot L^{-1}$ 的 $Ca(NO_3)_2$ 标准溶液 1.00 mL，搅拌平衡后，测得钙离子电极电势为 －0.0483 V(对 SCE)。试计算原水样中 Ca^{2+} 的浓度？ $(3.87\times10^{-4}\ mol\cdot L^{-1})$

14. 在 0.1000 $mol\cdot L^{-1}Fe^{2+}$ 溶液中，插入 Pt 电极(＋)和 SCE(－)，在 25℃测得电池电动势 0.395 V。问有多少 Fe^{2+} 被氧化成 Fe^{3+}？ (0.56%)

第 12 章　定量分析常用分离方法

学习目标：
- 理解分离的意义，了解分离方法的分类；
- 掌握各种分离方法的原理、特点并了解其应用。

在定量分析工作中，若试样组成比较简单，可将其配成溶液直接测定。但经常遇到的试样组成比较复杂，在测定其中的某一组分时会受到其他共存组分的干扰。因此，在分析工作中经常需要选择适当的方法来消除干扰，而最简单的方法就是控制分析条件或加入合适的掩蔽剂。当这些办法不足以消除干扰时，就需要在分析前将待测组分和干扰组分进行分离。另外，当待测组分含量极低时，在分离的同时还需要将待测组分富集起来，再进行测定。

在定量分析中对分离的基本要求是：分离方法尽可能简便；分离要完全，即干扰组分应该减少至不干扰待测组分的测定；待测组分的损失要小至可忽略不计。通常用回收率来衡量待测组分的损失。

$$回收率 = \frac{分离后所得待测组分的质量}{试样中原来所含待测组分的质量} \times 100\% \tag{12-1}$$

回收率越高，说明待测组分的损失越少，分离效果越好。在实际工作中，含量大于1%的常量组分，回收率应大于 99.9%；含量为 0.01%~1% 的微量组分，回收率应大于99%；而含量低于 0.01% 的痕量组分，回收率为 90%~95% 或更低。

在分析化学中，常用的分离方法有沉淀分离法、溶剂萃取分离法、离子交换分离法、色谱分离法等。

12.1　沉淀分离法

沉淀分离是依据溶度积原理，利用沉淀反应把待测组分和干扰组分分开的一种经典分离方法。该法具有操作简单，不需要特殊装置，适用于处理大批量试样，可以结合试样分解同时进行等优点。因此，沉淀分离法在实际分析中被广泛应用。该方法存在耗时较长，某些组分的分离不够完全，加入的沉淀剂有时会影响下一步操作等缺点。

沉淀分离依据选用沉淀剂的不同，可分为无机沉淀剂分离法和有机沉淀剂分离法；而根据待测组分含量不同，可分为常量组分沉淀分离法和痕量组分沉淀分离法。在痕量沉淀分离时通常采用共沉淀法。以下分别介绍无机沉淀剂分离法、有机沉淀剂分离法和共沉淀分离法。

12.1.1　无机沉淀剂分离法

无机沉淀分离中使用最多的是将待测组分转化成氢氧化物沉淀或硫化物沉淀进行分离。此外，有一些待测组分根据其性质也可将其转化成硫酸盐、磷酸盐、氟化物和氯化物等沉淀进行分离。

12.1.1.1　氢氧化物沉淀分离

大多数金属离子都能与 OH^- 生成氢氧化物沉淀，而且沉淀的形成与溶液中的 OH^- 浓度有直接关系，并且不同的氢氧化物沉淀其溶度积差别也很大。所以，通过控制溶液中 OH^- 的浓度，可以使某些金属离子生成氢氧化物沉淀而相互得到分离。常用的方法有以下几种。

（1）加入氢氧化钠

加入过量的 NaOH，利用其强碱性将两性元素与非两性元素分离。分离后，两性元素以含氧酸阴离子形态保留在溶液里，而非两性元素则生成氢氧化物沉淀。所溶解的两性氢氧化物，当降低溶液的 pH 值时，又可重新析出沉淀。

由于加入 NaOH 得到的沉淀多为胶状沉淀，共沉淀现象比较严重，使得分离效果不太理想。实际应用中，为了提高分离效率，通常采用"小体积沉淀法"。即在尽量小的体积、尽量大的浓度中加入大量无干扰作用的盐类，这时形成的沉淀含水量少，结构紧密，对其他组分的吸附量减少，从而改善分离的效果。其具体操作是：先将试液蒸发至干，加入固体 NaCl 搅拌成砂糖状；然后加入浓 NaOH 溶液，搅拌使沉淀形成；最后用适量热水稀释后过滤。

（2）加入氨水

在试样中加入氨水（pH = 8 ~ 9）可以使高价离子（如 Al^{3+}、Fe^{3+} 等）生成沉淀，从而与大多数一、二价金属离子分离。试样中的 Ag^+、Cu^{2+}、Zn^{2+}、Co^{2+} 等离子可以形成氨的配离子；Ca^{2+}、Ba^{2+} 等离子的氢氧化物因溶解度比较大，而留在溶液中。由于氨水可以使很多元素同时沉淀，所以经常在其他分离方法之前，将其作为金属的组沉淀剂。

（3）加入缓冲溶液

利用缓冲溶液来控制溶液的 pH 值，使某些金属离子生成氢氧化物沉淀，从而实现沉淀分离。例如，利用 $HAc-Ac^-$ 缓冲溶液（pH = 4 ~ 6）控制溶液 pH 值生成 $Fe(OH)_3$ 沉淀，实现 Fe^{3+} 与其他离子的分离。将 $(CH_2)_6N_4$ 加入到酸性溶液中，形成 pH 为 5 ~ 6 的缓冲溶液，可用于 Mn^{2+}、Co^{2+}、Ni^{2+}、Cu^{2+}、Zn^{2+}、Cd^{2+} 与 Al^{3+}、Fe^{3+}、Ti^{6+} 和 Th^{6+} 等离子的分离。

12.1.1.2　硫化物沉淀分离

硫化物沉淀分离与氢氧化物沉淀分离相似。有 40 多种金属离子都可以生成难溶的硫化物沉淀，并且各种沉淀的溶度积相差很多，所以利用这一特点，可以通过使金属离子形成硫化物沉淀而相互分离。在实际应用中，为了达到分离的目的，通常用缓冲溶液来调节溶液的酸度，从而控制溶液中 S^{2-} 的浓度，使金属离子生成沉淀。

由于硫化物沉淀大多是胶体，共沉淀现象比较严重，且存在继沉淀现象，导致硫化物沉淀分离的选择性不高，分离效果不理想；同时，由于 H_2S 是一种有毒且恶臭的气体，所以硫化物沉淀分离法应用并不广泛。

12.1.2　有机沉淀剂分离法

有机沉淀剂分离法是利用有机沉淀剂与试样中的金属离子的反应生成沉淀，从而实现分离的方法。优点：生成的沉淀杂质吸附少，选择性和灵敏性高，共沉淀不严重，沉淀晶型好，溶解度小，使得该法应用日益广泛。缺点：有机沉淀剂本身在水中的溶解度小，生成的沉淀物易浮在表面或漂移至器皿边，不利于过滤或离心。常用的有机沉淀剂主要有以下几种。

（1）11-羟基喹啉

11-羟基喹啉能与除碱金属外的几乎所有金属离子生成沉淀，但各种金属离子生成沉淀的 pH 值不同，因此可以通过控制酸度来实现金属离子的分离。例如，在 pH=5 的 HAc-Ac⁻ 溶液中，Al^{3+}、Fe^{3+} 等离子能定量沉淀，而 Be^{2+}、Mg^{2+}、Ca^{2+}、Sr^{2+}、Ba^{2+} 等离子不生成沉淀，留在溶液中。在实际应用中，为了提高 11-羟基喹啉的选择性，可同时选用适当的掩蔽剂。

（2）草酸

草酸根（$C_2O_4^{2-}$）可以与溶液中的 Ca^{2+}、Sr^{2+}、Ba^{2+}、Th^{4+}、稀土金属离子生成难溶性草酸盐沉淀，而与 Fe^{3+}、Al^{3+}、Zr^{4+}、Nb^{5+}、Ta^{5+} 等离子达到分离的目的。例如，在 pH< 1 的 HCl 介质中，草酸主要用于沉淀 Th^{4+} 和稀土元素。

（3）铜试剂

铜试剂是二乙基二硫代氨基甲酸钠，能与很多金属离子生成难溶性的螯合物沉淀。在 pH 5~6 时，能够使 Cu^{2+}、Pb^{2+}、Bi^{3+}、Cd^{2+}、Ag^+、Sn^{4+}、Sb^{3+}、Hg^{2+}、Fe^{3+}、Co^{2+}、Ni^{2+}、Zn^{2+} 等离子定量沉淀；而 Al^{3+}、Cr^{3+} 等离子形成氢氧化物沉淀；Mn^{2+} 在被空气氧化后，也以氢氧化物形式完全沉淀。例如，在测定 Ca^{2+}、Mg^{2+} 中，通常采用六次甲基四胺-铜试剂小体积沉淀法，将重金属离子与碱土金属离子分离，然后再用配位滴定法进行测定。

（4）铜铁试剂

铜铁试剂是 N-亚硝基-N-苯基羟基铵，在强酸性介质中，能与 Fe^{3+}、Ti^{4+}、Zr^{4+}、$V(V)$、Sn^{4+}、Cu^{2+}、Ce^{4+}、Nb^{5+}、Ta^{5+} 等离子定量形成沉淀；而在弱酸性介质中，除上述离子外，它还能与 Al^{3+}、Zn^{2+}、Co^{2+}、Mn^{2+}、Th^{4+}、Be^{2+}、Ga^{3+}、In^{3+}、Tl^{3+} 等离子定量形成沉淀。例如，在 1:9 的 H_2SO_4 介质中可以使 Fe^{3+}、Ti^{4+}、V^{5+} 等高价离子转化为沉淀，从而与 Al^{3+}、Cr^{3+}、Co^{2+}、Ni^{2+} 等离子进行分离。

12.1.3　共沉淀分离法

在微量分离与分析中，可利用共沉淀现象来实现微量组分的分离和富集。通过加入某种离子与沉淀剂生成沉淀，以该沉淀为载体将痕量组分定量共沉淀，然后再将沉淀分离，溶解在少量溶剂中，达到分离和富集的目的。

共沉淀富集分离中，选择载体或共沉淀剂时应注意：载体可以将痕量组分定量共沉淀；载体对痕量组分的测定没有干扰；所得沉淀易溶于酸或其他溶剂。常用的共沉淀剂分为无机共沉淀剂和有机共沉淀剂两类。

12.1.3.1　无机共沉淀剂

根据共沉淀产生的原因不同，无机共沉淀剂主要分为以下两种情况：

（1）利用吸附作用进行共沉淀分离

常用的载体为氢氧化物和硫化物等胶体沉淀。因为它们的比表面积大，与待测痕量组分接触机会多，吸附能力强，有利于痕量组分的共沉淀。同时，由于胶体沉淀聚集速度快，痕量组分容易被夹杂在载体中产生吸留，因而有利于提高分离富集的效率。例如，利用 PbS 作载体可以将 1000 L 海水中仅 1 μg 的 Au 富集起来。但此法选择性不高。

（2）利用生成混晶体进行共沉淀分离

当待测组分 M 与载体 NL 中 N 的半径相近，电荷相同，且 NL 和 ML 晶型也相同时，可以通过生成混晶将待测组分与载体共沉淀。这种方法的选择性比较高。例如，利用 $BaSO_4$ 作为载体，通过 $BaSO_4$-$RaSO_4$ 混晶使痕量的 Ra 富集。此外，常见的混晶还有：$SrCO_3$-$CdCO_3$、$BaSO_4$-$PbSO_4$、$MgNH_4PO_4$-$MgNH_4AsO_4$ 等。

12.1.3.2　有机共沉淀剂

有机共沉淀剂的相对分子质量和体积较大，有利于痕量组分的共沉淀。同时它与金属离子生成的难溶化合物表面吸附少，选择性高。另外，沉淀后的有机共沉淀剂可经灼烧而挥发去除，不影响后续的测定。由于以上优点，使得有机共沉淀剂应用广泛。一般有机共沉淀剂以下列 3 种方式进行共沉淀分离。

（1）利用胶体的凝聚作用进行共沉淀分离

通过带相反电荷胶体发生凝聚进行共沉淀。例如，在钨酸的胶体溶液中，加入辛可宁，由于辛可宁在酸性溶液中带有正电荷，所以能与带负电荷的钨酸胶体凝聚而共沉淀。此外，丹宁可以凝聚铌、钽的含氧酸，而动物胶则可凝聚硅酸。

（2）利用形成离子缔合物进行共沉淀分离

一些相对摩尔质量较大的有机化合物（如甲基紫、孔雀绿、品红和亚甲基蓝等），由于在酸性溶液中带正电荷，所以它们可以与金属配阴离子，生成微溶性的离子缔合物而被共沉淀。

（3）利用"惰性共沉淀剂"进行共沉淀分离

例如，利用 Ni^{2+} 与丁二酮肟在氨性溶液中形成螯合物沉淀来分离 Ni^{2+} 时，若 Ni^{2+} 含量很低则无法析出沉淀，如果在溶液中再加入丁二酮肟二烷脂的乙醇溶液，由于丁二酮肟二烷脂难溶于水，所以在水溶液中析出时，将 Ni^{2+} 与丁二酮肟所生成的螯合物共沉淀。丁二酮肟二烷脂与 Ni^{2+} 及其螯合物都不发生反应，故被称为"惰性共沉淀剂"。该方法污染少，选择性高。

12.2 溶剂萃取分离法

溶剂萃取分离法即液-液萃取分离法，简称萃取。它是利用物质溶解性质的差异，用与水不混溶的有机溶剂，从水溶液中把无机离子萃取到有机溶剂相中来实现分离。具体方法是利用与水不相混溶的有机溶剂同试液一起振荡，这时，一些组分进入有机相，另一些组分仍留在水相中，从而实现待测物质的分离富集。

萃取具有设备简单，操作简便、快速，选择性好，回收率高，易于实现自动控制等优点。其不足之处在于：使用的萃取剂通常是有机溶剂，易挥发并有一定的毒性，且大多价格昂贵；另外为了提高回收率，需要进行多级萃取，导致操作过程比较繁琐。尽管如此，萃取分离法在微量分析中还是一直受到广泛的重视，迄今为止已研究了 90 多种元素的萃取分离体系。

12.2.1 萃取分离法的基本原理

12.2.1.1 萃取过程的本质

通常根据物质在水相和有机相中溶解性，将物质分为亲水性物质（易溶于水而难溶于有机溶剂的物质）和疏水性物质（难溶于水而易溶于有机溶剂的物质）。萃取分离就是利用物质在水相和有机相中溶解性质的差异，将待测组分从水相中萃取到有机溶剂相中来进行分离。因此，萃取过程的本质就是将物质由亲水性转化为疏水性的过程。有时需要将有机相的物质再转入水相，这个过程称为反萃取。

12.2.1.2 分配系数、分配比和萃取率

无论是亲水性物质，还是疏水性物质，它们在水相和有机相中都有一定的溶解度。所以，在萃取达到平衡状态时，被萃取物质在有机相和水相都有一定的浓度。

（1）分配系数

Nernst 在分配定律中指出："在一定的温度下，当一种物质在两种互不相溶的溶剂中分配达到平衡时，该物质在两相中的浓度之比为一常数。"该常数称为分配系数，通常用 K_D 表示。所以，在给定温度下，如果用有机溶剂从水相中萃取溶质 A 时，当溶质 A 在两相中存在的型体相同，平衡时其在有机相中的平衡浓度 $[A]_o$ 和在水相中的平衡浓度 $[A]_w$ 之比应为常数，即

$$K_D = \frac{[A]_o}{[A]_w} \qquad (12\text{-}2)$$

分配系数的大小主要取决于组分的性质和温度。分配定律只适用于溶质在两相中的存在形式相同，且浓度较低的稀溶液。

（2）分配比

实际工作中，溶质在水相和有机相中往往具有多种存在形式，此时分配定律将不再适用，通常采用分配比来描述溶质在两相中的分配情况。分配比是指萃取平衡时，溶质 A 在有机相中的各种存在形式的总浓度 c_o 和在水相中的各种形式的总浓度 c_w 之比，通

常以 D 表示，即

$$D = \frac{c_o}{c_w} = \frac{[A_1]_o + [A_2]_o + \cdots + [A_n]_o}{[A_1]_w + [A_2]_w + \cdots + [A_n]_w} \qquad (12\text{-}3)$$

当溶质在两相中的存在形态相同时，分配比等于分配系数。否则，二者不相等。分配比不是一个常数，与溶液酸度、溶质的浓度等因素有关。

（3）萃取率

在实际工作中，常用萃取率 E 来衡量萃取的效率。

$$E = \frac{被萃取物在有机相中的量}{被萃取物的量} \times 100\% \qquad (12\text{-}4)$$

V_o 和 V_w 分别为有机相和水相的体积，则萃取率 E 和分配比 D 的关系为

$$E = \frac{c_o V_o}{c_o V_o + c_w V_w} = \frac{D}{D + V_w/V_o} \times 100\% \qquad (12\text{-}5)$$

当用等体积溶剂进行萃取时，即 $V_w = V_o$，则

$$E = \frac{D}{D+1} \times 100\% \qquad (12\text{-}6)$$

由此可知，等体积溶剂萃取时，分配比 D 越大，萃取率 E 也就越大。所以，当分配比 D 不高，一次萃取无法满足分离或测定要求时，就需要采用多次连续萃取的办法来提高萃取率。

假如在 $V_w(mL)$ 溶液中含有 $m_0(g)$ 的被萃取物质，用 $V_o(mL)$ 有机溶剂萃取一次后，水相中剩余的被萃取物为 $m_1(g)$，进入有机相的被萃取物为 $(m_0 - m_1)(g)$，则分配比为

$$D = \frac{c_o}{c_w} = \frac{m_0 - m_1}{m_1/V_w}$$

所以

$$m_1 = m_0 \cdot \frac{V_w}{DV_o + V_w}$$

如果用 $V_o(mL)$ 溶剂，萃取 n 次，水相中剩余被萃取物为 $m_n(g)$，则

$$m_n = m_0 \cdot [V_w/(DV_o + V_w)]^n \qquad (12\text{-}7)$$

由以上可知，相同量的萃取溶剂，分多次萃取的效率比一次萃取的效率高。但是，增加萃取次数，会增加萃取操作的工作量，影响工作效率。

12.2.2 萃取体系类型和萃取条件的选择

12.2.2.1 萃取体系的类型

根据萃取时金属离子与萃取剂结合的方式可将萃取体系分为以下 4 类。

（1）螯合物萃取体系

金属螯合物通常呈电中性，难溶于水而易溶于有机溶剂。螯合物萃取就是利用金属螯合物这一特性进行萃取分离的。因为不同的金属离子所生成的螯合物在水相和有机相中的分配系数不同，所以螯合物萃取体系广泛应用于金属阳离子的萃取分离。例如，在 $pH = 9.0$ 氨性溶液中，Cu^{2+} 与铜试剂（DDTC）形成疏水性螯合物，可被萃入 $CHCl_3$ 中而

与其他元素分离。

(2) 离子缔合物萃取体系

借助静电引力作用使阳离子和阴离子结合形成电中性的化合物成为离子缔合物。由于离子缔合物通常是具有疏水性，所以可被有机溶剂萃取。离子的体积越大，电荷越少，越容易形成疏水性离子缔合物。例如，溶液中的 Cu^{2+} 与 2,9-二甲基-1,10-邻二氮菲形成的配阳离子，通过静电引力与 Cl^- 结合可形成离子缔合物，而此缔合物能被 $CHCl_3$ 从水相中萃取出来。

(3) 溶剂化合物萃取体系

通常一些中性萃取剂可以通过自身的配位原子与金属离子键合，形成可溶于有机溶剂的溶剂化合物。这种通过形成溶剂化合物的形式进行萃取的体系称为溶剂化合物萃取体系。例如，用磷酸三丁酯萃取 $FeCl_3$ 或 $HFeCl_4$。

(4) 简单分子萃取体系

有些不带电荷、在水溶液中主要以分子形式存在的无机化合物（如 I_2、Cl_2、Br_2、$GeCl_4$、AsI_3、SnI_4 和 OsO_4 等），可利用 CCl_4、$CHCl_3$ 和苯等惰性溶剂，将其萃取出来。被萃取物质与有机萃取剂之间不发生明显的化学反应，属于物理分配过程。

12.2.2.2　萃取条件的选择

不同的萃取体系，对萃取条件的要求不尽相同。下面以螯合物的萃取体系为例，讨论如何选择合适的萃取条件。

假设金属离子 M^{n+} 与螯合剂 HR 作用生成螯合物 MR_n，如果 HR 易溶于有机相而难溶于水相，则萃取反应可表示为

$$(M^{n+})_w + n(HR)_o = (MR_n)_o + n(H^+)_w$$

反应的平衡常数即萃取平衡常数 K_{ex} 为

$$K_{ex} = \frac{[MR_n]_o \cdot [H^+]_w^n}{[M^{n+}]_w \cdot [HR]_o^n} \tag{12-8}$$

分配比为：
$$D = \frac{[MR_n]_o}{[M^{n+}]_w} = \frac{K_{ex} \cdot [HR]_o^n}{[H^+]_w^n} \tag{12-9}$$

由式(12-9)可知，金属离子的分配比与萃取平衡常数 K_{ex}、螯合剂浓度以及溶液的酸度有关。所以，选择萃取条件时，需要考虑以下几点：

(1) 螯合剂的选择

螯合剂与金属离子生成的螯合物越稳定，K_{ex} 就越大，萃取效率也就越高。对于螯合剂必须具有一定的亲水基团，才可以与金属离子生成螯合物；但亲水基团又不宜过多，否则不利于生成的螯合物被萃取到有机相中。例如，EDTA 虽然能与许多种金属离子生成螯合物，但这些螯合物多带有电荷，不易被有机溶剂所萃取，故不能用作萃取螯合剂。因此，要求螯合剂的亲水基团要少，疏水基团要多。

(2) 溶液酸度的选择

由式(12-9)可知，溶液的酸度越低，D 值就越大，越有利于萃取分离。但如果溶液

的酸度太低时，金属离子有可能发生水解，对萃取分离反而不利。因此，萃取时必须选择适宜的溶液酸度。例如，用二苯基卡巴硫腙-CCl_4 体系萃取 Zn^+ 时，pH 太低，难以于形成螯合物，而 pH 值太高，会形成 ZnO_2^{2-}，都会影响萃取效率，实验证明适宜的 pH 为 $6.5 \sim 10.0$。

（3）萃取溶剂的选择

首先，螯合物在有机溶剂中的溶解度越高，其分配常数也越大，因此应选择与螯合物结构相似的溶剂。例如，含烷基的螯合物可用卤代烷烃（如 CCl_4、$CHCl_3$）作萃取溶剂；而含芳香基的螯合物可用芳香烃（如苯、甲苯等）作萃取溶剂。其次，为了有利于分层，萃取溶剂的黏度要小，密度与水性比差别要大。再者，萃取溶剂尽可能无毒、无特殊气味、挥发性要小。

（4）螯合剂的浓度

由式（12-9）可知，酸度和溶剂一定时，[HR]越高，D 值越大，越有利于萃取分离。另外，从理论上计算，[HA]增大 10 倍，pH 值改变 1 个单位，这有利于易水解金属离子的萃取。但是，由于螯合剂在有机溶剂中的溶解度有限；同时，螯合剂浓度过大也可能会发生副反应。因此，实际萃取中不宜使用过高浓度的螯合剂。

（5）干扰离子的消除

通过控制适当的酸度，有时可以实现选择性地萃取一种离子。例如，控制溶液 pH 值为 1，采用二苯硫腙-CCl_4 萃取体系，可以把 Hg^{2+} 从 Hg^{2+}、Bi^{3+} 和 Pb^{2+} 的混合溶液中萃取分离。当几种金属离子均可以与螯合剂形成能被萃取的螯合物时，可加入掩蔽剂使待测离子以外的金属离子形成易溶于水的配合物而相互分离。常用的掩蔽剂有 EDTA、酒石酸盐、柠檬酸盐、草酸盐及焦磷酸盐等。

12.2.3 萃取分离技术

（1）萃取方式

①单级萃取 通常用分液漏斗进行萃取，萃取在几分钟内即可达到平衡，是最常用的萃取方式。

②多级萃取 将水相固定，多次用新鲜的有机相进行萃取，此法可提高分离效果。

③连续萃取 在待分离组分的分配比不高时，可采用连续萃取法。这种萃取方式可以使溶剂得到循环使用，常用于植物中有效成分的提取及中药成分的提取研究。

不同的萃取方式所需时间不等，主要受到两个因素的影响：一个是化学反应速度，即形成可被萃取的化合物的速度；另一个是扩散速度，即被萃取物质由一相转入另一相的速度。

（2）分层

萃取达到平衡后，应让溶液静置分层，然后将两相分开。两相分开时，既不应该损失被测组分，也不应该在被测组分混入杂质或干扰组分。有时，反应中形成某种微溶化合物，既不溶于水相，也不溶于有机相，导致在界面上出现沉淀，甚至形成乳浊液；有时，因振荡过于激烈，使一相在另一相中高度分散，在两相的交界处也会形成乳浊液。

通常，可采用增大萃取剂用量、加入电解质、改变溶液酸度、减弱振荡强度等措施，来避免在两相界面形成乳浊液。

（3）洗涤

在萃取分离中，有时会出现杂质被萃取的现象。被萃取的杂质如果分配比较小时，可用洗涤的方法除去。洗涤时，采用组成与试液基本相同但不含待测组分的洗涤液，与分出的有机相一起振荡，由于杂质的分配比小，容易转入水相，而被洗去。洗涤时也会导致待测组分的损失，但实际中当待测组分的分配比较大时，洗涤 1~2 次对分析结果的准确度影响不大。

（4）反萃取

当萃取仅是用于分离时，萃取结束后，还需要将有机相用解脱液（反萃取液）振荡使被萃取物再转入水相，这一过程称为反萃取。反萃取过程中，为了降低被萃取物的稳定性，破坏被萃取物的疏水性，通常可采用酸度与原试液不同的含氧酸或碱或其他试剂的水溶液。采用不同的反萃取液，也可以分别反萃取有机相中不同的待测组分，从而提高萃取分离的选择性。

12.3　离子交换分离法

离子交换分离法是利用离子交换剂与溶液中的离子发生交换反应而使离子分离的方法。凡具有交换能力的物质称为离子交换剂。该方法不仅可用于异电荷的离子之间的分离，也可用于相同电荷或性质相近的离子之间的分离。另外，它还广泛应用于微量组分的富集和高纯物质的制备等。离子交换分离法的优点是：设备简单，操作简便，分离效率高，作为离子交换剂的树脂具有再生能力，可以反复使用。因此，它是一种应用广泛和重要的分离富集方法。离子交换分离法的缺点在于：分离周期长，耗时过多。

12.3.1　离子交换树脂

12.3.1.1　离子交换树脂的种类

离子交换剂包括固体离子交换剂和液体交换剂，主要分为无机离子交换剂和有机离子交换剂两大类。目前分析中应用较多的是有机离子交换剂。

有机离子交换剂又称离子交换树脂，是一种高分子聚合物。它具有网状结构，难溶于水、酸和碱中，也具有较高的热稳定性，对有机溶剂、氧化剂、还原剂和其他化学试剂也都具有一定的稳定性。通常使用的离子交换树脂主要有以下几类。

（1）阳离子交换树脂

能交换阳离子的树脂称为阳离子交换树脂。这类树脂含有酸性交换基团（如羧基、磺酸基和酚基等）。根据交换基团酸性的强弱，可分为强酸性交换树脂和弱酸性交换树脂两类。强酸性交换树脂在酸性、中性或碱性溶液中均能进行交换，且交换容量基本上一致。例如，含有磺酸基（$-SO_3H$）的交换树脂。弱酸性交换树脂在溶液中的离解行为与弱酸相似，对 H^+ 有很大的亲和力，所以不宜在酸性溶液中使用。例如，含有羧基

(—COOH)或酚羟基(—OH)的交换树脂。对于 R—COOH 树脂，溶液的 pH>4；而对于 ROH 树脂，溶液的 pH>9.5 时才具有离子交换能力。这类树脂选择性高，又容易用酸洗脱，所以常用于分离不同强度的有机碱。

（2）阴离子交换树脂

这类树脂含有碱性交换基团(如伯胺基、仲胺基、叔氨基和季氨基等)，在水中先形成相应的水合物，然后利用水合物树脂中的 OH⁻ 与溶液中的阴离子进行交换。根据交换基团碱性的强弱，可分为强碱性交换树脂和弱碱性交换树脂两类。含有季胺基 [—N(CH₃)₃]的树脂是强碱性树脂，它在酸性、中性和碱性溶液中都能使用，所以应用较广，如国产 717#树脂。而含有伯、仲、叔胺基(—NH₂，—NHR，—NR₂)等的树脂是弱碱性树脂，由于它对 OH⁻ 的亲和力大，故不宜在碱性溶液中使用，如国产 701# 树脂。

（3）螯合型离子交换树脂

螯合型离子交换树脂是在离子选择性树脂中引入某些能与金属离子螯合的活性基团后形成的，树脂中螯合基的结构决定着树脂的选择性。由于分离过程中树脂上同时进行离子交换反应和螯合反应，所以该类树脂呈现出较高的选择性和稳定性，如国产 401# 树脂属于氨羧基[—N(CH₂COOH)₂]螯合树脂。这类树脂广泛应用于无机离子的分离和富集。但其缺点是制备难度大，成本高，交换容量低。

（4）纤维交换树脂

纤维交换树脂是在天然纤维素上通过接枝反应后制成的离子交换剂。例如，通过羟基酯化、磷酸化、羧基化后，可制成阳离子交换剂；通过胺化后制成阴离子交换剂。该类树脂通常是开放性长链，表面积大、空隙宽松，具有稳定性高、交换速度快、容易洗脱、分离能力强等优点，主要应用于蛋白质、氨基酸、酶、激素等的提纯分离，以及无机离子的分离富集。

（5）其他交换树脂

氧化还原树脂能与溶液中的离子发生电子转移，可除去溶液中溶解的氧气；大孔树脂比一般树脂有更多、更大的孔道，因此具有表面积大，离子容易迁移扩散，富集速度快，耐氧化、耐磨、耐冷热变化，有较高的稳定性等优点；萃取树脂是一种含有液态萃取剂的树脂，兼有离子交换法和萃取法的优点。

12.3.1.2　离子交换树脂的性质

离子交换树脂是一种网状的高分子聚合物，通常由骨架和连接在骨架上可被交换的活性基团(交换基)两部分组成。骨架是具有立体网状结构的高分子聚合物，它具有稳定的化学性质，与酸、碱和一般的溶剂都不发生反应。连接在骨架上交换基，可与溶液中的离子进行离子交换反应，决定着离子交换剂的交换性质。

（1）交联度

离子交换树脂合成过程中，将链状分子相互联接成网状结构的过程称作交联。例如，在磺酸型阳离子交换树脂结构中，若干个苯乙烯聚合而成树脂的长链，而长链之间又通过二乙烯苯交联起来，形成网状结构，故二乙烯苯被称为交联剂。树脂中所含交联剂的质量百分率，叫作该树脂的交联度。

$$交联度 = \frac{交联剂质量}{干树脂总质量} \times 100\% \tag{12-10}$$

交联度是离子交换树脂的重要性质之一。交联度大，表明树脂结构紧密，网眼小，机械强度高；离子难以进入树脂相，交换反应速度慢；但交换的选择性高。相反，交联度小，表明树脂的结构疏松，网眼大，机械强度差，离子容易进入树脂内部，交换反应速度快，但是交换的选择性差。一般树脂的交联度为 4%~14%。实际工作中，选用多大交联度的树脂取决于分离的对象。在不影响分离效果的前提下，通常选用交联度较大的树脂为好。

（2）交换容量

交换容量是指每克干树脂所能交换的物质的量，单位为 $mmol \cdot g^{-1}$。交换容量的大小通常取决于树脂网状结构内所含活性基团的数目。对于弱酸性或弱碱性交换树脂，它的交换容量还与溶液的 pH 值有关。树脂的交换容量可用实验方法测得。一般树脂的交换容量为 $3~6 \ mmol \cdot g^{-1}$。

影响离子交换树脂交换能力的因素除上述交联度和交换容量外，还有溶胀性、酸碱性以及稳定性等方面。

12.3.2 离子交换分离操作技术

（1）树脂的选择和处理

①树脂的选择　如果测定的是受共存阳离子干扰的某种阴离子时，应选用强酸性阳离子交换树脂，以交换除去干扰的阳离子，使阴离子留在溶液中进行测定。如果测定是受共存的其他阳离子干扰的某种阳离子时，则可先将待测阳离子转化为配阴离子，然后再用离子交换法进行分离。

在分析中树脂的粒度必须根据需要来选择。通常，在制备分离时应选择 10~100 目的树脂；在离子交换分离时应选择 80~100 目的树脂；在离子交换层析法分离时，常量元素选择 100~120 目的树脂，微量元素选择 200~400 目的树脂。

②树脂的净化、除杂质和转型　一般情况下，商品树脂均含有一定量的杂质，在使用前需要净化处理。净化后的树脂还要进行转型。净化处理时，先用水浸泡 12 h 左右，使树脂溶胀，然后再用水漂洗数次，除去杂质。例如，对于强碱性和强酸性离子交换树脂，通常用 $4 \ mol \cdot L^{-1}$ 的 HCl 溶液浸泡 1~2 d，溶解各种杂质，然后用水洗至中性，这样就可以得到在活性基团上含有可被交换的 H^+ 或 Cl^- 的 H 型阳离子交换树脂或 Cl 型阴离子交换树脂。

（2）装柱

离子交换分离法通常是在玻璃制成的离子交换柱中进行的。装柱时，一般先在交换柱的下端铺上一层玻璃纤维，以防止树脂流出，接着灌入少量水，然后将带水的树脂倾入柱内，树脂下沉而形成交换层。最后，在柱的上端铺一层玻璃纤维，以防止加试液时将树脂冲起。交换柱装好后，用蒸馏水洗涤，关上活塞，以备使用。为了保证交换时试液与树脂充分接触，装柱时应防止树脂层中存在气泡。树脂高度通常约为柱高的 90%。另外，装柱时不能让树脂露出水面，否则加入溶液时，树脂间隙中就会产生气泡，使交换不完全。

（3）交换

将待分离的试液由交换柱上端缓慢注入，并以一定的流速由上向下流经柱子进行交换。当上层树脂被交换，下层树脂未被交换时，中间层树脂则部分被交换，称为"交界层"。随着试液流经交换柱，交换了的树脂层越来越厚，交界层会逐渐下移，直到交界层达到交换柱底部。如果继续往交换柱中加试液，则流出液中开始出现未被交换的离子，此时称为交换过程的"始漏点"。在始露点时，被交换到柱上的离子的量（mmol）称为该条件下交换柱的"始漏量"。所以，当被交换到柱上的离子的量超过始漏量时，离子将从交换柱中流出。交换柱上树脂的克数乘以树脂的交换容量等于交换柱的总交换容量，当达到始漏点时，由于交换柱上还存在交界层，即交换柱上仍有未被交换的树脂。所以，交换柱的总交换容量总是大于始漏量。

通常树脂的始漏量越大，其利用率就越高。一般来说，温度越高，树脂的颗粒越小，试液流经交换柱的速度越慢，交换柱的始漏量就会越大。相同量的树脂，装在细而长的交换柱中的始漏量要比装在粗而短的交换柱中大。但是，树脂的粒度又不宜太小，否则会使试液的流速减慢，从而影响分析的速度。多种离子同时存在于试液中时，亲和力大的离子先被交换到柱上。因此，混合离子通过交换柱后，不同离子依据亲和力大小的顺序分别集中在柱的某一区域内。

（4）洗脱

洗脱也叫淋洗，是将树脂上的离子，用洗脱剂置换下来的过程。对于阳离子交换树脂，通常用盐酸淋洗，由于盐酸溶液中 H^+ 浓度大，最上层的阳离子被 H^+ 置换下来，流向柱子下层又与未交换的树脂进行交换，随着洗脱液的下流，如此反复地洗脱-交换，使交换层逐渐向下推移，最后流出交换柱。在洗脱过程中，开始时，流出的洗脱液中被交换柱上的阳离子的浓度为零，但随着盐酸的不断加入，流出的洗脱液中该阳离子的浓度逐渐增大；当大部分阳离子流出后，其浓度又会逐渐减少，当阳离子全部流出后，在流出的洗脱液中将检查不到该离子。如果以洗脱液体积为横坐标，流出的洗脱液中该离子的浓度为纵坐标作图，可得洗脱曲线。根据洗脱曲线，取离子浓度不为零的那一段的流出的洗脱液，对该种离子进行分析测定。

如果有多种离子同时被交换在柱子上时，亲和力小的离子向下移动的速度快，则先被洗脱下来；而亲和力大的离子向下移动的速度慢，则后被洗脱下来。因此，可以将离子逐个洗脱下来，从而实现离子的分离。

（5）树脂再生

树脂的再生是指将经交换-洗脱后的树脂恢复到交换前的形态的过程。有时洗脱过程就是树脂再生的过程。通常阳离子交换树脂可用 $3\ mol \cdot L^{-1}$ 的盐酸处理，将其转化为 H 型；而阴离子交换树脂可用 $1\ mol \cdot L^{-1}$ 的氢氧化钠处理，将其转化成 OH 型。

12. 3. 3 离子交换分离法的应用

由于离子分离法具有分离效率高，交换树脂可反复使用等优点，因此被广泛应用于高纯物质的制备和物质的分离与富集。

(1)去离子水的制备

自来水通过离子交换法净化后可得到去离子水。常用的方法有复柱法和混合柱法。

复柱法即将 H 型阳离子交换树脂柱、OH 型阴离子交换树脂柱串联起来，让自来水依次通过两柱后，即可得到去离子水。复柱法的缺点是柱子上的交换产物会发生逆反应，得到的水纯度不高。

为了得到纯度更高的去离子水，可以在阳、阴离子交换树脂柱后面再串联一个混合柱(阳、阴离子交换树脂按交换容量 $1:1$ 混合装柱)，混合柱相当于将阳、阴离子交换树脂柱多级串联起来使用，这种方法称为混合柱法。混合柱法虽然可以消除逆反应，但是树脂的再生操作比较复杂。

(2)干扰离子的分离

经常采用离子交换法来分离某些干扰离子。例如，在重量法测定 SO_4^{2-} 时，如果溶液中存在的大量 Fe^{3+} 会产生严重的共沉淀现象，从而影响其测定。此时，可将待测的酸溶液通过阳离子交换树脂，使 Fe^{3+} 被树脂吸附，而在流出液测定 SO_4^{2-}。在钢铁分析中，Fe^{3+} 会干扰微量铝的测定，所以，测定时首先将 Fe^{3+} 转化为 $FeCl_{4-}$，再通过阴离子交换树脂除去 Fe^{3+}，然后就可在流出液中测定铝。

(3)微量组分的富集

对于大多数分析方法，若含量低于 $10^{-5}\%$ 的待测组分往往需要通过富集才能进行测定。离子交换法是富集微量组分的有效方法。例如，测定水样中微量的 CrO_4^{2-}、Zn^{2+}、Bi^{3+} 时，让试液通过装有阴、阳离子交换树脂的微型交换柱，使被测离子分别交换在树脂上。然后，选择适当的显色剂，在树脂上即可进行光度法测定。

12.4　色谱分离法

色谱分离法又叫层析法或色层法，是一种物理化学分离方法。它是利用混合物中各组分的物理化学性质的差异，使各组分不同程度地分布在两相中，其中一相为固定相，另一相为流动相。由于各组分受固定相作用所产生的阻力和受流动相作用所产生的推动力不同，从而使各组分以不同的速度移动，达到分离的目的。

色谱法所需设备简单，操作简便，分离效率高，能将各种性质极相似的组分彼此分离。因此，在医药卫生、环境保护、生物化学等领域得到广泛使用。色谱分离法按其操作的形式不同，可分为柱色谱法、纸色谱法和薄层色谱法等。

12.4.1　柱色谱法

(1)方法原理

柱色谱法也称作柱层析法，是把固定相(通常为吸附剂，如氧化铝、硅胶等)装在一支玻璃管中，做成色谱柱。从色谱柱上端加入待分离的试液，如果试液中含有 A、B

两种组分，则它们被固定相吸附在色谱柱的上端，形成一个环带，如图 12-1 中（a）所示。然后，用一种洗脱剂（也称作展开剂）进行淋洗，随着洗脱剂向下流动，A、B 两组分也逐渐移动。由于不同物质在固定相表面上的吸附选择性不同，且洗脱剂与吸附剂二者对 A、B 的溶解能力和吸附能力也不同，因此在用洗脱剂淋洗过程中，柱内连续不断地发生溶解、吸附、再溶解、再吸附的现象，最终造成 A 和 B 的移动距离不相同。吸附差和溶解度大的组分 A 移动的距离大，而吸附强和溶解度小的组分 B 移动的距离小。当淋洗到一定程度时，

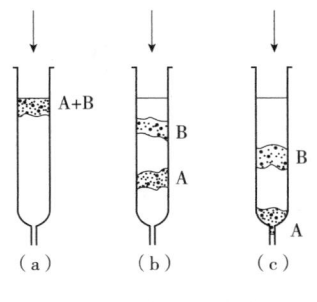

图 12-1　柱色谱的分离过程

A 和 B 就可以完全分开，形成两个环带，如图 12-1 中（b）所示，每一个环带是一种纯净的物质。继续淋洗，A 物质和 B 物质会先后从柱中流出来，如图 12-1 中（c）所示。用容器分别收集 A 和 B，便可将 A、B 两种物质分离。

色谱分离中，溶质在流动相和固定相中差速移动，它既能进入流动相，又能进入固定相，这个过程叫作分配。分配进行的程度可用分配系数 K_D 衡量：

$$K_D = \frac{c_s}{c_m} \tag{12-11}$$

式中，c_s 和 c_m 分别表示溶质在固定相和流动相中的浓度。温度一定时，如果浓度不高，K_D 为一个常数。在吸附剂一定的时侯，K_D 的大小取决于溶质的性质。K_D 值越大的物质被吸附得越牢固，移动速度越慢，洗脱所需的时间越长。$K_D = 0$ 的物质不被吸附，将随流动相迅速流出。各种组分的 K_D 值相差越大，它们越容易彼此分离。物质对于不同的吸附剂和洗脱剂有不同的 K_D 值。因此，为了达到完全分离的目的，必须根据被分离物质的结构和性质选择合适的吸附剂和洗脱剂。

（2）吸附剂的选择

目前最常用的吸附剂是硅胶和氧化铝，其次是聚酰胺、硅酸镁等。吸附剂选择时需要注意：①吸附剂具有较大的吸附表面和一定的吸附能力；②吸附剂不溶于所用的溶剂和洗脱剂，并且不与试样、溶剂和洗脱剂发生化学反应；③吸附剂的颗粒要有一定的细度，并且粒度均匀，在使用中不易破碎；④吸附剂的吸附性必须是可逆的，既能吸附试样组分，又易于解吸。

（3）洗脱剂选择

选择洗脱剂时需考虑吸附剂吸附能力的强弱和被分离物质的极性两个因素。使用吸附能力弱的吸附剂分离极性较大的物质时，则选择极性较大的洗脱剂易于洗脱；使用吸附能力强的吸附剂分离极性较小的物质时，则选择极性较小的洗脱剂易于洗脱。

常用的洗脱剂及其极性大小的次序如下：

水>乙醇>丙醇>正丁醇>乙酸乙酯>氯仿>乙醚>甲苯>苯>四氯化碳>环己烷>石油醚

分离时具体洗脱剂和其他分离条件的选择，还应该通过实验来确定。通常选择的洗脱剂应满足：①对试样组分有足够大的溶解度；②不与试样组分和吸附剂发生化学反应；③黏度小，易流动；④纯度足够高。

12.4.2 纸色谱法

（1）方法原理

纸色谱法也叫纸层析法，是在滤纸上进行的色谱分离法。滤纸中的纤维素通常吸收20%～25%的水分，其中约6%的水分通过氢键与纤维素上的羟基结合，在分离过程中不随有机溶剂流动，形成纸色谱中的固定相；有机溶剂为流动相。在分离过程中，试液被点在滤纸上，由于各种组分在固定相和流动相中溶解度的不同而得以分离。纸色谱法具有设备简单、操作简便的特点，所以广泛地应用在药物、染料、抗菌素、生物制品等的分析方面。

纸色谱法的具体操作是：将点好试样的层析纸（滤纸）悬挂在密闭的层析筒中，如图 12-2 所示。纸的末端插入展开剂中，借助毛细管作用，流动相自下而上地不断上升。流动相与固定相相遇时，被分离组分就在两相间发生一次又一次的分配，由于不同组分在两相中的分配比不同，所以上升的速度不同。在分离结束后，原来处于原点 3 处的混合组分就被分离，在层析纸上形成 6，7 两个斑点。

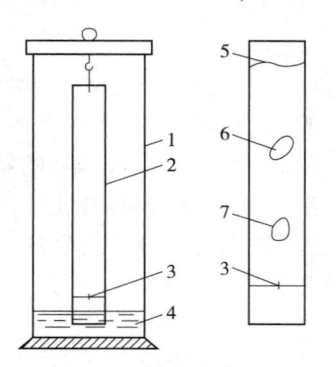 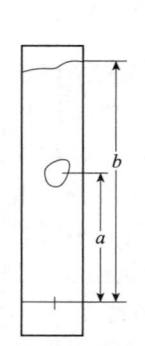

图 12-2 纸色谱分离法
1. 层析筒；2. 滤纸；3. 原点；4. 展开剂；
5. 前沿；6，7. 斑点

图 12-3 比移值的计算

纸色谱法中，各组分的分离情况一般用比移值 R_f 来衡量。由图 12-3 可得到：

$$R_f = \frac{a}{b} \tag{12-12}$$

式中　　a——斑点中心到原点的距离（cm）；

b——溶剂前沿到原点的距离（cm）。

R_f 值与溶质在固定相和流动相间的分配系数有关。当色谱条件一定时，某一组分的 R_f 值是一定的。所以，根据 R_f 值可以进行定性鉴定。

（2）色谱条件

由于色谱条件对 R_f 值有很大的影响，所以，要获得可靠的结果，必须严格控制色谱条件。其中包括：①层析纸质要求纯洁、松紧合适、组织均匀，保证层析方向与纤维素的方向垂直；②对固定相和流动相的性能和组成要适当选择，并严格控制；③操作前后，手续要一致，温度变化要小等。但是，影响 R_f 值的因素较多，使层析条件完全一致比较困难，所以，在进行定性鉴定时需用已知试剂做对照实验。

大多数情况下，滤纸不需要特殊处理，对于有色物质的分离，分离后各个斑点可以清楚地看出来。如果是无色物质，则需要在色谱分离后用物理或化学的方法处理滤纸，使各斑点显现出来。通常，利用很多有机化合物在紫外线照射下，显现其产生特有的荧光的特点，可以在紫外光下观察，用铅笔圈出荧光斑点。也可用化学显色法，如氨熏、碘蒸气熏，或使用喷适当的显色剂溶液，使其与各组分反应显色，常用的显色剂有 $FeCl_3$ 水溶液、茚三酮正丁醇溶液等。

（3）应用

纸层析法常用来分离和鉴定有机物。例如，用正丁醇：冰醋酸：水＝4：1：2 的溶液作为展开剂分离甘氨酸、丙氨酸和谷氨酸的混合物；鉴定葡萄糖（R_f 为 0.16）、麦芽糖（R_f 为 0.11）和木糖（R_f 为 0.28）时，先用正丁醇：冰醋酸：水＝4：1：5 的混合展开剂展开，风干后用硝酸银氨溶液喷洒，就可以出现 Ag 的褐色斑点，然后用 R_f 值来判断是哪种糖。

12.4.3　薄层色谱法

（1）方法原理

薄层色谱法是在纸色谱法的基础上发展起来的，它的展开方法和原理与纸色谱法基本相同，而且兼有纸色谱和柱色谱两者的优点。薄层色谱法是一种微量、快速、简便的分析分离方法。薄层色谱法如图 12-4 所示，吸附剂被均匀地涂布在玻璃或塑料板上作为固定相。少量的试样被点在固定相原点处的一端，然后放在密闭的容器中，选用适当的溶剂作为展开剂。借助薄层板的毛细作用，展开剂由下向上移动。不同的物质，由于固定相对其的吸附能力和展开剂对其的溶解能力不同，所以，当展开剂流动时，不同的溶质在固定相上移动的速度是不同的。容易被吸附或溶解度小的溶质移动速度慢，较难吸附或溶解度大的溶质移动速度快。经过一段时间展开，不同的物质在薄层板上形成相互分开的斑点，最终将各组分分开。

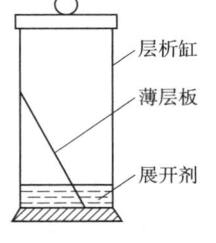

图 12-4　薄层色谱分离示意图

（2）薄层的制备和展开剂的选择

薄层色谱法中常用的吸附剂有硅胶、氧化铝、硅藻土、粉状纤维素等，它们的粒度都比较细，一般以 100~250 目较合适。使用时先用蒸馏水调成稠稀适当浆状物，然后涂布在表面平整光洁的玻璃板面上，薄层要求厚度均匀，一般以 0.15~2.0 mm 较为适宜。涂布后固化约 0.5 h。吸附色谱法使用的薄层还需通过 110℃加热活化数小时；分配色谱法用的薄层不需要干燥，因为残留水起固定相作用。

薄层色谱法中通常以溶剂的极性为依据来选择展开剂。极性大的物质一般选用极性大的展开剂。实际分析过程中，展开剂的选择则需经过多次试验来确定。

（3）应用

薄层色谱法广泛应用于天然产物和有机化合物的分离与鉴定。将薄层板从展开容器中取出，标记溶剂前沿的位置，并且通过确定各种被分离组分的位置，来计算出各组分的 R_f 值，因为 R_f 值是物质的特征值，所以可以作为定性分析的依据。除了用于定性鉴定外，薄层色谱法也可用于物质的富集、分离和定量测定。例如，3,4-苯并芘是环境和食物中常含有的一种微量的致癌物质，用薄层色谱法可以对其进行富集、分离并测定。首先，用环己酮或石油醚对一定量的试样进行提取，并将提取液脱水后浓缩至0.1 mL。然后，选取硅胶 G（含有 5%~20% 熟石膏的硅胶）为吸附剂，用 2% 的咖啡因溶液将硅胶调成糊状，涂于玻璃板上制成薄层板，用毛细管将试样和标准样点在同一板上，选 1∶2 的异辛烷和氯仿混合液为展开剂来分离。最后，将分离后的试样和标准样分别从板上取下来，用乙醚洗脱，将洗脱液在真空中蒸干后，残渣用硫酸溶解，测定其荧光强度，根据标准样的荧光强度计算出待测试样的含量。

本章小结

样品组分的分离效果直接影响定量分析的分析结果。本章主要介绍了沉淀分离法、溶剂萃取分离法、离子交换分离法以及常规色谱分离法四种常用的化学分离方法及应用。重点掌握各种分离方法的基本原理。

思考题与习题

1. 分离方法在定量分析中有什么重要性？分离时对常量和微量组分的回收率要求如何？

2. 沉淀分离法中有哪些常用的方法？

3. 用氢氧化物沉淀分离时，常有共沉淀现象，有什么方法可以减少沉淀对其他组分的吸附？

4. 沉淀富集痕量组分，对共沉淀剂有什么要求？有机共沉淀剂较无机共沉淀剂有何优点？

5. 何谓分配系数、分配比？萃取率与哪些因素有关？采用什么措施可提高萃取率？为什么在进行螯合萃取时，溶液酸度的控制显得很重要？

6. 离子交换树脂分几类，各有什么特点？什么是离子交换树脂的交联度、交换容量？

7. 为何在分析工作中常采用离子交换法制备水，但很少采用金属容器来制备蒸馏水？

8. 几种色谱分离方法的固定相和分离机理有何不同？

9. 将纯有机酸 H_2A 制备为钡盐，称取 0.3460 g，溶于 100.0 mL 水中，将溶液通过强酸性阳离子交换树脂，并水洗，流出液以 $0.099\ 60\ mol \cdot L^{-1}$ NaOH 溶液 $20.20\ mL$ 滴至终点，求有机酸的摩尔质量。　　　　　　　　　　　　　　　　$(208.64\ g \cdot mol^{-1})$

10. 某溶液含有 Fe^{3+} 10 mg，将它萃取加入某有机溶剂中时，分配比为 99。问用等体积溶剂萃取 1 次和 2 次，剩余 Fe^{3+} 量各是多少？若在萃取 2 次后，分出有机层，用等体积水洗一次，会损失 Fe^{3+} 多少毫克？　　　　　$(0.1\ mg,\ 0.001\ mg,\ 0.1\ mg)$

11. 试剂(HR)与某金属离子 M 形成 MR_2，而后被有机溶剂萃取，反应的平衡常数即为萃取平衡常数，已知 $K = K_D = 0.15$。若 $20.0\ mL$ 金属离子的水溶液被含有 2.0×10^{-2} $mol \cdot L^{-1}$ 的 HR $10.0\ mL$ 有机溶剂萃取，计算 pH = 3.50 时金属离子的萃取率。

(99.7%)

12. 有一金属螯合物在 pH = 3 时从水相萃入甲基异丁基酮中，其分配比为 5.96，现取 $50.0\ mL$ 含该金属离子的试液，每次用 $25.0\ mL$ 甲基异丁基酮于 pH = 3 萃取，若萃取率达 99.9%。问一共要萃取多少次？　　　　　　　　　　　　　　　$(5\ 次)$

13. 现有 $0.1000\ mol \cdot L^{-1}$ 某有机一元弱酸(HA) $100\ mL$，用 $25.00\ mL$ 苯萃取后，取水相 $25.00\ mL$，用 $0.020\ 00\ mol \cdot L^{-1}$ NaOH 溶液滴定至终点，消耗碱 $20.00\ mL$，计算此一元弱酸在两相中的分配系数 K_D。　　　　　　　　　　　　　　　(21.00)

14. 某含铜试样用二苯硫腙–$CHCl_3$ 光度法测定铜，称取试样 $0.2000\ g$ 溶解后定容为 $100\ mL$，取出 10 mL 显色并定容 $25.0\ mL$，用等体积的 $CHCl_3$ 萃取一次，有机相在最大吸收波长处以 1 cm 比色皿测得吸光度为 0.380，在该波长下 $\varepsilon = 3.8 \times 10^4\ mol \cdot L^{-1} \cdot cm^{-1}$，若分配比 $D = 10$，试计算：(1)萃取百分率 E；(2)试样中铜的质量分数。

$(90.9\%,\ 0.087\%)$

15. 称取 $1.5\ g$ H 型阳离子交换树脂作为交换柱，净化后用氯化钠溶液冲洗，至甲基橙呈橙色为止。收集流出液，用甲基橙为指示剂，以 $0.1000\ mol \cdot L^{-1}$ NaOH 标准溶液滴定，用去 $24.51\ mL$，计算该树脂的交换容量(mmol $\cdot g^{-1}$)。　　$(1.6\ mmol \cdot g^{-1})$

16. 设一含有 A、B 两组分的混合溶液，已知 $R_f(A) = 0.40$，$R_f(B) = 0.60$，如果纸层析用的滤纸条长度为 20 cm，则 A、B 组分分离后的斑点中心相距最大距离为多少？

$(4.0\ cm)$

参考文献

胡广林，许辉，2017. 分析化学[M]. 北京：中国农业大学出版社.

华东化工学院分析化学教研组，1989. 分析化学[M]. 3 版. 北京：高等教育出版社.

华中师范学院，1981. 分析化学[M]. 北京：人民教育出版社.

彭崇慧，1985. 定量化学分析简明教程[M]. 北京：北京大学出版社.

彭珊珊，夏湘，2007. 分析化学[M]. 北京：中国计量出版社.

任健敏，2001. 定量分析化学[M]. 南昌：江西高校出版社.

武汉大学，1995. 分析化学[M]. 3 版. 北京：高等教育出版社.

张孙玮，1981. 有机试剂在分析化学中的应用[M]. 北京：科学出版社.

附　录

附录1　相对原子质量表

元素	符号	相对原子质量	元素	符号	相对原子质量	元素	符号	相对原子质量
锕	Ac	227.0278	铁	Fe	55.845	镎	Np	237.0482
银	Ag	107.8682	镄	Fm	[257]	氧	O	15.9994
铝	Al	26.98154	钫	Fr	[223]	锇	Os	190.23
镅	Am	[243]*	镓	Ga	69.723	磷	P	30.97376
氩	Ar	39.948	钆	Gd	157.25	镁	Pa	231.03588
砷	As	74.9216	锗	Ge	72.61	铅	Pb	207.2
砹	At	[210]	氢	H	1.00794	钯	Pd	106.42
金	Au	196.9665	氦	He	4.0026	钷	Pm	[145]
硼	B	10.811	铪	Hf	178.49	钋	Po	[~210]
钡	Ba	137.327	汞	Hg	200.59	镨	Pr	140.9077
铍	Be	9.01218	钬	Ho	164.93032	铂	Pt	195.08
铋	Bi	208.9804	碘	I	126.9045	钚	Pu	[244]
锫	Bk	[247]	铟	In	114.82	镭	Ra	226.0254
溴	Br	79.904	铱	Ir	192.22	铷	Rb	85.468
碳	C	12.011	钾	K	39.098	铼	Re	186.207
钙	Ca	40.078	氪	Kr	83.80	铑	Rh	102.9055
镉	Cd	112.411	镧	La	138.9055	氡	Rn	[222]
铈	Ce	140.116	锂	Li	6.941	钌	Ru	101.07
锎	Cf	[251]	铹	Lr	[260]	硫	S	32.066
氯	Cl	35.453	镥	Lu	174.967	锑	Sb	121.76
锔	Cm	[247]	钔	Md	[258]	钪	Sc	44.9559
钴	Co	58.9332	镁	Mg	24.305	硒	Se	78.96
铬	Cr	51.996	锰	Mn	54.938	硅	Si	28.0855
铯	Cs	132.9054	钼	Mo	95.94	钐	Sm	150.36
铜	Cu	63.546	氮	N	14.0067	锡	Sn	118.71
镝	Dy	162.50	钠	Na	22.98977	锶	Sr	87.62
铒	Er	167.26	铌	Nb	92.9064	钽	Ta	180.9479
锿	Es	[252]	钕	Nd	144.24	铽	Tb	158.92534
铕	Eu	151.96	氖	Ne	20.1797	锝	Tc	97.9062
氟	F	18.9984	镍	Ni	58.693	钇	Y	88.9059
钍	Th	232.0381	碲	Te	127.60	镱	Yb	173.04
钛	Tl	47.867	钒	V	50.9415	锌	Zn	65.39
铊	Ti	204.383	钨	W	183.84	锆	Zr	91.224
铥	Tm	168.9342	氙	Xe	131.29			
铀	U	238.0289	锘	No	[259]			

　*方括号内为某些放射性元素，其准确相对原子质量因与来源有关而无法提供，表中数值为该元素已知半衰期最长的同位素的相对原子质量。

附录2 化合物的相对分子质量表

化　合　物	相　对 分子质量	化　合　物	相　对 分子质量
Ag_3AsO_4	462.52	CoS	90.99
AgBr	187.77	$CrCl_3$	158.36
AgCN	133.89	$CrCl_3 \cdot 6H_2O$	266.45
AgCl	143.32	Cr_2O_3	151.99
Ag_2ArO_4	331.73	CuSCN	121.62
AgI	234.77	CuI	190.45
$AgNO_3$	169.87	$Cu(CO_3)_2$	187.56
AgSCN	165.95	$Cu(NO_3)_2 \cdot 3H_2O$	241.60
$AlCl_3$	133.34	$Cu(NO_3)_2 \cdot 6H_2O$	295.65
$AlCl_3 \cdot 6H_2O$	241.43	CuO	79.545
$Al(C_9H_6ON)_3$(8-羟基喹啉铝)	459.44	Cu_2O	143.09
$Al(NO_3)_3$	213.00	CuS	95.61
$Al(NO_3)_3 \cdot 9H_2O$	375.13	$CuSO_4$	159.60
Al_2O_3	101.96	$CuSO_4 \cdot 5H_2O$	249.68
$Al(OH)_3$	78.00	$FeCl_3$	162.21
$Al_2(SO_4)_3$	342.14	$FeCl_3 \cdot 6H_2O$	270.30
$Al_2(SO_4)_3 \cdot 18H_2O$	666.41	$Fe(NH_4)(SO_4)_2 \cdot 12H_2O$	482.18
As_2O_3	197.84	$Fe(NH_4)_2(SO_4)_2 \cdot 6H_2O$	392.13
As_2O_5	229.84	$Fe(NO_3)_3$	241.86
As_2S_3	246.02	$Fe(NO_3)_3 \cdot 6H_2O$	349.95
$BaCO_3$	197.34	FeO	71.846
BaC_2O_4	225.35	Fe_2O_3	159.69
$BaCl_2$	208.24	Fe_3O_4	231.54
$BaCl_2 \cdot 2H_2O$	244.24	$Fe(OH)_3$	106.87
$BaCrO_4$	253.32	FeS	87.91
BaO	153.33	$FeSO_4$	151.90
$Ba(OH)_2$	171.34	$FeSO_4 \cdot 7H_2O$	278.01
$BaSO_4$	233.39	H_3AsO_3	125.94
$Bi(NO_3)_3$	395.00	H_3AsO_4	141.94
$Bi(NO_3)_3 \cdot 5H_2O$	485.07	H_3BO_3	61.83

（续）

化 合 物	相 对 分子质量	化 合 物	相 对 分子质量
CO	28.01	HBr	80.912
CO_2	44.01	HCN	27.026
$CO(NH_2)_2$	60.06	$HCOOH$	46.026
$CaCO_3$	100.09	CH_3COOH	60.052
CaC_2O_4	128.10	$HC_7H_5O_2$（苯甲酸）	122.12
$CaCl_2$	110.99	H_2CO_3	62.025
$CaCl_2 \cdot 6H_2O$	219.08	$H_2C_2O_4$	90.035
CaO	56.08	$H_2C_2O_4 \cdot 2H_2O$	126.07
$Ca(OH)_2$	74.09	HCl	36.461
$Ca_3(PO_4)_2$	310.18	HF	20.006
$CaSO_4$	136.14	HI	127.91
$Ce(NH_4)_2(NO_3)_6 \cdot 2H_2O$	584.26	HNO_2	47.013
$Ce(NH_4)_4(SO_4)_4 \cdot 2H_2O$	632.53	HNO_3	63.013
$Co(NO_3)_2$	182.94	H_2O	18.015
$Co(NO_3)_2 \cdot 6H_2O$	291.03	H_2O_2	34.015
H_3PO_4	98.00	$MgCl_2 \cdot 6H_2O$	203.30
H_2S	34.08	$MgNH_4PO_4$	137.31
H_2SO_3	82.07	$MgNH_4PO_4 \cdot 6H_2O$	245.41
$HgCl_2$	98.07	MgO	40.304
H_2SO_4	271.50	$Mg(OH_2)$	58.32
Hg_2Cl_2	472.09	$Mg_2P_2O_7$	222.55
HgI_2	454.40	$MgSO_4 \cdot 7H_2O$	246.47
HgS	232.65	$MnCO_3$	114.95
$HgSO_4$	296.65	$MnCl_2 \cdot 4H_2O$	197.91
Hg_2SO_4	497.24	$Mn(NO_2)_2 \cdot 6H_2O$	287.04
$Hg_2(NO_3)_2$	525.19	MnO	70.937
$Hg_2(NO_3)_2 \cdot 2H_2O$	561.22	MnO_2	86.937
$Hg(NO_3)_2$	324.60	MnS	87.00
HgO	216.59	$MnSO_4$	151.00
$KAl(SO_4)_2 \cdot 12H_2O$	474.38	$MnSO_4 \cdot 7H_2O$	277.10

（续）

化　合　物	相　对分子质量	化　合　物	相　对分子质量
KBr	119. 00	NH_3	17. 03
$KBrO_3$	167. 00	$NH_4C_2H_3O_2$(乙酸盐)	77. 08
KCl	74. 551	$(NH_4)_2C_2O_4 \cdot H_2O$	142. 11
$KClO_3$	122. 55	NH_4Cl	53. 491
$KClO_4$	138. 55	NH_4F	37. 04
KCN	65. 116	$(NH_4)_2HPO_4$	132. 06
K_2CO_3	138. 21	$(NH_4)_6Mo_7O_{24} \cdot 4H_2O$	1235. 86
$KHC_2O_4 \cdot H_2O$	146. 14	NH_4NO_3	80. 043
$KHC_2O_4 \cdot H_2C_2O_4 \cdot 2H_2O$	254. 19	NH_4SCN	76. 12
$KHC_4H_4O_6$(酒石酸盐)	188. 18	$(NH_4)_2SO_4$	132. 13
$KHC_8H_4O_4$(苯二甲酸盐)	204. 22	NH_4VO_3	116. 98
$KHSO_4$	136. 16	NO	30. 006
K_2SO_4	174. 25	NO_2	46. 006
KI	166. 00	$Na_2B_4O_7 \cdot 10H_2O$	381. 37
KIO_2	214. 00	$NaBiO_3$	279. 97
$KIO_3 \cdot HIO_3$	389. 91	$NaC_2H_3O_2$(乙酸盐)	82. 034
$KMnO_4$	158. 03	$NaC_2H_3O_2 \cdot 3H_2O$	136. 08
$KNaC_4H_4O_6 \cdot 4H_2O$(酒石酸盐)	282. 22	NaCN	49. 007
KNO_2	85. 104	Na_2CO_3	105. 99
KNO_3	101. 10	$Na_2CO_3 \cdot 10H_2O$	286. 14
K_2O	94. 196	$Na_2C_2O_4$	134. 00
KOH	56. 106	NaCl	58. 443
KSCN	97. 18	$NaHCO_3$	84. 007
$KFe(SO_4)_2 \cdot 12H_2O$	503. 24	NaH_2PO_4	119. 98
K_2CrO_4	194. 19	Na_2HPO_4	141. 96
$K_2Cr_2O_7$	294. 18	$Na_2HPO_4 \cdot 2H_2O$	177. 99
$K_3Fe(CN)_6$	329. 25	$Na_2HPO_4 \cdot 12H_2O$	358. 14
$K_4Fe(CN)_6$	368. 35	$Na_2H_2Y \cdot 2H_2O$	372. 24
$MgCO_3$	84. 31	$NaNO_2$	68. 995
$MgCl_2$	95. 211	PbO_2	239. 2

（续）

化　合　物	相　对 分子质量	化　合　物	相　对 分子质量
$NaNO_3$	84.995	PbS	239.3
Na_2O	61.979	$PbSO_4$	303.3
Na_2O_2	77.978	SO_2	64.06
NaOH	40.00	SO_3	80.06
Na_3PO_4	163.94	Sb_2O_3	291.50
Na_2S	78.04	SiO_2	60.084
NaSCN	81.07	$SnCl_2 \cdot 2H_2O$	225.63
Na_2SO_3	126.04	SnO_2	150.712
Na_2SO_4	142.04	SnS	150.75
$Na_2S_2O_3$	158.10	$Sr(NO_3)_2$	211.63
$Na_2S_2O_3 \cdot 5H_2O$	248.17	$Sr(NO_3)_2 \cdot 4H_2O$	283.69
$NiCl_2 \cdot 6H_2O$	237.69	$TiCl_3$	154.24
NiO	74.69	TiO_2	79.88
$Ni(NO_3)_2 \cdot 6H_2O$	290.79	V_2O_5	181.88
NiS	90.75	WO_3	231.85
$NiSO_4 \cdot 7H_2O$	280.85	$Zn(NO_3)_2$	189.39
P_2O_5	141.94	$Zn(NO_3)_2 \cdot 6H_2O$	297.48
$Pb(C_2H_3O_2)_2$（乙酸盐）	325.30	ZnO	81.38
$Pb(C_2H_3O_2)_2 \cdot 3H_2O$	379.30	$Zn(OH)_2$	99.39
$PbCrO_4$	323.20	ZnS	97.44
$PbMoO_4$	367.1	$ZnSO_4$	161.44
$Pb(NO_3)_2$	331.2	$ZnSO_4 \cdot 7H_2O$	287.54
PbO	223.2		

附录 3　弱酸在水中的离解常数（25℃）

化合物	分子式		K_a	pK_a
亚砷酸	H_3AsO_3		6.0×10^{-10}	9.22
砷酸	H_3AsO_4	K_{a_1}	6.3×10^{-3}	2.20
		K_{a_2}	1.0×10^{-7}	7.00
		K_{a_3}	3.2×10^{-12}	11.50
硼酸	H_3BO_3		5.8×10^{-10}	9.24

（续）

化合物	分子式		K_a	pK_a
四硼酸	$H_2B_4O_7$	K_{a_1}	1.0×10^{-4}	4
		K_{a_2}	1.0×10^{-9}	9
碳酸	H_2CO_3	K_{a_1}	4.2×10^{-7}	6.38
		K_{a_2}	5.6×10^{-11}	10.25
氢氰酸	HCN		6.2×10^{-10}	9.21
氰酸	HCNO		2.2×10^{-4}	3.66
铬酸	H_2CrO_4	K_{a_1}	0.18	0.74
		K_{a_2}	3.2×10^{-7}	6.50
氢氟酸	HF		6.6×10^{-4}	3.18
过氧化氢	H_2O_2		1.8×10^{-12}	11.75
亚硝酸	HNO_2		5.1×10^{-4}	3.29
亚磷酸	H_3PO_3	K_{a_1}	5.0×10^{-2}	1.30
		K_{a_2}	2.5×10^{-7}	6.60
磷酸	H_3PO_4	K_{a_1}	7.6×10^{-3}	2.12
		K_{a_2}	6.3×10^{-8}	7.20
		K_{a_3}	4.4×10^{-13}	12.36
焦磷酸	$H_4P_2O_7$	K_{a_1}	3.0×10^{-2}	1.52
		K_{a_2}	4.4×10^{-3}	2.36
		K_{a_3}	2.5×10^{-7}	6.60
		K_{a_4}	5.6×10^{-12}	9.25
硫化氢	H_2S	K_{a_1}	1.3×10^{-7}	6.88
		K_{a_2}	1.20×10^{-13}	12.92
硫氰酸	HSCN		1.41×10^{-1}	0.85
亚硫酸	$H_2SO_3(SO_2\cdot H_2O)$	K_{a_1}	1.29×10^{-2}	1.89
		K_{a_2}	6.3×10^{-8}	7.20
硫酸	H_2SO_4		1.3×10^{-2}	1.90
硫代硫酸	$H_2S_2O_3$	K_{a_1}	2.5×10^{-1}	0.60
		K_{a_2}	1.9×10^{-2}	1.72
偏硅酸	H_2SiO_3	K_{a_1}	1.7×10^{-10}	9.77
		K_{a_2}	1.6×10^{-12}	11.80
甲酸	HCOOH		1.8×10^{-4}	3.74

（续）

化合物	分子式		K_a	pK_a
乙酸	CH_3COOH		1.8×10^{-5}	4.75
丙酸	C_2H_5COOH		1.35×10^{-5}	4.87
一氯乙酸	$ClCH_2COOH$		1.38×10^{-3}	2.86
二氯乙酸	$Cl_2CHCOOH$		5.0×10^{-2}	1.30
三氯乙酸	Cl_3CCOOH		2.3×10^{-1}	0.64
苯甲酸	C_6H_5COOH		6.2×10^{-5}	4.21
苯酚	C_6H_5OH		1.1×10^{-10}	9.95
草酸	$H_2C_2O_4$	K_{a_1}	5.9×10^{-2}	1.22
		K_{a_2}	6.4×10^{-5}	4.19
乳酸	$CH_3CHOHCOOH$		1.4×10^{-4}	3.86
邻-苯二甲酸	$C_6H_4(COOH)_2$	K_{a_1}	1.12×10^{-3}	2.95
		K_{a_2}	3.91×10^{-6}	5.4
d-酒石酸	$\begin{array}{c} CHOHCOOH \\ | \\ CHOHCOOH \end{array}$	K_{a_1}	9.1×10^{-4}	3.04
		K_{a_2}	4.3×10^{-5}	4.37
抗坏血酸	$C_6H_8O_6$	K_{a_1}	6.8×10^{-5}	4.17
		K_{a_2}	2.8×10^{-12}	11.56
柠檬酸	$\begin{array}{c} CH_2COOH \\ | \\ COHCOOH \\ | \\ CH_2COOH \end{array}$	K_{a_1}	7.4×10^{-4}	3.13
		K_{a_2}	1.7×10^{-5}	4.76
		K_{a_3}	4.0×10^{-7}	6.40
乙二胺四乙酸（EDTA）	H_6Y^{2+}	K_{a_1}	1.3×10^{-1}	0.9
	H_5Y^+	K_{a_2}	2.5×10^{-2}	1.6
	H_4Y	K_{a_3}	1.0×10^{-2}	2.0
	H_3Y^-	K_{a_4}	2.14×10^{-3}	2.67
	H_2Y^{2-}	K_{a_5}	6.92×10^{-7}	6.16
	HY^{3-}	K_{a_6}	5.50×10^{-11}	10.26
水杨酸	$C_6H_4OHCOOH$	K_{a_1}	1.0×10^{-3}	3.00
		K_{a_2}	4.2×10^{-13}	12.38
磺基水杨酸	$C_6H_3SO_3HOHCOOH$	K_{a_1}	4.7×10^{-3}	2.33
		K_{a_2}	4.8×10^{-12}	11.32

（续）

化合物	分子式	K_a		pK_a
苦味酸	$HOC_6H_2(NO_2)_3$		4.2×10^{-1}	0.38
邻二氮菲	$C_{12}H_8N_2$		1.1×10^{-5}	4.96
8-羟基喹啉	C_9H_6NOH	K_{a_1}	9.6×10^{-6}	5.02
		K_{a_2}	1.55×10^{-10}	9.81

附录4 弱碱在水中的离解常数（25℃）

名　称	分子式	K_b		pK_b
氨水	$NH_3 \cdot H_2O$		1.8×10^{-5}	4.74
羟氨	NH_2OH		9.1×10^{-9}	8.04
联氨	H_2NNH_2	K_{b_1}	9.8×10^{-7}	6.01
		K_{b_2}	1.32×10^{-15}	14.88
苯胺	$C_6H_5NH_2$		4.2×10^{-10}	9.38
甲胺	CH_3NH_2		4.2×10^{-4}	3.38
乙胺	$C_2H_5NH_2$		4.3×10^{-4}	3.37
二甲胺	$(CH_3)_2NH$		5.9×10^{-4}	3.23
二乙胺	$(C_2H_5)_2NH$		8.5×10^{-4}	3.07
乙醇胺	$HOC_2H_4NH_2$		3×10^{-5}	4.5
三乙醇胺	$N(C_2H_4OH)_3$		5.8×10^{-7}	6.24
六次甲基四胺	$(CH_2)_6N_4$		1.35×10^{-9}	8.87
乙二胺	$H_2NCH_2CH_2NH_2$	K_{b_1}	8.5×10^{-5}	4.07
		K_{b_2}	7.1×10^{-8}	7.15
吡啶	C_5H_5N		1.8×10^{-9}	8.74
尿素	$(NH_2)_2CO$		$1.3 \times 10^{-14}(21℃)$	1.39

附录5 常用浓酸、浓碱的密度和浓度

试剂名称	密度 $\rho / g \cdot mL^{-1}$	含量/%	$c/mol \cdot L^{-1}$
盐酸	1.18~1.19	36~38	11.6~12.4
硝酸	1.39~1.40	65.0~68.0	14.4~15.2
硫酸	1.83~1.84	95~98	17.8~18.4
磷酸	1.69	85	14.6
高氯酸	1.68	70.0~72.0	11.7~12.0
冰醋酸	1.05	99.8(GR)，99.0(AR、CR)	17.4
氢氟酸	1.13	40	22.5
氢溴酸	1.49	47.0	8.6
氯水	0.88~0.90	25.0~28.0	13.3~14.8
氨水	0.88~0.98	35.0~4.8	18.0~2.8
氢氧化钠	1.05~1.35	4.5~41.8	1.25~10.7
氢氧化钾	1.05~1.35	5.5~35.5	1.0~8.5

附录6 几种常用缓冲溶液的配制

缓冲溶液组成	pK_a	缓冲溶液 pH	缓冲溶液配制方法
氨基乙酸-HCl	2.35 (pK_{a_1})	2.3	取氨基乙酸 150 g 溶于 500 mL 水中后,加浓 HCl 80 mL,水稀释至 1 L
H_3PO_4-柠檬酸		2.5	取 $Na_2HPO_4 \cdot 12H_2O$ 113 g 溶于 200 mL 水后,加柠檬酸 387 g,溶解、过滤后,稀释至 1 L
一氯乙酸-NaOH	2.86	2.8	取 200 g 一氯乙酸溶于 200 mL 水中,加 NaOH 40 g,溶解后,稀释至 1 L
邻苯二甲酸氢钾-HCl	2.95 (pK_{a_1})	2.9	取 500 g 邻苯二甲酸氢钾溶于 500 mL 水中,加浓 HCl 80 mL,稀释至 1L
甲酸-NaOH	3.76	3.7	取 95 g 甲酸和 NaOH 40g 于 500 mL 水中,溶解,稀释至 1 L
NaAc-HAc	4.74	4.7	取无水 NaAc 83 g 溶于水中,加 HAc 60 mL,稀释至 1 L
六次甲基四胺-HCl	5.15	5.4	取六次甲基四胺 40 g 溶于 200 mL 水中,加浓 HCl 10 mL,稀释至 1 L
Tris-HCl (三羟甲基氨基甲烷)	8.21	8.2	取 25 g Tris 试剂溶于水中,加浓 HCl 8mL,稀释至 1 L
NH_3-NH_4Cl	9.26	9.2	取 NH_4Cl 54 g 溶于水中,加浓氨水 63 mL,稀释至 1 L

附录7 金属离子与 EDTA 配合物的 lgK_f(25℃)

金属离子	lgK_f	金属离子	lgK_f	金属离子	lgK_f
Ag^+	7.32	Hg^{2+}	21.7	Sm^{3+}	17.1
Al^{3+}	16.3	Ho^{3+}	18.7	Sn^{2+}	22.11
Ba^{2+}	7.86	In^{3+}	25.0	Sn^{4+}	34.5
Be^{2+}	9.2	La^{3+}	15.4	Sr^{2+}	8.73
Bi^{3+}	27.94	Li^+	2.79	Tb^{3+}	17.9
Ca^{2+}	10.69	Lu^{3+}	19.8	Th^{4+}	23.2
Cd^{2+}	16.46	Mg^{2+}	8.7	Ti^{3+}	21.3
Ce^{3+}	16.0	Mn^{2+}	13.87	TiO^{2+}	17.3
Co^{2+}	16.31	MoO^{2+}	28	Tl^{3+}	37.8
Co^{3+}	36	Na^+	1.66	Tm^{3+}	19.3
Cr^{3+}	23.4	Nd^{3+}	16.6	U^{4+}	25.8
Cu^{2+}	18.80	Ni^{2+}	18.62	UO_2^{2+}	10
Dy^{3+}	18.3	Os^{3+}	17.9	V^{2+}	12.7
Er^{3+}	18.8	Pb^{2+}	18.04	V^{3+}	25.9
Eu^{2+}	7.7	Pd^{2+}	18.5	VO^{2+}	18.8
Eu^{3+}	17.4	Pm^{3+}	16.8	VO_2^+	18.1
Fe^{2+}	14.32	Pr^{3+}	16.4	Y^{3+}	18.09
Fe^{3+}	25.10	Pt^{3+}	16.4	Yb^{3+}	19.5
Ga^+	20.3	Ra^{2+}	7.4	Zn^{2+}	16.50
Gd^+	17.4	Ru^{2+}	7.4	ZrO^{2+}	29.50
HfO^{2+}	19.1	Sc^{3+}	23.1		

附录 8 　标准电极电势表（25℃）

半　反　应	$\varphi^{\ominus}/V$
$F_2+2e \rightleftharpoons 2F^-$	2.87
$O_3+2H^++2e \rightleftharpoons O_2+H_2O$	2.07
$S_2O_8^{2-}+2e \rightleftharpoons 2SO_4^{2-}$	2.0
$Ag^{2+}+e \rightleftharpoons Ag^+$	1.98
$H_2O_2+2H^++2e \rightleftharpoons 2H_2O$	1.77
$PbO_2+SO_4^{2-}+4H^++2e \rightleftharpoons PbSO_4+2H_2O$	1.69
$Au^++e \rightleftharpoons Au$	1.68
$MnO_4^-+2H^++3e \rightleftharpoons MnO_2+2H_2O$	1.68
$2HClO+2H^++2e \rightleftharpoons Cl_2+2H_2O$	1.63
$Ce^{4+}+e \rightleftharpoons Ce^3$	1.61
$H_5IO_6+H^++2e \rightleftharpoons IO_3^-+3H_2O$	1.6
$2HBrO+2H^++2e \rightleftharpoons Br_2+2H_2O$	1.6
$Bi_2O_4+4H^++2e \rightleftharpoons 2BiO^++2H_2O$	1.59
$2BrO_3^-+12H^++10e \rightleftharpoons Br_2+6H_2O$	1.5
$MnO_4^-+8H^++5e \rightleftharpoons Mn^{2+}+4H_2O$	1.51
$Mn^{3+}+e \rightleftharpoons Mn^{2+}$	1.51
$HClO+H^++2e \rightleftharpoons Cl^-+H_2O$	1.49
$PbO_2+4H^++2e \rightleftharpoons Pb^{2+}+2H_2O$	1.455
$Cl O_3^-+6H^++6e \rightleftharpoons Cl^-+3H_2O$	1.45
$2HIO+2H^++2e \rightleftharpoons I_2+2H_2O$	1.45
$BrO_3^-+6H^++6e \rightleftharpoons Br^-+3H_2O$	1.44
$Cl_2+2e \rightleftharpoons 2Cl^-$	1.358
$Cr_2O_7^{2-}+14H^++6e \rightleftharpoons 2Cr^{3+}+7H_2O$	1.33
$MnO_2+4H^++2e \rightleftharpoons Mn^{2+}+2H_2O$	1.23
$O_2+4H^++4e \rightleftharpoons 2H_2O$	1.229
$ClO_4^-+2H^++2e \rightleftharpoons ClO_3^-+H_2O$	1.19
$ClO_4^-+8H^++8e^- \rightarrow Cl^-+4H_2O$	1.37
$2IO_3^-+12H^++10e \rightleftharpoons I_2+6H_2O$	1.19
$Br_2(水)+2e \rightleftharpoons 2Br^-$	1.08

（续）

半 反 应	$\varphi^{\ominus}/V$
$2ICl_2^- + 2e \rightleftharpoons I_2 + 4Cl^-$	1.06
$N_2O_4 + 2H^+ + 2e \rightleftharpoons 2HNO_2$	1.07
$HNO_2 + H^+ + e \rightleftharpoons NO + H_2O$	0.98
$VO_2^+ + 2H^+ + e \rightleftharpoons VO^{2+} + H_2O$	0.999
$NO_3^- + 3H^+ + 2e \rightleftharpoons HNO_2 + H_2O$	0.94
$2Hg^{2+} + 2e \rightleftharpoons Hg_2^{2+}$	0.907
$ClO^- + H_2O + 2e \rightleftharpoons Cl^- + 2OH^-$	0.89
$H_2O_2 + 2e \rightleftharpoons 2OH^-$	0.88
$Cu^{2+} + I^- + e \rightleftharpoons CuI$	0.86
$Ag^+ + e \rightleftharpoons Ag$	0.80
$Hg_2^{2+} + 2e \rightleftharpoons 2Hg$	0.792
$Fe^{3+} + e \rightleftharpoons Fe^{2+}$	0.77
$BrO^- + H_2O + 2e \rightleftharpoons Br^- + 2OH^-$	0.76
$O_2 + 2H^+ + 2e \rightleftharpoons H_2O_2$	0.69
$2HgCl_2 + 2e \rightleftharpoons Hg_2Cl_2 + 2Cl^-$	0.63
$I_2(液) + 2e \rightleftharpoons 2I^-$	0.621
$MnO_4^- + e \rightleftharpoons MnO_4^{2-}$	0.56
$H_3AsO_4 + 2H^+ + 2e \rightleftharpoons HAsO_2 + 2H_2O$	0.56
$I_3^- + 2e \rightleftharpoons 3I^-$	0.54
$I_2(固) + 2e \rightleftharpoons 2I^-$	0.535
$MnO_4^{2-} + 2H_2O + 2e \rightleftharpoons MnO_2 + 4OH^-$	0.5
$MnO_4^- + 2H_2O + 3e \rightleftharpoons MnO_2 \downarrow + 4OH^-$	0.60
$Cu^+ + e \rightleftharpoons Cu$	0.52
$H_2SO_3 + 4H^+ + 4e \rightleftharpoons S + 3H_2O$	0.45
$O_2 + 2H_2O + 4e \rightleftharpoons 4OH^-$	0.401
$2H_2SO_3 + 2H^+ + 4e \rightleftharpoons S_2O_3^{2-} + 3H_2O$	0.40
$VO^{2+} + 2H^+ + e \rightleftharpoons V^{3+} + H_2O$	0.34
$UO_2^{2+} + 4H^+ + 2e \rightleftharpoons U^{4+} + 2H_2O$	0.33
$BiO^+ + 2H^+ + 3e \rightleftharpoons Bi + H_2O$	0.32

（续）

半 反 应	$\varphi^{\ominus}/V$
$Hg_2Cl_2+2e \Longrightarrow 2Hg+2Cl^-$	0.268
$AgCl+e \Longrightarrow Ag+Cl^-$	0.2223
$SO_4^{2-}+4H^++2e \Longrightarrow H_2SO_3+H_2O$	0.17
$Cu^{2+}+e \Longrightarrow Cu^+$	0.17
$Sn^{4+}+2e \Longrightarrow Sn^{2+}$	0.14
$S+2H^++2e \Longrightarrow H_2S$	0.14
$Hg_2Br_2+2e \Longrightarrow 2Hg+2Br^-$	0.1392
$TiO^{2+}+2H^++e \Longrightarrow Ti^{3+}+H_2O$	0.10
$S_4O_6^{2-}+2e \Longrightarrow 2S_2O_3^{2-}$	0.09
$AgBr+e \Longrightarrow Ag+Br^-$	0.071
$2H^++2e \Longrightarrow H_2$	0.0000
$Pb^{2+}+2e \Longrightarrow Pb$	−0.126
$Sn^{2+}+2e \Longrightarrow Sn$	−0.14
$O_2+2H_2O+2e \Longrightarrow H_2O_2+2OH^-$	−0.146
$AgI+e \Longrightarrow Ag+I^-$	−0.152
$V^{3+}+e \Longrightarrow V^{2+}$	−0.255
$Cd^{2+}+2e \Longrightarrow Cd$	−0.403
$Cr^{3+}+e \Longrightarrow Cr^{2+}$	−0.38
$Fe^{2+}+2e \Longrightarrow Fe$	−0.44
$2CO_2+2H^++2e \Longrightarrow H_2C_2O_2$	−0.49
$S+2e \Longrightarrow S^{2-}$	−0.48
$As+3H^++3e \Longrightarrow AsH_3$	−0.61
$U^{4+}+e \Longrightarrow U^{3+}$	−0.63
$AsO_4^{3-}+3H_2O+2e \Longrightarrow H_2AsO_3^-+4OH^-$	−0.67
$Ag_2S+2e \Longrightarrow 2Ag+S^{2-}$	−0.69
$Zn^{2+}+2e \Longrightarrow Zn$	−0.76
$Sn(OH)_6^{2-}+2e \Longrightarrow HSnO_2^-+H_2O+3OH^-$	−0.90
$Al^{3+}+3e \Longrightarrow Al$	−1.66
$H2AlO_3^-+H_2O+3e \Longrightarrow Al+4OH^-$	−2.35
$Na^++e \Longrightarrow Na$	−2.713
$K^++e \Longrightarrow K$	−2.925

附录 9 部分氧化还原电对的条件电极电势(25℃)

半 反 应	$\varphi^{\ominus\prime}$	介 质
$Ag^{2+}+e \Longrightarrow Ag^+$	1.93	$4\ mol \cdot L^{-1} HNO_3$
	2.00	$4\ mol \cdot L^{-1} HClO_4$
$Ag^+ +e \Longrightarrow Ag$	0.792	$1\ mol \cdot L^{-1} HClO_4$
	0.228	$1\ mol \cdot L^{-1} HCl$
	0.59	$1\ mol \cdot L^{-1} NaOH$
$Bi^{3+}+3e \Longrightarrow Bi$	−0.05	$5\ mol \cdot L^{-1} HCl$
	0.0	$1\ mol \cdot L^{-1} HCl$
$Ce^{4+}+e \Longrightarrow Ce^{3+}$	1.70	$1\ mol \cdot L^{-1} HClO_4$
	1.82	$6\ mol \cdot L^{-1} HClO_4$
	1.61	$1\ mol \cdot L^{-1} HNO_3$
	1.44	$1\ mol \cdot L^{-1} H_2SO_4$
	1.28	$1\ mol \cdot L^{-1} HCl$
$Co^{3+}+e \Longrightarrow Co^{2+}$	1.84	$3\ mol \cdot L^{-1} HNO_3$
	1.95	$4\ mol \cdot L^{-1} HClO_4$
	1.80	$1\ mol \cdot L^{-1} H_2SO_4$
$Cr^{3+}+e \Longrightarrow Cr^{2+}$	−0.40	$5\ mol \cdot L^{-1} HCl$
$CrO_4^{2-}+2H_2O+3e \Longrightarrow CrO_2^- +4OH^-$	−0.12	$1\ mol \cdot L^{-1} NaOH$
$Cr_2O_7^{2-}+14H^+ +6e \Longrightarrow 2Cr^{3+}+7H_2O$	1.02	$1\ mol \cdot L^{-1} HClO_4$
	1.275	$1\ mol \cdot L^{-1} HNO_3$
	1.34	$8\ mol \cdot L^{-1} H_2SO_4$
	1.10	$2\ mol \cdot L^{-1} H_2SO_4$
	1.08	$1\ mol \cdot L^{-1} H_2SO_4$
	0.92	$0.1\ mol \cdot L^{-1} H_2SO_4$
	0.93	$0.1\ mol \cdot L^{-1} HCl$
	1.00	$1\ mol \cdot L^{-1} HCl$
	1.15	$4\ mol \cdot L^{-1} HCl$
$Cu^{2+}+e \Longrightarrow Cu^+$	−0.09	$pH=14$
$Cu(EDTA)^{2-}+2e \Longrightarrow Cu+EDTA^{4-}$	0.13	$0.1\ mol \cdot L^{-1} EDTA \quad pH=4\sim5$
$Fe^{3+}+e \Longrightarrow Fe^{2+}$	0.74	$1\ mol \cdot L^{-1} HClO_4$
	0.70	$1\ mol \cdot L^{-1} HCl$
	0.64	$5\ mol \cdot L^{-1} HCl$
	0.53	$10\ mol \cdot L^{-1} HCl$
	0.68	$1\ mol \cdot L^{-1} H_2SO_4$

（续）

半 反 应	$\varphi^{\ominus\prime}$	介 质
	0.46	$2\ mol \cdot L^{-1}\ H_3PO_4$
	0.51	$1\ mol \cdot L^{-1}\ HCl + 0.25\ mol \cdot L^{-1}\ H_3PO_4$
$Fe(CN)_6^{3-} + e \Longrightarrow Fe(CN)_6^{4-}$	0.72	$1\ mol \cdot L^{-1}\ HClO_4$
	0.56	$0.1\ mol \cdot L^{-1}\ HCl$
	0.70	$1\ mol \cdot L^{-1}\ HCl$
	0.72	$1\ mol \cdot L^{-1}\ H_2SO_4$
	0.46	$0.01\ mol \cdot L^{-1}\ NaOH$
	0.52	$5\ mol \cdot L^{-1}\ NaOH$
$Fe(EDTA)^- + e \Longrightarrow Fe(EDTA)^{2-}$	0.12	$0.1\ mol \cdot L^{-1}\ EDTA\ pH=4\sim6$
$H_3AsO_4 + 2H^+ + 2e \Longrightarrow H_3AsO_3 + H_2O$	0.557	$1\ mol \cdot L^{-1}\ HClO_4$
	0.557	$1\ mol \cdot L^{-1}\ HCl$
$Hg_2Cl_2 + 2e \Longrightarrow 2Hg + 2Cl^-$	0.3337	$0.1\ mol \cdot L^{-1}\ KCl$
	0.2807	$1\ mol \cdot L^{-1}\ KCl$
	0.2415	饱和 KCl
$I_2(水) + 2e \Longrightarrow 2I^-$	0.6276	$0.5\ mol \cdot L^{-1}\ H_2SO_4$
$I_3^- + 2e \Longrightarrow 3I^-$	0.545	$0.5\ mol \cdot L^{-1}\ H_2SO_4$
$MnO_4^- + 8H^+ + 5e \Longrightarrow Mn^{2+} + 4H_2O$	1.45	$1\ mol \cdot L^{-1}\ HClO_4$
	1.27	$8\ mol \cdot L^{-1}\ H_3PO_3$
$Mn(VII) + 4e \Longrightarrow Mn(III)$	1.42	$0.7\ mol \cdot L^{-1}\ H_2SO_4$
$Mn^{3+} + e \Longrightarrow Mn^{2+}$	1.488	$7.5\ mol \cdot L^{-1}\ H_2SO_4$
$Mn(H_2P_2O_7)_3^{3-} + 2H^+ + e \Longrightarrow Mn(H_2P_2O_7)_2^{2-} + H_4P_2O_7$	1.15	$0.4\ mol \cdot L^{-1}\ Na_2H_2P_2O_7$
$MnO_4^{2-} + 2H_2O + 2e \Longrightarrow MnO_2 + 4OH^-$	0.5	$8\ mol \cdot L^{-1}\ KOH$
	0.75	$3.5\ mol \cdot L^{-1}\ HCl$
$Sb(V) + 2e \Longrightarrow Sb(III)$	0.82	$6\ mol \cdot L^{-1}\ HCl$
	−0.43	$3\ mol \cdot L^{-1}\ KOH$
	−0.59	$10\ mol \cdot L^{-1}\ KOH$
$SnCl_6^{2-} + 2e \Longrightarrow SnCl_4^{2-} + 2Cl^-$	0.14	$1\ mol \cdot L^{-1}\ HCl$
	0.40	$4.5\ mol \cdot L^{-1}\ H_2SO_4$
$Ti(IV) + e \Longrightarrow Ti(III)$	−0.04	$1\ mol \cdot L^{-1}\ HCl$
	0.09	$3\ mol \cdot L^{-1}\ HCl$
	0.125	$4\ mol \cdot L^{-1}\ HCl$
	0.169	$6\ mol \cdot L^{-1}\ HCl$
	0.221	$8\ mol \cdot L^{-1}\ HCl$
	−0.01	$0.2\ mol \cdot L^{-1}\ H_2SO_4$

附录 10　难溶化合物的溶度积常数(25℃)

化合物	$K_{sp}^{\ominus}$	p$K_{sp}^{\ominus}$	化合物	$K_{sp}^{\ominus}$	p$K_{sp}^{\ominus}$
$...sO_4$	1×10^{-22}	22.0	CuSCN	4.8×10^{-15}	14.32
$...Br$	5.0×10^{-13}	12.30	$CuCO_3$	1.4×10^{-10}	9.86
Ag_2CO_3	8.1×10^{-12}	11.09	$Cu(OH)_2$	2.2×10^{-20}	19.66
$Ag_2C_2O_4$	3.5×10^{-11}	10.46	CuS	6×10^{-36}	35.2
AgCl	1.8×10^{-10}	9.75	$Fe(OH)_2$	8×10^{-16}	15.1
Ag_2CrO_4	2.0×10^{-12}	11.71	FeS	6×10^{-18}	17.2
AgOH	2.0×10^{-8}	7.71	$Fe(OH)_3$	4×10^{-38}	37.4
AgI	9.3×10^{-17}	16.03	$FePO_4$	1.3×10^{-22}	21.89
Ag_3PO_4	1.4×10^{-16}	15.84	Hg_2Br_2	5.8×10^{-23}	22.24
Ag_2S	2×10^{-49}	48.7	Hg_2Cl_2	1.32×10^{-18}	17.88
AgSCN	1.0×10^{-12}	12.00	$Hg_2(OH)_2$	2×10^{-24}	23.7
Ag_2SO_4	1.58×10^{-5}	4.80	Hg_2I_2	4.5×10^{-29}	28.35
$Al(OH)_3$	4.6×10^{-33}	32.34	$Hg(OH)_2$	3.0×10^{-25}	25.52
$BaCO_3$	5.1×10^{-9}	8.29	HgS 红	4×10^{-53}	52.4
BaC_2O_4	1.6×10^{-7}	6.79	HgS 黑	1.6×10^{-52}	51.8
$BaCrO_4$	1.2×10^{-10}	9.93	$MgNH_4PO_4$	2×10^{-13}	12.7
$BaMnO_4$	3×10^{-10}	9.6	$MgCO_3$	1×10^{-5}	5.0
$BaSO_4$	1.1×10^{-10}	9.96	MgC_2O_4	8.5×10^{-5}	4.07
$Bi(OH)_3$	4×10^{-31}	30.4	MgF_2	6.4×10^{-9}	8.19
$CaCO_3$	2.9×10^{-9}	8.54	$Mg(OH)_2$	1.8×10^{-11}	10.74
CaC_2O_4	2.3×10^{-9}	8.64	$MnCO_3$	5.0×10^{-10}	9.30
CaF_2	2.7×10^{-11}	10.57	$Mn(OH)_2$	1.9×10^{-13}	12.72
$Ca_3(PO_4)_2$	2.0×10^{-29}	28.70	MnS 粉红	3×10^{-10}	9.6
$CaSO_4$	9.1×10^{-6}	5.04	MnS 绿	3×10^{-13}	12.6
$CaWO_4$	8.7×10^{-9}	8.06	$Ni(OH)_2$	2×10^{-15}	14.7
$CdCO_3$	5.2×10^{-12}	11.28	$\alpha-NiS$	3×10^{-19}	18.5
CdC_2O_4	1.51×10^{-8}	7.82	$\beta-NiS$	1×10^{-24}	24.0
$Cd(OH)_2$	2.5×10^{-14}	13.60	$\gamma-NiS$	2×10^{-26}	25.7
CdS	8×10^{-27}	26.1	$PbCO_3$	7.4×10^{-14}	13.13
$Co(OH)_2$	1.6×10^{-15}	14.8	PbC_2O_4	3×10^{-11}	10.5
$Co(OH)_3$	2×10^{-44}	43.7	$PbCl_2$	1.6×10^{-5}	4.79
$\alpha-CoS$	4×10^{-21}	20.4	$PbCrO_4$	2.8×10^{-13}	12.55
$\beta-CoS$	2×10^{-25}	24.7	PbF_2	2.7×10^{-8}	7.57
$Cr(OH)_3$	6×10^{-31}	30.2	PbI_2	7.1×10^{-9}	8.15
CuBr	5.2×10^{-9}	8.28	$PbMoO_4$	1×10^{-13}	13.0
CuCl	1.2×10^{-6}	5.92	$Pb(OH)_2$	1.2×10^{-15}	14.93
CuI	1.1×10^{-12}	11.96	$PbSO_4$	1.6×10^{-8}	7.79
CuOH	1×10^{-14}	14.0	PbS	8×10^{-28}	27.9
Cu_2S	2×10^{-48}	47.7	$Sn(OH)_2$	8×10^{-29}	28.1
SnS	1×10^{-25}	25.0	$SrSO_4$	3.2×10^{-7}	6.49
$Sn(OH)_4$	1×10^{-56}	56.0	$TiO(OH)_2$	1×10^{-29}	29.0
$SrCO_3$	1.1×10^{-10}	9.96	$ZnCO_3$	1.4×10^{-11}	10.8
SrC_2O_4	5.6×10^{-8}	7.25	$Zn(OH)_2$	1.2×10^{-17}	16.92
$SrCrO_4$	2.2×10^{-5}	4.65	ZnS	1.6×10^{-24}	23.8
SrF_2	2.4×10^{-9}	8.61			